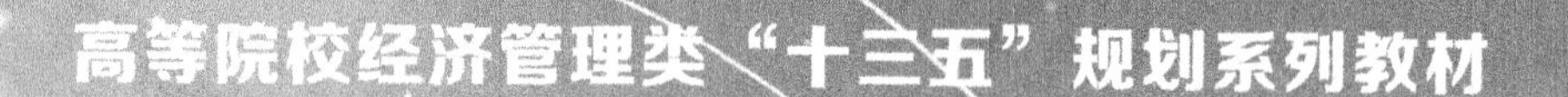

WULIANWANG
JISHU YINGYONG SHIWU

物联网技术应用实务

编著 缪兴锋 别文群 李山伟 朱铁汉

華中科技大學出版社
http://www.hustp.com
中国·武汉

图书在版编目(CIP)数据

物联网技术应用实务/缪兴锋,别文群等编著.—武汉:华中科技大学出版社,2013.12(2022.8重印)
ISBN 978-7-5609-9538-0

Ⅰ.①物… Ⅱ.①缪… ②别… Ⅲ.①互联网络-应用-高等教育-教材 ②智能技术-应用-高等教育-教材
Ⅳ.①TP393.4 ②TP18

中国版本图书馆CIP数据核字(2013)第286959号

物联网技术应用实务 缪兴锋 别文群 等编著

策划编辑:张凌云
责任编辑:张 琼
封面设计:龙文装帧
责任校对:刘 竣
责任监印:朱 玢
出版发行:华中科技大学出版社(中国·武汉) 电话:(027)81321913
武汉市东湖新技术开发区华工科技园 邮编:430223
录 排:华中科技大学惠友文印中心
印 刷:武汉邮科印务有限公司
开 本:787mm×1092mm 1/16
印 张:19.25
字 数:488千字
版 次:2022年8月第1版第7次印刷
定 价:39.00元

高等院校经济管理类“十三五”规划教材

编写委员会成员名单

总　主　编：张良卫
副总主编：高新和　缪兴锋　李　东　符海青
总　策　划：缪兴锋　高新和
编委会秘书：张凌云
委　　　员：朱惠红　任永凯　唐永洪　许　彤　吴春尚　曾艳英　胡延华

企业专家委员会：

李智杰（广州智盈网络科技有限公司　总经理）
徐隆久（东莞市威特隆仓储设备有限公司　总经理）
林海中（国药控股广东恒畅物流有限公司药品现代物流中心　总经理）
薛　卫（广州中海物流有限公司　经理）
邵清东（北京络捷斯特科技发展有限公司　总经理）
祁建明（广东荣晖信息工程有限公司　总经理）
胡加林（浙江供应链协会研究中心 主任　高级工程师）
薛　原（广州微智科技有限公司　总经理）
钟小军（奥鹏实业国际有限（中国）公司　总经理）

参编院校名单：

广东轻工职业技术学院（国家示范性院校）
南宁职业技术学院（国家示范性院校）
南京工业职业技术学院（国家示范性院校）
番禺职业技术学院（国家示范性院校）
广东工贸职业技术学院
广东工程职业技术学院
广东岭南职业技术学院
佛山职业技术学院
河源职业技术学院

前言

PREFACE

信息产业持续十余年的高速发展，手机、互联网已和大多数人的生活密不可分。当人们不断质疑信息产业的成长性时，以物联网、云计算、智慧地球等为代表的新一代信息技术应用蓬勃发展，推动着以绿色、智能和可持续发展为特征的新一轮科技革命和产业革命的来临。物联网已经成为我国战略性新兴产业，全国掀起了快速发展物联网的热潮。

物联网不是概念炒作，更不是虚无的抽象，最终必须落地为"物的处理或者物的服务中心"，以完成对万物的智能处理。具体到"物"，物联网反映出对"物"的处理，必然包括物流的移动。因此物联网运作中彰显物流的作用，除了完善的信息网络外，还需要相应的物流活动借助物流网络支撑万物的移动(操作或处理)。物联网作为一种新的信息技术、网络模式与经济实体，对现代物流管理与服务也提出了更高的要求。2010 年 9 月 8 日，国务院审议并通过了《国务院关于加快培育和发展战略性新兴产业的决定》，确定了 7 个领域(23 个重点方向)，即"节能环保、新兴信息产业、生物产业、新能源、新能源汽车、高端装备制造业和新材料"。这 7 大战略性新兴产业领域之间并不是孤立的，而是具有纲举目张的关系，这个"纲"就是战略性新兴产业的共性目标，即要成为国家在后金融危机时代的新的经济增长点，要为自主创新能力的提高服务，要为经济发展方式转型和可持续发展服务。归根结底，这个共性目标就是建设一个节能、环保、低碳、健康、安全和充分就业的社会。

针对当前物联网建设喊得响，但实际应用却找不到切入点的情况，作者以前瞻性的思维，深入浅出地解答了物联网中很多尚未清理的疑问。比如，物联网是什么？物联网能做什么？物联网、云计算、传感网等热门词汇是什么关系？物联网有哪些关键技术、辅助技术？物联网的产业链是怎么构成的？物联网在社会、经济以及人们的日常生活中如何应用？物联网产业未来发展的前景如何？我们能在物联网产业中扮演怎样的角色？物联网产业的发展对未来职业有何影响？等等。

物联网毕竟是新兴事物，因此，不可否认当前书架上已有的物联网教材及相关物联网理论与应用研究的杂志的作用与贡献。为了回答上述问题，我们以跨学科的独特视角，看到了已有教材与论文研究的不足——总体表现为研究内容较空洞、雷同。对很多问题的讨论虽然非常热烈，但是多浮于表面，实践应用不足。部分研究仍然仅着眼于物联网的基本概念和细微的应用点，研究内容也不够深入，仅是对物联网技术的套用。有些教材中对物联网产业链的分析、应用还有些牵强附会。案例应用研究是"为应用而应用"，缺乏应用的基础分析，提出的措施空泛。物联网应用性研究从点着手，但是也仅限于点，而非线、面。例如研究主题为"物联网应用于物流管理"的多数介绍仅是对采购、生产、配送、销售、回收(召回)等供应链过程各个环节的监测，缺少全过程的协作，同时侧重于信息的共享，缺少物联网产业链各主题对实物智能管理的协作。总之，当下的相关文献研究物联网技术应用于监测，却无后续支持，仅是安全防范，未能做到控制处理。大多数教科书对物联网商业模式与产业运营的介绍就更少。关于物联网产业链中物流配套支持的理论研究也较少。

本书以物联网为主线，描述了对物联网的认知、物联网关键技术的特征结构及应用领域、物联网产业链；又进一步详细介绍了物联网技术在供应链管理中的应用、物联网技术在智能电网中的应用、物联网技术在物流管理中的应用、物联网技术在农产品产业链中的应用、物联网技术在其他社会经济领域中的应用；最后，为适应物联网技术发展的新趋势和新特点，满足新时期对物联网专业技术人才培养工作的需要，从争夺国际经济科技制高点的角度探讨了物联网标准体系及建设重点、物联网技术的发展方向及物联网产业发展对未来职业的影响。

本书核心观点认同物联网存在的必要性，认为其发展大有前途。从物联网应用的各个角度展开，形成一些明确的观点：①物联网的广泛应用将是继计算机、互联网与移动通信网之后的又一次信息革命，或称为信息产业革命的第三次浪潮；②互联网与物联网的整合，改变了人类的生产和生活，实现全球“智慧”状态；③物联网带来了新的产业革命，可利用物联网信息通信技术改变未来产业发展的模式和结构；④作为信息技术与网络技术，物联网可广泛应用于各行各业，实现信息的共享、反馈；⑤物联网将是一个新兴产业，物联网产业是具有万亿元级规模的产业；⑥当前我国物联网发展的障碍集中于安全、成本、效率、标准化、整体规划等方面。

全书在技术、经济、管理等方面先行先试，从而为未来物联网的普遍实施奠定理论基础和提供实践经验。其特点是：论述严谨、内容全面、重点突出、强调理论联系实际、突出应用技术和实践，通过教学实验和场景训练，加深理解、巩固掌握物联网理论知识。本书可作为高等院校物流专业、营销专业、计算机专业以及物联网工程等相关专业课程拓展的教材或参考用书，也可作为广大从事无线传感器网络与物联网工作的科技人员及工程技术人员开拓新产业领域的参考用书。

为了方便读者理解和应用本书，我们制作了与本书配套的 PPT 文档和相关视频教学文件，欢迎各位选用本书作为教材的任课教师来函索取。电子邮件地址为 2003104020@gdqy. edu. cn。

缪兴锋

2013 年 10 月

目录

CONTENTS

第1章

物联网的认知

WULIANWANG
JISHU YINGYONG
SHIWU

知识目标

1. 了解物联网的定义。
2. 理解物联网的诞生背景及内涵。
3. 掌握物联网的关键性技术及体系架构。
4. 掌握发展物联网技术需要解决的主要问题。
5. 掌握物联网的一般应用及发展策略。

能力目标

1. 能够理解全面感知、可靠传送、智能处理是物联网的基本特征。
2. 能够认识全面感知、可靠传送及智能处理是物联网的三大核心能力。
3. 能够分析物联网技术应用存在的问题及在中国普及物联网还需要完善的技术。
4. 能够根据当前面临的社会经济问题实际分析中国当前物联网产业环境。

放流鱼有了“身份证”

如果你在无锡蠡湖边偶然看到鲢鳙鱼的背脊上有类似小天线的黄色标签，请不要惊奇，这是物联网技术“联姻”净水渔业的尝试。无锡市农业委员会在蠡湖放流了 30 万尾小鱼，其中有 3 500 条生长约 1 年的鲢鳙鱼体内被植入高科技芯片，它们成为探知放流效果的有效载体。

芯片用来记录鱼的放流时间、放流地点、放流时鱼的身体状况等初始信息。研究人员用计算机扫描芯片，就可找到初始数据，以此研究蠡湖鱼类的生存状态、环境变化对鱼的影响等，还可通过鱼类身体重量变化算出吃掉的蓝藻，精细测量出蠡湖生态环境的变化。

思考题

1. 鱼有了“身份证”，我们是否可以在蠡湖自己喂养自己的鱼？
2. 在大海里也采用这种方式对稀有鱼资源进行保护是否可行？

任务 1　物联网的概述

您是否想拥有一双“千里眼”，隔过千山万水看到家里是否一切安好；您是否想拥有一对“顺

风耳”，倾听一下祖国山河另一端的天籁之音；您是否想拥有一双“火眼金睛”，看看你的宝物是否物有所值；您是否想生活在一个理想王国，和您的每件爱物能够亲切交谈。这是令我们神往的世界，不是梦想，不是童话，在物联网世界里，这一切都将能实现。

那么什么是物联网，物联网时代的到来，对社会、对老百姓的生活会带来哪些实质性的变化，物联网的发展方向是什么？

物联网，顾名思义就是物物相连的互联网。物联网包括两层含义：一方面，物联网以计算机互联网为核心和基础，实质上是互联网的延伸和扩展；另一方面，物联网的用户端扩展和延伸到任何物品之间，构建了信息的交换和通信体系。由此，物联网可定义为通过射频识别(RFID)、红外感应器、全球定位系统、激光扫描器等信息传感设备，按所约定的协议，实现任何物品与互联网的连接，建立信息交换和通信体系，从而实现对物品的智能化识别、定位、跟踪、监控和管理。物联网被认为是计算机互联网的实际应用和扩展，应用创新是物联网发展的关键，以用户体验为核心是物联网发展的灵魂。

物联网将与媒体互联网、服务互联网和企业互联网一道，构成未来互联网。

任务 1：物联网是什么？

任务 2：物联网能做什么？

物联网被称为继计算机、互联网之后，世界信息产业的第三次浪潮，物联网技术被称为信息产业的第三次革命性创新。在物联网产生之前，IT 和人类基础设施开启智能化之路，已经为物联网的出现奠定了坚实的基础。

一、物联网的背景

(1) 物联网的实践最早可以追溯到 1990 年施乐公司的网络可乐贩售机。

(2) 1999 年在美国召开的移动计算和网络国际会议上首先提出物联网(internet of things)这个概念，提出了结合物品编码、RFID 和互联网技术的解决方案。

(3) 2003 年，美国《技术评论》提出传感网络技术将是未来改变人们生活的十大技术之首。2005 年 11 月 17 日，在突尼斯举行的信息社会世界峰会(WSIS)上，国际电信联盟(ITU)发布《ITU 互联网报告 2005：物联网》，引用了“物联网”的概念。

(4) 物联网的定义和范围已经发生了变化，覆盖范围有了较大的拓展，不再只是指基于 RFID 技术的物联网。根据 ITU 的描述，在物联网时代，通过在各种各样的日常用品上嵌入一种短距离的移动收发器，人类在信息与通信世界里将获得一个新的沟通维度，从任何时间、任何地点的人与人之间的沟通连接扩展到人与物和物与物之间的沟通连接。

物联网概念的兴起，在很大程度上得益于国际电信联盟 2005 年以物联网为标题的年度互联网报告。虽然目前国内对物联网也还没有一个统一的标准定义，但从物联网本质上看，物联网是现代信息技术发展到一定阶段后出现的一种聚合性应用与技术提升，将各种感知技术、现代网络技术和人工智能与自动化技术聚合与集成应用，使人与物智慧对话，创造一个智慧的世界。

(5) 物联网的本质概括起来主要体现在三个方面：一是互联网特征，即对需要联网的物一定要能够实现互联互通的互联网络；二是识别与通信特征，即纳入物联网的“物”一定要具备自动识别与物物通信(M2M)的功能；三是智能化特征，即网络系统应具有自动化、自我反馈与智能控制的特点。

(6) 2009 年 1 月 28 日，奥巴马就任美国总统后，与美国工商业领袖举行了一次“圆桌会议”，作为仅有的两名代表之一，IBM 首席执行官彭明盛首次提出“智慧地球”这一概念，建议新政府投资新一代的智慧型基础设施。当年，美国将新能源和物联网列为振兴经济的两大重点。2009 年 2 月 24 日 2009IBM 论坛上，IBM 大中华区首席执行官钱大群公布了名为“智慧的地球”的最新策略。此概念一经提出，即得到美国各界的高度关注，甚至有分析认为 IBM 公司的这一构想极有可能上升至美国的国家战略，并在世界范围内引起轰动。

IBM 认为，IT 产业下一阶段的任务是把新一代 IT 技术充分运用到各行各业之中，具体地说，就是把感应器嵌入和装备到电网、铁路、桥梁、隧道、公路、建筑、供水系统、大坝、油气管道等各种物体中，并且被普遍连接，形成物联网。

(7) 2009 年 8 月温家宝同志在视察中科院无锡物联网产业研究所时，对于物联网应用也提出了一些看法和要求。自温总理提出“感知中国”以来，物联网被正式列为国家五大新兴战略性产业之一，写入“政府工作报告”，物联网在中国受到了全社会极大的关注，其受关注程度是美国、欧盟，以及其他各国各地区无法比拟的。

物联网的概念与其说是一个外来概念，不如说它已经是一个“中国制造”的概念，它的覆盖范围与时俱进，已经超越了 1999 年在美国召开的移动计算和网络国际会议上和 2005 年 ITU 报告中所指的范围，物联网已被贴上“中国式”标签。

二、物联网的认识

1. 物联网的定义

用苏轼形容庐山的诗句“横看成岭侧成峰，远近高低各不同”来形容物联网的概念再贴切不过了。物联网概念出现时间不长，其内涵还在不断地发展和完善，并且学术界和工业界的视角不同，至今还没有一个公认的统一定义。一般认为，物联网的定义分为广义和狭义两个方面。广义来讲，物联网是一个未来发展的愿景，等同于“未来的互联网”或者“泛在网络”，能够实现人在任何时间、地点，使用任何网络与任何人或物的信息交换以及物与物之间的信息交换；狭义来讲，物联网是物品之间通过传感器连接起来的局域网，不论接入互联网与否，都属于物联网的范畴。

目前比较统一的观点认为，“物联网概念”是在“互联网概念”的基础上，将其用户端延伸和扩展到任何物品与物品之间，进行信息交换和通信的一种网络概念。其定义是：通过射频识别(RFID)、红外感应器、全球定位系统、激光扫描器等信息传感设备，按约定的协议，把任何物品与互联网相连接，进行信息交换和通信，以实现智能化识别、定位、跟踪、监控和管理的一种网络概念。

2. 中国物联网概念

中国关于物联网的研究是从 1999 年开始的，由中国科学院承担，只不过当时不叫物联网，而是叫传感网。在 2005 年突尼斯举行的信息社会峰会上，国际电信联盟正式提出了物联网的概念，中国业内开始将传感网改称为物联网。

2011年3月22日正式成立的中国电子商会物联网专业委员会是推进物联网发展的专门机构，根据该机构的资料显示，在中国，物联网是指通过各种信息传感设备，如传感器、射频识别技术、全球定位系统、红外感应器、激光扫描器、气体感应器等各种装置与技术，实时采集任何需要监控、连接、互动的物体或过程，采集其声、光、热、电、力学、化学、生物、位置等各种需要的信息，与互联网结合形成的一个巨大网络，其目的是实现物与物、物与人、所有的物品与网络的连接，方便识别、管理和控制。

“中国式”物联网定义

物联网(Internet of things)指的是将无处不在(ubiquitous)的末端设备(devices)和设施(facilities)，包括具备“内在智能”的传感器、移动终端、工业系统、楼控系统、家庭智能设施、视频监控系统等，和“外在使能”(enabled)的，如贴上RFID的各种资产(assets)、携带无线终端的个人与车辆等“智能化物件或动物”或“智能尘埃”(mote)，通过各种无线和/或有线的长距离和/或短距离通信网络实现互联互通(M2M)、应用大集成(grand integration)，以及基于云计算的SaaS营运等模式，在内网(Intranet)、专网(Extranet)、和/或互联网(Internet)环境下，采用适当的信息安全保障机制，提供安全可控乃至个性化的实时在线监测、定位追溯、报警联动、调度指挥、预案管理、远程控制、安全防范、远程维保、在线升级、统计报表、决策支持、领导桌面(集中展示的cockpit dashboard)等管理和服务功能，实现对“万物”的“高效、节能、安全、环保”的“管、控、营”一体化。

3. 物联网、传感器网以及泛在网的概念比较

目前在业界出现了三个概念，即物联网、传感器网和泛在网，它们有什么区别与异同呢？

(1) 物联网是以感知为目的，实现人与人、人与物、物与物全面互联的网络。其突出特征是通过各种感知方式来获取物理世界的各种信息，结合互联网、移动通信网等进行信息的传递与交互，再采用智能计算机技术对信息进行分析，从而提升人们对物质世界的感知能力，实现智能化的决策和控制。

(2) 传感器网是由许多在空间上分布的自动装置组成的一种计算机网络，这些装置使用传感器协作地监控不同位置的物理或环境状况(比如温度、声音、振动、压力、运动或污染物)，通过感知识别技术，让物品“开口说话、发布信息”，是融合物理世界和信息世界的重要一环，是物联网区别于其他网络的最独特的部分。

物联网的“触手”是位于感知识别层的大量信息生成设备，包括RFID、传感器网络、定位系统等。传感器网所感知的数据是物联网海量信息的重要来源之一。

(3) 泛在网，即广泛存在的网络，它以无所不在、无所不包、无所不能为基本特征，以实现在任何时间、任何地点、任何人、任何物都能顺畅通信为目标。

物联网通信技术旨在实现人和物体、物体和物体之间的沟通和对话，这就需要统一的通信协议和技术、大量的IP地址，再以自动控制、纳米技术、RFID、智能嵌入等技术为支撑。这些协议和技术统称为泛在网技术，它是物联网通信技术的核心。

总而言之，物联网需要对物体具有全面感知能力，对信息具有可靠传送和智能处理能力，从

而形成一个连接物体与物体的信息网络。也就是说，全面感知、可靠传送、智能处理是物联网的基本特征。

三、物联网基本构成

由于物联网应用的专属性，其种类千差万别，分类方式也有不同。例如，按网络类型，物联网可划分为公众物联网和专用物联网两类。

公众物联网是指为满足大众生活和信息的需求提供的物联网服务；专用物联网就是满足企业、团体或个人特色应用需求，有针对性地提供的专业性的物联网业务应用。

物联网的“物”实质

物联网的“物”要满足以下条件才能够被纳入物联网的范围：①要有相应信息的接收器；②要有数据传输通路；③要有一定的存储功能；④要有 CPU；⑤要有操作系统；⑥要有专门的应用程序；⑦要有数据发送器；⑧遵循物联网的通信协议；⑨在网络世界中有可被识别的唯一编号。

专用物联网可以利用公众网络（如 Internet）、专网（局域网、企业网络或移动通信互联网中公用网络中的专享资源）等进行信息传送。物联网按照接入方式可分为简单接入物联网和多跳接入物联网两种；物联网按照应用类型可分为数据采集物联网、自动控制物联网、定位物联网、日常便利性物联网等多种，如表 1-1 所示。

表 1-1　物联网分类方式

分类方式	类　型	说　明
接入方式	简单接入物联网 多跳接入物联网	对于某个应用，这两个方式可以混合使用
网络类型	公众物联网 专用物联网	从承载的类型区分，不同的网络将影响到用户的使用服务
应用类型	数据采集物联网 自动控制物联网 定位物联网 日常便利性物联网	按照应用主要的功能类型进行划分

不管是哪一种应用领域的物联网，也不管是哪一种分类方式的物联网系统，其基本构成均包括三部分，即电子产品编码（electronic product code，EPC）、射频识别系统（包括标签和读写器）和信息网络系统[包括 EPC 中间件、对象名称解析服务（object name service，ONS）、实体标记语言（physical markup language，PML）和 EPC 信息服务（EPC information service，EPCIS）]，如表 1-2 所示，信息网络系统主要作为物联网的软件支持系统存在。

表 1-2　物联网的基本构成

系 统 构 成	主 要 内 容	注　　释
电子产品编码	EPC 编码标准	识别目标的特定编码
射频识别系统	EPC 标签	贴在物品上或内嵌在物品中
	读写器	识读 EPC 标签
信息网络系统	EPC 中间件	物联网的软件支持系统
	对象名称解析服务(ONS)	
	实体标记语言(PML)	
	EPC 信息服务(EPCIS)	

四、物联网的发展

作为物联网技术的全球主要推动者，美国政府非常重视物联网的战略地位，在其国家情报委员会发表的《2025 年对美国利益潜在影响的关键技术》中，把物联网列为六种关键技术之一，并将以物联网技术为核心的"智慧地球"计划上升至国家战略层面。

1. 物联网的发展

从推动经济发展的角度来讲，作为计算机、互联网、移动通信后的又一次信息化产业浪潮，从长远来看，物联网有望成为后金融危机时代经济增长的引擎。从发展阶段上看，物联网的发展可以大致概括为探索培育期、规模成长期和成熟应用期三个不同阶段。图 1-1 给出了物联网发展阶段示意图。

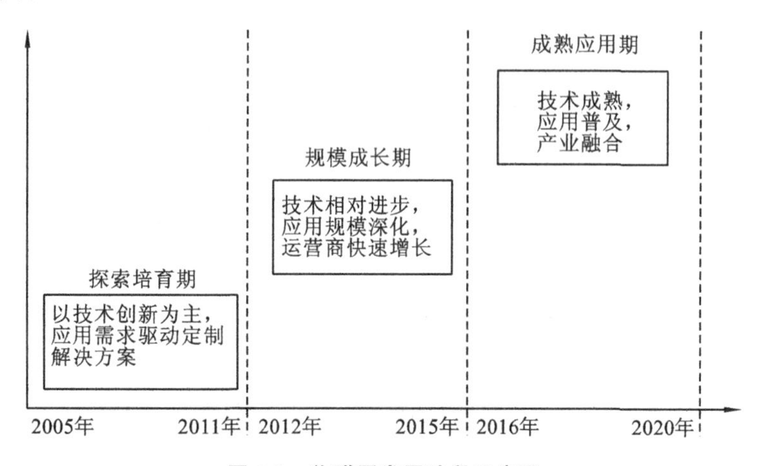

图 1-1　物联网发展阶段示意图

在物联网的探索培育期(2005 年至 2011 年)，典型应用需求驱动物联网关键技术创新，并形成相对独立、定制的物联网应用解决方案。在物联网的规模成长期(2012 年至 2015 年)，物联网运营商将出现并快速增加，物联网的共性技术将得到充分发展，典型行业或领域的物联网应用规模进一步扩大。在物联网的成熟应用期(2016 年至 2020 年)，与物联网相关的技术将进一步趋于成熟，物联网应用普及到各个行业领域，物联网产业将进一步融合。

2. 物联网的本质

关于物联网的现实存在性、必要存在性和物联网的重要性，学术界和企业界依然存在不同看法。物联网的本质表现在以下几个方面。

(1) 物联网技术的综合性。物联网技术包括信息、网络以及 IC 技术，这些是业界公认的，同时物联网还是一项经济技术与管理技术的交叉学科。

(2) 物联网是未来经济发展的外部环境。物联网具有服务(应用性服务)功能，因此可将物联网划分为第 4 代生产性服务业。物联网开创了一种新的商业模式，主要是新的产业链，其实用性和营利性必须得到关注和体现。

(3) 物联网表现为一种网络集合。物联网是万物相连的网络，是信息网络和实体网络的集合。其中信息网络是万物信息流的载体，实体网络是万物发生关联时的实物移动网络，其部分与现有物流网络重合。

3. 物联网的基本功能

物联网的基本功能是提供无处不在的连接和在线服务，具体如下。

(1) 在线监测：物联网最基本的功能，物联网业务一般以集中监测为主，以控制为辅。

(2) 定位追溯：物联网基本功能之一，一般基于 GPS(或其他卫星定位，如北斗)和无线通信技术，或只依赖于无线通信技术的定位，如基于移动基站的定位、RTLS(实时定位系统)等。

(3) 报警联动：主要提供事件报警和提示，有时还会提供基于工作流或规则引擎(rule's engine)的联动功能。

(4) 指挥调度：基于时间排程和事件响应规则的指挥、调度和派遣功能。

(5) 预案管理：基于预先设定的规章或法规对事物产生的事件的处置。

(6) 安全隐私：由于物联网的所有权属性和隐私保护的重要性，物联网系统必须提供相应的安全保障机制。

(7) 远程维保：物联网技术能够提供或提升的服务，主要适用于企业产品售后联网服务。

(8) 在线升级：这是保证物联网系统本身能够正常运行的手段，也是企业产品售后自动服务的手段之一。

(9) 领导桌面：主要指 Dashboard 或 BI 个性化门户，经过多层过滤提炼的实时资讯供主管负责人实现对全局的“一目了然”。

(10) 统计决策：基于对联网数据的数据挖掘和统计分析，提供决策支持和统计报表。

任务 2　物联网技术应用与管理

当你工作一天回到家，想做一份莲子桂圆汤，走到冰箱前查看冰箱外立面上的显示屏时却发现，冰箱内现有红枣、莲子，却没有桂圆。没关系，这台冰箱已经通过物联网技术与全球相连接，马上访问沃尔玛的网站，那里有很多桂圆可供选购……这就是物联网冰箱带给人们的新生活。

物联网冰箱不仅可以储存食物，还可实现冰箱与冰箱里的食品“对话”。冰箱可以获取其储存食物的数量、保质期、食物特征、产地等信息，并及时将信息反馈给消费者。它还能与超市相连，让你足不出户就知道超市货架上的商品信息；能够根据主人取放冰箱内食物的习惯，制订合理的膳食方案。此外，它还是一个独立的娱乐中心，具有网络可视电话功能，能展示资讯和播放视频。

在物联网时代，我们的思维要改变，甚至信息产品的“DNA”都要改变，因为信息化范围的极大拓展，信息主体由人逐步过渡到物和人。显然，以往外沿边界清晰的产品和技术已不适用，用个比较时尚的说法就是 crossover（跨界）——手机不再是通话工具，而是个人的信息终端，能够与身边所有物联网产品连接，并提供相应的可视化交互界面。

毫无疑问，如果物联网时代来临，人们的日常生活将发生翻天覆地的变化。

任务 1：物联网该怎样应用？

任务 2：物联网普及推广应用技术开发面临的挑战。

一、物联网技术体系结构

目前，普遍认为，物联网技术体系结构可分为感知层、网络层和应用层三层，如图 1-2 所示。

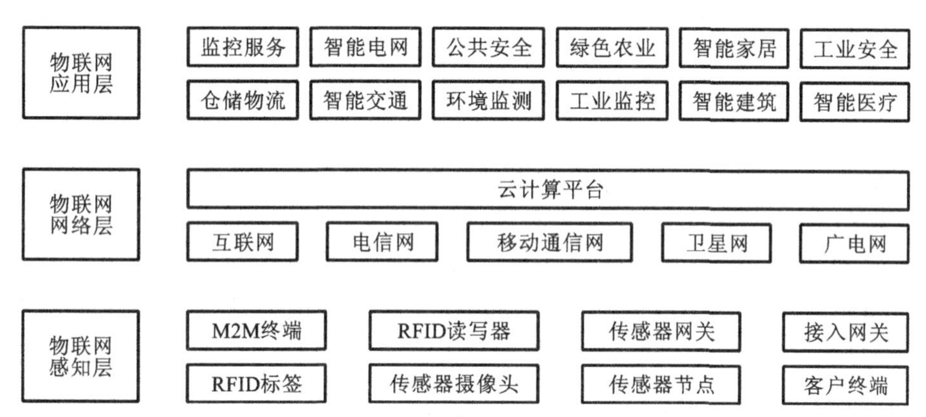

图 1-2 物联网技术体系结构

与传统电信网或互联网不一样的是，物联网在每一个层面上，都将有很多种选择，例如，其感知层包括条码识读、RFID、传感器、传感网（由大量各类传感器节点组成的自组织网络）、摄像头、视频检测识别、IrDA、GPS、M2M 终端、传感器网关等。

1. 物联网感知层

感知层将大范围内的现实世界中的各种物理量通过各种手段，实时并自动化地转化为虚拟世界可处理的数字化信息。

感知层是物联网的基层——识别物体、采集信息，主要实现智能感知功能，包括信息采集、信息捕获和物体识别。感知层采集的信息主要分为环境信息、属性信息、状态信息三类。其中传感网方面采集的信息主要包括如温度、湿度、压力、气体浓度等状态信息；基于 RFID 所采集的信息大多属于物品的属性信息，如物品名称、型号、特性、价格等；状态信息也是感知层所采集的范畴，如仪器、设备的工作参数或者物品所处的地理位置等；对各种信息进行标记，并通过传感等手段，将这些标记的信息和现实世界的物理信息进行采集，将其转化为可供处理的数字化信息。

感知层的关键技术包括传感器、RFID、自组织网络、短距离无线通信、低功耗路由等技术。

2. 物联网网络层

网络层位于整个体系的中间位置。网络层包括各种通信网络（互联网、电信网、移动通信网、卫星网、广电网）形成的融合网络，这被普遍认为是最成熟的部分。网络层是物联网提供无处不在服务的基础设施。

网络层解决的是感知层在一定范围内所获得的数据，通常是长距离的传输问题。这些数据可以通过移动通信网、国际互联网、企业内部网、各类专网、小型局域网等网络传输。特别是在三网融合后，有线电视网也能承担物联网网络层的功能，有利于物联网的快速推进。网络层所需要的关键技术包括长距离有线和无线通信技术、网络技术等。

3. 物联网应用层

应用层实现物联网与行业专业技术的深度融合，与行业需求结合，实现行业智能化，并且最终提供应用服务。

应用层解决的是信息处理与人机界面的问题。网络层传输来的数据在这一层进入各类信息系统进行处理，并通过各种设备与人进行交互。这一层也可按形态直观地划分为两个子层。一个为应用服务层，它包括各类具体应用，它涵盖了国民经济和社会的每一领域，如电力、医疗、银行、交通、环保、物流、工业、农业、城市管理、家居生活等，其功能上包括支付、监控、安保、定位、盘点、预测等，可用于政府、企业、社会机构、家庭、个人等。这也正是物联网作为深度信息化的重要体现。另一个为终端层，提供人机界面。物联网虽然是“物物相连的网”，但最终是要以人为本的，最终还是需要人的操作与控制，不过这里的人机界面已远远超出现实人与计算机交互的概念，而是泛指与应用程序相连的各种设备与人的交互。

在各层之间，信息不是单向传递的，可有交互、控制等，反传递的信息多种多样，这其中关键是物品的信息，包括在特定应用系统范围内能唯一标识物品的识别码和物品的静态与动态信息。此外，软件和集成电路技术都是各层所需的关键技术。

二、物联网技术管理的内涵

物联网可以简单地理解成互联网的扩展。互联网是计算机与计算机之间的联网。物联网是物物相连的网络，日本称其为泛在网，也就是无处不在的网络。所以，讨论物联网管理必先了解网络管理。

1. 网络管理的概念

网络管理包括对硬件、软件和人力的使用、综合与协调，以便对网络资源进行监视、测试、配置、分析、评价和控制，这样就能以合理的价格满足网络的一些需求，如实时运行性能、服务质量等。网络管理常简称为网管。

网络管理的英文名称为 network management，定义为监测、控制和记录电信网络资源的性能和使用情况，以使网络有效运行，为用户提供一定质量水平的电信业务。

网络管理是指网络管理员通过网络管理程序对网络上的资源进行集中化管理的操作，包括配置管理、性能和记账管理、问题管理、操作管理和变化管理等。

根据国际标准化组织对网络管理的定义，网络管理有故障管理、配置管理、性能管理、安全管理、计费管理五大功能。网络管理软件根据产品功能的不同，可细分为五类，即网络故障管理软件、网络配置管理软件、网络性能管理软件、网络服务/安全管理软件、网络计费管理软件。

2. 物联网技术管理

物联网技术管理作为管理科学的一个组成部分，通过管理使物联网的作用充分显现出来。除普通的互联网和电信网网络管理的五大功能外，物联网技术管理根据需要，还应该包括以下几个方面：传感器网络中节点的生存、工作管理（包括电源工作情况等），传感网的自组织特性和传感网的信息传输，传感网拓扑变化及其管理，自组织网多跳和分级的管理，自组织网络的业务管理等。要完成物联网和传感器网覆盖的许多新情况的管理，可以从物联网管理架构分析入手。全国性物联网管理架构图如图1-3所示。

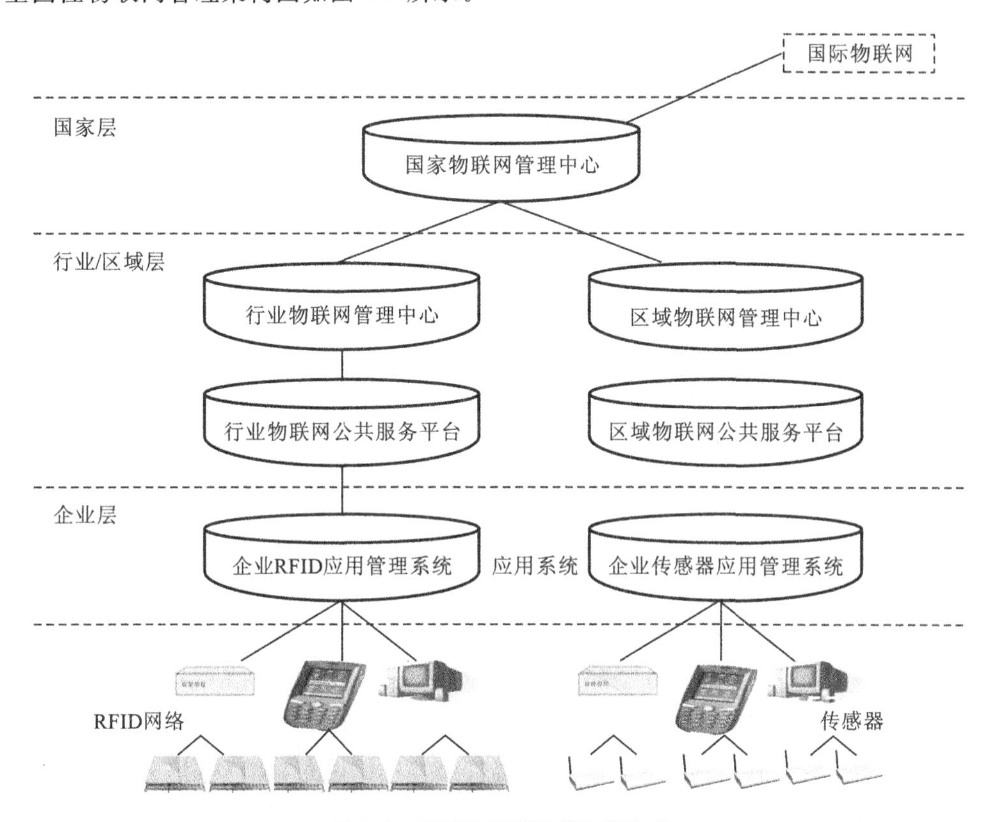

图1-3 全国性物联网管理架构图

国家层：国家物联网管理中心是一级管理中心，负责与国际物联网互联，负责全局相关数据的存储与发布，并对二级物联网管理中心进行管理。

行业/区域层：包括行业物联网、区域物联网管理中心和公共服务平台。行业物联网管理中心和区域物联网管理中心是国内二级管理中心，存储各行业、各领域、各区域内部的相关数据，并将部分数据上传至国家物联网管理中心。行业物联网公共服务平台、区域公共服务平台为本行业或者区域的企业和政府提供公共的物联网服务。

企业层：包括企业及单位内部的RFID、传感器、GPS等信息采集系统以及局域物联网应用系统。

在物联网管理内容的研究方面，有学者提出了"物联网地区分层架构模型"。物联网地区分层架构图如图 1-4 所示。

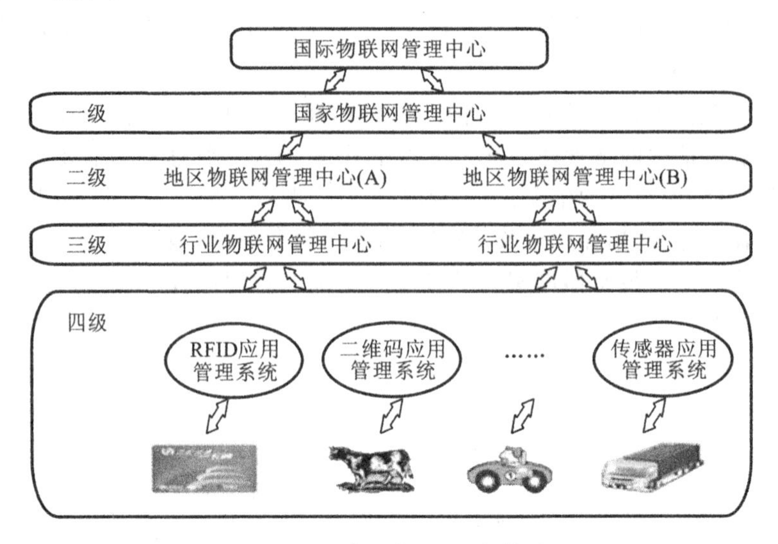

图 1-4 物联网地区分层架构图

在层次化的物联网技术管理模型中，分层架构充分考虑：①地区现有子系统的整合；②地区基础物联网的结合；③新系统的添加；④行业的特点。整个架构分为四级：第一级为国家物联网管理中心，主要负责国际对话与国际物联网互联，以及制定和发布国内总体管理标准；第二级为地区物联网管理中心；第三级为各行业专用的物联网管理中心；第四级为本地的物联网管理机构，主要负责管理基层的物联网应用系统。

物联网分层功能架构图如图 1-5 所示，分层功能模块图如图 1-6 所示。

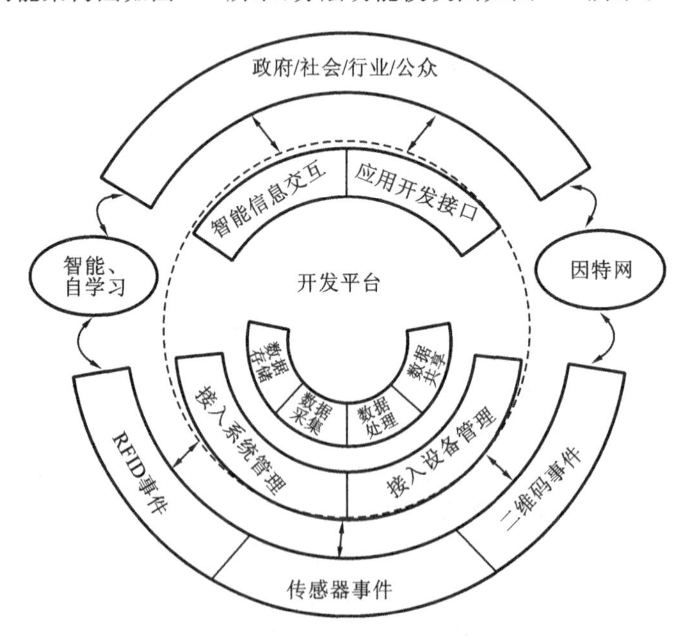

图 1-5 物联网分层功能架构图

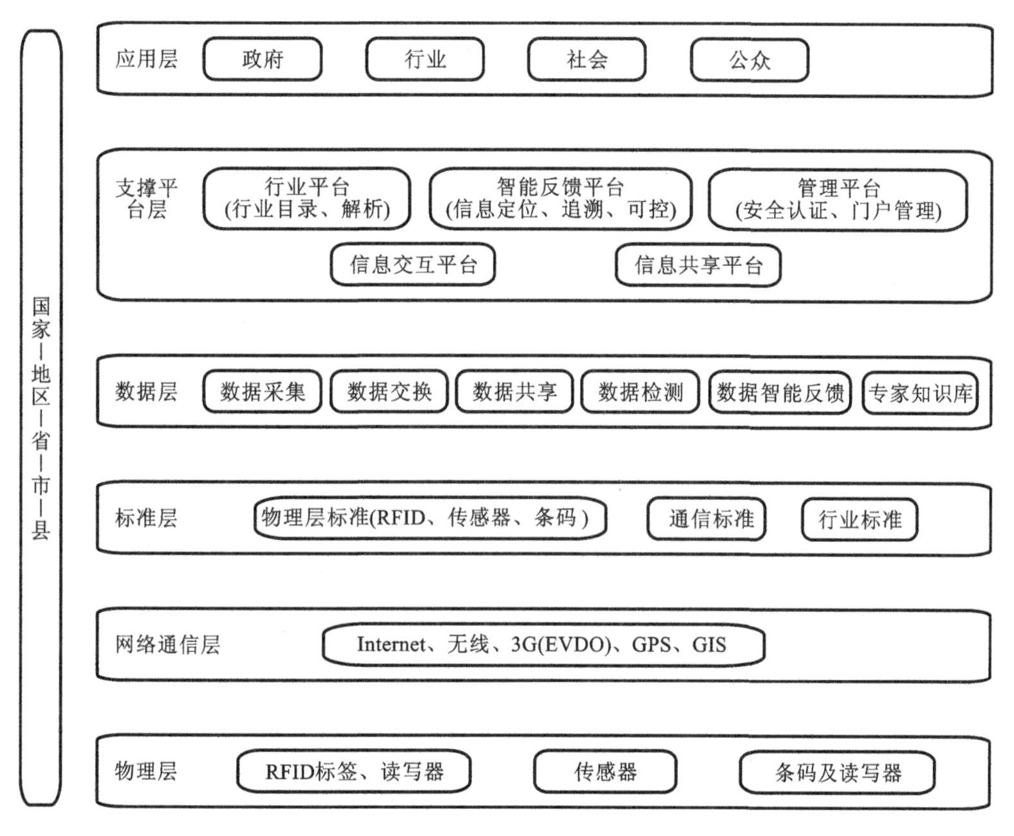

图1-6 分层功能模块图

物联网技术管理将与物联网相关的技术、教育、法律、经济和政治等方面密切相关。在层次化的物联网系统的接入终端、接入系统包含信息源终端、RFID事件、传感器事件、二维码事件等，通过因特网、无线网、移动网实现通信。

物联网实现对万物的高效、节能、安全、环保的“管、控、营”一体化，因此，物联网运作是具有经济性的管理活动。

物联网技术管理的定义

物联网技术管理是指在社会再生产过程中，根据物联网技术运行的特点，应用管理的基本原理和科学方法，对物联网的末梢节点、接入层、承载网络层、应用控制层和用户层进行计划、组织、指挥、协调、控制和监督，使各层活动实现最佳的协调与配合，以降低物联网运营成本，提高物联网效率和经济效益的过程。

三、物联网技术发展存在的问题

因特网把人与所有的物体连接起来，物联网将人与人、人与物、物与物连接起来。虽然物联网的概念早在十多年前就有了雏形，但想要建立理想的物联网还有很多技术需要完善，例如安全、寻址、标准、接入方式、生物工程等。只有通过这些技术进步和统一的规范，才能够获取一个公平的和以用户为中心的物联网。物联网技术发展存在的问题主要有以下几个。

1. 统一的技术标准问题

物联网是互联网的延伸，同样基于 TCP/IP 协议 ，但在接入层面，协议类别就十分繁杂，如 TD-SCDMA、GPRS、传感网等多种通道，而标准化是大规模部署和扩展的必不可少的技术，如果没有大规模部署就谈不上物联网。

2. 寻址问题

每件物品都会在物联网中出现，那么每件物品都需要一个地址。在 IPv4 资源即将耗尽的背景下，物联网需要更多的 IP 地址。需要 IPv6 的支持，但由于 IPv4 网络的庞大规模导致 IPv4 向 IPv6 过渡是一个漫长的过程。因此，物联网一旦使用 IPv6 地址，就必然会存在与 IPv4 的兼容性问题。

3. 安全性能问题

RFID 当初的设计是完全开放的，所以信息安全机制存在严重缺陷。对 RFID 标签加密将使标签成本增加。云服务的透明度也是安全隐患，黑客正是通过操作系统的漏洞来攻击它所服务的应用程序载入内存中的数据的。提供内存数据的保护和隔离是云计算的重要安全需求之一。

4. 实时性与同步性问题

无所不在的物联网对时钟同步的要求明显高于传统的无线网络。它与实际的物理环境联系密切，所以必须采用物理时钟同步，无法使用相对简单的逻辑时钟。但是物理时钟的同步仍然存在着很多问题，例如，无线传感器要求必须采用低能耗工作，时钟同步的数据交换受到限制，同时无线媒介连接方式不可靠，时钟的不同步性将会给物联网的实现带来巨大的障碍。

5. 传统网络的协议算法局限

物联网与传统网络有明显不同的技术要求，前者以数据为中心，后者以传输数据为目的。传统网络的设计依照端到端的边缘论思想，强调将一切与功能相关的处理都放在网络的端系统上，中间节点仅仅负责数据分组的转发。对于物联网，这未必是一种合理的选择。

6. 商业可行性问题

建立物联网，需要大量的资金投入，如 RFID 标签、RFID 标签数据管理中间件、解读器及计算机的购入等资金投入。成本的提高使得人们的可接受度和企业的回报率都成为未知数。另外，标准的争夺是抢占市场先机的关键。尽管物联网的发展还处于起步阶段，已有很多公司开始抢占市场先机，推广自己的标准并申请相关专利。

在中国开展物联网，首先要获得政府的支持，有了雄厚资金后能找到应用物联网的商品，搭建无线网络及系统平台，再进行物品的信息存储，最后进行传感设备的安装。但是，现阶段推广物联网应用的商品仍属于风险投资行为，因为国内在物联网方面缺乏核心技术的累积，同时，国内传感器产业化水平较低，高端产品被国外厂商垄断。另外，我国的宽带建设目前还处于初级阶段，大规模地普及无线传感网络短期内还难以实现，所以物联网在中国的普及还需要做多方面的努力。

任务3 物联网技术应用的研究对象与内容

设备联网就是物联网吗？

还记得大家谈得热火朝天的“mashup”吗？为什么要谈它？因为它是云。你必须利用其他网站的数据和API，精炼，然后提供新的、很酷的服务，类似LivePlasma. com、Pageflakes. com等服务。在消费电子领域，最近一年物联网被炒得沸沸扬扬。大家都想参与其中，让一切设备互联，包括狗脖套、烤面包机、胶底运动鞋，所有一切都争先恐后想连到云计算。

总体来看，对于消费电子而言这是好的趋势。但作为产业要后退一步，认识到真正的连接性远不止云。不能说一些设备连到了网上，就是物联网的一分子。互联网有一个特点——开放性，网站彼此相连相通，通过新颖的方式发挥信息优势。

问题出在哪里呢？这些热门的新鲜物联网设备难道不是连在云计算中吗？

在今天的物联网设备中，复杂性常常被忽略。物联网不仅仅是从设备获得数据，它还要在设备间分享数据。今天，大多数人认为这意味着可以通过智能手机程序控制冰箱、电灯，但这仅仅是开始。实际上，物联网未来需要开放性和弹性，它必须兼容多种网络和多种设备。即使没有网络连接，设备也应该能运行，增加价值。这正是问题所在，我们看待问题过于简单。一切都是互联的，这点没错。不管是通过WiFi、蓝牙、ZigBee、Z-Wave、以太网、Powerline或者3G，都是互联的。然而，如果无视底层连接技术，要让所有设备能发现、连接彼此并对话就有点理想主义了。有人认为所有设备只应该与自己的云服务相连，这种想法让人不安。如果某个云服务瘫痪了怎么办？如果无法从外部访问互联网怎么办？是不是说智能设备就会因此失去所有“智能”性？隐私怎么处理？

任务1：物联网应用的重点领域。

任务2：物联网技术管理研究内容。

物联网的发展再次印证了“应用是发明创造的根本推动力”这个道理。物联网所产生的巨大吸引力源于其具有的广阔应用领域和美好应用前景。

一、物联网技术应用领域

物联网技术应用领域可以分为四个大类，分别是用于提高生产效率、保障社会安全、方便日常生活以及服务公共事业。

1. 物联网提高生产效率

物联网服务生产企业，可以有效地提高企业的生产效率和管理水平。如在电力业、农业和物流业等对国民经济发展起基础和重要作用的行业，已有许多较为成熟的基于物联网技术的解决方案用于优化生产过程、提高企业的生产力和竞争力。

电力系统是一个复杂的网络系统，其安全可靠运行不仅可以保障电力系统的正常运营与供应，避免安全隐患所造成的重大损失，而且是全社会经济稳定和发展的基础。按电力系统安全监控的要求，物联网可以全面应用于电力传输的整个系统，从电厂、大坝、变电站、高压输电线路直至用户终端，对电力系统运行状态的实时监控和自动故障处理，确定电网整体的健康水平，触发可能导致电网故障的早期预警，采取相应的措施，并在事后分析电网系统的故障。

"粮足天下安"，这说明农业生产对一个国家的经济生活具有举足轻重的作用。农业物联网利用温度、湿度、光照、化学等多种传感器对农作物的生长过程进行全程监控和管理，并且实时调整生产过程中的有机化学合成的肥料、农药、生长调节剂等的使用量，促进农作物增长增收。

在为客户提供最好服务的前提下，尽可能降低物流的总成本，现代物流行业的目标包括物流反应快速化、物流服务系列化、物流作业规范化、物流手段现代化、物流组织网络化及物流信息电子化等。物联网中的 RFID 技术已经在现代物流系统中得到了成功的应用，大大提高了物流企业的运营效率。

2. 物联网保障社会安全

经济高速发展的同时也会引发一定的社会问题，为整个社会的安全带来隐患。有效预防违法犯罪活动是制止违法犯罪的最好方式，也可以最大限度降低违法犯罪造成的损失。

社区、楼宇、家庭等场所是各种设施和安防系统密集分布的区域，小区、家庭、停车场、仓库等不同区域都需要进行监控，各种车辆、人员、视频、声音、身份、位置等多种信息也都存在感知的必要性，而现有分散建设的安防系统难以满足如此复杂的智能化要求。只有基于现有的安防系统基础，大力加强物联网平台建设，促进信息融合和智能化建设，降低建设和运行维护成本，提高安防和管理效率，才能真正实现有效的安防。

3. 物联网方便日常生活

居住环境的便利性、舒适性甚至艺术性一直是人类生活追求的目标。智能家居通过综合采用先进的物联网技术，建立一个由家庭安全防护系统、网络服务系统和家庭自动化系统组成的家庭综合服务与管理集成系统，从而实现一个舒适的居住环境。

与普通的家居相比，智能家居不仅具有传统的居住功能，提供舒适、安全、高品位且宜人的生活空间，还由原来的被动静止结构转变为具有能动智慧的工具，帮助家庭与外部保持信息交流，帮助人们有效安排时间。

智能家居的基本目标是将家庭中各种与信息相关的通信设备、家用电器和家庭保安装置，通过有线或无线的方式，连接到一个家庭智能化系统上进行集中的或者异地的监视、控制和管理，保持这些家庭设施与住宅环境的和谐与协调。

4. 物联网服务公共事业

环境保护是政府所负责公共事业的一个重要组成部分，也是物联网技术应用较早的领域。物联网等环境信息化技术作为环境保护的新兴领域，代表着环境保护事业未来的发展方向，同时也是生态文明建设的重要举措。

在推进经济社会发展的过程中，充分考虑生态环境的承受力，统筹考虑当前发展和未来发展的需要，利用物联网等现代信息技术对污染严重的生态环境进行详查和动态监测，对森林资源、草地资源、生物多样性、水土流失、农业面源污染、工业及生活污染等及时做出监测和预警，是生态环境建设对环境信息技术研发与应用提出的要求。

在实际的日常环境监测、保护工作中，通过布设物联网使得环境信息化，能够建立起环境监测、污染源监控、生态保护和核安全与辐射环境安全等信息系统，有利于实时收集大量准确数据，进行定量和定性分析，为环境管理工作提供科学决策支持。

二、当今物联网技术重点应用领域

"物联网"理念是实现物与物的智能连接。物联网的应用需求可以从不同角度划分，各个角度的应用又相互渗透和交叉。图1-7展示了未来物联网的重点应用需求场景。

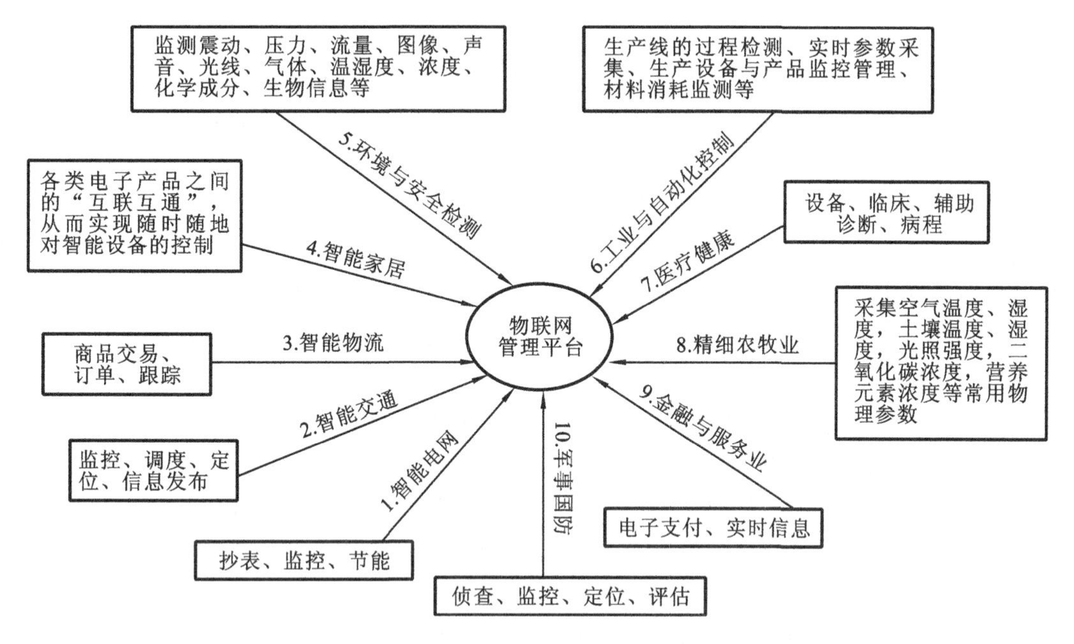

图1-7　未来物联网应用需求场景图

1. 智能电网

传统的电网采用的是相对集中的封闭管理模式，效率不高，每年在全球发电和配送过程中的浪费是十分惊人的。在没有智能电网负载平衡或电流监视的情况下，每年全球电网浪费的电能足够印度、德国和加拿大使用一整年。

通过物联网在智能电网中的应用完全可以覆盖现有的电力基础设施，可以分别在发电、配送和消耗环节测量能源，然后在网络上传输这些测量结果。智能电网可以自动优化相互关联的各个要素，有助于做出更好的整个电网的供配电决策。对于电力用户，通过智能电网可以随时获取用电费用(查看用电记录)，根据了解到的信息改变其用电模式；而对于电力公司，可以实现电能计量的自动化，摆脱大量人工繁杂工作，通过实时监控，实现电能质量监测、降低峰值负荷，整合各种能源，以实现分布式发电等一体化高效管理；对于政府和社会，可以及时判断浪费能源设备，以及决定如何节省能源、保护环境。最终实现更高效、更灵活、更可靠的电网运营管理，进而达到节能减排和可持续发展的目的。

2. 智能交通

城镇化的加速发展和私家车的爆炸式发展，使我国已经进入了汽车化的时代。然而，交通基础设施和管理措施跟不上汽车数量的增加速度，带来了诸如交通阻塞、交通事故等诸多问题。

要减少堵车，除了修路以外，智能交通系统也可使交通基础设施发挥最大效能。通过物联网可将智能与智慧注入城市的整个交通系统，包括街道、桥梁、交叉路口、标识、信号和收费等等。通过采集汇总地埋感应线圈、数字视频监控、车载GPS、智能红绿灯等交通信息，可以实时获取路况信息并对车辆进行定位，从而为车辆优化行程，避免交通拥塞现象，选择泊车位置。交通管理部门可以通过物联网技术对出租车、公交车等公共交通进行智能调度和管理，对私家车辆进行智能诱导以控制交通流量，侦察、分析和记录违反交通规则行为，并对进出高速公路的车辆进行无缝检测、标识和自动收取费用，最终提高交通通行能力。

未来，通过物联网技术将实现车辆与网络相连，使城市交通变得更加聪明和智慧。因此，智能交通将缓解拥堵、缩减汽车油耗和二氧化碳排放量，改善人们的出行状况，提高人们的生活质量。

3. 智能物流

物流就是将货物从供应地向接收地准确、及时、安全地进行配送的过程。传统的物流模式达到了物流的基本要求，但是，随着经济的发展和对现代物流要求的提高，传统物流模式的局限性日益显现：采购、运输、仓储、生产、配送等环节孤立，缺乏协作，无法实时跟踪货物状态，而且成本比较高，效率低下。

如果考虑在货物或集装箱上加贴RFID电子射频标签，同时在仓库门口或其他货物通道安装RFID终端，就可以自动跟踪货物的入库和出库，识别货物的状态、位置、性能等参数，并通过有线或无线网络将这些位置信息和货物基本信息传送到中心处理平台。通过该终端的货物状态识别，可以实现物流管理的自动化和信息化，改变人工识别盘点和识别方式，使物流管理变得非常顺畅和便捷，从而大大提高物流的效率和增强企业的竞争力。

不仅如此，智能物流通过使用搜索引擎和强大的分析可以优化从原材料至成品的供应链，帮助企业确定生产设备的位置，优化采购地点，制定库存分配战略，实现真正端到端的无缝供应链。这样就能增强企业控制力，同时还能减少资产消耗、降低成本（交通运输、存储和库存成本），也能改善客户服务（备货时间、按时交付、加速上市）。

4. 智能家居

智能家居分为广义和狭义两个概念。

狭义智能家居是各类消费类电子产品、通信产品、信息家电及智能家居等通过物联网进行通信和数据交换，实现家庭网络中各类电子产品之间的“互联互通”，从而实现随时随地对智能设备的控制。例如，家庭环境系统检测到室内湿度太高，它会配合启动空调采取除湿措施；厨房的油烟浓度过高，它会启动抽油烟机；天气骤然降雨或外面噪声过大，它会自动关闭窗户；太阳辐射较大，它会自动关闭窗帘。

广义家居指智能社区建设，主要是以信息网、监控网和电话、电视网为中心的社区网络系统，通过高效、便捷、安全的网络系统实现信息高度集成与共享，实现环境和机电设备的自动化、智能化监控。智能社区可以通过社区综合网络进行暖通空调、给排水监控、公共区照明、停车场管理、背景音乐与紧急广播等物业管理及门禁系统、视频监控、入侵报警、火灾自动报警和消防联动等社区的安全防范。智能社区建设是一个不断改进和完善的过程。随着技术进步和我国不断深化管理体制改革，目前独立的互联网、电话和电视网三个网络逐步融合为一个统一的综合网络，进一步提高社区的数字化水平，实现信息资源共享和设备的优化配置。

5. 环境与安全检测

我国正处于工业化、城镇化的快速发展时期，各种传统和非传统的、自然的和社会的风险及矛盾并存，公共安全和应急管理工作面临严峻形势，亟待构建物联网来感知公共安全隐患。

物联网可以广泛地应用于环境与公共安全检测中，例如地表、堤坝、道路交通、公共区域、危化品、水资源、食品安全生产环节及疫情等容易引起公共安全事故发生的源头、场所和环节。监测的内容包括震动、压力、流量、图像、声音、光线、气体、温湿度、浓度、化学成分、生物信息等。可见，公共安全监测领域覆盖范围广，监测指标多，内容与人民生活密切相关。

公共安全管理的关键是预先感知，公共安全事件发生的隐患越早被识别，就可以越及时地采取措施，损失就越小。建立完善的公共安全监测物联网将可为公共安全风险提供有效的预防机制，使得重大安全事件得以及时、有力、透明地解决。

6. 工业与自动化控制

面对越来越激烈的市场竞争，提升企业生产效率已经成为抢占市场、增加利润的主要方式。物联网技术能够有效加强企业管理，提高生产效率和产品质量，降低产品成本和减少资源消耗，将传统工业提升到智能工业的新阶段。

物联网技术可应用于生产线的过程检测、实时参数采集、生产设备与产品监控管理、材料消耗监测等，并通过与企业ERP系统对接，实现管控一体化和质量溯源，提升生产管理水平和产品质量档次；通过物联网技术可监控生产环境及设备状态，如设备运转的温度、周边环境的湿度等，对设备的运行状态的确认和环境的实时监测，达到安全生产的目的；物联网与环保设备融合可实现对工业生产过程中产生的各种污染物COD等关键指标进行实时监控，防止突发性环境污染事故的发生；另外，也可将物联网技术应用于员工的出勤管理：员工是企业的重要有形资产，员工的出勤对提升企业的人力资源效率有积极作用。采用RFID技术可实现完全自动化的考勤管理，切实增强员工的责任意识和提高员工的执行力。

7. 医疗健康

医疗健康是人民群众普遍关心的问题之一。医疗保健所存在的问题是高昂的价格，有限的服务，居高不下的差错率，主要原因是医疗保健系统不是一个系统，药物研发、药品流通、病人、医疗机构、保险商等人、物环节没有很好地连接起来，信息传递不够畅通。智慧的医疗保健系统将建立以病人为中心的真正的医疗保健系统。比如，用联网的医疗保健数据库资料和详尽的分析对疑难症状来做出更准确的诊断；用远程或就近社区卫生服务中心的方式免去行动不便的患者奔波排队之苦；用自动收集和跟踪技术来获得测量数据并及时反馈给医疗机构；用智能化及信息化的医院建设来有效提高服务效率，改善医疗环境，融洽医患关系，达到经济效益与社会效益的双赢。

8. 精细农牧业

传统的粗放式农业模式已远不能适应农业可持续发展的需要，产品质量问题，资源严重不足且普遍浪费，环境污染，产品种类需求多样化等诸多问题会使农业的发展陷入恶性循环。

智能精确农业可以促进农业发展方式的转变，实现高效利用各类农业资源和改善环境这一可持续发展目标。物联网在精细农业上的应用主要是通过有线或无线传感器终端采集空气温度、湿度，土壤温度、湿度，光照强度，二氧化碳浓度，营养元素浓度等常用物理参数，然后把数据发送到中心处理平台进行汇总和处理，做到对农产品环境有效的监测，及时发现并对农田进行智能灌溉、施肥，减少病虫害的发生，保证农作物有一个良好的、适宜的生长环境；在畜牧精准养殖方面，通过给每个牲口固定 RFID 耳标的方式，自动跟踪并随时掌握牲口的重要属性，还可以记录喂食、称重、疾病管理和饲养等各项生产操作，从而降低人工成本，保证畜产品安全，为提高畜产品质量起到重要的促进作用。

9. 金融与服务业

物联网的发展给金融业和服务业带来许多新的发展空间。例如手机支付，客户只要更换新的 RFID-SIM 卡（无须更换手机号码），再在 RFID-SIM 卡的消费账户上存些钱，即可利用手机在装有 POS 机的商家（连锁超市、商场等）进行现场的“刷卡”消费。手机支付具有远程及移动支付等强大功能，能够随时随地享受金融支付服务，同时具备网上银行所有的功能；而且技术支持安全可靠，避免了银行磁卡容易被复制盗用的风险。在餐饮服务行业，物联网技术可以帮助建立智慧餐厅系统：当客户在餐桌上自助点菜操作时，点菜数据就可以实时传至前台和厨房，以提高点菜效率，而且菜品能够实时更新，节省纸张，节省点餐服务员，提升服务品质。

在旅游服务业，利用物联网技术打造的智慧旅游服务中心，可通过网上一站式自助购票和电子门票入园方式节省购票排队等待的时间，同时杜绝假票和人为因素；游客可以通过手机读取二维码，获取包含地图路线、观光咨询等旅游信息；通过视频监控后台分析客流量，用电子导游牌主动给游客提供建议，使景点平衡游客数量，同时可以科学地保护好古迹。

10. 军事国防

物联网最初也是从空战中的敌我识别演化而来的，事实上，物联网技术始于战争需要，并在战争实践应用中得到发展。现在物联网技术在军事上的主要应用是把军事领域的各种军事要素（如人员、车辆、武器装备、卫星、雷达等）联系起来组成有机整体，实现作战部队互联、互通，达到精确感知战场态势。通过对作战地形、气候等战场环境，对敌、我方兵力部署、武器配置、运动状态等信息的实时掌握，形成高效的作战平台，进而综合分析敌、我方的计划和意图，精确、动态地集成和控制各种信息资源，进行战术指挥，快速打赢现代信息化战争。

三、物联网技术管理研究

（一）物联网技术管理的研究对象

物联网正在成为继计算机、互联网和移动通信网之后全球信息产业的又一次科技与革命浪潮。在 IT 产业里有个“十五年周期律”，就是说信息技术每隔 10～15 年会发生一次重大变革，催生出新的市场、新的业务模式和新的产业规律。物联网的价值在于网，在于应用。感知的信息，如果没有一个庞大的网络体系，不能进行管理和整合，那么物联网就没有意义。

目前我国应建立一个全国性的、综合的业务管理平台，收集各种传感信息，再分门别类地管理，进行有指向性的传输。否则，各自为政将导致效率低、成本高。所以，作为现代管理新的分支，物联网管理的研究对象被确定为：物联网在规划、设计、实现和应用过程中，以信息传递的准确性和安全性为管理主线，以降低物联网设计、实现及运营成本为管理目标。通过对物联网活动规律的探讨，可以创造物联网应用的时间价值和空间价值，有助于社会和企业最有效地完成资源配置。

(二) 物联网技术管理的研究内容

物联网通过设备的融合、网络的融合、平台的融合实现服务的融合、业务的融合和市场化的融合。如何与国际接轨,形成具有自主知识产权的物联网标准和掌握核心技术是我国物联网发展所面临的主要问题,这需要早谋划、抓重点、迈实步。物联网技术管理的研究内容主要包括以下三个方面。

1. 物联网技术发展需要解决的问题

(1) 标准先行,保障利益。标准化对物联网技术的大规模应用而言是非常紧迫的。标准化是一个新兴的产业必经的一个阶段。标准化的工作,如果不能形成,那么整个产业的发展会受到很大的限制。我们要高度重视物联网标准体系的建设工作,加强组织协调,统一部署,明确方向,突出重点,分工合作,分步实施,稳步推进物联网标准的制定和推广应用工作,同时也要注意国际物联网应用的发展动态,结合实际国情和产业现状,尽快形成较为完善的物联网标准体系。

(2) 统一规划,分步推进。物联网在许多行业都有广泛的应用,而这些应用具有很大的交叉性,但这些行业又分别归不同的部门管理,各部门都有各自的利益,在产业化过程中必须克服各自为政,必须加强各行业主管部门的协调与互动,才能有效保障物联网产业的顺利发展。同时,物联网又是一个复杂、庞大的系统工程,组建、运行、维护物联网都是一项非常复杂的工作,这些都必须由政府来统一组织、统一规划、分步推进。

(3) 重视安全,健康运行。物联网由大量的终端设备构成,缺少人的有效监控,并且数量庞大,这些特点使得物联网除了具有传统网络的安全问题之外,还有其自身的安全问题。物联网各层均存在安全问题。

安全和隐私是物联网发展的瓶颈和最大挑战,因此需要下大力气研究适用于物联网的网络安全体系结构和安全技术,包括物理安全策略、访问控制策略、信息加密策略、网络安全管理策略,以及物理安全技术、系统安全技术、网络安全技术、应用安全技术、安全管理体系结构等。

(4) 掌握核心技术,防止受制于人。物联网技术作为国家战略新兴技术,如果不掌握关键的核心技术,就不能形成产业核心竞争力,在未来的国际竞争中就会处于不利的地位。而抢占物联网技术与产业制高点的关键是掌握物联网核心技术。我国已经成为信息技术的大国,要成为信息技术的强国,必须突破关键的共性技术,以应用技术为支撑加强应用创新。

(5) 应用驱动,示范引领。物联网产业的发展必须靠应用来驱动。物联网有许多应用领域,如应急、物流、教育、节能、环境监测等。我们必须面向行业信息化应用需求,设计并实现基于融合移动通信和无线接入网络、传感器网络、RFID 网络等的基础设施,解决行业应用领域的技术创新和流程优化问题。

2. 物联网技术与应用投资及带动效应

当前,物联网技术应用有两种模式:第一种是在已有应用中引入物联网技术,提高生产管理效率;第二种是建立物联网应用示范,推广一种新的应用。在第一种模式中,通过对比,人们可以发现物联网技术的优越性,主动淘汰陈旧过时的生产管理技术;在第二种模式中,人们通过亲身体验和感受,逐渐接受物联网所提供的新应用服务。

物联网技术应用还处于起步阶段,目前全球物联网应用主要是 RFID、传感器、M2M 等应用项目,大部分是试验性或小规模部署的,处于探索和尝试阶段,覆盖国家或区域性大规模的应用较少。随着物联网应用规模的逐步扩大,以重点应用项目带动的局面将会逐渐出现,如表1-3所示。

表 1-3　物联网技术在重点领域的应用投资及带动效应[①]

重点领域	投资额/(亿元/年)		带动产出/(亿元/年)		带动就业/(万人/年)	
	2012—2015	2016—2020	2012—2015	2016—2020	2012—2015	2016—2020
智能交通	1 890	2 760	6 580	9 410	100	150
智能电网	2 150	2 150	7 090	7 220	110	120
医疗卫生	710	1 140	2 430	3 830	40	60
环保监测	150	160	510	540	9	9
智能制造	5 300	13 340	18 190	44 800	300	750
智能建筑	4 530	11 290	15 550	37 920	260	630
合计	14 730	30 840	50 350	103 720	819	1 719

物联网在各行业领域的应用目前仍以点状出现,覆盖面较大、影响范围较广的物联网应用案例从全球来看依然非常有限,不过,随着世界主要国家和地区政府的大力推动,以点带面、以行业应用带动物联网应用的产业发展效益正在显现。

3. 物联网技术管理范围

现代物联网系统是计算机技术、网络通信技术、传感器技术、机电控制技术、管理学、经济学和市场营销学等综合性研究的应用领域。这些学科的发展与创新,不断为物联网管理学科的发展提供有效的理论与技术支持,同时,物联网管理学的发展又支持了相关学科的发展。这也是当今交叉科学和边缘科学发展的一般规律。物联网技术管理范围主要包括以下三个方面。

(1) 对物联网系统诸要素的研究,即对其中人、财、物、设备、方法、时间和信息七大要素的管理研究。

(2) 对物联网各层次的管理研究,即对末梢节点(信息采集)、接入层、承载网络层、应用控制层和用户层的管理研究。

(3) 对物联网活动中各具体职能的管理研究,即对物流计划、质量、技术、经济职能等的管理研究。

四、物联网未来展望与发展探索

展望物联网未来的主要应用及物联网的发展前景,从关键技术创新工程、标准化推进工程、“十区百企”产业发展工程、公共服务平台建设工程、重点领域应用示范工程等几个方面对物联网发展提出建议。

(一) 展望物联网的未来

展望物联网的未来,可以发现民众生活、城市管理和行业专业是未来物联网应用的三大领域。

在民众生活方面,物联网主要从家庭和城市两个层面为人类提供智慧的生活方式。家庭层

① 资料来源:国务院发展研究中心报告(2010年)。

面的智慧生活是通过语音、姿态识别技术实现家电的智能控制功能，家居设备可以根据环境信息进行主动性和适应性的调节，感知设备通过识别人的行为，判断人的位置从而触发智能化的服务；城市层面的智慧生活是围绕人们日常的生活、工作、休息和娱乐等环节，合理调度电力、供水、通信、交通等资源，为人们提供全方位舒适的服务。

在城市管理方面，物联网从企业、交通、通信、供水、电力、市政管理等城市重要组成部分入手，为未来城市提供智能的系统解决方案和管理平台。采用新的计算模式和分析手段，将分布于城市各个角落的监控系统传回的数据转化为智能决策的依据，帮助管理者更好地了解城市内发生的状况，并且采取更有效的行动。物联网应用于城市管理有助于制定城市的长期战略和短期目标，改善市民体验和提高市民生活效率，优化城市的服务和运作。

在行业专业方面，基于物联网技术和系统的典型应用包括智能电网、智能交通、智能医疗、智能农业、智能环保、智能物流和零售等。高度智能化、集成化、泛在化的物联网系统将为各种行业带来新的发展机遇，从而推动整个人类社会生产力的全面提升。

（二）对物联网发展的探索

为加快物联网发展，培育和壮大新一代信息技术产业，“十二五”期间我国在物联网发展方面实施了如下五大重点工程。

1. 关键技术创新工程

“十二五”期间充分发挥企业主体作用，积极利用高等院校和研究所实验室的现有研究成果，在信息感知和信息处理技术领域追赶国际先进水平，在信息传输技术领域达到国际领先水平，增强信息安全保障能力，力争尽快突破关键核心技术，形成较为完备的物联网技术体系并实现产业化，具体包括以下四个方面的技术。

1）信息感知技术

信息感知技术主要包括超高频和微波 RFID、微型和智能传感器、位置感知三个方面。超高频和微波 RFID 是指要积极利用 RFID 行业组织，开展芯片、天线、读写器、中间件和系统集成等技术协同攻关，实现超高频和微波 RFID 技术的整体提升。微型和智能传感器是指面向物联网产业发展的需求，开展传感器敏感元件、微纳制造和智能系统集成等技术联合研发，实现传感器的新型化、小型化和智能化。位置感知是指基于物联网重点应用领域，开展基带芯片、射频芯片、天线、导航电子地图软件等技术的合作开发，实现导航模块的多模兼容、高性能、小型化和低成本。

2）信息传输技术

信息传输技术包括无线传感器网络和异构网络融合两个方面。无线传感器网络是指开展传感器节点及操作系统、近距离无线通信协议、传感器网络组网等技术研究，开发出低功耗、高性能、适用范围广的无线传感网系统和产品。异构网络融合是指加强无线传感器网络、移动通信网、互联网、专网等各种网络间相互融合技术的研发，实现异构网络的稳定、快捷、低成本融合。

3）信息处理技术

信息处理技术包括海量数据存储、数据挖掘和图像视频智能分析三个方面。海量数据存储是指围绕重点应用行业，开展海量数据新型存储介质、网络存储、虚拟存储等技术的研发，实现海量数据存储的安全、稳定和可靠。数据挖掘是指瞄准物联网产业发展重点领域，集中开展各种数据挖掘理论、模型和方法的研究，实现国产数据挖掘技术在物联网重点应用领域的全面推广。图像视频智能分析是指结合经济和社会发展实际应用，有针对性地开展图像视频智能分析理论与方法的研究，实现图像视频智能分析软件在物联网市场的广泛应用。

4）信息安全技术

信息安全技术是指构建"可管、可控、可信"的物联网安全体系架构，研究物联网安全等级保护和安全测评等关键技术，提升物联网信息安全保障水平。

2. 标准化推进工程

"十二五"期间以构建物联网标准化体系为目标，依托各领域标准化组织、行业协会和产业联盟，重点支持共性关键技术标准和行业应用标准的研制，完善标准信息服务、认证、检测体系，推动一批具有自主知识产权的标准成为国际标准，具体包括以下五个方面的工作。

1）标准体系架构

全面梳理国内外相关标准，明确我国物联网发展的急需标准和重点标准，开展顶层设计，构建并不断完善物联网标准体系。

2）共性关键技术标准

重点支持标识与解析、服务质量管理等共性基础标准和传感器接口、超高频和微波 RFID、智能网关、M2M、服务支撑等关键技术标准的制定。

3）重点行业应用标准

面向工业、环保、交通、医疗、农业、电力、物流等重点行业需求，以重大应用示范工程为载体，总结成功模式和成熟技术，形成一系列具有推广价值的行业应用标准。

4）信息安全标准

制定物联网安全标准体系框架，重点推进物联网感知节点、数据信息安全标准的制定和实施，建立国家重大基础设施物联网安全监测体系，明确物联网安全标准的监督和执行机制。

5）标准化服务

整合现有标准化资源，建立国内外标准信息数据库和智能化检索分析系统，形成综合性的标准咨询、检测和认证服务平台，建立物联网编码与标识解析服务系统。

3. "十区百企"产业发展工程

"十二五"期间，我国重点培育 10 个产业聚集区和 100 个骨干企业，形成以产业聚集区为载体，以骨干企业为引领，专业特色鲜明、品牌形象突出、服务平台完备的现代产业集群。

产业聚集区是指培育以研发中心、研发型企业、测试认证中心为主体的综合物联网产业聚集区。紧密结合相关行业应用特点，在感知制造、通信运营、应用服务等领域打造具有鲜明特色的物联网产业聚集区，实现产业链上下游企业的汇集和产业资源整合。

骨干企业培育是指在全国范围内培育 100 家掌握核心关键技术、经营状况良好、主业突出、产品市场前景好、对产业发展带动作用大、发展粗具规模的物联网产业骨干企业。

4. 公共服务平台建设工程

"十二五"期间在国家和各级地方政府主管部门的政策引导和资金扶持下，充分发挥园区、企业、科研院所等责任主体的作用，实现平台的多方共建，充分整合现有资源，建立资源共享优势互补的公共服务平台，具体包括公共技术平台、应用推广平台、知识产权平台和信息服务平台。

公共技术平台是指针对技术的研究开发、产品的验证测试和质量检测等需求，整合全行业的技术资源，提供面向软件、硬件、系统集成方面的共性技术服务。

应用推广平台是指针对前沿技术、解决方案、科研成果、专利等内容，为使用者提供最直观的使用体验和前瞻示范，促进科技成果转化。

知识产权平台是指建立覆盖支撑技术创新和应用创新的知识产权服务体系，建立关键技术和产品及关键应用领域的专利数据库，建立动态的物联网知识产权数据监测与分析服务机制。

信息服务平台是指为政、产、学、研、用各类主体提供及时、丰富的物联网各类信息，为用户提供一站式信息服务。

5. 重点领域应用示范工程

“十二五”期间在重点领域开展应用示范工程，探索应用模式，积累应用部署，推广经验和方法，形成一系列成熟的可复制推广的应用模板，为物联网应用在全社会、全行业的规模化推广做准备。

(1) 经济领域应用示范以行业主管部门或典型大企业为主导，民生领域应用示范以地方政府为主导，联合物联网关键技术、关键产业和重要标准机构共同参与，形成优秀解决方案并进行部署、改进、完善，最终形成示范应用牵引产业发展的良好态势。

(2) 重点领域应用示范工程涉及的领域包括智能工业、智能农业、智能物流、智能交通、智能电网、智能环保、智能安防、智能医疗和智能家居。其中：智能工业包括生产过程控制、生产环境监测、制造供应链跟踪、产品全生命周期监测和促进安全生产和节能减排等方面；智能环保包括污染源监控、水质监测、空气监测、生态监测、智能环保信息采集网络和信息平台建设等方面。

“十二五”时期是我国物联网由起步发展进入规模发展的阶段，机遇与挑战并存：机遇主要表现在应用需求不断拓宽和产业环境持续优化方面，挑战主要来自国际竞争日趋激烈和创新驱动日益明显方面。在“十二五”期间，我国以加快转变经济发展方式为主线，更加注重经济质量和人民生活水平的提高，采用包括物联网在内的新一代信息技术来改造升级传统产业，提升传统产业的发展质量和效益，提高社会管理、公共服务和家居生活智能化水平。

本章小结

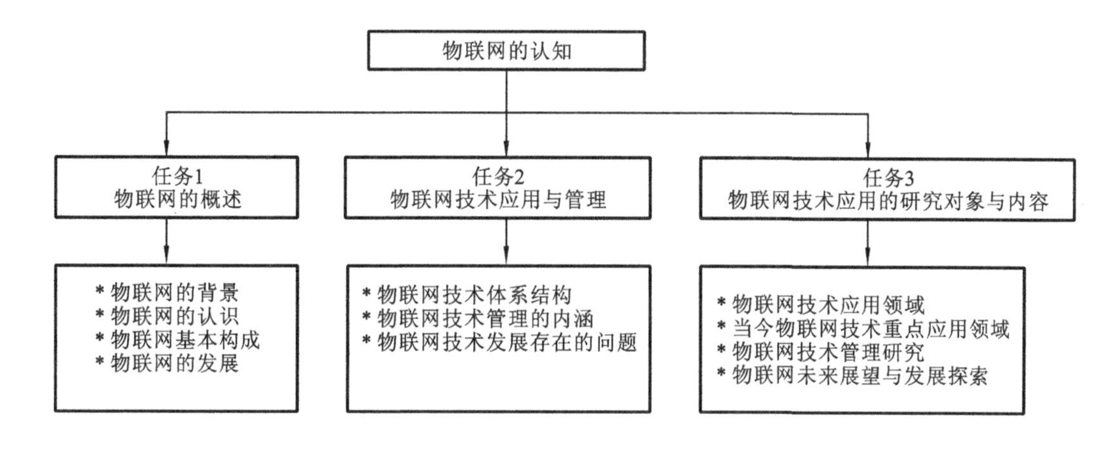

复习思考题

1. 什么是物联网？

2. 物联网与互联网的区别表现在哪些方面？

3. 物联网包括哪些关键性技术？
4. 哪些问题阻碍实现理想中物联网技术的应用？
5. 中国物联网产业与欧美国家物联网产业发展的差距表现在哪些方面？
6. 为什么说物联网将列为我国国家重点发展的战略性的新兴产业之一？

实训与实践

物联网的感性认知

实训内容

通过对中国移动、中国电信、中国联通三家主要的运营商及各地主要物联网信息管理平台的提供商进行走访、调研，达到对物联网这个基于互联网和RFID技术发展的网络有个感性认识。

实训目的

(1) 结合实际，了解物联网的实质：通过各种信息传感设备，如传感器、射频识别技术、全球定位系统、红外感应器、激光扫描器、气体感应器等各种装置与技术，实时采集任何需要监控、连接、互动的物体或过程。

(2) 了解物联网的用途，物联网涵盖智能交通、环境保护、政府工作、公共安全、平安家居、智能消防、工业监测、环境监测、老人护理、个人健康、花卉栽培、水系监测、食品溯源等所有日常生活领域。

(3) 培养认知与自觉养成对物联网活动规律的探讨，创造物联网应用的时间价值和空间价值理念，为社会和企业最有效地完成资源配置培养物联网人才。

实训指导

(1) 主讲教师事先将任务布置下去，并要明确实训的目的与要求。

(2) 以模拟公司或小组(如果尚未组建模拟公司)为单位，利用课余时间，分别选择中国移动、中国电信、中国联通三家主要的运营商的1～2个经营部，以及各地物联网信息管理平台的提供商企业进行调查。

(3) 调查访问结束后，组织一次课堂交流与讨论。

实训组织

在调查访问之前，每位同学需根据课程所学知识，并经过讨论制定调查访问的提纲，包括调研的主要问题与具体安排。具体可参考下列问题。

(1) 该企业组织提供的是公共设施的物联网，还是企业专用的物联网？

(2) 重点访问每家物联网企业的硬件、软件和人力的使用、综合与协调及网络资源配置情况。

(3) 该企业是处于物联网产业发展的哪个产业链环节上，竞争环境如何？

实训考核

(1) 必须到真实企业中做实地调查，并能结合物联网应用领域进行分析。

(2) 评估考核方法：每人写出一份简要的调查访问报告，说明现在企业管理中物联网的应用方法。

第2章

物联网技术

WULIANWANG JISHU YINGYONG SHIWU

知识目标

1. 了解物联网关键技术。

2. 掌握无线传感器网络技术、射频识别技术、二维码技术、M2M物物数据通信技术、GPS技术、微机电系统技术和两化融合系统等物联网的核心技术。

3. 掌握物联网关键技术的特征结构及应用领域。

4. 掌握数据采集、信号处理、协议、管理、安全、网络接入、设计验证、智能信息处理和信息融合等物联网的技术结构。

5. 掌握ZigBee技术、NFC技术、智能嵌入技术的应用。

6. 了解云计算基础设施模式、关键技术及应用与发展。

能力目标

1. 能够理解智能感知技术、自组织网络与通信技术、宽带无线移动通信等当今重点发展的前沿技术，并将无线传感器网络技术广泛应用到人类生活中。

2. 能够将物联网的业务需求研究以面向行业信息化服务为主，以个人公共服务为辅，构建公共技术和业务平台，实现数据交换向信息处理的网络平台转换的目标，完善物联网业务支撑体系。

3. 能够应用物联网技术实现对物理世界数据或事件的信息采集，实现对物理世界的认知。

4. 能够应用云计算技术使用户流畅地处理日渐庞大的信息量，随时随地保持联系，并可与其他同事、客户和合作伙伴进行沟通、共享和协作。

舌尖上的二维码　避免“年夜饭”变成“年夜烦”

近年来，关于食品安全的丑闻层出不穷，先是中央电视台曝光双汇集团为了节约成本添加“瘦肉精”养猪一事；后有媒体爆出上海某超市销售用香精和色素加工而成的染色馒头；再后来中央电视台爆出皮鞋酸奶果冻内幕；蒙牛先是被爆出从其纯牛奶中检出强致癌物，而后在雪糕抽查中发现大肠菌群超标……

食品安全问题是一直备受老百姓关注的问题，临近春节，肉类、海鲜等价格上涨，一些饭店往往会提前一段时间购进年夜饭的原材料，饭菜质量难以保证。而且春节期间用工紧张，一些饭店存在无证人员上岗的现象，工作量大，难免有的环节偷工减料，少数单位食品加工过程也不符合卫生要求。如此一来，很多消费者对一些饭店的年夜饭食品安全问题很是担忧。年夜饭能放心吃吗？

1. 科学溯源码，约束意义大

食品安全问题关系到广大人民群众的健康和生命安全。纵观这几年层出不穷的食品安全事件，我们不难发现，随着科学技术越来越发达，食品领域的问题花样也随之不断翻新，除了需要相关部门加大力度联动起来对其进行综合治理，还必须要有更先进的信息技术来整合现在“乱象频出、险象环生”的食品市场，严格进行食品的质量管理。这就出现了一个前所未有的食品安全管理系统——食品安全溯源体系。

食品安全溯源体系，一种主要是使用RFID技术，在食品包装上加贴一个带芯片的标识，产品进出仓库和运输就可以自动采集和读取相关的信息，产品的流向都可以记录在芯片上。另一种是使用二维码(见图2-1)，消费者只需要通过带摄像头的手机扫描二维码，就能查询到产品的相关信息，所有的记录都会保留在系统内。一旦食品质量在消费者端出现问题，消费者即可通过食品标签上的溯源码利用计算机进行联网查询，查出该食品的生产企业、原材料产地等全部流通信息，相当于食品拥有了一个专属于自己的身份证，此项制度对食品安全与食品行业自我约束具有相当重要的意义。

图2-1 溯源RFID标识与二维码

2. 食品身份证，溯源有保证

在我国，接连不断爆发的食品安全问题已经成为社会关注的焦点。食品溯源体系建设越来越受到关注和重视，被公认是管理和控制食品安全问题的重要手段。食品安全关系到广大人民群众的身体健康和生命安全，国务院出台一系列政策法规，发出《国务院关于进一步加强食品安全工作的决定》，指出要“建立统一规范的农产品质量安全标准体系，建立农产品质量安全例行监测制度和农产品质量安全追溯制度”。

目前，我国北京、上海、福州、湖北、天津、四川等地建立了40多个食品质量安全监管系统试点，开展食品质量安全追溯信息系统试点示范项目并取得了一定的成效。

在上海，走进市场拿起一棵蔬菜，在终端机或移动设备上扫描一下产品上贴着的溯源二维码(见图2-2)，就能轻松了解传统农业各个环节。蔬菜种植、采摘、包装运输、配送的全过程马上一目了然，真正满足了老百姓“明白消费、放心消费”的需求。

福州市民在超市购买一块猪肉后，在查询机上输入“肉品质量追溯码”，仅几秒钟，这块肉的“身世”便呈现在眼前。屠宰、销售等信息一目了然(见图2-3)，肉的质量得到了很好的保障，可以放心食用。

图 2-2　溯源二维码

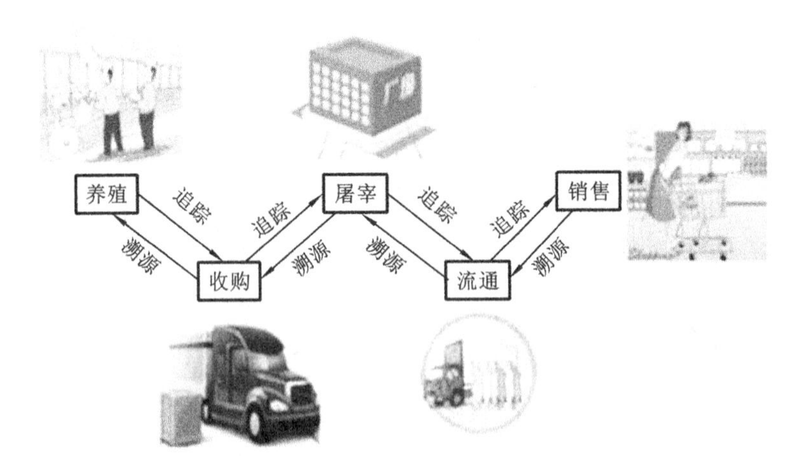

图 2-3　肉品溯源全过程

食品安全关系到广大人民群众的身体健康和生命安全，关系到经济健康发展和社会稳定，关系到政府和国家的形象。基于当前手机用户的广泛性和普及性，利用 3G 网络和 RFID 技术，开发基于手机的可追溯终端，以满足各种环境下使用的便利性和灵活性要求，同时当出现问题时又能通过手机进行及时的沟通和警示，从而体现可追溯系统的完整性和可行性。随着有关食品安全问题的相应措施的出台，相信我们可以放心地吃年夜饭，而不用担心年夜烦了。

利用二维码追溯食品，无形中让消费者及时了解到监管部门对餐饮单位的历次监督信息和处罚信息，从而为选择安全、卫生、放心的餐馆提供了又一新途径。

春节临近，您如果想预订一桌好吃、安全的年夜饭，满足舌尖上的快感，何不用二维码试试？

物联网是利用无所不在的网络技术建立起来的。它把互联网技术和宽带接入传输、无线通信结合起来形成了宽带移动的互联网，再把物品结合起来形成了物联网。物联网技术的核心和基础仍然是互联网技术，是在互联网技术基础上延伸和扩展的一种网络技术。

任务 1　物联网核心技术

如果你摔了一跤，手机可以通过重力感应器来判断使用者摔倒，它会自动通知医院急救，医院根据手机定位，派出救护车；在茶园中放入传感器，可以记录茶叶每时每刻的生长过程中的数据，实现数据的分析和处理；通过二维码就可以查看到产品的生产线流程，建立可追溯系统……因为物联网，这一切，已不再是遥不可及的梦想。

物联网其实并不神秘，它一直就在我们身边。物联网就是将各种信息传感设备，如射频识别、红外感应器、全球定位系统、激光扫描器等装置与互联网结合起来而形成的一个巨大网络。物体通过智能感应装置，再经过传输网络到达指定的信息承载体，实现全面感知、可靠传送和智能处理，最终实现物与物、人与物之间的自动化信息交互与智能处理。在此基础上，人类可以更加精细和动态的方式管理生产和生活，达到“智慧”状态，提高资源利用率和生产力水平，改善人与自然之间的关系。

任务 1：物联网的核心技术有哪些？

任务 2：为物联网的大规模应用和平民化应用提供可靠技术支持的关键是什么？

从物联网的定义及各类技术所起的作用来看，实现物联网的核心技术为无线传感器网络技术、射频识别技术、二维码技术、M2M 物物数据通信技术、全球定位系统技术、微机电系统技术和两化融合系统等广为人知的成熟技术，如图 2-4 所示。其中最关键、核心的技术还是无线传感器网络技术，因为它贯穿了物联网的全部三个层次，是其他层面技术的整合应用，对物联网的发展有提纲挈领的作用。

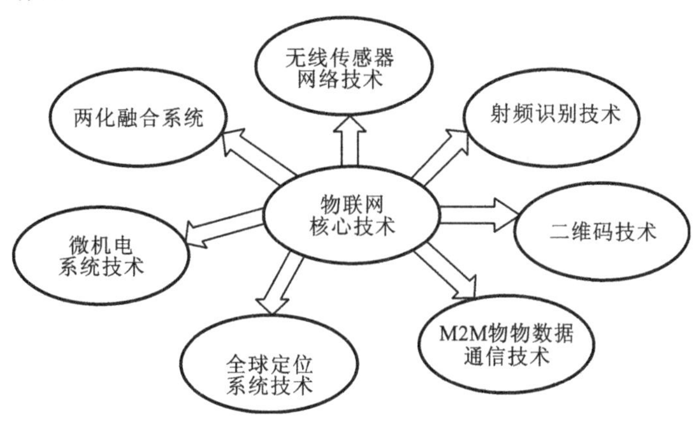

图 2-4　物联网核心技术

无线传感器网络技术涉及数据信息的收集，利用传感器和传感器网络，协作感知、采集网络覆盖区域中被感知对象的信息。信息处理技术是物联网应用系统实现物物互联、物人互联的关键技术之一。基于多个物联网感知互动层节点或设备所采集的传感数据，信息处理技术能够实现对物理变量、状态、模板、事件及其变化的全面、透彻感知，以及智能反馈、决策的过程。信息处理技术涵盖数据处理、数据融合、数据挖掘、数据整合等多个技术领域，实际运用中可以采用并行或串行的方式，基于集中式或分散式的机制来实现。

一、无线传感器网络技术

传感技术同计算机技术与通信技术一起被称为信息技术的三大技术。按照仿生学观点，如果把计算机看成处理和识别信息的"大脑"，把通信系统看成传递信息的"神经系统"的话，那么传感器就是"感觉器官"。

（一）传感器简介

传感器处于观测对象和测控系统的接口位置，是感知、获取和监测信息的窗口，如果说计算机是人类大脑的扩展，那么传感器就是人类五官的延伸，有人形象地称传感器为"电五官"。

传感器技术是半导体技术、测量技术、计算机技术、信息处理技术、微电子学、光学、声学、精密机械、仿生学和材料科学等众多学科相互交叉的综合性和高新技术密集型的前沿研究之一，是现代新技术革命和信息社会的重要基础，是现代科技的开路先锋，也是当代科学技术发展的一个重要标志，它与通信技术、计算机技术共同构成信息产业的三大支柱。

1. 传感器的定义、组成和分类

传感器是一种检测装置，能感受到被测量的信息，并能将感受到的信息，按一定规律变换成为电信号或其他所需形式的信息输出，以满足信息的传输、处理、存储、显示、记录和控制等要求。一般传感器组成框图如图 2-5 所示。

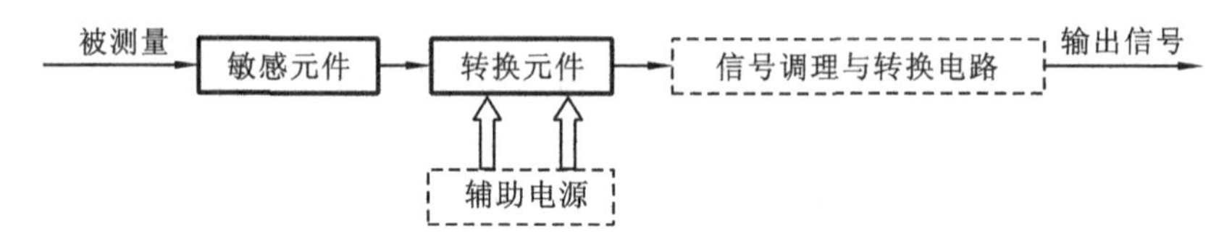

图 2-5　一般传感器组成框图

传感器种类繁多，可按不同的标准分类。按外界输入信号转换为电信号时采用的效应分类，传感器可分为物理、化学和生物传感器；按输入量分类，传感器可分为温度、湿度、压力、位移、速度、加速度、角速度、力、浓度、气体成分传感器等；按工作原理分类，传感器可分为电容式、电阻式、电感式、压电式、热电式、光敏、光电传感器等。表 2-1 给出了常见的传感器分类方法。

表 2-1　传感器分类方法

分类方法	传感器类型	描　述
按输入量分类	温度传感器、湿度传感器、压力传感器、浓度传感器、加速度传感器等	以被测量类型命名，包括物理量、化学量、生物量等
按输出信号分类	模拟传感器、数字传感器、膺数字传感器、开关传感器	以输出信号的类型命名

续表

分类方法	传感器类型	描　述
按工作原理分类	电阻应变式传感器、电容式传感器、电感式传感器、光电式传感器、热电式传感器、光敏式传感器等	以传感器工作原理命名
按敏感材料分类	半导体传感器、陶瓷传感器、光导纤维传感器、高分子材料传感器、金属传感器等	以制造传感器的材料命名
按能量关系分类	能量转换型传感器	也称为换能器，直接将被测量转换为输出电能量
	能量控制型传感器	由外部供给能量，被测量控制输出电能量

2. 传感器性能指标

传感器在稳态信号作用下，其输入、输出关系称为静态特性。衡量传感器静态特性的重要指标是线性度、灵敏度、重复性、迟滞、分辨率和漂移。

1) 线性度

传感器的线性度就是其输出量与输入量之间的实际关系曲线偏离直线的程度，又称为非线性误差。

2) 灵敏度

传感器的灵敏度是其在稳态下输出增量与输入增量的比值。

3) 重复性

重复性表示传感器在按同一方向做全量程多次测试，所得特性不一致性的程度。多次按相同输入条件测试的输出特性曲线越重合，其重复性越好，误差也越小。

4) 迟滞

迟滞特性表明传感器在正向(输入量增大)行程和反向(输入量减小)行程期间，输出-输入特性曲线不重合的程度。

5) 分辨率

传感器的分辨率是在规定测量范围内所能检测输入量的最小变化量。

6) 漂移

传感器的漂移是指在外界的干扰下，输出量发生与输入量无关的、不需要的变化。漂移包括零点漂移和灵敏度漂移等。

3. 物理传感器

物理传感器是检测物理量的传感器。它是利用某些物理效应，将被测的物理量转化成便于处理的能量信号的装置。

1) 电阻应变式传感器

电阻应变式传感器以应变效应为基础，利用电阻应变片将应变转换为电阻变化。

2) 压电式传感器

压电式传感器以某些物质所具有的压电效应为基础，在外力作用下，在电介质的表面产生电荷，从而实现非电量测量。压电效应分为正压电效应和逆压电效应两种。

3）光纤传感器

光纤传感器以光作为敏感信息的载体，将光纤作为传递敏感信息的媒介，它与以电为基础的传感器有本质区别。光纤传感器的主要优点包括电绝缘性能好、抗电磁干扰能力强、非侵入性好、高灵敏度和容易实现对被测信号的远距离监控等。

4. 化学传感器

化学传感器必须具有对被测化学物质的形状或分子结构进行俘获的功能，同时能够将被俘获的化学量有效地转换为电信号。下面以气体传感器和湿度传感器作为化学传感器的代表进行介绍。

1）气体传感器

气体传感器是指能将被测气体浓度转换为与其成一定关系的电量输出的装置或器件。气体传感器从结构上可以分为两大类，如图 2-6 所示，即干式和湿式气体传感器。凡构成气体传感器的材料为固体者均为干式气体传感器，主要包括接触燃烧式气敏传感器、半导体式传感器、固体电介质式（ZrO_2-C_2O）传感器、红外线吸收式气敏传感器、导热率变化式（热线、热敏电阻）气体传感器等几种；凡利用水溶液或电解液感知待测气体的称为湿式气体传感器，包括以固定电位电解式为代表的极谱式和原电池式气体传感器。

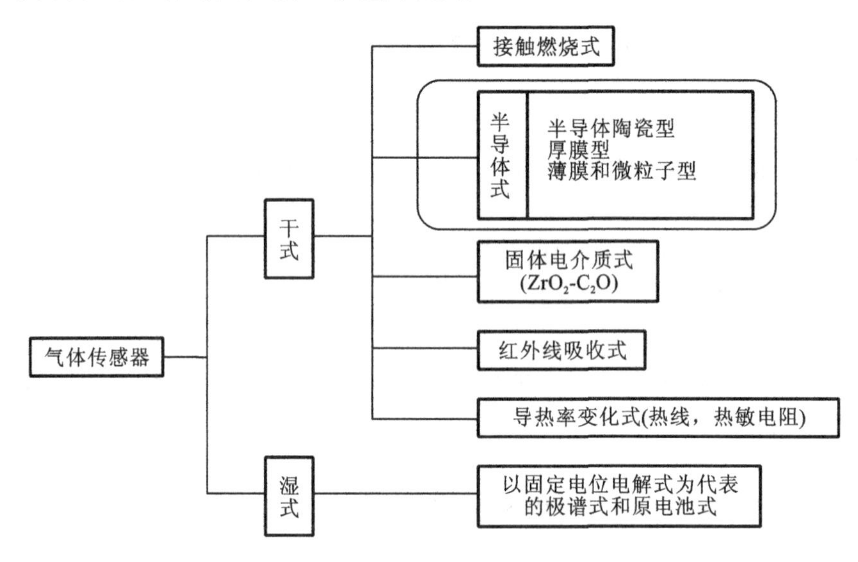

图 2-6 气体传感器分类图

2）湿度传感器

湿度传感器是指能将湿度转换成与其成一定比例关系的电量输出的装置。湿度传感器包括电解质系、半导体及陶瓷系、有机物及高分子聚合物系三大系列。电解质系湿度传感器包括无机电解质和高分子电解质湿敏元件两大类。

5. 生物传感器

生物传感器通常将生物物质固定在高分子膜等固体载体上，被识别的生物分子作用于生物功能性人工膜时，会产生变化的电信号、热信号、光信号进行输出。生物传感器中固定化的生物物质包括酶、抗原、激素及细胞等。酶传感器主要由固定化的酶膜与电化学电极系统复合而成。

微生物传感器是以活的微生物作为分子识别元件的传感器。免疫传感器由分子识别元件和电化学电极组合而成。抗体或抗原具有识别和结合相应的抗原或抗体的特性。

6. MEMS传感器

MEMS(micro-electro-mechanical systems)是微机电系统的缩写,MEMS技术建立在微米/纳米基础上,是对微米/纳米材料进行设计、加工、制造、测量和控制的技术。完整的MEMS是由微传感器、微执行器、信号处理和控制电路、通信接口和电源等部件组成的一体化的微型器件系统。

7. 无线传感器

无线传感器由很多不同的传感器组成,如图像传感器、红外传感器、声波传感器、雷达传感器等。

1) 图像传感器

图像传感器属于光电产业里的光电元件类,随着数码技术、半导体制造技术及网络的迅速发展,目前市场和业界都面临着跨越各平台的视讯、影音、通信大整合时代的到来,勾画着未来人类的日常生活美景。

2) 红外传感器

红外传感器是利用红外线来探测物体的测量器件,内部发射特殊红外线光波,相当于数据流,也就是数字信号转成红外信号、红外信号转成数字信号(达到控制、传输信号的效果)。

3) 声波传感器

声波传感器是把外界声场中的声信号转化成电信号的传感器。声波传感器包含一个专用压电晶体和滤波电路,从而能对75 kHz到175 kHz之间的高频频带做出有效响应。声波传感器在通信、噪声控制、环境检测、音质评价、文化娱乐、超声检测、水下探测和生物医学工程及医学方面有广泛的应用。

4) 雷达传感器

第二次世界大战期间,当英国和德国交战时,英国急需一种能探测空中金属物体的雷达技术,该技术能在反空袭战中帮助搜寻德国飞机。雷达概念形成于20世纪初。雷达是英文radio detection and ranging的音译,意译为无线电检测和测距,是利用微波波段的电磁波探测目标的电子设备。

雷达包括发射机、发射天线、接收机、接收天线及显示器五个基本组成部分,还有电源设备、数据录取设备、抗干扰设备等辅助设备。随着科技的发展,雷达技术日臻完善,现代雷达不仅能完成对目标的探测和测距,还能完成测角、测速、跟踪和成像等功能。虽然雷达技术主要用于军事方面,但其在民用领域也发挥着越来越大的作用。

(二) 无线传感器网络

随着微机电系统、片上系统(system on chip,SOC)、无线通信和低功耗嵌入式技术的飞速发展,无线传感器网络(wireless sensor networks, WSN)技术应运而生,并以其低功耗、低成本、分布式和自组织的特点带来了信息感知的一场变革,这成为当前所有领域内的新热点。

1. 无线传感器网络的组成

无线传感器网络主要由节点、网关和软件三部分组成。空间分布的测量节点通过与传感器连接对周围环境进行监控。监测到的数据无线发送至网关,网关可以与有线系统相连接,这样就能使用软件对数据进行采集、加工、分析和显示。路由器是一种特别的测量节点，可以使用它在 WSN 中延长距离及增加可靠性。

1）WSN 架构

使用 NI WSN 平台灵活地创建简单而独立的无线监控网络，也可以创建一个集成了有线和无线测量的完整测试系统，而且只需要用 Lab VIEW 开发环境就可以访问所有的 NI 平台。

2）基本的 WSN 架构

对于大多数的 WSN 应用来说，只需要创建一个基本的网络架构，在这个架构中，分布式测量节点从周围的环境中获得数据，然后将测量结果发送至网关。

2. 无线传感器网络的特征

无线传感器网络的基本功能是将一系列在空间上分散的传感器单元通过自组织的无线网络进行连接，从而将各自采集的数据进行传输汇总，以实现对空间分散范围内的物理或环境状况的协作监控，并根据这些信息进行相应的分析和处理。表 2-2 为无线传感器网络的典型特征。

表 2-2　无线传感器网络的典型特征

分类方式	特　征
组织结构	由大量传感节点和少量数据汇聚节点组成
传输媒介	无线传输
组网方式	Ad-hoc(多跳移动无线网络)自动组网
系统功能	物理和环境数据采集汇总及分析处理
技术特点	大范围、低成本、实时采集、敷设灵活

20 世纪 90 年代末，随着现代传感器、无线通信、现代网络、嵌入式计算、微机电、集成电路、分布式信息处理与人工智能等新兴技术的发展与融合，以及新材料、新工艺的出现，传感器技术向微型化、无线化、数字化、网络化、智能化方向迅速发展。

3. 无线传感器网络的结构

无线传感器网络系统结构图如图 2-7 所示，通常包括传感器节点、汇聚节点和任务管理节点。

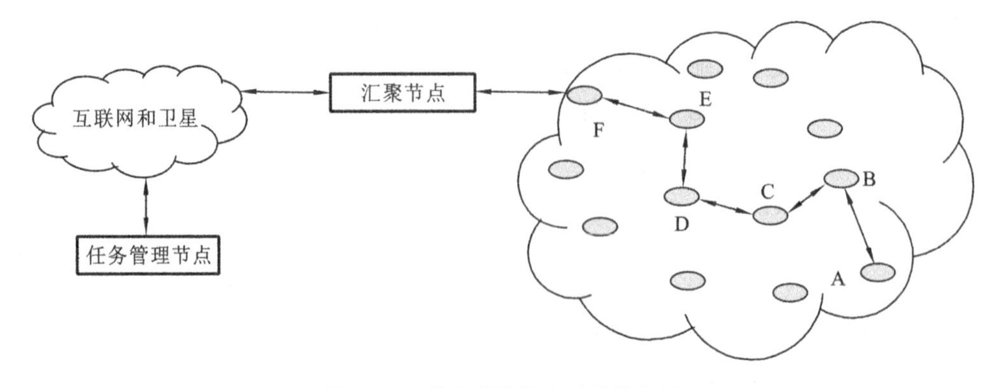

图 2-7　无线传感器网络系统结构图

安全是一个好的传感器网络设计的关键，没有足够的保护机密性、私有性、完整性及防御

DoS攻击和其他攻击的措施，传感器网络就不能得到广泛的应用，传感器网络只能在有限的、受控的环境中得到实施，这会严重影响传感器网络的应用前景。

1）传感器节点

传感器节点通常是一个微型的嵌入式系统，它的处理能力、存储能力和通信能力相对较弱，通过携带能量有限的电池供电。从网络功能上看，每个传感器节点兼顾传统网络节点的终端和路由器双重功能，除了进行本地信息收集和数据处理外，还要对其他节点转发来的数据进行存储、管理和融合等处理，同时与其他节点协作完成一些特定任务。

2）汇聚节点

汇聚节点的处理能力、存储能力和通信能力相对比较强，它连接传感器网络与Internet等外部网络，实现两种协议栈之间的通信协议转换，同时发布管理节点的监测任务，并把收集的数据转发到外部网络上。

3）信息窃听

根据无线传播和网络部署特点，攻击者很容易通过节点间的传输而获得敏感信息或私有信息，如：在通过无线传感器网络监控室内温度和灯光的场景中，部署在室外的无线接收器可以获取室内传感器发送过来的温度和灯光信息；同样，攻击者通过监听室内和室外节点间信息的传输，也可以获知室内信息，从而揭露出房屋主人的生活习惯。

4）私有性问题

传感器网络主要用于收集信息，攻击者可以通过窃听、加入伪造的非法节点等方式获取这些敏感信息，如果攻击者知道怎样从多路信息中获取有限信息的相关算法，那么攻击者就可以通过大量获取的信息导出有效信息。

5）拒绝服务（DoS）攻击

DoS攻击主要用于破坏网络的可用性，降低执行网络或系统执行某一期望功能能力的任何事件。如试图中断、颠覆或毁坏传感器网络，另外还包括硬件失败、软件bug、资源耗尽、环境条件等。

4. 无线传感器网络的主要用途

无线传感器网络系统是一个学科交叉综合的、知识高度集成的前沿热点研究领域，正受到各方面的高度关注。美国研究机构和媒体认为，它是21世纪世界具有影响力的、高技术领域的四大支柱型产业之一，是改变世界的十大新兴技术之一。目前的应用主要集中在以下领域。

1）军事应用

在军事领域，传感器网络目标是利用高科技，设计一个集命令、控制、通信、计算、智能、监视、侦察和定位于一体的战场指挥系统，受到各国国防部门的普遍重视。

2）生态环境监测和保护领域

随着人们对环境问题的关注程度越来越高，需要采集的环境数据也越来越多。通过传统方式采集原始数据是一件困难的工作。无线传感器网络的出现为随机性的研究数据获取提供了便利，并且还可以避免传统数据收集方式给环境带来的侵入式破坏。

3）交通管理

该系统将应用大量的传感器与各种车辆保持联系，人们可以利用计算机来监视每一辆汽车的运行状况。根据具体情况，计算机可以自动进行调整，使车辆保持在高效低耗的最佳运行状态，并就潜在的故障发出警告，或直接与事故抢救中心取得联系。

4）医疗健康应用

通过在鞋、家具和家用电器等中嵌入网络传感器，可以帮助老年人、重病患者及残疾人顺利地进行家庭生活。

5）空间探测应用

通过在人类现在还无法到达或无法长期工作的太空外的其他天体上设置传感器网络节点的方法，可以实现对其长时间的监测。

6）农业应用

农业是无线传感器网络使用的另一个重要领域。

二、射频识别技术

射频识别技术是20世纪90年代开始兴起的一种自动识别技术，是目前比较先进的一种非接触识别技术。以简单RFID系统为基础，结合EPC标准和已有的网络技术、数据库技术、中间件技术等，构筑一个由大量联网的阅读器和无数移动的标签组成的物联网络。RFID标签中存储着规范而具有互用性的信息，通过无线数据通信网络把它们自动采集到中央信息系统，实现物品（商品）的识别，进而通过开放性的计算机网络实现信息交换和共享，实现对物品的“透明”管理。

在国内，RFID已经在身份证、电子收费系统和物流管理等领域有了广泛应用。RFID技术市场应用成熟，标签成本低廉，但RFID一般不具备数据采集功能，多用来进行物品的甄别和属性的存储，且在金属和液体环境下应用受限，RFID技术属于物联网的信息采集层技术。

1. RFID系统的基本工作流程

RFID系统的基本工作流程是：阅读器通过发射天线发送一定频率的射频信号，当射频卡进入发射天线工作区域时产生感应电流，射频卡获得能量被激活；射频卡将自身编码等信息通过卡内置发送天线发送出去；系统接收天线接收到从射频卡发送来的载波信号，经天线调节器传送到阅读器，阅读器对接收的信号进行解调和解码然后送到后台主系统进行相关处理；主系统根据逻辑运算判断该卡的合法性，针对不同的设定做出相应的处理和控制，发出指令信号控制执行机构动作。

2. RFID技术的基本工作原理

RFID技术的基本工作原理并不复杂。阅读器将要发送的信息，经编码后加载在某一频率的载波信号上经天线向外发送，进入阅读器工作区域的电子标签接收此脉冲信号，卡内芯片中的有关电路对此信号进行调制、解码、解密，然后对命令请求、密码、权限等进行判断。若为读命令，控制逻辑电路则从存储器中读取有关信息，经加密、编码、调制后通过卡内天线再发送给阅读器，阅读器对接收到的信号进行解调、解码、解密后送至中央信息系统进行有关数据处理；若为修改信息的写命令，有关控制逻辑引起的内部电荷泵提升工作电压，提供擦写EEPROM中的内容进行改写，若经判断其对应的密码和权限不符，则返回出错信息。RFID基本原理框图如图2-8所示。

在RFID系统中，阅读器必须在可阅读的距离范围内产生一个合适的能量场以激励电子标签。在当前有关的射频约束下，欧洲的大部分地区各向同性有效辐射功率限制在500 mW，这样的辐射功率在870 MHz，可近似达到0.7 m。美国、加拿大等国家，无须授权的辐射约束为各向同性辐射功率为4 W，这样的功率将达到2 m的阅读距离，在获得授权的情况下，在美国发射

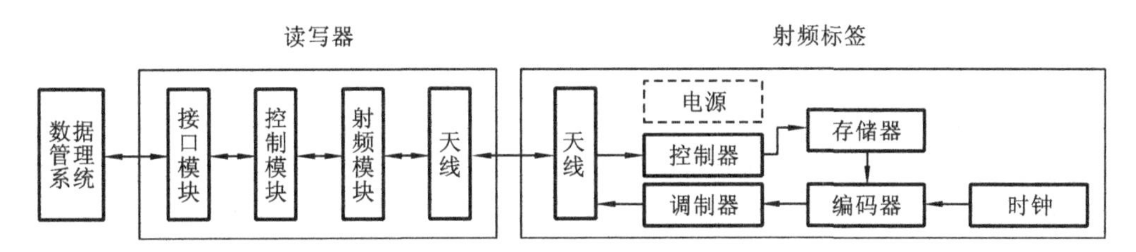

图 2-8　RFID 基本原理框图

30 W 的功率将使阅读距离达到 5.5 m 左右。

3. RFID 的种类及特点

1）无线射频技术

无线射频技术主要有以下几类。① 电子门禁系统，主要用于超级市场、商场、仓库、图书馆等场所，当未被授权的人从这些地方非法取走物品时，系统会发出警报。② 便携式数据采集终端，用带有读写器的手持式数据采集器来采集电子标签上的数据。可以在读取数据的同时，通过无线电波数据传输方式定时地向主计算机系统传输数据，也可暂时将数据存储在读写器中，再成批地向计算机传输数据。③ 固定式读写器，固定分布在一定的位置上，与物流管理信息系统相连接，电子标签安装在移动的物品上，当物品移动经过读写器时，读写器自动扫描将信息传输到物流管理信息系统，以达到控制物流的目的。④ 定位系统，其读写器安置在移动的车辆、轮船上或自动化流水线上移动的物料、半成品、成品上，电子标签嵌入到操作环境的地表下面。电子标签里存储有位置识别系统，读写器通过无线或有线的方式连接到物流管理信息系统，达到对车辆、轮船或物品定位管理的目的。

2）无线射频技术的特点

无线射频技术主要有以下特点。①数据存储量大：电子标签与传统标签相比，数据存储量大，可读可写，可随时更新。②扫描方便：应用无线射频不需直接对准物体扫描，看不见也可扫描，扫描速度快，可运动扫描，多目标扫描。③安全耐用：无线射频专用芯片，不易伪造，无机械故障，寿命长，抗恶劣环境。④经济实用：无线射频应用价格低，费用省，实用性强。

三、二维码技术

1. 二维码的定义

二维码，又称二维条码（2D barcode），是一种在水平和垂直方向的二维空间存储信息的条码。二维码起源于日本，原本是 Denso Wave 公司为了追踪汽车零部件而设计的一种条码，如图 2-9 所示。

图 2-9　二维码

二维码通过某种特定的几何图形，按一定规律在平面（二维方向上）分布的黑白相间的图形上记录数据符号信息。在代码编制上，它巧妙地利用构成计算机内部逻辑基础的“0”“1”比特流的概念，使用若干个与二进制数相对应的几何形体来表示文字数值信息，通过图像输入设备或光电扫描设备自动识读以实现信息自动处理。常见的二维码的编码格式有 PDF 417、QR Code、Code 49、Code 16K、Code

One 等。

2. 二维码的分类

二维码可以分为堆叠式/行排式二维条码和矩阵式二维条码。堆叠式/行排式二维条码在形态上是由多行短截的一维条码堆叠而成;矩阵式二维条码以矩阵的形式组成,在矩阵相应元素位置上用“点”表示二进制数“1”,用“空”表示二进制数“0”,“点”和“空”排列组成代码。

(1) 堆叠式/行排式二维条码(又称堆积式/层排式二维条码),在形态上是由多行短截的一维条码堆叠而成的;其常见二维码原理是建立在一维条码基础之上,按需要堆积成两行或多行。

(2) 矩阵式二维条码(又称棋盘式二维条码),是以矩阵的形式组成,通过黑、白像素在矩阵中的不同分布进行编码。在矩阵相应元素位置上,用点(方点、圆点或其他形状)的出现表示二进制数“1”,点不出现表示二进制数“0”,点的排列组合确定了矩阵式二维条码所代表的意义。

3. 二维码的功能

一维条形码只是在一个方向(一般是水平方向)表达信息,而在垂直方向则不表达任何信息。其一定的高度通常是为了便于阅读器对准。

一维条形码的应用可以提高信息录入的速度,减少差错率,但是一维条形码也存在一些不足之处:①数据容量较小(30 个字符左右);②只能包含字母和数字;③条形码尺寸相对较大(空间利用率较低);④条形码遭到损坏后便不能阅读。

在水平和垂直方向的二维空间存储信息的条形码,称为二维条形码(dimensional bar code),简称二维码。通常我们所看到的及大多数软件生成的二维码都是黑色的,但事实上彩色的二维码生成技术也并不复杂,并且备受人们喜爱,已有一些网站开始提供彩色二维码在线免费生成服务了。

基于二维码的纠错功能,即使二维码部分被覆盖或丢失,扫描设备依然能够识别出其记录的完整信息,当前已有不少“个性二维码”的生成工具,把一些个性图案与二维码进行合成,得到个性化并能被扫描设备识别的二维码,这种“个性二维码”也开始流行起来。它具有如下功能:①扫描商品条码、二维码;②保存和分享二维码信息内容;③解码二维码图片;④LBS 导航定位;⑤商户公共空间检索;⑥二维码空间;⑦共享生活信息;⑧二维码社交娱乐。

4. 二维码的特点

相较于一维条形码,二维码具有如下特点。

1) 信息容量大

不同的条空比例每平方英寸(1 平方英寸=6.451 6 平方厘米)可以容纳 250 到 1100 个字符,比普通条码信息容量大几十倍,可以将文字、照片、指纹、签字、声音等进行编码,是实现信息存储、携带、自动识读的理想方法。

2) 保密性好、防伪性高

采用软件加密、密码防伪等技术,具有极强大的保密防伪功能,即使造假者生成同样信息的二维码也无法被机器识读,保证了二维码信息的安全性。

3) 成本低廉、容易制造

二维码是一种图形数据文件,区别于传统的电磁信号方式的信息载体。它可以嵌印在任何介质上,可以利用现有的点阵、激光、喷墨、热敏等打印技术,在纸张、卡片,甚至金属表面印出来,所付出的仅仅是打印材料的成本,因此二维码技术又被称为“零成本”技术。

4）译码可靠率高、抗损纠错能力强

二维码的误码率不超过千万分之一，译码可靠性极高。技术人员在制作二维码的过程中加入了在污损、错位情况下的替代运算，即便条码因污损而丢失信息，只要破损面积不超过 50%，照样可以破译出丢失的信息。

5. 二维码识读设备

（1）如图 2-10 所示，二维码的识读设备依阅读原理分为：①线性 CCD 和线性图像式阅读器；②带光栅的激光阅读器（可阅读一维条码和线性堆叠式二维码）；③ 图像式阅读器。

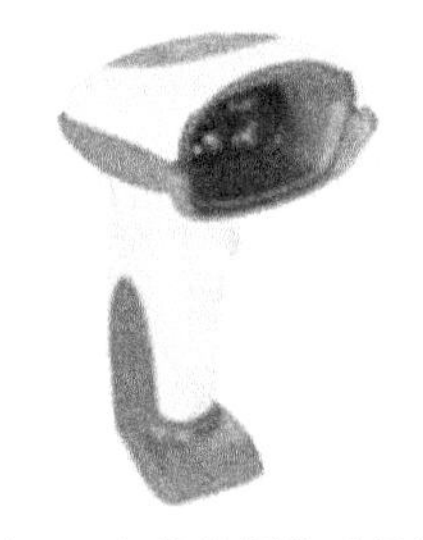

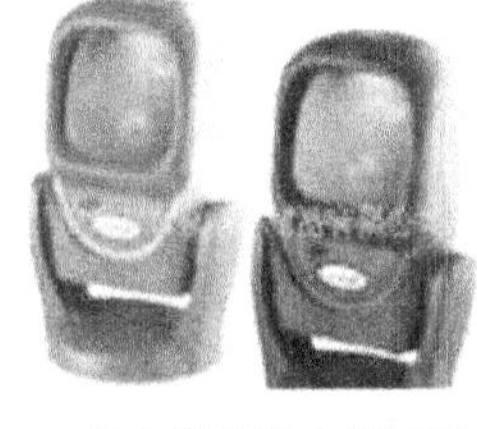

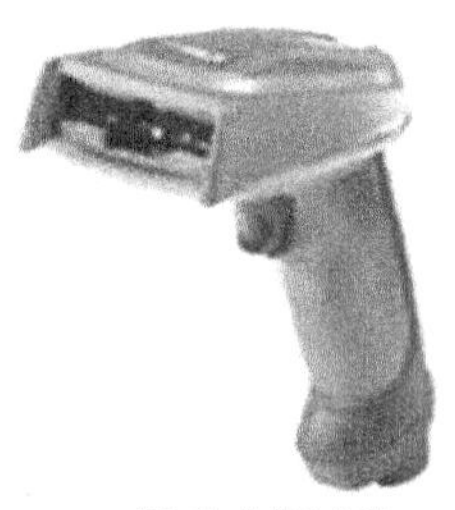

(a) 线性CCD和线性图像式阅读器　(b) 带光栅的激光阅读器　(c) 图像式阅读器

图 2-10　二维码识读设备

（2）如图 2-11 所示，二维码的识读设备依工作方式分为手持式和固定式。手持式即二维码扫描枪，如可以扫描 PDF 417、QR 码、DM 码二维码的条码扫描枪。固定式即二维码读取器，台式，非手持，放在桌子上或固定在终端设备里。

（3）二维码的识读设备工业级应用主要使用进口品牌，例如西门子。西门子工业级读码器如图 2-12 所示。该读码器不仅可读取标准的高对比度条码及二维码，并且可用于环境恶劣的工业应用条件下读取 DPM（direct part marking）码，即物体表面直接打码（通过激光蚀刻、喷墨、机械打标或化学腐蚀等方式直接标识在物体表面的码）。

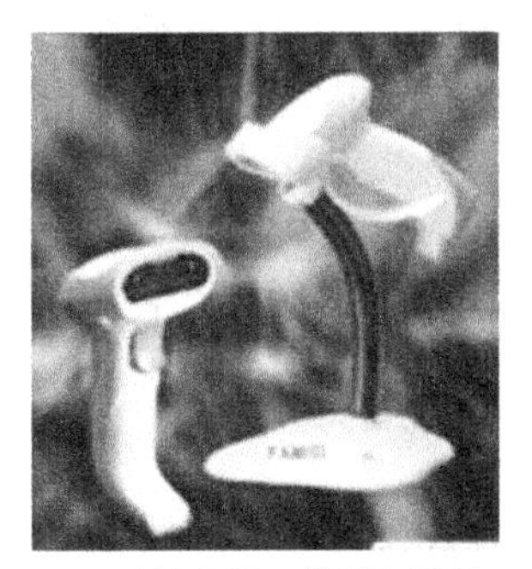

(a) 手持式即二维码扫描枪　(b) 固定式即二维码读取器

图 2-11　二维码的识读设备按照工作方式分类

图 2-12　西门子工业级读码器

6. 二维码的应用

二维码具有存储量大、保密性好、追踪性好、抗损性强、备援性好、成本低等特性。这些特性特别适用于表单、安全保密、追踪、证照、存货盘点、资料备援等方面。二维码在社会经济生活中广泛应用于以下领域。

1）产品溯源应用

在生产过程当中对产品和部件进行编码管理，按产品生产流程进行系统记录，可以在生产过程中避免错误并提高生产效率，同时可以进行产品质量问题追溯，比如食品安全、农产品追溯、产品保修、窜货管理等。

2）车辆管理应用

在行驶证、驾驶证、车辆的年审文件、车辆违章处罚单等物品上印制二维码，将车驾号、发动机号、车型、颜色等车辆的基本信息转化保存在二维码中，其信息的隐含性起到防伪的作用，信息的数字化便于管理部门的管理网络实施实时监控。

3）盘点应用

物流中心、仓储中心、联勤中心货品及固定资产的自动盘点，发挥立即盘点、立即决策的作用。

4）追踪应用

实施公文自动追踪、生产线零件自动追踪、客户服务自动追踪、邮购运送自动追踪、维修记录自动追踪、危险物品自动追踪、后勤补给自动追踪、医疗体检自动追踪、生态研究（动物等）自动追踪等。

5）创意应用

随着智能手机的普及，各种各样的二维码应用也接踵而至，极具创意的二维码应用包括：①二维码请柬；②二维码展示海报；③二维码签到；④二维码墓碑；⑤二维码名片；⑥二维码指示牌；⑦二维码蛋糕；⑧二维码宣传广告；⑨二维码食品身份证。

6）备援应用

文件表单的资料若不愿或不能以磁盘、光盘等电子媒体储存备援时，可利用二维码来储存备援，这样既携带方便，不怕折叠，保存时间长，又可影印传真，做更多备份。

7）报纸应用

二维码可作为一种连接报纸、手机和网络的新兴数字媒体，报纸利用二维码技术打造“立体报纸”以来，看报的用户通过使用智能手机上的各类二维码软件扫描报纸上的二维码，报纸立即成了“立体”的，同时还可以轻松阅读观赏报纸的延伸内容。国内应用二维码的报纸有华西都市报、长江日报、成都商报等。

8）表单应用

将二维码用于公文表单、商业表单、进出口报单、舱单等资料的传送交换，可减少人工重复输入表单资料的工作量，避免人为错误，降低人力成本。

9）证照应用

将二维码用于护照、身份证、挂号证、驾驶证、会员证、识别证、连锁店会员证等证照的资料登记及自动输入，发挥“随到随读”“立即取用”的资讯管理效果。

10）保密应用

二维码可用于商业情报、经济情报、政治情报、军事情报、私人情报等机密资料的加密及传递。

四、M2M物物数据通信技术

简单地说，M2M是将数据从一台终端传送到另一台终端，也就是机器与机器的对话。

1. M2M 技术定义

从广义上讲，M2M 可代表机器对机器、人对机器、机器对人、移动网络对机器之间的连接与通信，它涵盖了所有实现在人、机器、系统之间建立通信连接的技术和手段。

M2M 是机器对机器通信的简称，是一种理念，也是所有增强机器设备通信和网络能力的技术的总称。人与人之间的沟通很多也是通过机器实现的，例如通过手机、固定电话、计算机、传真机等机器设备之间的通信来实现人与人之间的沟通。另一类技术是专为机器和机器建立通信而设计的。如许多智能化仪器仪表都带有 RS-232 接口和 GPIB(通用接口总线)通信接口，增强了仪器与仪器之间、仪器与计算机之间的通信能力。目前，绝大多数的机器和传感器不具备本地或者远程的通信和联网能力。

目前，M2M 重点在于机器对机器的无线通信，存在机器对机器、机器对移动电话(如用户远程监视)、移动电话对机器(如用户远程控制)三种方式。从数据流的角度考虑，在 M2M 技术中，信息总是以相同的顺序流动，图 2-13 所示为 M2M 基本系统框架。

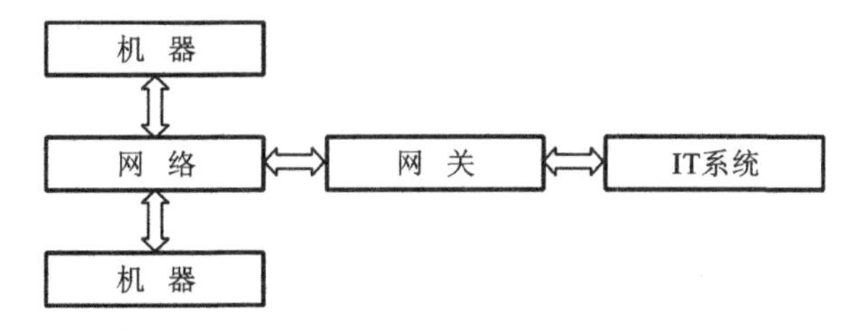

图 2-13　M2M 基本系统框架

2. M2M 技术系统及功能体系架构

无论哪一种 M2M 技术与应用，都涉及机器、M2M 硬件、通信网络、中间件、应用五个重要的技术部分，如图 2-14 所示。

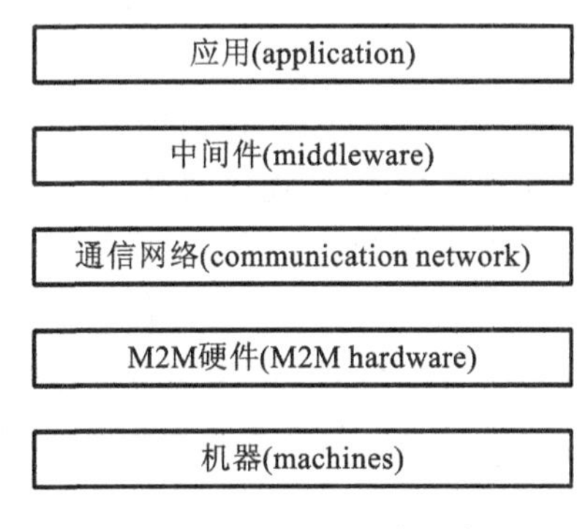

图 2-14　M2M 系统组成

在 M2M 中，GSM/GPRS/UMTS 是主要的远距离连接技术，其近距离连接技术主要有 802.11b/g、Blue Tooth、ZigBee、RFID 和 UWB。此外，还有一些其他技术，如 XML 和 CORBA，以及基于 GPS、无线终端和网络的位置服务技术。M2M 通信功能体系架构，如图 2-15 所示，从中可以看出，M2M 技术涉及通信网络中从终端到网络再到应用的各个层面，M2M 的承载网络包括 3GPP、TISPAN 及 IETF 定义的多种类型的通信网络。

实现 M2M 的第一步就是从机器/设备中获得数据，然后把它们通过网络发送出去。使机器具备“说话”能力的基本方法有两种：生产设备的时候嵌入 M2M 硬件；对已有机器进行改装，

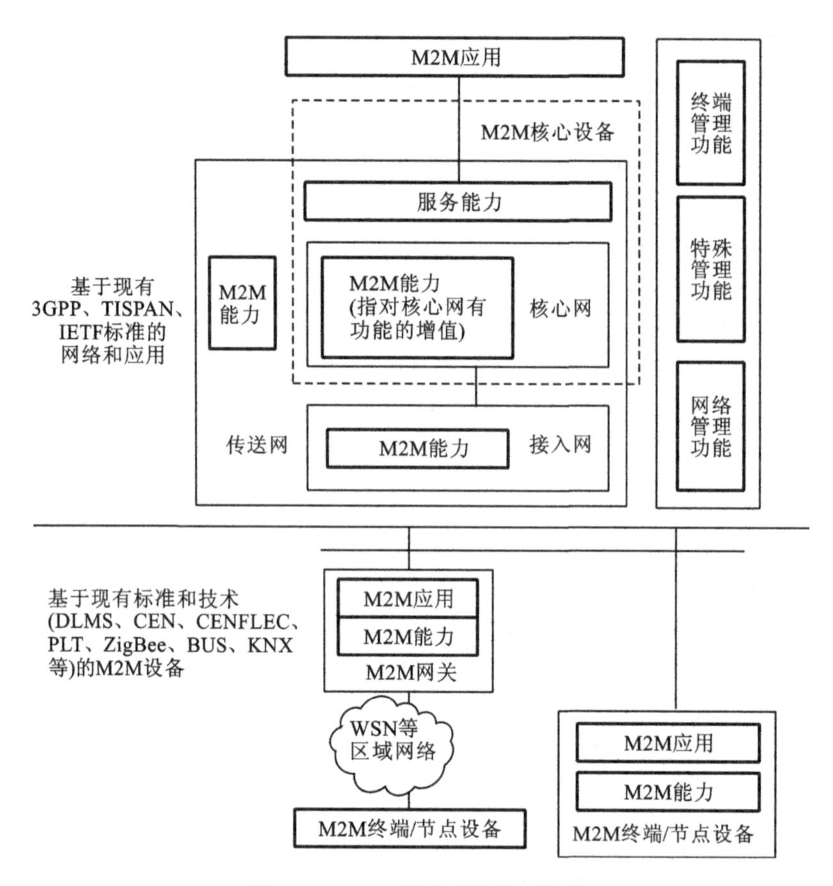

图 2-15　M2M 通信功能体系架构

使其具备通信/联网能力。

3. M2M 的基本特征

M2M 有三个基本特征：①数据端点(DEP)；②通信网络；③数据融合点(DIP)。一般而言，一个数据端点指的是一个微型计算机系统，一个连接到程序或者是更高层次子系统的端点。另一个端点连接到通信网络。在大多数的 M2M 应用中，都有几个 DEP。一个典型的 M2M 应用只有一个 DIP。虽说是这样，但是可以设想 M2M 应用有多个 DIP。对于 DIP 没有硬性的规定。例如，可以形成一个互联网服务器或特殊的软件应用于交通控制主机。图 2-16 显示了三要素之间的相互关系，一个基于 M2M 的基础设施监测的解决方案，也被称为“端对端的 M2M”。

M2M 应用的信息流也未必是面向服务器的。该数据端点(DEP)在每一种情况下都通过特殊的监测传感器检查基础设施组成部分的可用性。任何潜在的故障都能通过 DEP 被迅速监测。单独的 DEP 通过通信网络和监控应用软件相连接。这个应用软件用于 DIP。它从单独的监控基础设施的 DEP 接收失败、错误和故障信息。

4. M2M 技术的应用发展

通信网络技术的出现和发展，给社会生活面貌带来了极大的变化。人与人之间可以更加快捷地沟通，信息的交流更顺畅。但是目前仅仅是计算机和其他一些 IT 类设备具备这种通信和网络能力。众多的普通机器设备几乎不具备联网和通信能力，例如家电、车辆、自动售货机、工

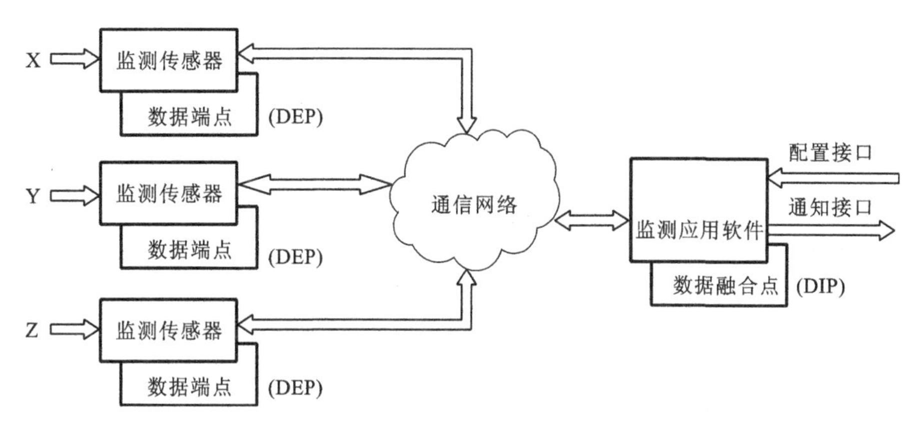

图 2-16　基于 M2M 的监控基础架构

厂设备等。M2M 技术的目标就是使所有机器设备都具备联网和通信能力，其核心理念就是“网络”一切。

M2M 应用市场正在全球范围内快速增长，随着包括通信设备、管理软件等相关技术的深化，M2M 产品成本的下降，M2M 业务将逐渐走向成熟。预计未来用于人对人通信的终端可能仅占整个终端市场的 1/3，而更大数量的通信是机器对机器（M2M）的通信业务。事实上，目前机器的数量至少是人类数量的 4 倍，因此 M2M 具有巨大的市场潜力。

M2M 的潜在市场不仅限于通信业。目前，在美国和加拿大等国已经实现安全监测、机械服务、维修业务、自动售货机、公共交通系统、车队管理、工业流程自动化、电动机械、城市信息化等领域的应用。由于 M2M 是无线通信和信息技术的整合，它可用于双向通信，如远距离收集信息、设置参数和发送指令，因此 M2M 技术可有不同的应用方案，如安全监测、自动售货机、货物跟踪等。M2M 技术具有非常重要的意义，有着广阔的市场和广泛的应用，推动着社会生产和生活方式新一轮的变革。

五、全球定位系统技术

1. 全球定位系统技术简介

全球定位系统（global positioning system，GPS），是美国从 20 世纪 70 年代开始研制，于 1994 年全面建成，具有海、陆、空全方位实时三维导航与定位能力的新一代卫星导航与定位系统。GPS 作为移动感知技术，是物联网延伸到移动物体采集移动物体信息的重要技术，更是物流智能化、智能交通的重要技术。

现在 GPS 与现代通信技术相结合，使得测定地球表面三维坐标的方法从静态发展到动态，从数据后处理发展到实时的定位与导航，极大地扩展了它的应用广度和深度。载波相位差分法 GPS 技术可以极大提高相对定位精度，在小范围内可以达到厘米级精度。

GPS 技术能够快速、高效、准确地提供点、线、面要素的精确三维坐标及其他相关信息，具有全天候、高精度、自动化、高效益等显著特点，广泛应用于军事、民用交通（船舶、飞机、汽车等）导航、大地测量、摄影测量、野外考察探险、土地利用调查、精确农业及日常生活（人员跟踪、休闲娱乐）等不同领域。

2. 全球定位系统的组成

全球定位系统由三部分组成：空间部分——GPS 星座；地面控制部分——地面监控系统；

用户设备部分——GPS 信号接收机。

1）空间部分——GPS 星座

由 21 颗工作卫星和 3 颗在轨备用卫星组成 GPS 卫星星座，记作(21+3)GPS 星座。24 颗卫星均匀分布在 6 个轨道平面内，轨道倾角为 55°，各个轨道平面之间相距 60°，即轨道的升交点赤经各相差 60°。每个轨道平面内各颗卫星之间的升交角距相差 90°，一轨道平面上的卫星比西边相邻轨道平面上的相应卫星超前 30°。

在 20 000 km 高空的 GPS 卫星当地球对于恒星来说自转一周时它们绕地球运行两周即绕地球一周的时间为 12 恒星时，这样对于地面观测者来说每天将提前 4 分钟见到同一颗 GPS 卫星。位于地平线以上的卫星颗数随着时间和地点的不同而不同，最少可见到 4 颗，最多可见到 11 颗。当用 GPS 信号导航定位时，为了结算测站的三维坐标必须观测 4 颗 GPS 卫星（称为定位星座）。这 4 颗卫星在观测过程中的几何位置分布对定位精度有一定的影响。对于某地某时甚至不能测得精确的点位坐标这种时间段称为间隙段。但这种时间间隙段是很短暂的，并不影响全球绝大多数地方的全天候、高精度、连续实时的导航定位测量。GPS 工作卫星的编号和试验卫星基本相同。

2）地面控制部分——地面监控系统

对于导航定位来说，GPS 卫星是一动态已知点。星的位置是依据卫星发射的星历——描述卫星运动及其轨道的参数算得的。每颗 GPS 卫星所播发的星历是由地面监控系统提供的。卫星上的各种设备是否正常工作，以及卫星是否一直沿着预定轨道运行都要由地面设备进行监测和控制。地面监控系统的另一重要作用是保持各颗卫星处于同一时间标准——GPS 时间系统。这就需要地面站监测各颗卫星的时间求出钟差，然后由地面注入站发给卫星，再由导航电文发给用户设备。GPS 工作卫星的地面监控系统包括一个主控站、三个注入站和五个监测站。

3）用户设备部分——GPS 信号接收机

GPS 信号接收机的任务是：捕获到按一定卫星高度截止角所选择的待测卫星的信号并跟踪这些卫星的运行对所接收到的 GPS 信号进行变换、放大和处理，以便测量出 GPS 信号从卫星到接收机天线的传播时间，解译出 GPS 卫星所发送的导航电文，实时地计算出测站的三维位置甚至三维速度和时间。

GPS 卫星发送的导航定位信号是一种可供无数用户共享的信息资源。陆地、海洋和空间的广大用户只要拥有能够接收、跟踪、变换和测量 GPS 信号的接收设备即 GPS 信号接收机，就可以在任何时候用 GPS 信号进行导航定位测量。根据使用目的的不同，用户要求的 GPS 信号接收机也各有差异。

目前世界上已有几十家工厂生产 GPS 信号接收机，产品也有几百种。这些产品可以按照原理、用途、功能等来分类。

3. 全球定位系统的特点

全球定位系统具有高精度、全天候、高效率、多功能、操作简便、应用广泛等特点。

1）定位精度高

应用实践已经证明，GPS 相对定位精度高、误差小。

2）观测时间短

随着全球定位系统的不断完善、软件的不断更新，目前 20 km 以内的相对静态定位仅需 15～20 分钟；快速静态相对定位测量时，当每个流动站与基准站相距在 15 km 以内时，流动站观测时间只需1～2分钟，然后可随时定位，每站观测只需几秒钟。

3）测站间无须通视

GPS测量不要求测站之间互相通视，只需测站上空开阔即可，因此可节省大量的造标费用。由于无须点间通视点位位置，可根据需要灵活选点，也可省去经典大地网中的传算点、过渡点的测量工作。

4）可提供三维坐标

经典大地测量将平面与高程采用不同方法分别施测。GPS可同时精确测定测站点的三维坐标。目前GPS水准可满足四等水准测量的精度。

5）操作简便

随着GPS信号接收机的不断改进，自动化程度越来越高，有的已达"傻瓜化"的程度；接收机的体积和质量越来越小，极大地减轻了测量工作者的工作紧张程度和劳动强度，使野外工作变得轻松愉快。

6）全天候作业

目前GPS观测可在24小时内的任何时间进行，不受阴天、黑夜、起雾、刮风、下雨雪等气候的影响。GPS系统功能多、应用广。

4. GPS技术的前景

当初设计GPS的主要目的是导航、收集情报等。但是后来的应用开发表明GPS不仅能够达到上述目的，而且用GPS卫星发来的导航定位信号能够进行厘米级甚至毫米级精度的静态相对定位；米级至亚米级精度的动态定位；亚米级至厘米级精度的速度测量和毫微秒级精度的时间测量。因此，GPS展现了极其广阔的应用前景。

1）在大地测量方面

利用GPS技术开展国际联测，建立全球性大地控制网，提供高精度的地心坐标，测定和精化大地水准面。

2）在工程测量方面

应用GPS静态相对定位技术布设精密工程控制网，将它用于城市和矿区油田地面沉降监测、大坝变形和高层建筑变形监测、隧道贯通测量、各种比例尺地形图测绘和施工放样等。

3）在航空摄影测量方面

应用GPS技术进行航测外业控制测量、摄航飞行导航、机载GPS航测等。

4）在地球动力学方面

我国应用GPS技术监测南极洲板块运动、青藏高原地壳运动、四川鲜水河地壳断裂运动，建立了中国地壳形变观测网、三峡库区形变观测网、首都圈GPS形变监测网等。

5）在海洋测绘方面

我国已经将GPS技术应用于海洋测量、水下地形测量。

5. GPS与北斗卫星导航系统的比较

北斗卫星导航系统是中国正在实施的自主研发、独立运行的全球卫星导航系统。

"北斗一号"卫星定位系统由三颗（两颗工作卫星、一颗备用卫星）北斗定位卫星（北斗一号）、地面控制中心为主的地面部分、北斗用户终端三部分组成。

"北斗一号"卫星定位系统通过用户到第一颗卫星的距离，以及用户到两颗卫星距离之和，从而知道用户处于一个以第一颗卫星为球心的一个球面，和以两颗卫星为焦点的椭球面之间的交线上。另外中心控制系统从存储在计算机内的数字化地形图查寻到用户高程值，又可知道用户处于某一与地球基准椭球面平行的椭球面上。从而中心控制系统可最终计算出用户所在点的三维坐标，这个坐标经加密由出站信号发送给用户。

美国GPS、俄罗斯“格洛纳斯”(GLONASS)、欧洲“伽利略”(GALILEO)系统并称全球四大卫星导航系统。俄罗斯“格洛纳斯”与欧洲“伽利略”系统在中国应用较少。本书主要介绍GPS与北斗卫星导航系统的比较。

1）覆盖范围

北斗卫星导航系统是覆盖中国本土的区域导航系统。覆盖范围东经70°～140°，北纬5°～55°。GPS是覆盖全球的全天候导航系统，能够确保地球上任何地点、任何时间能同时观测到6～9颗卫星。

2）卫星数量和轨道特性

北斗卫星导航系统是在地球赤道平面上设置2颗地球同步卫星，卫星的赤道角距约60°。GPS是在六个轨道平面上设置24颗卫星，轨道赤道倾角55°，轨道面赤道角距60°。GPS导航卫星轨道为准同步轨道，绕地球一周需11小时58分钟。

3）定位原理

北斗卫星导航系统是主动式双向测距二维导航。地面中心控制系统解算，供用户三维定位数据。GPS是被动式伪码单向测距三维导航。由用户设备独立解算自己的三维定位数据。“北斗一号”的这种工作原理带来两个方面的问题：一方面，用户定位的同时失去了无线电隐蔽性，这在军事上相当不利；另一方面，由于设备必须包含发射机，因此在体积、质量、价格和功耗方面处于不利的地位。

4）定位精度

北斗卫星导航系统三维定位精度为几十米，授时精度约100 ns。GPS三维定位精度P码目前已由16 m提高到6 m，C/A码目前已由25～100 m提高到12 m，授时精度目前约20 ns。

5）用户容量

北斗卫星导航系统由于是主动式双向测距的询问-应答系统，用户设备与地球同步卫星之间不仅要接收地面中心控制系统的询问信号，还要求用户设备向同步卫星发射应答信号，这样，系统的用户容量取决于用户允许的信道阻塞率、询问信号速率和用户的响应频率。因此，北斗卫星导航系统的用户设备容量是有限的。GPS是单向测距系统，用户设备只要接收导航卫星发出的导航电文即可进行测距定位，因此GPS的用户设备容量是无限的。

6）生存能力

和所有导航定位卫星系统一样，“北斗一号”基于中心控制系统和卫星来工作，但是“北斗一号”对中心控制系统的依赖性明显要大很多，因为定位解算在那里完成，而不是由用户设备完成。为了弥补这种系统易损性，GPS正在发展星际横向数据链技术，以确保在主控站被毁的情况下GPS卫星还可以独立运行。在“北斗一号”系统中，一旦中心控制系统受损，系统就不能继续工作了。

7）实时性

“北斗一号”用户的定位申请要送回中心控制系统，中心控制系统解算出用户的三维位置数据之后再发回用户，其间要经过地球静止卫星走一个来回，再加上卫星转发、中心控制系统的处理，时间延迟就更长了，因此对于高速运动体，就加大了定位的误差。此外，“北斗一号”卫星导航系统也有一些自身的特点，其具备的短信通信功能就是GPS所不具备的。

六、微机电系统技术

微机电系统(micro-electro-mechanical systems，MEMS)在日本被称为微机械，在欧洲被称为微系统，它是指可批量制作的，集微型机构、微型传感器、微型执行器及信号处理和控制电路，直至接口、通信和电源等于一体的微型器件或系统。

MEMS是随着半导体集成电路微细加工技术和超精密机械加工技术的发展而发展起来的，目前MEMS加工技术还被广泛应用于微流控芯片与合成生物学等领域，从而进行生物、化学等实验室技术流程的芯片集成化。MEMS是在融合多种微细加工技术，并应用现代信息技术的最新成果的基础上发展起来的高科技前沿学科。

1. 微机电系统的定义

微机电系统是一种先进的制造技术平台，是指利用大规模集成电路制造工艺，经过微米级加工得到的集微型传感器、微型执行器及信号处理和控制电路、接口电路、通信和电源于一体的微型机电系统。MEMS技术属于物联网的信息采集层技术。

MEMS技术采用了半导体技术中的光刻、腐蚀、薄膜等一系列的现有技术和材料，因此从制造技术本身来讲，MEMS中基本的制造技术是成熟的。但MEMS更侧重于超精密机械加工，并要涉及微电子、材料、力学、化学、机械学等多学科领域。它的学科面也扩大到微尺度下的力、电、光、磁、声、表面等物理学的各分支。

微机电系统是微电路和微机械按功能要求在芯片上的集成，尺寸通常是毫米级或微米级的，自20世纪80年代中后期崛起以来，微机电系统发展极其迅速，被认为是继微电子之后又一个对国民经济和军事具有重大影响的技术领域，将成为21世纪新的国民经济增长点和提高军事能力的重要技术途径。

2. 微机电系统的特点

1) 微型化

MEMS器件体积小，质量小，耗能低，惯性小，谐振频率高，响应时间短。

2) 批量生产

MEMS采用类似集成电路的生产工艺和加工过程，用硅微加工工艺在一硅片上可同时制造成百上千个微型机电装置或完整的MEMS，使MEMS有极高的自动化程度，批量生产可大大降低生产成本，而且地球表层硅的含量为2%。因此，MEMS产品在经济性方面更具竞争力。

3) 集成化

微机电系统可以把不同功能、不同敏感方向或制动方向的多个传感器或执行器集成于一体，或形成微传感器阵列、微执行器阵列，甚至把多种功能的器件集成在一起，形成复杂的微系统。微传感器、微执行器和微电子器件的集成可制造出可靠性、稳定性很高的MEMS。

4) 方便扩展

由于MEMS技术采用模块设计，因此设备运营商增加系统容量时只需要直接增加器件/系统数量，而不需要预先计算所需要的器件/系统数，这对于运营商来说是非常方便的。

5) 多学科交叉

MEMS涉及电子、机械、材料、制造、信息与自动控制、物理、化学和生物等多种学科，并集约了当今科学技术发展的许多尖端成果。

3. 微机电系统的分类

1）传感 MEMS

传感 MEMS 技术是指用微电子微机械加工出来的、用敏感元件（如电容、压电、压阻、热电耦、谐振、隧道电流等）来感受转换电信号的器件和系统。它包括速度、压力、湿度、加速度、气体、磁、光、声、生物、化学等各种传感器。传感器按种类分，主要有面阵触觉传感器、谐振力敏感传感器、微型加速度传感器、真空微电子传感器等。目前，传感器的发展方向是阵列化、集成化、智能化。传感器是人类探索自然界的触角，是各种自动化装置的神经元，且应用领域广泛，未来将备受世界各国的重视。

2）生物 MEMS

生物 MEMS 技术是用 MEMS 技术制造的化学/生物微型分析和检测芯片或仪器，有一种在衬底上制造出的微型驱动泵、微控制阀、通道网络、样品处理器、混合池、计量、增扩器、反应器、分离器、检测器等元器件并集成为多功能芯片。生物 MEMS 可以实现样品的进样、稀释、加试剂、混合、增扩、反应、分离、检测和后处理等分析过程。它把传统的分析实验室功能微缩在一个芯片上。生物 MEMS 系统具有微型化、集成化、智能化、成本低的特点，在功能上有获取信息量大、分析效率高、系统与外部连接少、实时通信、连续检测的特点。在国际上，生物 MEMS 的研究已成为热点，不久将为生物、化学分析系统带来一场重大的革新。

3）光学 MEMS

随着信息技术、光通信技术的迅猛发展，MEMS 发展的又一领域是与光学相结合，即综合微电子、微机械、光电子技术等基础技术，开发新型光器件，称为微光机电系统（MOEMS）。MEMS 光学扫描仪就是把各种 MEMS 结构件与微光学器件、光波导器件、半导体激光器件、光电检测器件等完整地集成在一起的新型扫描器，它形成一种全新的功能系统。MOEMS 具有体积小、成本低、可批量生产、可精确驱动和控制等特点。

目前较成功的应用科学研究主要集中在两个方面：① 基于 MOEMS 的新型显示、投影设备，主要研究如何通过反射面的物理运动来进行光的空间调制，典型代表为数字微镜阵列芯片和光栅光阀；② 通信系统，主要研究通过微镜的物理运动来控制光路发生预期的改变，较成功的有光开关调制器、光滤波器及复用器等光通信器件。

4）射频 MEMS

射频 MEMS 技术传统上分为固定的和可动的两类。固定的 MEMS 器件包括本体微机械加工传输线、滤波器和耦合器，可动的 MEMS 器件包括开关、调谐器和可变电容。射频 MEMS 从技术层面又分为由微机械开关、可变电容器和电感谐振器组成的基本器件层面，由移相器、滤波器和 VCO（压控振荡器）等组成的组件层面，由单片接收机、变波束雷达、相控阵雷达天线组成的应用系统层面。

4. 微机电系统的技术基础

微机电系统具有微型化、智能化、多功能、高集成度等特点。

微机电系统通过系统的微型化、集成化来探索具有新原理、新功能的元件和系统微机电系统。微机电系统涉及航空航天、信息通信、生物化学、医疗、自动控制、消费电子及兵器等应用领域。微机电系统的制造工艺主要有集成电路工艺、微米/纳米制造工艺、小机械工艺和其他特种加工工种。

微机电系统的技术基础主要包括：①设计与仿真技术；②材料与加工技术；③封装与装配技

术；④测量与测试技术；⑤集成与系统技术等。

21 世纪 MEMS 将逐步从实验室走向实用化，对工农业、信息、环境、生物工程、医疗、空间技术、国防和科学发展产生重大影响。

七、两化融合系统

1. 两化融合系统定义

两化融合系统（smart systems），是指电子信息技术广泛应用到工业生产的各个环节，信息化成为工业企业经营管理的常规手段。信息化进程和工业化进程不再相互独立进行，不再是单方的带动和促进关系，而是两者在技术、产品、管理等各个层面相互交融，彼此不可分割，并催生工业电子、工业软件、工业信息服务业等新产业。两化融合是工业化和信息化发展到一定阶段的必然产物。

物联网技术是两化融合的补充和提升，两化融合也是物联网核心技术的组成部分和应用领域之一。

2. 两化融合的四个方面

物联网理念将 IT 技术融合到控制系统中，实现“高效、安全、节能、环保”的“管、控、营”一体化。信息化与工业化主要在技术、产品、业务、产业四个方面进行融合。也就是说，两化融合包括技术融合、产品融合、业务融合、产业衍生四个方面。

1）技术融合

技术融合是指工业技术与信息技术的融合，产生新的技术，推动技术创新。例如，汽车制造技术和电子技术融合产生的汽车电子技术，工业和计算机控制技术融合产生的工业控制技术。

2）产品融合

产品融合是指电子信息技术或产品渗透到产品中，增加产品的技术含量。例如，普通机床加上数控系统之后就变成了数控机床，传统家电采用了智能化技术之后就变成了智能家电，普通飞机模型增加控制芯片之后就成了遥控飞机。信息技术含量的提高使产品的附加值大大提高。

3）业务融合

业务融合是指信息技术应用到企业研发设计、生产制造、经营管理、市场营销等各个环节，推动企业业务创新和管理升级。例如：计算机管理方式改变了传统手工台账，极大地提高了管理效率；信息技术应用提高了生产自动化、智能化程度，生产效率大大提高；网络营销成为一种新的市场营销方式，受众大量增加，营销成本大大降低。

4）产业衍生

产业衍生是指两化融合可以催生出的新产业，形成一些新兴业态，如工业电子、工业软件、工业信息服务业。工业电子包括机械电子、汽车电子、船舶电子、航空电子等，工业软件包括工业设计软件、工业控制软件等，工业信息服务业包括工业企业 B2B 电子商务、工业原材料或产成品大宗交易、工业企业信息化咨询等。

3. 基于物联网技术两化融合的理解

物联网在制造业的两化融合可以从生产自动化、产品智能化、管理精细化及产业先进化等四个角度来进行理解。

1）生产自动化

将物联网技术融入制造业的生产，如工业控制技术、柔性制造、数字化工艺生产线等。

将物联网技术融入制造过程的各个环节，借助模拟专家的智能活动，取代或延伸制造环境中人的部分手工和脑力劳动，以达到最佳生产状态。

2）产品智能化

在制造业产品中采用物联网技术提高产品技术含量，如智能家电、工业机器人、数控机床等。

利用传感技术、工业控制技术及其他先进技术嵌入传统产品和服务，增强产品的智能性、网络性和沟通性，从而形成先进的制造产品。

3）管理精细化

在企业经营管理活动中采用物联网技术，如制造执行系统 MES、产品追溯、安全生产的应用。

以 RFID 等物联网技术应用为重点，提高企业包括产品设计、生产制造、采购、市场开拓、销售和服务支持等环节的智能化水平，从而极大地提高管理水平。将 RFID 技术应用于每件产品，即可在整个生产、销售过程中实现可追溯管理。在工厂车间的每一道工序都设有一个 RFID 读写器，并配备相应的中间件系统，联入互联网。这样，在半成品的装配、加工、转运，以及成品装配和再加工、转运和包装过程中，当产品流转到某个生产环节的 RFID 读写器时，RFID 读写器在有效的读取范围内就会检测到编码的存在。基于这样的平台，生产操作员或公司管理人员在办公室就可以对整个生产现场和流通环节进行很好的掌握，实现动态、高效的管理。

4）产业先进化

制造业产业和物联网技术融合优化产业结构，促进产业升级。

物联网等信息技术是一种高附加值、高增长、高效率、低能耗、低污染的社会经济发展手段，通过与传统制造业相互融合，可以加快产业不断优化升级。首先，物联网可以促进制造业企业节能降耗，促进节能减排，发展循环经济；其次，推动制造业产业衍生，培育新兴产业，促进先进制造业发展；最后，推进制造业产品研发设计、生产过程、企业管理、市场营销、人力资源开发、企业技术改造等环节两化融合，提高智能化和大规模定制化生产能力，促进生产型制造向服务型制造转变，实现精细管理、精益生产、敏捷制造，实现制造业产业优化升级。物联网在制造业的生产过程性能控制、故障诊断、节能减排、提高生产效率、降低运营成本等方面都会带来新的发展。物联网技术的研发和应用，是对制造业两化融合的又一次升级换代，能提升企业竞争力，使企业更多地参与到国际竞争中。

任务2　物联网辅助技术

消费者在超市购买到一块猪肉后，可以通过食品安全查询机查看整头猪养殖、屠宰、销售的全过程，甚至包括猪养殖过程的饲料和兽药使用情况。

手机用户不需更换手机号码和手机型号，只需更换一张 SIM 卡，衣食住行完全不需要现金交易，顾客手执手机就可以在这个世界畅通无阻地消费：在乘坐公交、地铁、电动出租车时，只需手机轻轻在感应器上一刷，车票就买好了；休闲时用手机刷一下咖啡机，一杯热气腾腾的咖啡便到了手边……

物联网是在计算机互联网的基础上，利用 RFID 技术、传感网络技术、GPS 卫星定位技术、M2M 物物数据通信技术等现代信息技术手段，构造一个覆盖世界上万事万物的“Internet of Things”。

在这个网络中，物品（商品）能够彼此进行“交流”，而无须人的干预。其实质是利用射频自动识别技术，通过计算机互联网实现物品（商品）的自动识别和信息的互联与共享。

任务 1：物联网在应用过程中还需要哪些支撑技术？

任务 2：传统的工业自动化系统需要在各个环节与先进物联网技术如何融合？

随着相关支持技术的不断成熟，物联网应用范围正在逐步扩大，物联网能够为人类提供各种便利的服务，除需要最关键的核心技术外，物联网的应用还需要智能化信息处理技术的支撑，主要需要针对大量的数据通过深层次的数据挖掘，并结合特定行业的知识和前期科学成果，建立针对各种应用的专家系统、预测模型和人机交互服务。

一、物联网支撑技术

物联网通过各种无线和/或有线的长距离和/或短距离通信网络实现互联互通（M2M）、应用大集成，以及基于云计算的营运等模式，在内网、专网和/或互联网环境下，采用适当的信息安全保障机制，提供安全可控（隐私保护）乃至个性化的实时在线监测、定位追溯、报警联动、调度指挥、预案管理、进程控制、远程维保、在线升级、统计报表、决策支持、领导桌面等管理和服务功能。物联网支撑技术包括信息技术、应用服务技术、业务支撑及智能处理技术、感知节点及终端技术、思考事物的智能技术和安全管理技术。

1. 信息技术

物联网是在互联网的基础上衍生的，主要解决物品信息的处理和传送。它由通信技术、组网技术、中间件技术和网关技术等几个方面组成。传感器技术、通信网络技术和计算机技术，分别承担对信息的获取、传输和处理功能，它们的融合构建了现代信息系统的“感官”“神经”和“头脑”。

信息技术是指实现信息的获取、传输、处理和应用等功能的一类技术。它由感测、通信网络、计算机和控制等四大基本部分组成，是物联网主要辅助技术之一。

1）通信技术

通信技术是利用先进的技术打破当前通信手段（如电子邮件、实时短信、电话和多媒体会议）中以设备和网络为中心的限制，高速度、高质量、准确、及时、安全可靠地传递和交换各种形式的信息，完成与同事、客户及合作伙伴的沟通。

2）组网技术

组网技术是网络组建技术，分为以太网组网技术和 ATM 局域网组网技术两类。

以太网组网非常灵活和简便，可使用多种物理介质，以不同拓扑结构组网，是目前国内外广泛应用的一种网络，已成为网络技术的主流，它是一种典型的总线型结构。

以 ATM 交换机为中心连接计算机所构成的局域网络叫 ATM 局域网。ATM 是将分组交换与电路交换相结合的网络技术，可以使用不同的传送技术，适用于广域网、局域网等场合，可在广域网、局域网中提供一种单一的网络技术，实现完美的网络集成。

3) 中间件技术

中间件技术是通过屏蔽硬件平台、操作系统平台和通信协议的异构性，实现物联网感知互动层、网络传输层和应用服务层等部分的连接。中间件是位于平台(硬件和操作系统)与应用之间的通用服务，这些服务具有标准的程序接口和协议。针对不同的操作系统和硬件平台，它们可以有符合接口和协议规范的多种实现。

4) 网关技术

网关技术能够实现异种异构网络与网络传输层的无缝连接，能够实现多种设备异构网络接入，能够实现对感知设备移动性支持、服务发现、感知互动层与网络传输层的报文转换、IPSec 与感知互动层安全协议转换、远程维护管理、IPv6/IPv4 自适应封装技术等功能。

2. 应用服务技术

应用服务技术是推动物联网不断发展的驱动力，它强调如何更好地加工、处理和利用信息，如何更高效地提供应用服务，需要海量信息多粒度分布式存储、海量数据挖掘与知识发现、海量数据并行处理、云计算等多种技术的支撑。

1) 海量信息多粒度分布式存储

海量信息多粒度分布式存储是指通过传统或新兴信息存储技术、分布式数据库技术对物联网的数据进行存储，以便为以后的服务提供更好的原始数据。

2) 海量数据挖掘与知识发现

海量数据挖掘与知识发现是指在应用系统利用应用现场部署的各种终端传感设备获取的大量、不完全、有噪声、模糊的、随机的数据中提取潜在的而又有用的信息和知识，并通过数据处理引擎对这些数据进行挖掘、建模，从而得到物联网应用系统所需要的逻辑操作和知识的过程。

3) 海量数据并行处理

海量数据并行处理是指同时利用多种计算资源解决计算问题的过程，在目前云计算技术成熟的条件下，并行计算能够给物联网的海量信息提供更高效的数据处理能力。

4) 云计算

云计算是指基于互联网的超级计算模式，也就是把存储于个人计算机、移动电话和其他设备上的大量信息和处理器资源集中在一起，协同工作，这就是一种在巨大规模上可扩展的信息技术能力，并向外部客户作为服务来提供的一种计算方式。

物联网是以计算机科学为基础，包括网络、电子、射频、感应、无线、人工智能、条码、云计算、自动化、嵌入式等技术为一体的综合性技术及应用，它要让孤立的物品(冰箱、汽车、家具、货品等)接入网络世界，让它们能相互交流。物联网化的工业自动化产品，将趋于小型化、网络化、低成本化，有利于加强对生产过程的控制，提高生产力。

传统的工业自动化系统需要在各个环节与先进物联网技术融合，并在物联网专用芯片、终端应用系统开发、互联互通、信息安全、测试技术、标准体系等方面进行全面升级。

3. 业务支撑及智能处理技术

资源是有限的，企业应该基于业务支撑的定位来考虑资源的投入方向和原则，规划设计演进路径，解决最紧迫的问题，做出合理的承诺。

(1) 业务支撑是给企业的运营做支撑的。传统互联网运营商的运营支撑系统，主要说的是网管，那时运营的核心是保障网络的稳定运行。但是，现在的运营商，越来越多地是围绕客户和产品两个核心开展运营的，产品也不再是网络直接提供的，而是经过业务部门利用业务支撑系统来包装和整合的。因此，业务支撑系统实质上是支撑运营的平台，这种运营不仅是针对单一业务的，更包括多业务之间的。业务支撑的前端面向分散的、多元的、各自独立而又存在交叉的业务部门；后端面向分立的、标准化的、规范化的刚性运作的网络、计划、财务等部门。

(2) 物联网业务支撑体系以面向行业信息化服务为主，以个人公共服务为辅，构建公共技术和业务平台，实现数据交换向信息处理的网络平台转换的目标。云计算虚拟化技术的应用，能更加有效地利用各种计算能力，为各类物联网应用提供支撑。在物联网这种开放式环境中，非常有必要使用云计算，因为：①物联网业务类型多、涉及的行业广、应用类型差别大、业务数据量巨大，传统的硬件环境难以支撑；②有必要加以利用运营商长期积累的大量闲置的计算能力和存储能力，这也是绿色环保的要求；③随着业务开发者、应用部署数量的增加，大量自定义业务同时运行，其计算能力的要求呈现出增长趋势，对平台造成性能压力。

(3) 智能处理技术是业务支撑体系需要结合 P2P、云计算等分布式计算框架技术，对经过感知层和网络层送到的数据进行智能分析和处理的技术。云技术的应用包含了“把力量联合起来，给其中的每一个成员使用”的思想。在云计算中，不仅是计算能力的集中，也包括数据和软件的极大集中，云计算中的计算无处不在，其能力无限强大。

4. 感知节点及终端技术

随着微电子技术、传感器技术、智能标签技术等信息通信技术的发展与成熟，现实世界中越来越多的物理实体需要自组织来实现智能环境感知并对其进行自动控制，并具备通信和信息处理的能力。

物联网的终端各种各样，朝着小型化、智能化和低成本趋势发展。越来越多的“物品”嵌入信息网络内部进行通信，使得网络不断延伸，由传统的人与人之间的通信向人与人、物与物、人与物之间的通信发展。此外，物联网中的每个物品都需要一个地址，这是 IPv4 所无法提供的，需要 IPv6 来支撑。

因此，要不断完善支持感知内容的多媒体化、组合化的关键技术；推动自主知识产权的多元化，感知节点的设计和制造；设计终端及感知节点在组网、协同上的软硬件框架，并突破关键技术，以使不同感知节点及网络体系最终能互联互通的标准规范化。

5. 思考事物的智能技术

智能技术是为了有效地达到某种预期的目的，利用知识所采用的各种方法和手段。通过在物体中植入智能系统，可以使物体具备一定的智能性，能够主动或被动地实现与用户的沟通，这也是物联网的关键技术之一。

智能技术主要的研究内容和方向包括人工智能理论研究、先进的人机交互技术与系统、智能控制技术与系统、智能信号处理。

6. 安全管理技术

物联网应用系统应对的大多是应用场景的实时数据，包括生产、生活等多个领域，以及国家重要行业的敏感数据，因此安全管理是保证物联网健康发展的重要前提。物联网感知层、网络层及传输层和应用层等不同层的不同信息处理过程所面临的安全问题也有其各自的特征。如何保证物联网信息的机密性、完整性和可用性是物联网应用的最大挑战。

在实际运用中，我们应重视物联网的保密性、数据鉴别、设备鉴权、完整性、可用性和新鲜性等几个方面。

二、物联网技术结构

物联网技术结构如图 2-17 所示，主要包含数据采集、信号处理、协议、管理、安全、网络接入、设计验证及支撑和应用等方面。

图 2-17 物联网技术结构图

1. 智能感知技术

数据采集是物联网实现"物物相连、人物互动"的基础。采集设备一般拥有 MCU 控制器，由于低成本的限制，因此一般采用嵌入式系统，物联网的规范要求整个终端设备必须是智能的，因此数据采集设备一般都有操作系统。为了获得各种客观世界的物理量，如温度、湿度、光照度等，传感器技术也是数据采集技术中的重要一支。因此，物联网的数据采集技术包括传感器技术、嵌入式系统技术、操作系统、采集设备及核心芯片。一些典型的物联网硬件如图 2-18 所示。

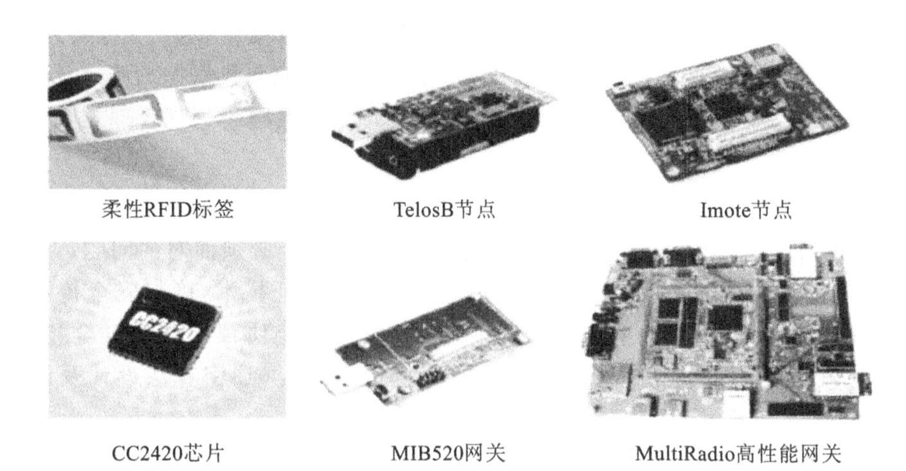

图 2-18　物联网硬件

2. 智能信号处理技术

智能信号处理将对采集设备获得的各种原始数据进行必要的处理，以获得与目标事物相关的信息。首先获得各种物理量的测量值，即原始信号。之后通过信号提取技术筛选有用信号，通过调理提高信号的信噪比。高信噪比的信号通过各类信号变换，在映射空间上可以进行信号的特征提取，借助于信号分析技术，如特征对比、分类技术，可以将各种特征信号对应于某一类的物理事件。

信号处理技术包括信号抗干扰、信号分离及信号滤波等技术。因此，在物联网的信号处理技术中，以多物理量检测、信号提取、信号调理、信号变换、信号分析为核心关键技术。图 2-18 中的 CC2420 是 TI 推出的第二代物联网射频芯片，具有数字调制解调等功能，通过数字信号处理技术，提高了芯片的一致性。

3. 优化高效的协议

为了实现物联网的普适性，终端感知网络需要具有多样性，而这种多样性是通过 MAC 协议来保证的。在物联网的协议中，以 MAC 协议、组网技术、网络跨层优化技术、自适应优化通信协议、轻量级和高能效协议为重点。

由于终端感知节点并不是固定组网的，为了完成不同的感知任务，实现各种目标，节点组网技术必不可少。终端感知设备之间的通信不能采用传统的资源充分设备的通信协议，因此需要自适应优化通信协议。同时，终端设备的低处理能力、低功耗等特性，决定了必须采用轻量级和高能效的协议。最后，为了实现一个统一的目标，必须在上述各种协议和技术之间进行取舍，因此网络跨层优化技术也是必需的。

4. 管理

由于终端感知网络的节点众多，因此必须引入节点管理对多个节点进行操作。其中包括以使终端感知网络寿命最大化为目标的能量管理，以确保覆盖性及连通性为目标的拓扑管理，以保证网络服务质量为目标的 QoS 管理及移动控制，以实现异地管理为目标的远程管理技术，同时包括存储配置参数的数据库管理等。

作为物联网应用不可或缺的组成部分，数据库负责存储由 WSN 或 RFID 收集到的感知数据，所用到的数据库管理系统（DBMS）可选择大型分布式数据库管理系统（如 DB2、Oracle、

Sybase 和 SQL Server)。管理系统能够将已存储的数据进行可视化显示、数据管理(包括数据的添加、修改、删除和查询操作)及进一步分析和处理(生成决策和数据挖掘等)。综上所述,物联网的节点管理包括能量管理、拓扑管理、QoS 管理、移动控制、网络远程管理及数据库管理等方面。

5. 安全

由于物联网终端感知网络的私有特性,因此安全也是一个必须面对的问题。从安全技术角度来看,相关技术包括以确保使用者身份安全为核心的认证技术,确保安全传输的密钥建立及分发机制,以及确保数据自身安全的数据加密、数据安全协议等数据安全技术。因此,在物联网安全领域,数据安全协议、密钥建立及分发机制、数据加密算法设计及认证技术是关键部分。

物联网中的传感节点通常需要部署在无人值守、不可控制的环境中,除了受到一般无线网络所面临的信息泄露、信息篡改、重放攻击、拒绝服务等多种威胁外,还面临传感节点容易被攻击者获取,通过物理手段获取存储在节点中的所有信息,从而侵入网络、控制网络的威胁。在物联网中涉及安全的方面主要有程序内容、运行使用、信息传输等方面。

6. 网络接入

物联网的网络接入是通过网关来完成的。物联网以终端感知网络为触角,以运行在大型服务器上的程序为大脑,实现对客观世界的有效感知及有利控制。其中连接终端感知网络与服务器的桥梁便是各类网络接入技术,包括 GSM、TD-SCDMA 等蜂窝网络,WLAN、WPAN 等专用无线网络,Internet 等各种网络。

7. 设计验证

在物联网系统的设计验证中,包括设计、仿真、试验床验证与检验检测等关键内容。可以对物联网的硬件设备、软件、协议等进行分析验证,以及进行实际系统部署前的检验,这对物联网研究和应用具有重要的意义。作为物联网重要组成部分的传感器网络,不仅节点规模大,网络所应用的地域规模也很大,传感器网络与 Internet 网络的融合构成物联网。

因此,如何能够反映出大规模异构网络环境(有线网络、无线网络及各种无线传感器网络等),并对各种网络应用具有扩展性,成为设计验证平台需要考虑的问题。

8. 信息处理及信息融合

信息融合是智能信息处理的重要阶段和方式,信息融合是一个多级的、多方面的,将来自传感网中多个数据源(或多个传感器)的数据进行处理的过程。它能够获得比单一传感器更高的准确率,以及更有效和更易理解的推论。同时,它又是一个包含将来自不同节点的数据进行联合处理的方法和工具的架构。

物联网具有明显的智能特性,而智能信息处理是保障这一特性的共性关键技术,因此智能信息处理的相关关键技术和研究基础对物联网的发展具有重要的作用。

9. 智能交互及协同感知

物联网中的智能交互主要体现在情景感知关键技术上,能够解释感知的物理信号和生物化学信号,对外界不同事件做出决策及调整自身的监控行为,因此智能交互技术已成为物联网应用系统中不可或缺的一部分。同时,情景感知能让物联网中的一些数据以低能耗方式在本地资源受限的传感器节点上处理,从而让整个网络的能耗和通信带宽最小化。

协同感知技术也是物联网的研究热点。一种物理现象一般是由多种因素引起的，由于位于不同时空位置的感知设备观测到的信息具有互补性，因此必须将多个感知节点的数据综合起来，所以协同感知机制很重要。

10. 支撑与应用

物联网的支撑设备包括高性能计算平台、海量存储及管理系统、数据库等。通过这些设施，能够支撑物联网海量信息的处理、存储、管理等工作。

物联网以终端感知网络为触角，深入物理世界的每一个角落，获得客观世界的各种测量数据。而物联网战略最终是为人服务的，它将获得的各种物理量进行综合、分析并根据自身智能合理优化人类的生产生活活动。

三、ZigBee技术

ZigBee，在中国被译为"紫蜂"。ZigBee技术与蓝牙技术类似，是一种新兴的短距离无线技术。在蓝牙技术的使用过程中，人们发现蓝牙技术尽管有许多优点，但仍存在许多缺陷。对家庭自动化控制和工业遥测遥控领域而言，蓝牙技术显得太复杂、功耗大、距离近、组网规模太小等。工业自动化对无线数据通信的需求越来越强烈，并且对于工业现场，这种无线数据传输必须是高可靠的，并能抵抗工业现场的各种电磁干扰。

因此，经过人们长期努力，ZigBee协议在2003年正式问世。另外，ZigBee使用了在它之前所研究过的面向家庭网络的通信协议Home RF Lite。

1. ZigBee的概念

首先，ZigBee是IEEE 802.15.4协议的代名词。

根据这个协议规定的技术是一种近距离、低复杂度、低功耗、低数据速率、低成本的双向无线通信技术，主要适合于自动控制和远程控制领域，可以嵌入各种设备中，同时支持地理定位功能。

由于蜜蜂(bee)是靠飞翔和"嗡嗡"(zig)地抖动翅膀的"舞蹈"来与同伴传递花粉所在方位和远近信息的，也就是说，蜜蜂依靠着这样的方式构成了群体中的通信"网络"，因此ZigBee的发明者们利用蜜蜂的这种行为来形象地描述这种无线信息传输技术。

ZigBee技术是一种具有统一技术标准的短距离无线通信技术。其物理层和数据链路层协议为IEEE 802.15.4协议标准，网络层和安全层由ZigBee联盟制定，应用层的开发应用根据用户的应用需要进行，因此该技术能够为用户提供机动、灵活的组网方式。

2. ZigBee技术的特点

ZigBee技术是致力于提供一种廉价的固定、便携或者移动设备使用的极低复杂度、低成本和低功耗的低速率无线通信技术。这种无线通信技术具有如下特点。

1) 数据传输速率低

它的传输速率只有10～250 Kb/s，专注于低传输速率应用。无线传感器网络不传输语音、视频之类的大数据量的采集数据，仅仅传输一些采集到的温度、湿度之类的简单数据。

2) 功耗低

在工作模式下，ZigBee技术传输速率低、传输数据量很小，因此信号的收发时间很短，其次，在非工作模式下，ZigBee节点处于休眠模式，耗电量仅仅只有1 μW。设备搜索时延一般为

30 ms,休眠激活时延为 15 ms,活动设备信道接入时延为 15 ms。工作时间较短、收发信息功耗较低且采用了休眠模式,使得 ZigBee 设备非常省电,ZigBee 节点的电池工作时间可以长达 6 个月到 2 年。

3）数据传输可靠

ZigBee 的介质链路层(以 MAC 层)采用 CSMA-CA 碰撞避免机制。在这种完全确认的数据传输机制下,当有数据传送需求时则立刻传送,发送的每个数据包都必须等待接收方的确认信息,并进行确认信息回复;若没有得到确认信息的回复,就表示发生了碰撞,将再传一次,采用这种方法可以提高系统信息传输的可靠性。

4）网络容量大

ZigBee 的低速率、低功耗和短距离传输的特点使它非常适宜支持简单器件。ZigBee 定义了两种器件:全功能器件(FFD)和简化功能器件(RFD)。网络协调器(coordinator)是一种全功能器件,而网络节点通常为简化功能器件。

5）自动动态组网、自主路由

无线传感器网络是动态变化的,无论是节点的能量耗尽,或者是节点被敌人俘获,都能使节点退出网络,而且网络使用者也希望能在需要的时候向已有的网络中加入新的传感器节点。

6）兼容 ZigBee 技术与现有的控制网络标准无缝集成

通过网络协调器自动建立网络,采用 CSMA-CA 方式进行信道接入。为了可靠传递,还提供全握手协议。

7）安全性

ZigBee 提供了数据完整性检查和鉴权功能,在数据传输中提供了三级安全性。第一级实际上是无安全方式,对于某种应用,如果安全并不重要或者上层已经提供足够的安全保护,器件就可以选择这种方式来转移数据。对于第二级安全级别,器件可以使用接入控制清单(ACL)来防止非法器件获取数据。

8）实现成本低

模块的初始成本估计在 6 美元左右,之后很快就能降到 1.5～2.5 美元,且 ZigBee 协议免专利费用。无线传感器网络中可以具有成千上万的节点,如果不能严格地控制节点的成本,那么网络的规模必将受到严重的制约,从而将严重地制约无线传感器网络的强大功能。

3. ZigBee 技术应用市场

1）ZigBee 技术的应用领域

ZigBee 技术的应用范围十分广泛,包括家庭自动化控制、商业大楼自动控制、仪表控制、工业环境自动化控制等,现阶段以商业大楼自动控制、家庭自动化控制与仪表控制为重点。

2）ZigBee 实现了工业现场对无线数据传输的要求

工业现场对无线数据传输的要求:①低功耗,低数据量;②低成本,使用免费的 ISM 频段;③高的抗干扰性能的直序扩频通信方式;④高保密性(64 位出厂编号和支持 AES-128 加密);⑤高集成度和高的可靠性。

3）ZigBee 的拓展应用方面

ZigBee 助理智能照明,为行业拓展新空间。与其他照明通信系统相比,ZigBee 具有低功耗、低数据速率、低成本等特点,在照明智能化日益普及的背景下,ZigBee 技术有其独具的优势,对智能照明的应用有着补充和推进作用。同时,智能照明也将为 ZigBee 技术的普及提供广阔的市场空间。

4）考虑采用 ZigBee 技术的短距离通信条件

通常符合如下条件之一的短距离通信可以考虑应用 ZigBee 技术：①需要数据采集或监控的网点多；②要求传输的数据量不大，而要求设备成本低；③要求数据传输可靠性高、安全性高；④要求设备体积很小，不便放置较大的充电电池或者电源模块；⑤可以用电池供电；⑥地形复杂，监测点多，需要较大范围的网络覆盖；⑦对于那些现有的移动网络的盲区进行覆盖；⑧已经使用了现存移动网络进行低数据量传输的遥测遥控系统。

5）ZigBee 技术在我国的应用情况

尽管国内不少人已经开始关注 ZigBee 这项新技术，而且也有不少企业开始涉足 ZigBee 技术的开发，然而，考虑到 ZigBee 本身是一种新的系统集成技术，应用软件的开发必须将网络传输技术、射频技术和底层软硬件控制技术结合在一起，所以对于初期开发的企业来说具有一定的技术难度。由于各方面的制约，ZigBee 技术的大规模商业应用还有待时日。

4. ZigBee 协议栈结构

ZigBee 技术的协议栈结构很简单，不像蓝牙和其他网络结构，这些网络结构通常分为七层，而 ZigBee 技术仅分为四层。

在 ZigBee 技术中，PHY 层和 MAC 层采用 IEEE 802.15.4 协议标准，其中，PHY 层提供两种类型的服务，即通过物理层管理实体接口对 PHY 层数据和 PHY 层管理提供服务。PHY 层数据服务可以通过无线物理信道发送和接收物理层协议数据单元来实现。

PHY 层的特征是启动和关闭无线收发器、监测能量、控制链路质量、选择信道、清除信道评估，以及通过物理介质对数据包进行发送和接收。

MAC 层提供两种类型的服务，即通过 MAC 层管理实体服务接入点向 MAC 层数据和 MAC 层管理提供服务。MAC 层数据服务可以通过 PHY 层数据服务发送和接收 MAC 层协议数据单元。

MAC 层的具体特征是信标管理、信道接入、时隙管理、发送确认帧、发送连接及断开连接请求。除此以外，MAC 层为应用合适的安全机制提供一些方法。

ZigBee 技术的网络/安全层主要用于 ZigBee 的 WPAN 的组网连接、数据管理及网络安全等；应用层主要为 ZigBee 技术的实际应用提供一些应用框架模型等，以便对 ZigBee 技术进行开发应用。

四、NFC 技术

NFC 技术由飞利浦和索尼两企业联合研发。2004 年，飞利浦、索尼、诺基亚共同发起 NFC 论坛，开始推广 NFC 技术的商业应用。目前，NFC 论坛在全球拥有 70 多个成员，包括万事达卡国际组织、松下电子工业有限公司、微软公司、摩托罗拉公司、NEC 公司、瑞萨科技公司、三星公司、德州仪器制造公司和 VISA 国际组织。

1. 什么是 NFC 技术？

NFC 是 near field communication 的缩写，即近距离无线通信技术。

简单地说，NFC 就是把 RFID 读卡器与智能卡的功能整合在一起，可以直接利用各种现有的 RFID 基础设施，并且从设计之初就考虑到了不同 NFC 设备之间的交互（P2P），非常适合手机。NFC 技术是脱胎于无线设备间的一种“非接触式射频识别”及互联技术，为所有消费性电子产品提供了一种极为便利的通信方式。

2. NFC技术特点

NFC(近距离无线通信/近场通信)是一种主要用于手持设备的短距离数据通信技术,由RFID射频识别衍生而来,向下兼容RFID。在国内很多地方的校园一卡通,几乎所有酒店的房卡,大多数新建的地铁、公交系统全都采用了RFID技术。

NFC在单一芯片上结合了感应式读卡器、感应式卡片和点对点的功能。在数厘米(通常是15厘米以内)距离之间于13.56 MHz频率范围内运作,通过射频信号自动识别目标对象并获取相关数据,识别工作无须人工干预。

NFC技术在诺基亚的失败分析

日本是NFC/RFID手机发展最顺利的地区,在手机厂商、运营商、商家、银行的联合推广下,日本的手机早几年就集成了公交卡、小额支付甚至是信用卡功能,KKK之前的《为何日本手机走不出国门》对此也有所提及。但NFC在日本基本上也只能用于各种支付服务,远没有发挥这种技术的全部潜力。NFC在日本以外地区的发展就很难看了,主要责任恐怕应该归于诺基亚,毕竟当时也只有诺基亚才可能在全球范围推广NFC技术。

诺基亚从开始就意识到了NFC技术在手机上的潜力。诺基亚构想中的NFC应用前景也比索尼更宏大,2007年年初开卖的诺基亚6131 NFC手机不但可以通过内置的NFC芯片进行付款,还可以碰一下街头宣传窗,自动获取商家电话号码,实现电话一键拨出;可以碰一下名片,自动获取名片信息,实现一键存储联系人信息;碰一下打印机,蓝牙自动上传照片,实现照片一键打印。诺基亚不但是发起NFC论坛的三家公司之一,也早在2004年就拿出了全世界第一款NFC产品——诺基亚3220 NFC外壳,可以让3220支持部分地区的手机钱包业务。

除了之前提到的各种功能以外,NFC在手机应用上还大有可为,例如两部手机碰一下自动互相交换电子名片,手机碰一下路由器自动完成WiFi设置。一家瑞典酒店已经在尝试通过手机替代传统的RFID门卡——酒店将信息发送给支持NFC技术的手机,客人直接用手机开门。

但缺乏统一的标准制约了NFC技术。短信、红外、蓝牙发送名片早已有之,最终都没有得到推广,各平台之间不兼容是一大原因。NFC虽然极大地简化了传输的操作步骤,但如果没有一套得到各方都认可的统一标准,传来的信息不是乱码就是内容错位,这类跨平台应用依然遥不可及。

部分研发人员的远见不能改变整个公司的战略性失误。2004—2008年这五年间,诺基亚在全球特别是欧洲手机市场占据绝对主导地位,但NFC手机不但少而且全都采用S30或S40平台的低端产品。没有任何一款Symbian系统手机集成NFC。

如果诺基亚当初抓住机会,在自己的智能手机平台上全线推广NFC技术,降低离谱的开发门槛,让自己的手机与亚欧各国基础设施建立紧密联系,那么今天Symbian系统市场份额的流失速度恐怕也不会那么快。可惜历史没有如果。

3. NFC技术的未来前景

现在越来越多的智能手机厂商开始看好NFC。最先发力的是Google,在应用范围上,

Google很有野心。Google没有重复诺基亚之前的错误，Android的NFC软件栈完全开源。Android平台的第一款NFC手机是定位高端的Nexus S，高端机型的用户在尝试新技术方面往往比S40用户更加积极。Google推出的Google Hotspot服务为Google Places增加了评分和评论功能。

NFC的前景很美好，可是挑战依然存在，首先是商家。目前手机厂商和运营商已经积极行动起来，但NFC必须要有商家的支持。当初NTT Docomo在日本为了推广RFID支付，大范围补贴商家。世界其他地区目前似乎还没有多少这样的措施。

最后是各平台内部的分裂。诺基亚目前的三款Symbian 3系统手机只有C7集成了NFC芯片，N8和C6-01都没有，对手机之间的交互应用有很大影响。Android也一样，不但Nexus S之前的手机不支持NFC，未来其他Android厂商是不是一定会选择集成NFC芯片还是个未知数。

五、智能嵌入式技术

嵌入式系统是以应用为中心，以计算机技术为基础，并且软硬件可裁剪，适用于应用系统对功能、可靠性、成本、体积、功耗有严格要求的专用计算机系统。它一般由嵌入式微处理器、外围硬件设备、嵌入式操作系统及用户的应用程序等四部分组成，用于实现对其他设备的控制、监视和管理等功能。

1. 嵌入式技术的概念

嵌入式技术是将计算机作为一个信息处理部件，嵌入到应用系统中的一种技术，也就是说，它将软件固化集成到硬件系统中，实现硬件系统与软件系统一体化。嵌入式技术具有软件代码小、高度自动化和响应速度快等特点。

2. 嵌入式核心芯片的特点

嵌入式技术的关键在于核心芯片的选择，嵌入式核心芯片的特点有：

(1) 可扩展的处理器结构，以能最迅速地开展出满足应用的最高性能的嵌入式微处理器；

(2) 嵌入式微处理器必须功耗很低；

(3) 对实时多任务有很强的支持能力；

(4) 具有功能很强的存储区保护功能，这是由于嵌入式系统的软件结构已模块化，而为了避免在软件模块之间出现错误的交叉作用，需要设计强大的存储区保护功能，同时也有利于软件诊断。

3. 智能嵌入式技术应用

嵌入式技术是在Internet的基础上产生和发展的，因此它具有更加卓越的网络功能，在智能家居控制中具有较好的安全性，能快速地与外界进行信息交换，这就要求计算机对存储器、运算速度等性能指标要求比较高。而嵌入式系统在一般情况下都是小型的专用系统，这样就使得嵌入式系统很难承受占有大量系统资源的服务。

在家庭智能控制系统中主要对家居功能进行控制。

1) 远程监控

在防盗报警被触发后，可以通过Internet远程监控家中事态的进展情况。

2) 报警

报警可以分为防盗报警、防灾报警等类型。

3）三表抄送功能

将带电子采集器的煤气表、电表、水表等的信息发送到终端。

4）室内环境控制

比如可以将灯光、DVD 等设备集中控制，通过电话、Internet 等远程控制家中的设备，进而实现对家中的音响、视频及灯光的集中控制。

嵌入式技术的应用，使得系统的架构更加清晰简捷。系统的软件采用分层设计，不仅方便维护，而且大大提高了代码的利用率，缩短了开发周期。此外，嵌入式技术一般由嵌入式微处理器、外围硬件设备、嵌入式操作系统及用户的应用程序等四个部分组成，用于实现对其他设备的控制、监视或管理等功能。嵌入式 Internet 的广泛应用必将使家居控制变得更加自动化、智能化和人性化。

4. 嵌入式技术的发展

嵌入式技术之所以能够快速发展，一个重要的原因就是嵌入式技术具有技术灵活性。无论是软件嵌入还是硬件嵌入，采用嵌入式技术都可以把复杂的系统设计变为独立模块的设计。特别是随着信息技术的飞速发展，传统的独立系统设计已经无法适应现代信息技术的发展需要。例如，在现有通信系统中应用多媒体通信技术时，如果不采用嵌入式技术，则需要对整个通信系统进行彻底更换。

随着电子信息技术的不断发展和应用领域的不断扩大，嵌入式技术正在变成最基本的电子系统设计技术。特别是随着 SOC 技术和集成电路设计制造技术的发展，嵌入式系统已经成为 SOC 器件设计的基本结构。同时，也正因为电子信息技术的飞速发展，现有嵌入式系统设计平台才面临着各种不同的挑战。

任务3　云计算技术

2006 年谷歌推出了“Google 101 计划”，并正式提出“云”的概念和理论。随后亚马逊、微软、惠普、雅虎、英特尔、IBM 等公司都宣布了自己的“云计划”，云安全、云存储、内部云、外部云、公共云、私有云……一堆让人眼花缭乱的概念在不断冲击人们的神经。那么，到底什么是云计算技术呢？云计算在纷纷扰扰中又走过了一年，云计算的新闻和广告铺天盖地。

任务分析

“云”这个字成了中国汉字中的一个奇迹，它几乎可以被放到任何词的前面或后面，可以说云计算已成为深入大众心中的一个重要名词。但云计算产业前面的路在何方，现在业内的人反而陷入了迷茫。

人们一时间创造出了大量的以“云”开头或以“云”结尾的新名词，如制造云（云制造）、商务云（云商务）、家电云（云家电）等。

云计算是基于互联网的服务的增加、使用和交付模式，通常涉及通过互联网来提供动态易扩展且经常是虚拟化的资源，是传统计算机和网络技术发展融合的产物，它意味着计算能力也可作为一种商品通过互联网进行流通。

整个定义的核心部分是"基于互联网的服务的增加、使用和交付模式"，这一定义将云计算定位为一种"模式"，而非一种新"技术"，表明其对产业影响很深远，已远不是单一技术的创新所能概括的。

任务 1：云计算的定义。

任务 2：云计算产业需要的技术要素。

云计算作为一种新兴的资源使用和交付模式逐渐为学界和产业界所认知，是继个人计算机变革、互联网变革之后的第三次 IT 浪潮，是中国战略性新兴产业的重要组成部分。云计算是继 20 世纪 80 年代大型计算机到客户端-服务器的大转变之后的又一次巨变，它将带来生活方式、生产方式和商业模式的根本性改变，成为当前全社会关注的热点。

一、云计算的定义与架构

1. 云计算的定义

云计算(cloud computing)是由分布式计算(distributed computing)、并行处理(parallel computing)、网格计算(grid computing)发展来的，是一种新兴的商业计算模型。目前，对于云计算的认识在不断发展变化，云计算没有普遍一致的定义。

中国网格计算、云计算专家刘鹏给出如下定义："云计算将计算任务分布在大量计算机构成的资源池上，使各种应用系统能够根据需要获取计算力、存储空间和各种软件服务。"

狭义的云计算是指厂商通过分布式计算和虚拟化技术搭建数据中心或超级计算机，以免费或按需租用方式向技术开发者或企业客户提供数据存储、分析及科学计算等服务。比如亚马逊数据仓库出租生意。

广义的云计算是指厂商通过建立网络服务器集群，向各种不同类型客户提供在线软件服务、硬件租借、数据存储、计算分析等不同类型的服务。广义的云计算包括了更多的厂商和服务类型，例如国内用友、金蝶等管理软件厂商推出的在线财务软件，谷歌发布的 Google 应用程序套装等。

通俗地理解，云计算的"云"是存在于互联网上的服务器集群上的资源。它包括硬件资源(服务器、存储器、CPU 等)和软件资源(如应用软件、集成开发环境)等。本地计算机只需要通过互联网发送一个需求信息，远端就会有成千上万的计算机为用户提供需要的资源并将结果返回到本地计算机，这样，本地计算机几乎不需要做什么，所有的处理都由云计算提供商所提供的计算机群来完成。

2. 云计算与网格计算、效用计算、自主计算的区别

狭义的云计算是指 IT 基础设施的交付和使用模式，是指通过网络以按需、易扩展的方式获得所需资源。广义的云计算是指服务的交付和使用模式，是指通过网络以按需、易扩展的方式获得所需服务。这种服务与 IT 和软件、互联网相关，也可以是其他服务。它意味着计算能力也可作为一种商品通过互联网进行流通。云计算常与网格计算、效用计算、自主计算相混淆。

网格计算是分布式计算的一种，是由一群松散耦合的计算机组成的一个超级虚拟计算机，常用来执行一些大型任务。

效用计算是IT资源的一种打包和计费方式,比如按照计算、存储分别计量费用,像传统的电力等公共设施一样。

自主计算是具有自我管理功能的计算机系统。许多云计算部署依赖于计算机集群(但与网格的组成、体系结构、目的、工作方式大相径庭),也吸收了自主计算和效用计算的特点。

3. 云计算层次架构

随着物联网业务量的增加,对数据存储和计算量的需求将带来对云计算能力的要求:①云计算从计算中心到数据中心在物联网的初级阶段,POP即可满足需求;②在物联网高级阶段,可能出现MVNO/MMO营运商(国外已存在多年),需要虚拟化云计算技术,SOA等技术的结合实现物联网的泛在服务TaaS。

其中云基础设施即服务层(IaaS)、云平台即服务层(PaaS)、云软件即服务层(SaaS)是云计算的三种服务模式,云计算层次架构如图2-19所示。

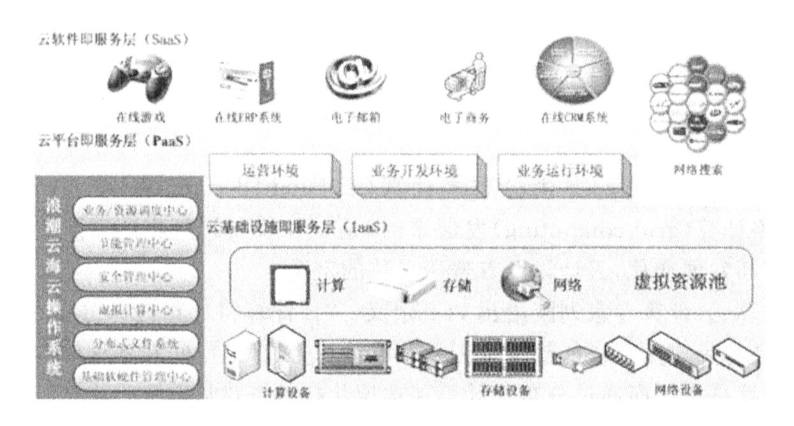

图 2-19 云计算层次架构

云操作系统,是负责云计算数据中心基础软件、硬件资源管理监控的系统软件。通过基础软硬件监控、分布式文件系统和虚拟计算,云操作系统实现了云基础设施即服务层;通过安全管理中心实现资源多用户共享的数据和信息安全;通过节能管理中心,有效实现基础资源的绿色、低碳运用;通过业务与资源调度中心,则实现了云平台即服务层的部分内容。

硬件设备位于云计算架构的底层,是云计算平台的基础。由于数据中心常会同时采购不同厂家的多种设备,且新旧设备共存,所以该领域的显著特点就是会存在大量异构的设备资源。

1) 云基础设施即服务层(cloud infrastructure as a service,IaaS)

在云基础设施即服务层,系统供应商可以向用户提供同颗粒度的可度量的计算、存储、网络和单机操作系统等基础资源。用户可以在之上部署或运行各种软件,包括客户操作系统和应用业务。

2) 云平台即服务层(cloud platform as a service,PaaS)

在云平台即服务层,云计算平台供应商将业务软件的开发环境、运行环境作为一种服务,通过互联网提交给用户。云平台即服务层需要构建在云基础设施之上。用户可以在云平台供应商提供的开发环境下创建自己的业务应用,而且可以直接在云平台的运行环境中运营自己的业务。

3) 云软件即服务层(cloud software as a service,SaaS)

云软件即服务层,是指运营商通过互联网,向用户提供软件服务的一种软件应用模式。传统的SaaS与云SaaS,在客户体验上基本类似,如新浪邮箱和Gmail邮箱,客户感受是类似的。

传统的 SaaS 直接构建在硬件设备之上，不能实现后台资源的多租户共享，也无法实现资源的动态流转，实际上并不属于云计算的范畴。云 SaaS，要求这些软件业务运行在云平台服务层或构建在云基础设施层之上。云 SaaS 的优势，体现在后台资源的动态伸缩和流转上，资源可扩展性更强，这一重大优势是传统 SaaS 所不具备的。

二、云计算基础设施模式与关键技术

1. 云计算基础设施

物联网、三网融合，极大地促进了网络的发展。通过 3G 终端实现了网络的无线和实时接入，带来了语音、数据、图像等信息的互联互通，这使得客户群体和信息总量迅速放大，给网络带来一个呈几何级数爆炸式的发展机遇。网络的发展，要求网络数据中心具备更强的数据处理能力，也要求对日趋庞大的基础资源有绿色节能的运行和维护要求。

云计算，应当高度贴合网络未来更高层次的发展趋势，着力于提高网络数据处理和存储能力，致力于低碳高效地利用基础资源。具体而言，应着重从高端服务器、高密度低成本服务器、海量存储设备和高性能计算设备等硬件基础设施领域提高云计算数据中心的数据处理能力。

1）高端服务器

云计算面向众多并发业务，面向海量信息存储，涉及海量数据检索、分析、处理，数据并发处理和数据的多样性，需要有很强的计算能力做支撑。

与集群相比，高端服务器在共享内存、系统带宽、稳定性、高性能、高安全性等方面具备比较大的优势，更适合于商业计算等未来数据中心的核心应用。

2）高密度低成本服务器

传统机架式服务器密度有限，在空间上造成很大浪费，不能满足云计算工作的深入需求。而高密度刀片，由于刀片缺乏统一标准，各大厂商的产品缺乏通用性，成本居高不下。高密度 Rack 产品，采用的是通用服务器主板，能够有效降低成本。Rack 服务器可以在一个标准机柜中，实现 80 个以上计算节点的高密度配置，部署密度较传统机架式服务器的提高了数倍。Rack 服务器还整合了管理、网络、供电和散热模块，可以向用户提供高密度、低成本、易部署的数据中心解决方案。因而，高密度、低成本的通用型 Rack 服务器产品将是云计算平台的必然需求。

3）海量存储设备

云计算，对于底层，需要面对众多异构基础硬件资源和软件资源；对于上层，则需要面对各类众多异构的业务应用，需要面对众多终端用户，必然会涉及海量数据处理业务，数据规模通常可以达到 TB 乃至 PB 级别。由于数据量非常大，普通存储设备不可能满足数据处理中对性能、稳定性和可用性等方面的要求，因而，需要有高效、稳定的海量存储设备做支撑。海量存储设备是云计算平台的基础，也是云计算技术趋势中的一个重要方向。

4）高性能计算设备

云计算时代高性能计算被赋予了新的定义，其使用模式焕然一新。在云计算中心的科学计算、动漫渲染、生物工程及 CAE(计算机辅助工程)等领域，一个计算模型可能需要成百万亿乃至千万亿次的浮点计算，但是单台计算机无法提供如此巨大的计算能力。而高性能计算在体系结构、高可扩展互联网络、高吞吐率通信、快速部署、大规模系统控制和超大规模并行计算等方面具有独特优势，可以满足科学计算、动漫渲染、生物工程及 CAE 等领域对计算性能的要求。

所以,高性能计算设备是云计算数据中心在科学计算等并行性计算领域的必然选择,也是云计算中心面向计算领域的一个重要技术方向。

2. 云计算的关键技术

云计算系统运用了许多技术,其中以编程模型、海量数据分布存储技术、海量数据管理技术、虚拟化技术、云计算平台管理技术等最为关键。

1) 编程模型

Map Reduce 是 Google 开发的 Java、Python、C++编程模型,它是一种简化的分布式编程模型和高效的任务调度模型,用于大规模数据集(大于 1 TB)的并行运算。严格的编程模型使云计算环境下的编程十分简单。Map Reduce 模式的思想是将要执行的问题分解成 Map(映射)和 Reduce(化简)的方式,先通过 Map 程序将数据切割成不相关的区块,分配(调度)给大量计算机处理,达到分布式运算的效果,再通过 Reduce 程序将结果汇整输出。

2) 海量数据分布存储技术

云计算系统由大量服务器组成,同时为大量用户服务,因此云计算系统采用分布式存储的方式存储数据,用冗余存储的方式保证数据的可靠性。

GFS 即 Google 文件系统(Google file system),是一个可扩展的分布式文件系统,用于大型的、分布式的、对大量数据进行访问的应用。GFS 的设计思想不同于传统的文件系统,是针对大规模数据处理和 Google 应用特性而设计的。它运行于廉价的普通硬件上,但可以提供容错功能。它可以给大量的用户提供总体性能较高的服务。

3) 海量数据管理技术

云计算需要对分布的、海量的数据进行处理、分析,因此,数据管理技术必须能够高效地管理大量的数据。云计算系统中的数据管理技术主要是 Google 的 BT(big table)数据管理技术和 Hadoop 团队开发的开源数据管理模块 HBase。

Google 的很多项目使用 BT 来存储数据,包括网页查询、Google earth 和 Google 金融。这些应用程序对 BT 的要求各不相同:数据大小(从 URL 到网页到卫星图像)不同,反应速度不同(从后端的大批处理到实时数据服务)。对于不同的要求,BT 都成功地提供了灵活高效的服务。

4) 虚拟化技术

通过虚拟化技术可实现软件应用与底层硬件相隔离,虚拟化技术包括将单个资源划分成多个虚拟资源的裂分模式,也包括将多个资源整合成一个虚拟资源的聚合模式。虚拟化技术根据对象可分成存储虚拟化、计算虚拟化、网络虚拟化等类型,计算虚拟化又分为系统级虚拟化、应用级虚拟化和桌面虚拟化三种。

5) 云计算平台管理技术

云计算资源规模庞大,服务器数量众多并分布在不同的地点,同时运行着数百种应用。有效地管理这些服务器,保证整个系统提供不间断的服务是巨大的挑战。

云计算系统的平台管理技术能够使大量的服务器协同工作,方便地进行业务部署和开通,快速发现和恢复系统故障,通过自动化、智能化的手段实现大规模系统的可靠运营。

3. 云计算部署模式

1) 私有云

私有云(private cloud)是指仅供一个组织单独使用的云平台。私有云是企业内部构建云平台时，最为常见的部署模式。

2）社区云

社区云(community cloud)是指为几个相关组织所共享的云平台。

3）公有云

公有云(public cloud)是可为公众或一个大型工业集团所使用的云平台，一般为一个专门出售云服务的机构所拥有。

4）混合云

混合云(hybrid cloud)是两个或更多云(私有云、社区云、公有云)的组合体，它保留了各自独立的云实体，而这些云实体则通过标准或私有的数据和业务迁移技术绑定在一起。

三、云计算服务形式

云计算可以认为包括基础设施即服务(IaaS)、数据平台即服务(PaaS)和软件即服务(SaaS)等几个层次的服务，如图 2-20 所示 。

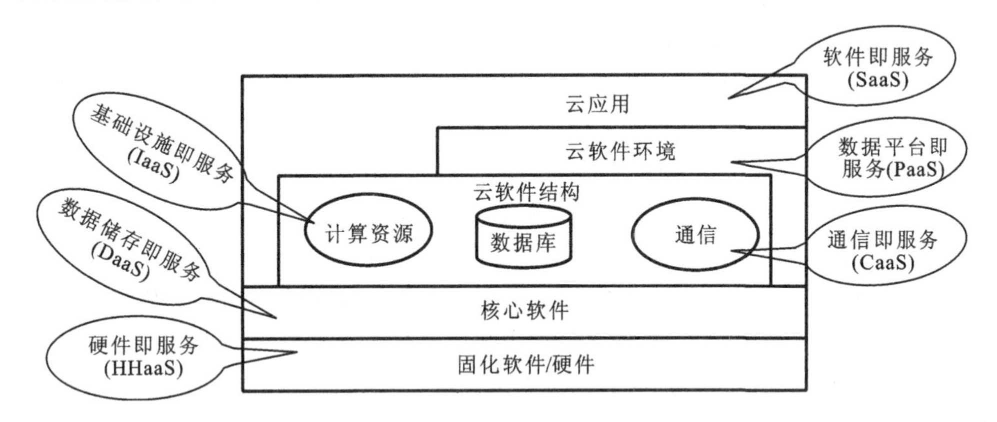

图 2-20　云计算服务层次图

1. 基础设施即服务

基础设施即服务(infrastructure as a service，IaaS)，消费者通过 Internet 可以从完善的计算机基础设施获得服务，如图 2-21 所示 。

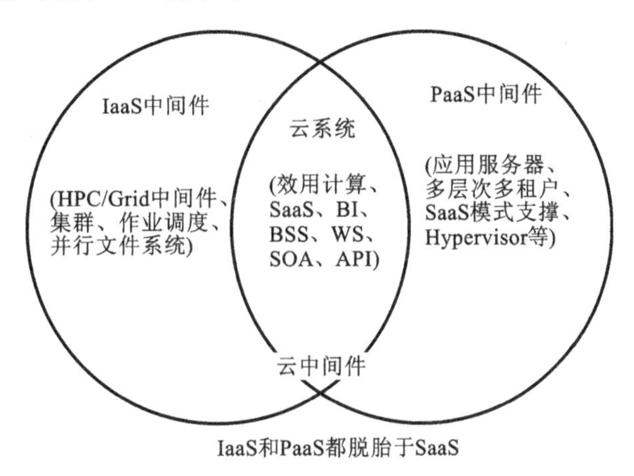

图 2-21　云计算基础设施即服务图

IaaS 把厂商的由多台服务器组成的“云端”基础设施作为计量服务提供给客户，将内存、I/O设备、存储和计算能力整合成一个虚拟的资源池为整个业界提供所需要的存储资源和虚拟化服务器等服务。

这是一种托管型硬件方式，用户付费使用厂商的硬件设施。例如 Amazon Web 服务(AWS)、IBM 的 BlueCloud 等均是将基础设施作为服务出租。通过网络向用户提供计算机(物理机和虚拟机)、存储空间、网络连接、负载均衡和防火墙等基本计算资源；用户在此基础上部署和运行各种软件，包括操作系统和应用程序。

2. 数据平台即服务

数据平台即服务(platform as a service，PaaS)实际上是指将软件研发的平台作为一种服务，以 SaaS 的模式提交给用户。这是一种分布式平台服务，厂商提供开发环境、服务器平台、硬件资源等服务给客户，用户在其平台基础上定制开发自己的应用程序并通过其服务器和互联网传递给其他客户。PaaS 能够给企业或个人提供研发的中间件平台，提供应用程序开发、数据库、应用服务器、试验、托管及应用服务。

数据平台通常包括操作系统、编程语言的运行环境、数据库和 Web 服务器，用户在此平台上部署和运行自己的应用。用户不能管理和控制底层的基础设施，只能控制自己部署的应用。

3. 软件即服务

软件即服务(software as a service，SaaS)，服务提供商将应用软件统一部署在自己的服务器上，用户根据需求通过互联网向厂商订购应用软件服务，服务提供商根据客户所订软件的数量、时间的长短等因素收费，并且通过浏览器向客户提供软件的模式。

这种服务模式的优势是，由服务提供商维护和管理软件，提供软件运行的硬件设施，用户只需拥有能够接入互联网的终端，即可随时随地地使用软件。在这种模式下，客户不再像传统模式那样在硬件、软件、维护人员方面花费大量资金，只需要支出一定的租赁服务费用，通过互联网就可以享受到相应的硬件、软件和维护服务，这是网络应用最具效益的营运模式。对于小型企业来说，SaaS 是采用先进技术的最好途径。

4. 门禁即服务

门禁即服务(access control as a service，ACaaS)是基于云技术的门禁控制，当今市场有两种典型的门禁即服务，即真正的云服务与机架服务器托管。真正的云服务是具备多租户、可扩展及冗余特点的服务，需要构建专用的数据中心，而提供多租户解决方案也是一项复杂的工程，因此会导致成本高昂，所以大部分的门禁即服务仍属于机架服务器托管，而非真正的云服务。想要在门禁即服务市场中寻找新机会的厂商首先需要确定提供哪一种主机解决方案、销售许可的方式及收费模式。

四、云计算的应用与发展

1. 云物联

“物联网就是物物相连的互联网”。这有两层意思：第一，物联网的核心和基础仍然是互联网，是在互联网基础上延伸和扩展的网络；第二，其用户端延伸和扩展到了任何物品与物品之间，进行信息交换和通信。物联网的两种业务模式：

(1) MAI(M2M application integration)，内部 MaaS；

(2) MaaS(M2M as a service)，MMO，Multi-Tenants(多租户模型)。

随着物联网业务量的增加，对数据存储和计算量的需求将带来对云计算能力的要求：

(1) 云计算从计算中心到数据中心在物联网的初级阶段，PoP即可满足需求；

(2) 在物联网高级阶段，可能出现MVNO/MMO营运商(国外已存在多年)，需要虚拟化云计算技术，SOA等技术的结合实现互联网的泛在服务(every thing as a service，TaaS)。

2. 云安全

云安全(cloud security)是一个从云计算演变而来的新名词。云安全的策略构想是：使用者越多，每个使用者就越安全，因为如此庞大的用户群，足以覆盖互联网的每个角落，只要某个网站被挂马或某个新木马病毒出现，该病毒就会立刻被截获。

云安全通过网状的大量客户端对网络中软件行为的异常进行监测，获取互联网中的木马、恶意程序的最新信息，推送到Server端进行自动分析和处理，再把病毒和木马的解决方案分发到每一个客户端。

3. 云存储

云存储是在云计算概念上延伸和发展出来的一个新的概念，是指通过集群应用、网格技术或分布式文件系统等功能，将网络中大量各种不同类型的存储设备通过应用软件集合起来协同工作，共同对外提供数据存储和业务访问功能的一个系统。当云计算系统运算和处理的核心是大量数据的存储和管理时，云计算系统中就需要配置大量的存储设备，那么云计算系统就转变成一个云存储系统，所以云存储是一个以数据存储和管理为核心的云计算系统。

4. 私有云

私有云将云基础设施与软硬件资源创建在防火墙内，以供机构或企业内各部门共享数据中心内的资源。创建私有云，除了硬件资源外，一般还有云设备软件。现时商业软件有VMware的vSphere和Platform Computing的ISF，开放源代码的云设备软件主要有Eucalyptus和OpenStack。

5. 云游戏

云游戏是以云计算为基础的游戏方式，在云游戏的运行模式下，所有游戏都在服务器端运行，并将渲染完毕后的游戏画面压缩后通过网络传送给用户。

6. 云教育

视频云计算应用在教育行业的实例：流媒体平台采用分布式架构部署，分为Web服务器、数据库服务器、直播服务器和流服务器，如有必要可在信息中心架设采集工作站搭建网络电视或实况直播应用，在各个学校已经部署录播系统或直播系统的教室配置流媒体功能组件，这样录播实况可以实时传送到流媒体平台管理中心的全局直播服务器上，同时录播的学校特色课件也可以上传存储到信息中心的流存储服务器上，方便今后的检索、点播、评估等各种应用。

7. 中国云计算发展

中国云计算产业分为准备阶段、起飞阶段和成熟阶段三个阶段，如图2-22所示。

(1) 准备阶段(2007—2010年)：主要是技术储备和概念推广阶段，解决方案和商业模式尚在尝试中。用户对云计算的认知度仍然较低，成功案例较少。初期以政府公共云建设为主。

(2) 起飞阶段(2010—2015年)：产业高速发展，生态环境建设和商业模式构建成为这一时期的关键词，进入云计算产业的“黄金机遇期”。此时期，成功案例逐渐丰富，用户了解和认可程

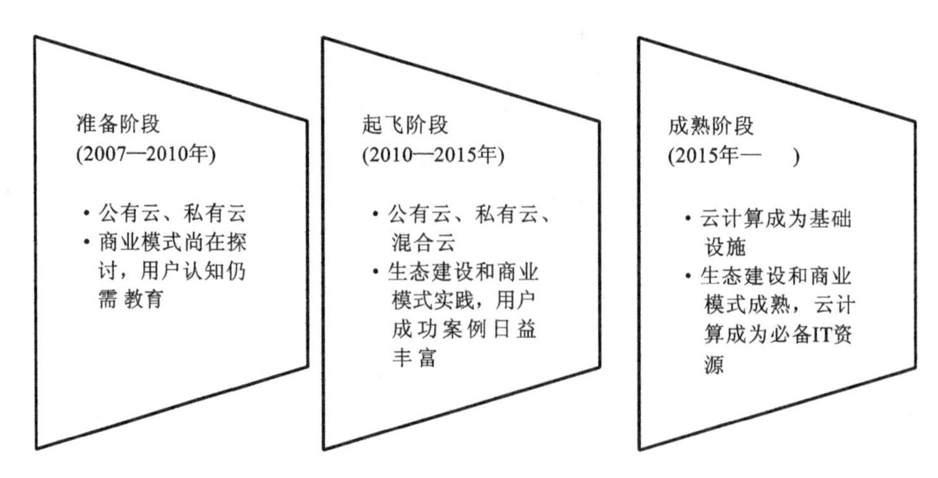

图 2-22　云计算的发展阶段图

度不断提高。越来越多的厂商开始介入，出现大量的应用解决方案，用户主动考虑将自身业务融入云。公共云、私有云、混合云建设齐头并进。

（3）成熟阶段（2015 年—　）：云计算产业链、行业生态环境基本稳定；各厂商解决方案更加成熟稳定，提供丰富的 XaaS 产品。用户云计算应用取得良好的绩效，并成为 IT 系统不可或缺的组成部分，云计算成为一项基础设施。

随着全球经济陷入衰退，公司控制成本的需求与日俱增，是否将业务流程通过“云”进行外包成了管理者们愈发关注的话题。在这种趋势下，无论是作为实时联网工具，还是作为应付经济衰退的措施，云计算的运用都在增长，2012 年 12 月 13 日，在中关村管委会指导下，由北京云基地协办中关村大数据论坛公布当日为“中关村大数据日”，并同时发布了云天使基金、中云汇融基金、大数据实验室孵化基金三只产业投资基金，成立了中关村大数据产业联盟。随着物联网一步步走向成熟，云计算大数据也会随之兴起。

本章小结

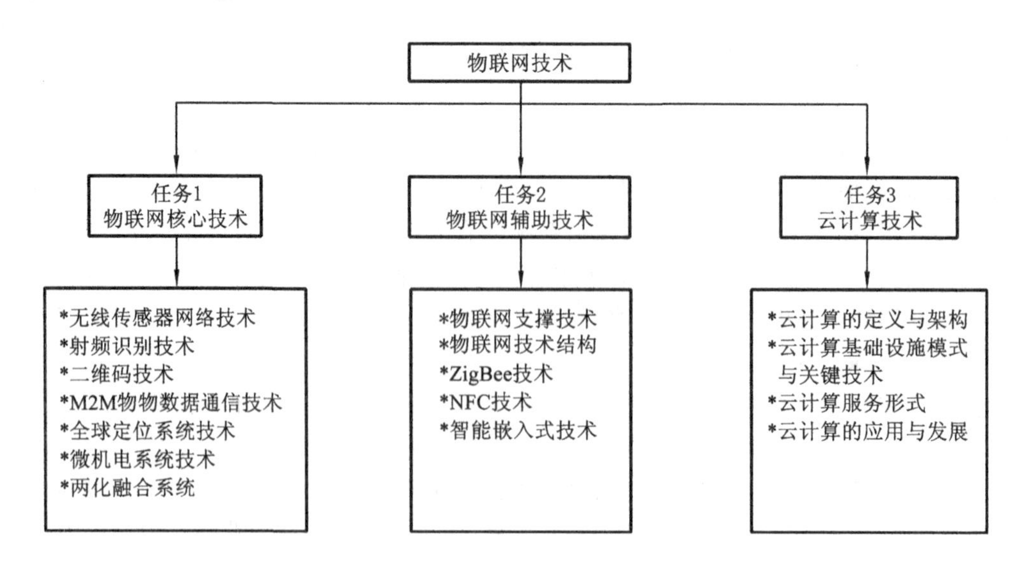

复习思考题

1. 试论述物联网实现的核心技术。
2. 试论述物联网实现的支撑技术。
3. 简单描述物联网的技术结构及关系。
4. 试简述 ZigBee 技术特点、NFC 技术特点、嵌入式核心芯片的特点。
5. 试述云计算与网格计算、效用计算、自主计算的区别。
6. 试论述云计算的核心技术。
7. 简述云计算的应用与发展。

实训与实践

物联网技术的应用实践

实训目的及要求

1. 实训目的

物联网正在成为继计算机、互联网和移动通信网之后全球信息产业的又一次科技与革命浪潮。物联网技术已涉及人们日常生活的各个方面，将被广泛应用于智慧物流、智能制造、智能电网、智能交通、智慧环保、智慧市政、智慧商务、智慧医疗、智能家居、智慧水利、智能农业、智能工业、智能安全监管。但目前全球物联网应用主要以 RFID、传感器、M2M 等应用项目体现，大部分是试验性或小规模部署的，处于探索和尝试阶段，覆盖国家或区域性大规模的应用较少。因此，物联网技术将成为未来信息社会建设的一项基础技术。观察日常生活中的物联网技术，思考和了解其系统构成与类型。

2. 实训要求

观察日常生活中用于提高生产效率、保障社会安全、方便日常生活及服务公共事业等四个大类领域的物联网技术应用并记录它们的具体使用情况，撰写观察实践分析报告。

实训任务

根据表 2-3 的要求填写表 2-4。

表 2-3　实训任务

情境名称	物联网技术四个大类领域应用
任务编号	Ⅰ
任务名称	物联网技术四个大类领域应用观察分析
任务内容	（1）观察日常生活四个大类领域使用的物联网技术； （2）分析日常生活四个大类领域相关的物联网技术，指明该物联网技术的应用领域，说明该领域物联网技术的系统构成及成本构成； （3）完成实训任务分析报告表； （4）分析与汇报
提交资料	（1）实训任务分析报告表； （2）PPT 演示文稿

续表

情境名称	物联网技术四个大类领域应用
思考问题	(1) 物联网市场前景虽然广阔，但目前国内整个行业稳定的商业模式如何？ (2) 从关键技术、基础性资源规划、标准制定和商业模式等几方面对物联网发展进行分析。 (3) 学生的物联网实践能力培养分析

表 2-4　实训任务分析报告表

序号	观察日常生活四个大类领域使用的物联网技术	该应用领域是公共设施的物联网，还是企业专用的物联网	该物联网技术应用领域的人、财、物、设备、方法分析	该物联网技术应用领域系统结构构成	该应用领域是引入物联网技术，还是建立物联网应用示范
1					
2					
3					
4					
5					
6					

实训步骤

1. 实验设计

教师上课前下达任务实训书，全部学生分成 5 人小组，明确每个人的任务。

2. 实验操作

(1) 学生分小组在网上查询物联网企业的应用情况；

(2) 学生利用周末时间分小组外出进行市场走访调研；

(3) 教师根据教学任务进度集中带领学生到物联网企业(如广东省数字广东研究院、广东省南方物联网信息中心、广东省南方数据科学研究院等)参观实训；

(4) 分组集中讨论，形成实训任务分析报告。

3. 实验考核

(1) 教师根据每组的实训任务分析报告给出成绩，占总分的 40%；

(2) 教师根据每组的 PPT 演示文稿给出成绩，占总分的 40%；

(3) 教师根据每组外出调研资料、团队合作、考勤记录给出成绩，占总分的 20%。

第3章

物联网产业链

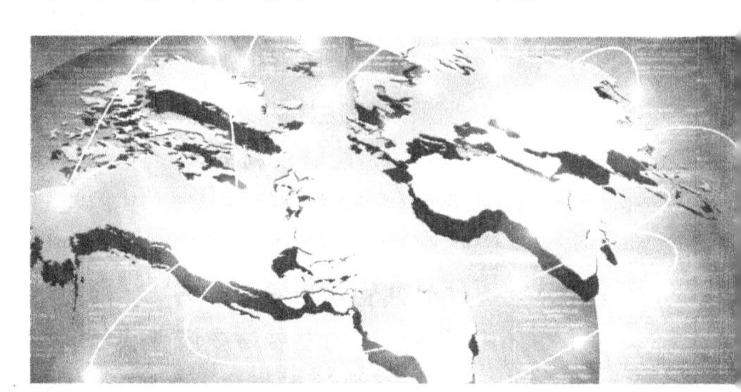

WULIANWANG
JISHU YINGYONG
SHIWU

知识目标

1. 了解产业链、物联网的产业链定义、技术链结构。

2. 掌握物联网产业链主体结构、物联网产业链主体构成。

3. 掌握物联网产业链主体供应链结构及物联网发展的产业体系。

4. 了解物联网产业发展的特点和产业链环节间的竞合关系。

5. 掌握物联网的基本应用和物联网的扩展应用。

6. 理解物联网应用的驱动与阻碍因素。

7. 掌握中国物联网产业发展存在的问题及发展模式。

8. 掌握中国如何布局物联网的产业。

能力目标

1. 能够从物联网产业链竞争、合作关系分析中选择适合自己的竞合关系及赢利模式，共同推进物联网产业的发展。

2. 能够分析我国物联网产业的发展是以规模应用为基础，从"公共管理和服务市场"到"企业、行业应用市场"再到"个人家庭应用市场"的发展演变商业模式；提出我国物联网产业目前的发展要以设备制造商为核心转变为主要依赖网络运营商提供整体解决方案和服务供应商开发应用商业模式。

3. 能够通过对物联网国内及国际产业环境进行分析，了解物联网相关政策的战略布局，伴随着技术的进步和相关配套的完善，抓住在未来几年，技术与标准国产化、运营与管理体系化、产业"草根化"将成为我国物联网发展的三大趋势。

物联网技术步入家庭

1. 智慧社区现雏形

水电表自动抄报、家政服务人员随时"预订"、要上医院"居家候诊"、要上餐厅在家"点餐"……借助物联网技术，这些智能化的生活场景正逐渐变为现实。在中国首届国际物联网大会上，中国首个物联网智慧社区金桥碧云智慧社区的资料介绍片展示其一期项目完成验收后，社区的居民们可以体验"智慧社区"带来的种种便利生活。

(1)"大管家"服务。金桥碧云智慧社区的每个家庭将拥有一个贴心的"大管家"。"大管家"其实是一个大小相当于普通纸质笔记本的平板电脑，可安装在门旁，也可摆放在桌上，采用无线网络信号。"大管家"与社区事务服务中心电子窗口衔接，居民可在"碧云大管家"查询政府便民服务办事流程，了解医院、学校、出行天气、道路状况等信息。居民还可通过"碧云大管家"

在社区餐厅进行订位和点餐、预订活动场所和活动器械等。

(2) 居家候诊。上医院排队费时费力，能否居家候诊？在智慧社区里，人们只需在网上挂号，让手机排队，等轮到自己就诊时，赶到医院就行。

(3) 智能 IC 卡。金桥碧云智慧社区里的居民将拥有一张功能强大的 IC 卡，这张卡融合磁条、CPU、RFID 三种介质，可以将银行卡、公交卡、门禁卡、员工卡、消费卡等诸多功能合为一体，让钱包里的卡越来越少。

而这些，只是智能社区的一部分。这个规划 5 年的智慧社区建设还包括智能停车场、智能交通、智能环保等各个环节。随着物联网技术的发展，一切皆有可能。

2. 从概念走入生活

在"十二五"开局之年，物联网已成为国际新一轮信息技术竞争的关键点和制高点。加快发展物联网产业，不仅是各地提升信息产业综合竞争力、培育新增长点的重要途径，也是促进产业结构调整、提升城市管理水平的重要举措。

区别于传统社区，金桥碧云智慧社区开始实现城市管理、政府职能及社会服务的"智慧化"。这一独特而鲜明的特征体现在社区服务的提供者和接受者两个层面。社区服务的提供者有预见性地了解到居民的需求，主动将精准的信息和服务，通过敏捷的手段推送给需要者；社区服务的接受者则可以在社区内随时、随地、随需地获取各种服务。目前上海正在建设"智慧城市"，人们将从智慧社区中得到最直接的感受。

从金桥碧云智慧社区的建设来看，物联网已经不仅仅是一个概念，它正在走入我们的生活，变成生活中可以触摸、可以运用的新技术。以物联网为代表的新一代信息技术的应用，带给我们的不仅仅是技术的变革和创新，它正在不断催生出新的生产方式、新的交易方式、新的组织形态和新的发展模式。

（案例材料来源：物联网资讯）

物联网把各相关行业集合汇总到物联网产业中来。没有应用就没有需求，没有需求就没有市场，没有市场就没有产业发展的驱动力。物联网被认为是继计算机、互联网与移动通信网之后世界信息产业的第三次浪潮，开发应用前景巨大，目前已被正式列为国家五大新兴战略性产业之一，并且已被列入了"十二五"发展规划。

任务 1　物联网产业链

"华邑世纪城"物联网智慧人居是以海尔 U-home"完美生活"的家庭智能掌控系统为主体，将物业管理、社区生活服务、智能控制、可视楼宇对讲、家庭安全防范功能、视频监看、生活所需电器等分支系统，通过移动迅捷的 3G 网络，编织成一个全智能化的生活网络，利用时代尖端的科技设备如电话、手机、计算机、智能遥控器等 3G 产品，实现一个家庭的智能管控。

在华邑世纪城，下班前，发条短信，空调、热水器自动开启，适合的水温准备好为你洗去一身的疲倦。在华邑世纪城，生活像手机一样拥有个性化场景设置，在系统中设置好所需的离家模式，当离开家的那一刻，家中所需一切电器就能为你自动关闭。同时物联网生活技术还有预约电梯的功能，出门时预约所需电梯，电梯就能自动等候为您服务。想你所想，在华邑世纪城尽享世界大成科技。

毫无疑问，当前正在发展当中的智慧城市体系就是一个大型的城市网络，物联网作为当前实现这一目标的主要网络技术，它的应用推广将直接推动着智慧城市的整体建设。

简单点说，智慧城市就是让老百姓感受到生活更加方便和实惠，享受到更加人性化和现代化的服务。那么，广东顺德未来如何发展为智慧城市呢？同样走在前面的顺德乐从镇又怎样从政务、经济、民生等多个方面来打造智慧城市呢？

任务 1：产业如何垂直整合成为当前物联网最突出的特征和最主要的竞争模式？

任务 2：面对移动互联网和智能终端发展浪潮，各地政府应如何抓住历史机遇，积极应对挑战，全面加快产业发展？

产业链是产业经济学中的一个概念，是各个产业部门之间基于一定的技术经济关联，并依据特定的逻辑关系和时空布局关系，客观形成的链条式的关联关系形态。物联网从技术角度分为感知层、网络层和应用层；从产业链角度划分为终端（含传感器芯片）、网络、应用开发（含软硬件设备）、系统集成和用户五大环节。

一、物联网产业链概述

物联网是当前社会和产业界热切关注的新兴事物，目前，美国、欧盟、中国等都投入巨资进行物联网技术突破与产业发展的研究。从物联网产业发展角度看，目前，物联网的产业链及其核心环节已基本明确，政策环境、经济环境、社会环境和市场环境等有利因素使得物联网产业正在经历不可多得的发展机遇。但是，行业规模化、统一技术标准及有效商业模式缺乏等问题又使物联网产业发展面临严峻的挑战。

1. 产业链的定义

（1）产业链是产业经济学中的一个概念，是各个产业部门之间基于一定的技术经济关联，并依据特定的逻辑关系和时空布局关系客观形成的链条式的关联关系形态。产业链主要是基于各个地区客观存在的区域差异，着眼发挥区域比较优势，借助区域市场协调地区间专业化分工和多维性需求的矛盾，以产业合作作为实现形式和内容的区域合作载体。

（2）产业链是一个包含价值链、企业链、供需链和空间链四个维度的概念，这四个维度在相互对接的均衡过程中形成了产业链。这种“对接机制”是产业链形成的内模式，作为一种客观规律，它像一只“无形之手”调控产业链的形成。

（3）产业链的本质是用于描述一个具有某种内在联系的企业群结构，它是一个相对宏观的概念，存在结构属性和价值属性两维属性。产业链中大量存在着上下游关系和相互价值的交换，上游环节向下游环节输送产品或服务，下游环节向上游环节反馈信息。

不同的学者基于不同的研究目的和方向，从不同角度对产业链进行了定义。但由于产业链本身概念的模糊性和内涵的复杂性，学术界对于产业链始终没有统一的定义。本书给出的产业链的定义是：产业链是同一产业或不同产业的企业，以产品为对象，以投入产出为纽带，以价值增值为导向，以满足用户需求为目标，依据特定的逻辑联系和时空布局形成的上下关联的、动态的链式中间组织。

(4) 产业链的类型。①产业链按照结构方向可分为垂直供需链和横向协作链两类。垂直供需链是产业链的主要结构，产业链按垂直关系可划分为产业的上、中、下游关系，横向协作链则是产业资源整合。②产业链按照产业空间可分为接通产业链和延伸产业链两类。接通产业链是指将一定地域空间范围内的断续的产业部门借助某种产业合作形式串联起来；延伸产业链则是将一条已存在的产业链尽可能地向上游延伸和向下游拓展。产业链向上游延伸一般使得产业链进入基础产业环节和技术研发环节，向下游拓展则进入市场拓展环节。产业链的实质就是不同产业的企业之间的关联，而这种产业关联的实质则是各产业中的企业之间的供给与需求的关系。

2. 物联网技术链

对物联网技术链的分析可以从两个视角进行，物联网是指各种信息传感设备与互联网相结合所形成的网络，有学者认为“物联网＝RFID＋传感网＋互联网”。从技术承接的链式关系可以得出，物联网产业技术体系的核心主要有感知、传输、数据处理、协同控制四个方面。从物流的上下游产品链视角分析，每个技术核心从技术基础到应用展开的维度，又包含技术标准、核心元器件技术、产品架构技术、应用集成技术四个层面。物联网一方面可以提高经济效益，大大节约成本；另一方面可以为全球经济的复苏提供技术动力。对物联网技术的有效分类描述构成了物联网技术链的节点结构，如图 3-1 所示。

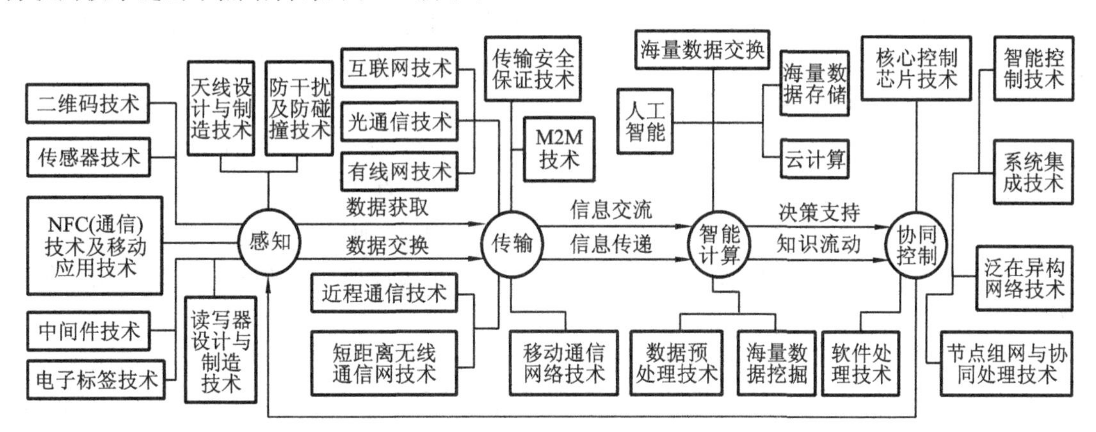

图 3-1 物联网技术链的节点结构

由此可见，物联网产业链其实是互联网产业链的延伸。物联网与互联网关系密切，物联网的兴起与发展是以互联网的发展为基础的，是互联网应用的拓展与深化。物联网产业链不仅具有互联网产业链的特点，还具备自身的结构特色。

3. 物联网产业链需求类别

物联网产业链需求具体有如下几个类别。

1) 传感器和身份识别

应用物联网技术的物品也叫智能物品，智能物品上装备了传感器，就是具备感知能力的元器件，也是整个物联网的触角。身份识别，就是电子标签系统，这使得智能物品具有了网络身份标识，它向网络发送消息，网络就知道是谁发的，知道它的身份，网络里面的消息就可以准确地传送给某个智能物品。

2）通信设备供应

目前的互联网是人与人交流的网络，一旦它的触角伸到物质世界，需要接入的对象将猛增，而且增长速度会很快。所以，物联网业务的广泛开展必将对运营商的网络建设提出更高的要求，因此网络的升级、扩容、优化、融合势在必行。而这种需求对于上游的通信设备制造商来说，意味着一次前所未有的机遇。

3）系统集成

针对某项服务建设一套物联网系统，涵盖制造业、网络建设、信息服务等，它涉及众多的技术和行业，系统集成的市场需求巨大。而且，规模的系统集成商占有一定的市场份额之后，很有可能掌控上游供应商，也就是说，那些制造企业需要仰仗系统集成商的一个个工程。

4）网络运营服务

物联网技术广泛应用之后，连入网络的智能物品将越来越多，需要新增许多服务（就是给人与物、物与物的信息交流提供服务），这涉及大量的信息管理，要面对各种行业的数据分析，需增加许许多多的个性化应用程序。由此将催生出无数个网络运营服务商，在物联网上安营扎寨，给人与智能物品之间的信息交流提供专业的管理和服务。就相当于我们今天互联网上提供内容服务的网站，这将是一个从无到有，最后极其庞大的产业。

二、物联网产业链主体

物联网是涉及多种技术、多行业、多环节的复杂技术体系，其产业链也因此非常庞杂繁复。物联网技术在经济建设和社会发展中应用广泛，有着巨大的市场需求和广阔的发展空间。

1. 物联网产业链主体结构

中国物联网产业的发展是一个从科学知识的产生到应用，直至产业化的动态演进过程。在物联网应用中，从信息流程的角度将物联网分为信息采集、信息传输和信息处理三大环节，每个环节都需要若干技术的支撑。从制造业来看，物联网主要增加了信息采集手段，如传感器、RFID、二维码及 GPS 等关键技术，实现了对物品的状态和属性的实时获取。从最终用户体验来看，物联网增加了以智能信息处理为基础的智慧应用。

从物联网的参与主体分析，可以将其产业链主体分为上、中、下游三个部分。上游定义为信息采集部件及通信模块供应商，中游定义为电信运营商，下游定义为解决方案提供商。物联网产业链与当前的通信网络产业链最大的不同点在于，上游新增了 RFID 和传感器，下游新增了物联网运营商。图 3-2 给出了物联网产业链主体结构。

(1) 产业链的上游是通信模块、信息采集模块和通信设备供应商。信息采集模块是物联网的触角，也是潜在需求最大的部分，是物联网产业链的基础性、控制性产业。

(2) 产业链的中游主要涉及系统设备制造、平台软件研发和系统集成商等。因为物联网行业对系统集成需求巨大，且中国的系统集成商更贴近本土市场、更了解客户需求；加上对上游产业链的掌控能力，未来的发展前景广阔。在物联网发展中期，系统集成商开始受益，且最具有发展前景。

(3) 产业链的下游主要是电信运营商，甚至可能出现物联网运营商。电信运营商是积极推进物联网产业的生力军。未来物联网海量信息的处理和管理需求、个性化的数据分析要求，必

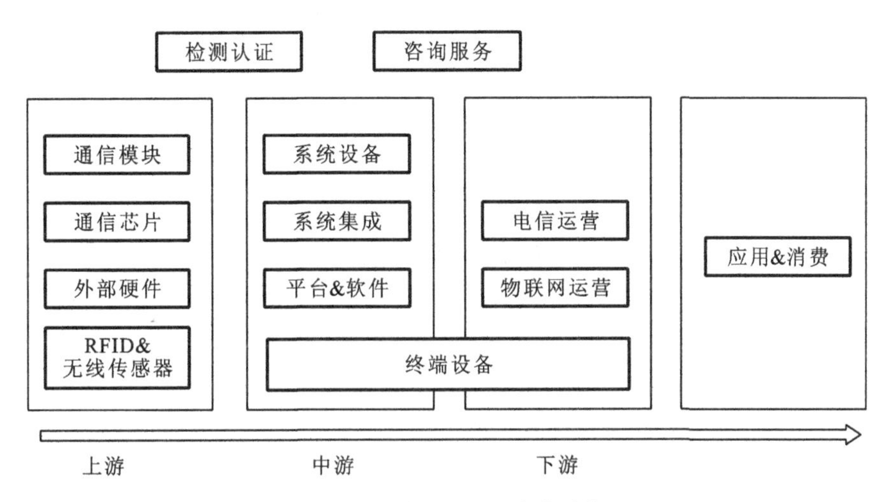

图 3-2　物联网产业链主体结构

将催生物联网运营商的需求量。物联网运营商面临的将是从无到有的市场,增长空间非常大。

2. 物联网产业链主体构成

物联网描绘的是“万物相连”的场景,利用射频识别技术、传感器技术等,使得物体变得“有思想,有感觉”。随着物联网关键技术的迅猛发展,物联网产业规模快速增长,应用领域广泛拓展,如工业、交通运输、家居、医疗等。可以说,物联网产业链以满足用户需求为目标,有机地整合现有行业的产业链,以实现万物相连的愿景。基于以上分析,本书将物联网产业链定义为:与生产和提供物联网产品或业务相关的企业,以提供满足用户某种需求的产品或业务为纽带,按照一定的逻辑关系,连接成的具有内部分工和价值增值功能的、动态的链网式企业集合。

物联网产业的规模化发展以相对完善的产业链形成为基础条件,在应用需求驱动下,配合以良好的政策、经济、社会和市场等环境因素,共同促进物联网的规模化发展。图 3-3 给出了物联网产业链主体构成示意图。

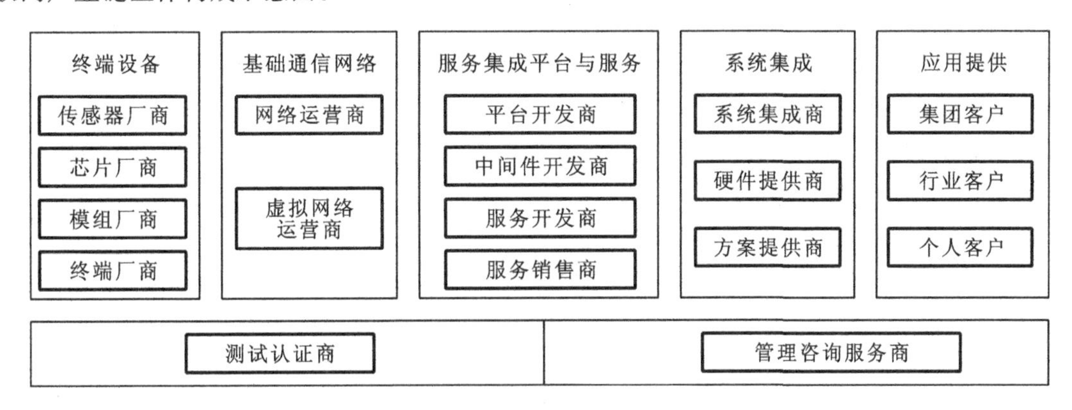

图 3-3　物联网产业链主体构成示意图

由图 3-3 可知,物联网的产业链包括物联网终端设备、物联网基础通信网络、物联网服务集成平台与服务、物联网系统集成、物联网应用提供等核心环节。每一核心环节又可细分为若干子环节,其中:①物联网终端设备环节包括传感器厂商、芯片厂商、模组厂商及终端厂商等;②基础通信网络环节包括网络运营商及虚拟网络运营商等;③服务集成平台与服务环节包括平台开发商、中间件开发商、服务开发商及服务销售商等；④系统集成环节包括系统集成商、硬件提供商及方案提供商等；⑤物联网应用提供环节面向的客户包括集团客户、行业客户及个人客户等。

如何应对挑战

面对移动互联网和智能终端发展浪潮，各地政府应抓住历史机遇，积极应对挑战，全面加快产业发展，主要表现在以下几个方面。

第一，运营商应强化网络优势，全力加快打造先进管道、智能管道，做大做强基础网络，全面推进移动网络2G、3G、4G协同，加快信息基础建设应用和优化，为移动互联网应用提供更低成本、更高效率、全能力支撑的一站式综合服务。

第二，相关企业共同整合互联网资源和价值，构建中国移动互联网生态。运营商稳步推进网络资源能力、资源开放，构建聚合的内容平台，开放的平台，互联网企业以用户为根本，创新移动互联网和智能终端的产品，推动核心产品服务，同第三方业务共生繁荣的产业生态。

第三，重视用户个人信息的安全问题。产业各方应强化责任意识，确保用户隐私信息不被泄露，用户数据不被滥用，终端环境安全可控，应用服务合法合规，共同营造移动互联网安全运行环境。

3. 物联网产业链主体供应链结构

随着物联网产业发展，物联网产业供应链的中游起着承上启下的作用，一方面集成上游的技术及设备，如系统集成商，一方面为下游的企业及用户提供服务，如软件提供商、平台提供商等，将上游、下游企业有目的地联系起来，共同推动物联网产业的发展。

物联网产业链主体供应链的上游多以设备商为主，为中游及下游企业提供设备，并且囊括了物联网的关键技术，是实现物联网的基础。RFID技术使得物体能够被识别。传感器技术承载了物体的感知作用，智能芯片、纳米等技术的出现和发展会使得传感器的感知范围更广，感知更灵敏，成本也更低。

结合目前物联网结构划分方式及互联网产业链基本理论，本书从垂直供需链和横向协作链分析物联网产业链主体供应链结构，如图3-4所示。

1）系统设备提供商

系统设备提供商指提供诸如服务器、存储设备、网络设备等硬件的提供商，如IBM、惠普、思科、华为等公司。

2）芯片制造商

芯片制造商包括RFID识别芯片、智能芯片等产品的生产厂家，如德州仪器、高通、意法半导体等。

3）RFID & 传感器制造商

RFID & 传感器制造商包括RFID设备、传感器两大类产品的生产厂家，可细分为RFID识读设备生产厂家，摄像头、温度传感器、湿度传感器等一系列传感器设备生产厂家，传感器通信网络模块生产商等。

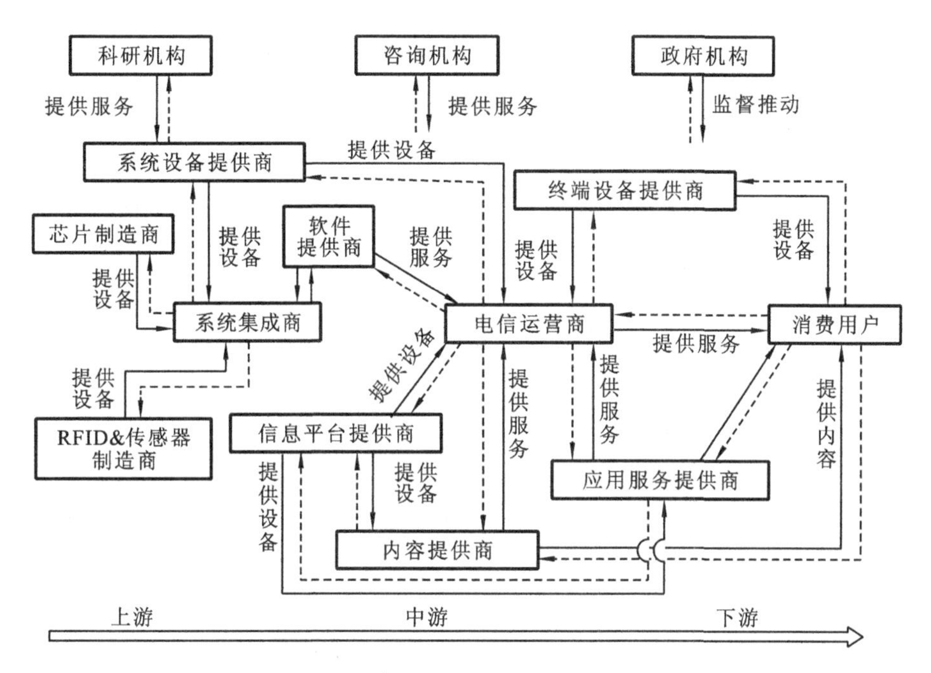

图3-4　物联网产业链主体供应链结构图

4）系统集成商

系统集成商指具备系统资质，能对行业用户实施系统集成的企业。我们知道，系统集成指一个组织机构内的设备、信息的集成，并通过完整的系统来实现对应用的支持。系统集成包括设备系统集成和应用系统集成。

5）电信运营商

目前在国内有中国移动、中国电信、中国联通三家主要的运营商，都有固网、移动网络等全业务运营的资格，而且分获 TD-SCDMA、CDMA 2000 和 WCDMA 的 3G 运营牌照，电信运营商运营网络范围包括了 2G 蜂窝网络、3G 网络、WiFi、WiMAX、Internet。

6）信息平台提供商

信息平台提供商主要是指物联网信息管理平台的提供者。

7）科研机构

目前，国内的科研院所主要包括无锡传感器研究中心、南京邮电大学物联网与传感网研究院等。物联网学院等相关行业标准制定机构包括传感器网络标准工作组、国家标准化委员会等。

8）咨询机构

咨询机构向物联网产业上下游相关公司提供战略、管理、IT 等领域咨询服务，银行和风险投资商作为风险投资者或战略投资者向物联网产业上下游公司提供资金、管理和资本运作上的支持和经验。

三、物联网产业体系

在中国，物联网产业发展已粗具规模。在物联网产业自身发展的同时，还将带动微电子技术、传感元器件、自动控制、机器智能等一系列相关产业的持续发展，带来庞大的产业集群效应。

安防、交通和医疗三大领域，有望在物联网发展中率先受益，成为物联网产业市场容量大、增长最为显著的领域。

1. 物联网发展的产业体系

以物联网为重点的新兴产业体系的培育与发展，已成为后经济危机时代很多国家和地区振兴经济、把握未来经济发展命脉的重要着力点。物联网市场潜力巨大，物联网产业在发展的同时能带动物联网制造业与物联网服务业等产业集群同步发展，物联网产业体系如图 3-5 所示。

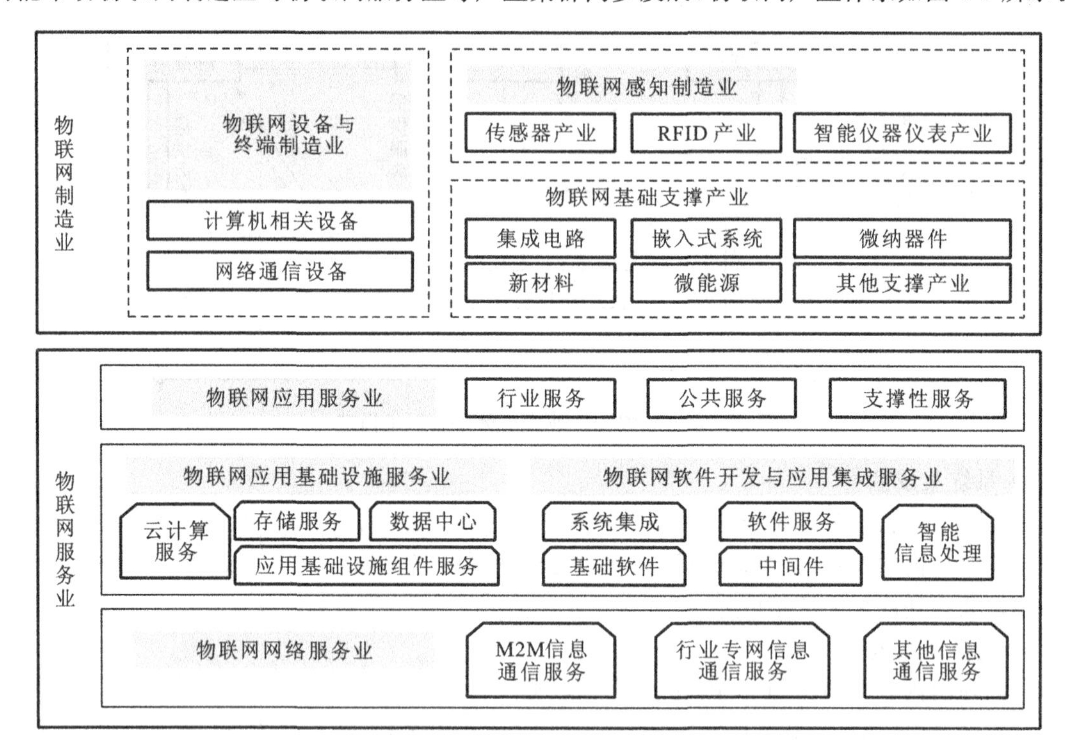

图 3-5　物联网产业体系（资料来源：工业和信息化部电信研究院）

物联网重点发展的产业体系如下。

1）物联网设备与终端制造业

物联网设备与终端制造业重点发展射频识别设备制造业，传感器与传感网络设备制造业，物联网芯片制造业，传感网智能控制系统及设备制造业，以及与物联网、传感网相关的其他计算机类、通信类及其网络类设备制造业。

2）物联网软件开发与应用集成服务业

物联网软件开发与应用集成服务业重点发展物联网操作系统、嵌入式软件、数据库软件、中间件、应用软件、数据分析软件，以及传感网智能管理软件和系统集成服务业。

3）物联网网络服务业

物联网网络服务业重点发展将各种传感器、智能终端连接起来的 M2M 网络服务系统，建立物联网运营支撑系统，发展物联网运营业务和增值服务。

4）物联网应用服务业

物联网应用服务业重点发展物联网大规模产业化应用过程中出现的新兴服务业，推动交通、电力、物流、生产制造、节能减排、医疗卫生、社会服务等领域的物联网应用服务业发展。

5）物联网应用基础设施服务业

物联网应用基础设施服务业支持发展微纳器件、集成电路、网络与通信设备、微能源、新材料、计算机及软件等物联网相关产业。

据清华大学技术创新研究中心测算，到 2020 年中国物联网产业的市场价值将达到 1 万亿元以上。因此，从国家战略层面制定物联网产业发展规划、突破核心技术难题、建设标准化体系等，是加速推进当前我国物联网产业发展战略的关键要素。

2. 物联网产业发展的特点

从产业的角度，通过观察物联网概念形成过程，可以归纳出物联网产业发展的三大特点：应用带动发展，标准决定成败，规模创造价值。

（1）应用带动发展：物联网的行业应用是先于物联网的概念化而存在的，物联网的行业应用不仅带动着物联网技术和产品的发展，而且将带动各行各业的全面发展。

（2）标准决定成败：物联网产业能否发展成功，从根本上取决于能不能完成物联网技术的标准化。即使物联网技术在各行各业都得到应用，但是没有实现标准化，那么这样的应用成果也注定是短命的。因此，掌握更多的物联网标准制定话语权，也就等于掌握了更多的物联网产业发展的主导权。

（3）规模创造价值：物联网产业具有网络外部性，即产业价值将随着用户数量的增加而以平方关系的速度更快地增加。可以说，谁拥有最多物联网用户，谁就可以创造最大的物联网价值。

3. 物联网产业间的竞合

物联网产业链是互联网产业链的延伸，电信运营商是移动互联网产业链的核心，拥有网络资源，有条件、有能力整合物联网产业链。同时，电信运营商位于物联网产业链的中下游，是物联网用户的直接接触者。从长远利益来看，电信运营商应当主动承担推动物联网发展的重任，协调好与物联网产业链上各个环节的关系。电信运营商与物联网产业链各环节的竞合关系如表 3-1 所示。

表 3-1　电信运营商与物联网产业链各环节的竞合关系

	竞合关系	简要分析
系统设备商、芯片制造商、RFID 和传感器制造商、软件提供商、平台提供商	合作	不存在竞争关系，与之建立良好合作关系有利于节省成本
内容提供商、应用服务提供商	合作大于竞争	双方关系微妙。电信运营商进入内容、服务市场是大势所趋，但在物联网发展初期。双方应以合作为主
终端设备提供商	合作	电信运营商的服务提供需要终端的大力支持，应时刻保持亲密关系
系统集成商	合作大于竞争	物联网发展初期。双方应与系统集成商形成良好合作关系，合作大于竞争，电信运营商可以考虑适当进入
其他电信运营商	合作、竞争	竞争与合作并举，合作有利于“双赢”

续表

	竞合关系	简要分析
其他行业用户	合作	亲密合作，突破行业壁垒，构建“多赢”
政府机构、咨询机构、科研机构	合作	力求获得政府的鼎力支持，与咨询机构、科研机构不存在竞争关系

目前，物联网产业链各环节息息相关，上游技术保障，中游承上启下，下游市场应用，可以说，物联网产业链上的每个企业都对物联网的发展起着至关重要的作用。物联网产业链尚不成熟，亟须有能力的大型企业整合产业链，推动物联网产业的发展。物联网产业链各环节间的竞争与合作关系，应从多维度进行分析。

(1) 系统集成商集合了设备、软件，并为电信运营商提供相应的资源，由于其不具备网络资源，在物联网发展初期并没有条件整合物联网产业链，运营商应与系统集成商建立亲密合作关系，有利于成本的减少。但随着物联网的逐渐发展，系统集成商亦会逐渐强大，由于其掌握了设备及软件资源，并具有集成能力，很可能成为运营商的竞争对手。因此，运营商与系统集成商的关系比较微妙，运营商可适当考虑进入系统集成商的业务。

(2) 物联网产业链的发展单靠电信运营商的努力是远远不够的，还需要产业链上其他环节的通力协助，唯有合作才能共赢，才能创造出比单一企业更大的价值。① 从时间维度看，首先受益的是 RFID 和传感器制造商，物联网最先用到 RFID 和无线传感器进行物品的标识和信息的传递，接着是系统集成商，最后是物联网运营商。② 从空间维度看，增长最大的是物联网运营商，其次是系统集成商，最小的是 RFID 和传感器制造商。

(3) 物联网的市场应用前景非常广泛，与传统的产业链不同，物联网的用户行业偏多，并且涉及各行各业，因此也容易因为行业壁垒的原因阻碍其发展。①从短期看，二维码、RFID 厂商和 SIM 卡企业的业绩前景更突出，特别是关注从设备商逐渐向系统集成商扩展的企业。目前，尤其是 RFID 技术的应用，已经非常广泛，最为典型与普及的就是我国第二代身份证所运用到的标识技术。②从中期看，系统集成企业业绩会激增。在物联网导入期，应用多处于垂直行业应用阶段，对系统集成的要求并不特别高，RFID 厂商可以兼顾。③从长期看，物联网运营企业最有潜力。物联网运营商将有一个从无到有的过程，在导入期和成长期的前期，由于下游需求应用较为分散，物联网运营企业的竞争力也难以辨别，投资风险较大，而在 5 年左右的时间后，该行业里具有较强竞争力的企业即可突显其实力，投资风险也将逐渐降低，竞争力逐渐显现。

任务 2　物联网应用产业分析

物联网产业体系形成道路有多远?

过去所谓的“得数据者得天下”，体现了获取数据的重要性。进入物联网时代，更加专注于数据的“核心价值”。大数据、高级分析、大数据分析……似乎今天你已经逃脱不了这些术语的宣传和推销！

过度的关注和宣传是否会使你怀疑大数据分析是一种炒作，而非真实的东西？

是否会使你对目前如何“探索大数据”的实践方式感到困惑和迷茫？

中国政府网2013年5月17日公布的《国务院关于推进物联网有序健康发展的指导意见》（以下简称《指导意见》）提出，到2015年，实现物联网在经济社会重要领域的规模示范应用，突破一批核心技术，初步形成物联网产业体系，安全保障能力明显提高。发展壮大一批骨干企业，培育一批“专、精、特、新”的创新型中小企业，形成一批各具特色的产业集群，打造较完善的物联网产业链。

《指导意见》提出了九个方面主要任务，包括：加快技术研发，突破产业瓶颈；推动应用示范，促进经济发展；改善社会管理，提升公共服务；壮大核心产业，提高支撑能力等。其中，重点应加强低成本、低功耗、高精度、高可靠、智能化传感器的研发与产业化，着力突破物联网核心芯片、软件、仪器仪表等基础共性技术，加快传感器网络、智能终端、大数据处理、智能分析、服务集成等关键技术的研发创新，推进物联网与新一代移动通信、云计算、下一代互联网、卫星通信等技术的融合发展。

对工业、农业、商贸流通、节能环保、安全生产等重要领域和交通、能源、水利等重要基础设施，围绕生产制造、商贸流通、物流配送和经营管理流程，推动物联网技术的集成应用，抓好一批效果突出、带动性强、关联度高的典型应用示范工程。此外，积极探索物联网产业链上下游协同共赢的新型商业模式。

任务1：如何集中力量推进物联网关键核心技术的研发和产业化。

任务2：对技术先进、优势明显、带动和支撑作用强的重大物联网项目应如何优先加快建立包括财政出资和社会资金投入在内的多层次担保体系，加大对物联网企业的融资担保支持力度。

在应用领域，对术语“物”根据不同的行业领域有不同的理解。在工业生产领域，“物”指为产品本身、生产流水线、生产设备、运输工具等，以及其他参与到产品生命周期中的任何物体。在论及公共服务时，它可能是指药品、用电量、环境监测装置等。在生活领域，“物”可以指用于辅助生活环境(ambient assisted living)的公共空间或者设备。为了方便描述，可将物联网应用分为基本应用和扩展应用两类。基本应用是由物联网的基本属性导出的应用；扩展应用是与生产、生活和公共服务相结合产生的应用。

一、物联网应用的特点

物联网可以看作是人类与应用系统现有互动方式的延伸，而这种延伸是通过物体通信与集成的新层面实现的。物联网作为一种融合发展的技术，其产业在自身发展的同时，同样会带来庞大的产业集群效应。根据物联网特有的应用场景及技术架构，其应用具有如下几个特点。

1. 实时性

物联网应用场景中其前段感知设备所获取的信息一般均为实时产生的信息，而这些信息可即时通过网络层传输至用户控制终端处，从而完成相应的实时监测及反馈控制操作。而传统可应用的信息往往是获取结果信息，只能做到事后处理，无法实施控制，改变结果。这也体现了物联网应用于需要实时监测及反馈控制的场景的明显优势。

2. 精细化

物联网应用更注重产生结果的过程信息，这些过程信息既包括了类似温度、湿度等慢变量，也包括了结构应力等可能发生突变的物理量等，因此其更可以确保信息的准确性。除此之外，这些信息也可以为进一步进行精细的数据分析处理提供良好的基础，有助于进行相应有效的改善。

3. 智能化

物联网应用往往可实现自动采集、处理信息、自动控制等功能。某些架构可通过将原有在终端中的信息处理功能的一部分移交到收集前端感知设备信息的汇聚节点中，从而分担少部分的信息处理任务，从而使整个系统可以完成更加复杂的信息处理工作。除此之外，通过对收集信息的存储及长期积累，可分析得出适应特定场景下规则的专家系统，从而可以实现信息处理规则适应业务的不断变化。

4. 多样化

一方面，物联网的应用涉及无线传感网、通信、网络等多种技术领域，因此其可提供的相应产品及服务形态也可实现多种组合的可能。另一方面，物联网涉及的各个技术领域产品形态及技术手段亦多种多样，例如，通信领域即有 CPRS、3C 等多种传统或前沿的技术手段，因此其可提供的物联网应用架构亦有多种可能。随着现代通信网络的不断普及，特别是移动通信网络的普及和广域覆盖为物联网的应用提供了网络支撑基础，到了 3C 时代，多业务、大容量的移动通信网络又为物联网的业务实现基础，而作为物联网信息网络连接的载体也可以是多样的。

5. 包容性

物联网的应用有可能需要通过多个基础网络连接，这些基础网络有可能是有线网络、无线网络、移动网络或是转网，物联网的业务应用网络就是在这些网络组建成新的网络组合，多个网络、终端、传感器组成了业务应用。

最近常被提到的“三网融合”即指电信网、计算机网和有线电视网三大网络通过技术改造，能够提供包括语音、数据、图像等综合多媒体的通信业务。这既体现了物联网应用强大的包容性，但同时也是物联网技术领域遇到的一大瓶颈及亟须突破的难关。

可见，物联网可将众多行业及领域整合在一起，形成具有强大功能的技术架构。因此，物联网也为众多行业及企业提供了巨大的市场和无限的机会。

6. 创新性

物联网带给我们的是一次颠覆性、创新性的信息技术革命。它将人类数字化管理的范围从虚拟信息世界延伸至实物世界，强化了实时处理和远程控制能力，极大地扩展和丰富了现有的信息系统。另外，各类现有技术的结合将创造出更多的物联网信息系统，也将促进更多的新技术、新产品、新应用产生，相信它也将是我国信息产业跨越式发展的历史性机遇。

二、物联网的基本应用

在信息的感知传输领域，物联网的应用最为基础，它涉及物品全生命周期中任何阶段的信息感知与记录，涉及社会安全行业的安全信息监控，也涉及各种通信技术和通信网络。所以物品全生命周期管理、社会安全和泛在通信组成了物联网的基本应用。

1. 物品全生命周期管理

所谓物品全生命周期管理(product life-cycle management，PLM)，是指从市场对产品的需求开始，到产品淘汰、报废的全部生命历程。PLM 是一种先进的企业信息化思想，它让人们在激烈的市场竞争中思考如何用最有效的方式和手段来为企业增加收入和降低成本。

现代竞争不仅表现在终端的有形产品上，而且扩展到各个领域，产品的综合竞争力包括产品质量、产品稳定性及可靠性、产品价格、安全易用性、环境影响性及服务质量等方面。于是，从整个产品为企业创造价值的循环过程来看，如图 3-6 所示，大致将产品全生命周期分为六个阶段：

(1) 企业对市场需求进行调查并进行技术可行性研究，产生一个新产品的概念；

(2) 透过产品的研发活动，新产品逐渐成形；

(3) 企业从供应商处购买物料、组件，进行小批量试生产；

(4) 经市场反馈信息，确定批量生产的程度；

(5) 生产的产品经由运送及配销渠道，由消费者购买使用；

(6) 等到产品完成使用寿命，或出现更好的产品后，由相关单位进行回收处理再利用。

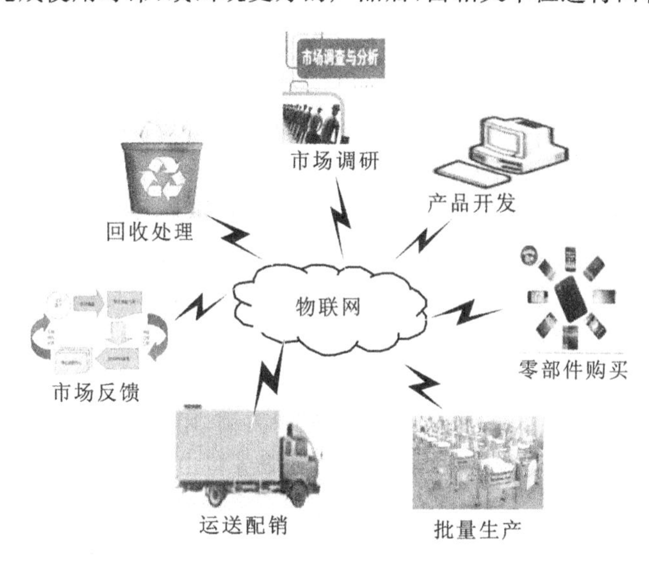

图 3-6　物联网在物品全生命周期中的应用

在物联网时代，PLM 的运行将更加简便，成本也会降到最低。通过信息技术(智能嵌入式设备，或者使用 PCM 码和传感器)把产品链接起来，优化制造过程，使产品的整个生命周期，从调研到生产，从制造到运输，从应用到报废，都可以实现监控和数据处理。通过标记产品和包装箱，可以获得更大的透明度，如关于销售的状况、货品的位置、制造机械的状态等。

2. 社会安全

无线监控设备可应用到不同的领域，以增加区域安全和人民的生活保证。其应用领域包括：①环境监控，如地震、海啸、森林火灾、水灾、空气与水污染；②建筑物监控，如水气泄漏、明火、楼体晃动、非法入侵、破坏公共财物；③与个人相关的领域，如抢劫报警、设备监控、支付系统等。

使用了无线可辨识的智能设备后，设备会形成一个局域的感知层和网络层，感知设备自动采集所需数据，并将数据传送到网络层，进行智能处理和判断。当网络层发现可控危险时，如灯、窗、水、电没有关闭等，网络层会自动发布指令，控制设备的正常关闭。当网络层检测到非可控危险时，如地震、海啸信号等，网络层会将信息传送给相关的安全机构，并实时确定自身系统的完整性和危险信号的最新状态。

遍布智能监控设备的物联网，随着监控数据、与其他区域共享的数据、经由无线电探听的数据等的不断增加，危险和机遇并存，且矛盾日益尖锐。研究机构普遍认同，物联网探测到的数据本身并不会对系统构成任何威胁，但是当数据汇集成数据库，且与系统本身联系到一起时，该数据库就会对系统产生直接或间接的威胁。

在物联网时代，人类会将基本的日常管理统统交给人工智能去处理，从而从烦琐的低层次管理中解脱出来，将更多的人力、物力投入到新技术的研发中。可以设想，如果哪天物联网遭到病毒攻击，也许就会出现工厂停产、社会秩序混乱等现象，甚至直接威胁人类的生命安全。在互联网时代，著名的蠕虫病毒在一天内曾经感染了 25 万台计算机，可想而知，在市场价值更大的物联网上，为了牟取利益而从事物联网病毒制造传播的人将会更甚于互联网上的。

3. 泛在通信

物联网的目标就是允许人和物在任何时间、任何地点，与任何物体、任何人，通过任意的途径、网络或者服务链接起来。

物联网将创造不同通信技术合并的可能，并同时创造新的服务。一个例子是使用全球移动通信系统(GSM)、近距离无线通信(NFC)、蓝牙、无线局域网(WLAN)、多跳网络、GPS 和组合 SIM 卡技术的传感器网络。在这样的应用系统中，信息读取者和标签是移动电话的一部分，而且不同的应用系统可以共享同一个 SIM 卡。在 NFC 中，只需将物体放在一起，系统就可以使物体之间的通信变得简单安全。移动电话因此可以用做 NFC 读写器，然后将读取的数据传送到中心服务器。当用于一个移动电话时，SIM 卡扮演了一个很重要的角色，用来储存 NFC 数据、鉴定身份，如机票号码、信用卡账户和身份证等。

从长远来看，物联网和传统通信网的边界将逐渐模糊，用于支持服务的创立和信息的理解，同时确保用户远离欺诈，保护隐私。在这种情形下，服务将由不同的供应商、利益相关者或终端用户的终端组成。

三、物联网的扩展应用

物联网产业链是以应用解决方案为核心，以传感感知、传输通信、运算处理为关键环节的集成创新价值链，其中的应用解决方案为用户创造核心价值，传感感知是信息来源的基础，传输通信是通道的保障，运算处理是方法与手段。物联网产业链具有巨大的产业价值，产业链上各环节都应找好自己的定位，选择适合自己的竞合关系及赢利模式，共同推进物联网的发展。

（一）生产领域

物联网在生产领域的应用就是将物联网技术引入到工农业生产所涉及的设备维护、流程控制和过程监控等领域，典型的应用领域可概括为航空航天工业、汽车工业、智能建筑业、制药工业、化学工业、农业生产。

1. 航空航天工业

物联网的应用将会为航空航天工业带来丰厚的利益。从飞机数万个零部件的制造、运输，到飞机的飞行、维修，物联网技术无处不在。物联网会大大提高供应链的自动化能力，保护飞机零部件的供应，改善航空部件的使用寿命，保证航空飞行和航空服务的安全性与保障性，使飞机部件的维修保养和更换变得非常方便，其最终目标是保证持续的空中安全。

在航空制造业方面，飞机供应商和制造商若将 RFID 技术应用于制造、供应链等过程的部件跟踪，通过部件和流程跟踪可以提高工厂内部效率，并能降低成本，包括货物记录及库存资料，同时能够减少误差，改进库存精度。RFID 技术还能够使飞机制造商及其供应商减少库存，因为 RFID 技术从部件开始生产到飞机装配，都能够提供较好的可见性。RFID 技术能够让供应链中的每一个成员包括购买飞机的航空公司，识别由管理局认证过的零部件，这样可以减少供应链中伪劣部件存在的可能性。

航空工业还时常受到可疑的未经核准的零部件(suspected unapproved parts,SUP)的威胁。SUP 是不明确满足飞行器规格需求的部件，例如伪造品就不符合航空工业严格的质量要求，因而严重违背了航空器的安全标准。据美国航空管理部门的报告显示，在美国至少有 28 起飞行器事故是由伪造部件引起的。除了原材料的耗时分析外，飞行器部件的授权可以通过检查附着的文档，但是文档很容易伪造，这一方法不是很有效。这个问题可以通过为特定类别的飞行器部件，引入包含在整个生命周期内的电子谱系的方法解决，其中记录了它们的原始信息和与安全关联的事件，如维修等。通过把这些谱系保存在一个分散的数据库里，如 RFID 标签，在标签安全地绑定在飞行器部件上之前，需要对这些部件执行授权认证，包括证实数字签名，比较 RFID 标签的谱系和数据库内的信息。这样，飞行器的安全性和保障性就得到了显著的改善。

2. 汽车工业

在汽车制造环节上应用物联网技术，可以完成自动化生产线运作，实现在整个生产线上对原材料、零部件、半成品和产成品的识别与跟踪，减少人工识别的成本，降低出错率。

物联网应用于流水线的车辆生产、改善物流、增加质量控制、改善客户服务等环节。部件上绑定的智能设备可包含以下信息：制造商的名字，在何时何地制造，它的序列号、类型、产品码，以及在某些应用中需要知道在某个时刻设备的精确位置。物联网技术可以提供生产过程和维修操作的实时数据，创造一种更有效的管理回顾的方法。RFID 技术可以自动、实时、可靠地采集生产进度信息，选择产品加工路径，提高生产和物料配送的配合度，增强生产过程和进度的可视化，同时减少对人工信息采集的依赖，避免人工干预可能产生的差错，以减少或者避免不必要的查错、纠错成本。

汽车零部件的制造技术复杂，涉及范围广，并且制造流程多，涵盖了铸造、锻造、冲压、机械加工及热处理等多种工序，零件数量达 8 000～15 000 个，整车装配过程也包括零件冲压、焊接、喷漆，部件或总成组装整车装配等诸多环节。由于 RFID 技术可以减少或防止信息录入错误，一些汽车制造企业已经以 RFID 技术为杠杆，来改善其汽车库存的信息质量。在仓库中零部件利用 RFID 标签进行标识，可以便捷地查找、记录和更新库存状态，可以有效地管理零部件入库、库存盘点、各仓库间零部件的流通；能够实时监控物料在供应链上的移动和分布的状况。无论是零部件生产厂还是整车装配厂，仅由人工管理往往容易出错，并无法从源头上快速提高各流程的运作效率，因此利用 RFID 技术可以为零件制造和整车装配提供多种有效的管理方案。

3. 智能建筑业

智能建筑是以建筑物为平台，兼备信息设施系统、信息化应用系统、建筑设备管理系统、公共安全系统等，集结构、系统、服务、管理及其优化组合为一体，向人们提供安全、高效、便捷、节能、环保、健康的建筑环境。

智能建筑导入物联网架构以后，总体结构会发生很大的变化，智能建筑与数字城市进一步融合，自主创新空间和产业发展水平将有极大的提高。物联网在建筑设施的应用方面，涉及智能图书馆、智能校园、智能体育馆、智能博物馆/会展中心、智能小区等一系列的智能建筑。

在物联网智能建筑中，家庭网络连接了家电、安防、窗帘、远程抄表工具，网络介质可以是无线网、电力载波或以太网等，这些网络并不全支持 TCP/IP 协议。每个家庭内的智能家居控制器可以控制这些设备的联网，智能家居控制器通过网关接入小区的互联网，实现住户与家居环境的互动。通过物联网可以感知照度，也可以对所有的照明设施进行精确的、小区域的控制。比如在一个大会议厅，人员分布不均匀，没有人的地方灯就会自动关掉，有人的地方灯会一直开启。所有的公用照明不设开关，全部根据是否有人来控制照明系统，这样整个大楼的照明可以实现无开关控制。在智能楼宇和建筑节能方面，物联网技术能够达到每一栋楼至少降低 30% 的能耗。

在一个楼控系统中，包含浏览器、故障分析、能耗管理、设备监控和物业管理，通过建筑设备网站对这些进行监控和管理，可以为空调通暖、排水、电梯、照明和供配电进行能耗计量。智能建筑的门户网站还可以对楼控、安防和一卡通等进行集成统一管理。要实现智能建筑和数字城市的进一步融合管理，可以在家居、楼控、工控、保卫和交通等设备上嵌入传感器，再与互联网相连，实现设备管理、能耗管理、库存管理、生产管理和服务管理等。

4. 制药工业

作为保障病人健康的药品，药品自身的质量安全是最重要的要求。物联网应用在制药工业给药品绑定智能标签后，可以跟踪它们的供应链，通过传感器来监视它们的状态，这样可以带来很多的好处：某些药品要求特定的储存条件，如果运输过程中条件不满足，药品必须报废处理，比如可以通过监视冷链的一致性来达到这一目标。药品跟踪和电子物流能够监测假冒产品，保持供应链不受欺骗。

事实证明，完整的可追溯性是可实现的，每件药品在供应链中的运输数据都能随时被捕获，未来将推出手持设备如移动电话上的应用系统，病人在服药前先对药物上的条形码进行扫描，系统将自动更新病人在医院中的病历，并能防止手工记录时可能发生的错误。

每件产品在供应链的运输过程中，生产商、销售商和监管机构都能访问关键数据，当涉及产品召回、产品认证或有缺陷的情况时，这些数据是十分重要的。而对于血友病患者或其他严重病情的患者来说，则是攸关生死的，直接影响人民的健康和社会的稳定。

设计以 RFID 为基础的药品购销和使用流程，使用 RFID 电子标签作为药品信息的载体，可以很好地满足在药品监督管理中大量信息的发送、接收和识别需求。由于每一个 RFID 编码都是唯一的，因此在药品的购销和使用中能够准确快速地查询到药品的物流状态和使用情况。

在 RFID 和分布式数据库的基础上，药品的基本信息全部存储在 RFID 标签的用户数据区。根据我国制药行业对药品包装信息的规定，写入 RFID 电子标签中的内容应包含药品生产单位代码、发证日期、有效期截止日、药品名称、药品批准文号、注册证号、药品的生产日期、剂型和规格。也可以在装载药品的容器上设置一次性标签，以确保用户买到的药品容器是未被打开过的。药品的智能标签也可以在日常生活中直接让病人受益，例如，标签会在药品过期前通知消费者，以确保消费者的正常服用。

5. 化学工业

有关报告表明，大部分化学工业灾难都有共同的特征，如保存、处理和化学隔离方面的管理薄弱，对管理制度缺乏理解等。物联网的应用将有助于减少石油天然气工业的事故。例如，装有危险品的容器在装配无线传感节点后，变得更智能。这些节点周期性地送出关于容器内部化学品的消息，一旦它们收到来自绑定在不兼容化学品上的另一节点给出的信息，就会送出警告信息。这种警告信息马上就转发到后台系统中，如把紧急情况告知车间管理员，让其采取相应措施。

化工行业是连续生产工种，属于流程型行业，主要通过对原材料进行混合、分离、粉碎和加热等物理或化学方法，使原材料增值。以下三个方面的特点决定了 RFID 在化工行业应用中的必要性。

1）批号跟踪产品追溯方面

在化工行业的生产工艺过程中，会产生各种协产品、副产品、废品和回流物等，而且对物资的管理需要有严格的批号管理，生产过程要求有十分严格的批号记录，从原材料、中间品到销售给用户的产品，都需要记录，对原物料、中间生产过程及生产成品的质量管理相当严格，要求对产品的质量进行跟踪。当出现产品质量问题时，往往需要从产成品到半成品、原材料、供应商等进行跟踪追溯。RFID 搜集如产品标志符、时间戳记、物理属性、订货号和每个过程的批量等信息，并传送到供应链，帮助跟踪和追溯产品的历史信息。

2）固定资产管理和设备管理方面

化工企业的固定资产种类繁多，管理困难。折旧时常发生固定资产使用期满后仍计提折旧的情况，装置设备技术频繁改造、大修，跟踪记录固定资产变化过程的工作量大。保证设备长期稳定运行是化工企业设备管理的关键。因此，应用设备上的 RFID 提供其位置、可用性状态、性能特征、储存量等信息，对主要设备运行情况、备品状态、检修要求等方面进行动态管理，有助于提高资产价值，优化资产性能和最大化资产利用率，从而合理安排检修计划，延长大修周期。

3）物料和产品仓储管理方面

RFID 应用于批号与货位管理及产品库存的库区管理，灵活设置原料和成品做批号管理的宽严程度。设置料件做批号管理后，料件在企业内的任何异动都需要制定具体批号，客户可以在线查询物料在各仓库具体批号的库存状况，以此建立更为强大的信息链，以及在准确的时间内及时传送准确的数据，进行更高层次的质量控制和各环节的在线检测。RFID 可以对进料、WIP、包装、运输和仓储直到最后发送到供应链中的下一个目的地，进行全方位和全程的数据可视化管理。

6. 农业生产

GPS 是农业生产和科研中重要的信息获取手段，目前 GPS 技术广泛应用于农业资源调查、土壤养分监测和施肥、病虫害监测和防治等方面。此外，GPS 在农业中的另一个重要应用领域就是精准农业的农机作业。精准农业要求实时获取地块中每个小区（从数平方米到数百平方米）的土壤与作物信息，及时了解农田状态信息，如农田中的肥、水、病虫草害和产量的情况，诊断作物长势和产量在空间上出现差异的原因，并按每个小区做出决策，准确地在每个小区进行灌溉、施肥和喷药等，以求最大限度地提高水、肥和药的利用效率。GPS 技术为农机具提供实时位置信息，提高了农机具移动和飞行的精度。

GPS与农田信息采集技术相结合，可以定点采集和分析农田状态信息，生成农田状态分布图。农民根据农田状态分布图，做出相应的决策并付诸实施。农田状态信息的采集是精准农业实施的基础。GPS技术为农机具提供实时位置信息，使得农机具可以根据农田状态分布图按需投放水、种子、肥料和化学药剂等投入品，既保证了作物的生长需求，又可以节约投入和减轻环境污染。GPS技术在农业机械中的应用，极大地提高了农业生产和作业的效率。

使用物联网，一个农民不仅可以在直供市场或店铺这样的小区域直接把收获的作物送到消费者手中，而且可以到更大的区域去直接交易。这将改变主要由大公司操控的供应链，从而形成生产者和消费者间更直接的、更短的供应链。

（二）公共服务领域

将物联网应用到食物跟踪、商品流通与零售、医疗与康复、环境监测与资源再生循环利用等公共服务领域，可以极大地提高人民的生活水平与生活质量，促进社会的发展。

1. 食物跟踪

传统的食品品质检验方法存在管理滞后、效率低下和较高的出错率等问题。国际上食品安全控制体系有ISO系列、良好操作规范（good manufacture practice，GMP）和危害分析与关键控制点（hazard analysis and critical control point，HACCP）等，但是这些控制体系主要是针对食品供应链上单个环节的内部活动的控制，缺少将整个食品供应链全过程的信息衔接起来的手段。

产品跟踪是指从供应链的上游至下游，跟随一个特定的单元或一批产品运行路径的能力。比如，对于水果蔬菜等农产品而言，产品跟踪是指跟踪蔬菜、水果从农场到零售店POS机的运输路径。产品追溯（tracing）是指从供应链下游至上游识别一个特定的单元或一批产品来源的能力，即通过记录标识的方法回溯某个实体的来历、用途和位置的能力。对于水果、蔬菜等农产品而言，产品追溯是指从零售店POS机追溯到蔬菜、水果产地等信息。

食品的生产、加工、运输、存储、销售等环节的信息都存在RFID标签中，消费者、监督部门可以通过有效的途径获得电子标签上的有关食品供应链所有环节的信息。若发生食品质量安全事件，则可以通过该系统快速了解相关食品的流转情况，确定发生问题的环节，界定责任主体，并及时采取召回措施，最大限度地减少消费者和企业的损失。例如，奥运食品安全信息系统可实现对奥运食品从生产到消费整个食品链的全程跟踪、追溯。

利用物联网技术建立安全食品供应链体系，可以有效解决以上问题。在物联网框架下，可以重构完整的食物供应链，跟踪食物的运输或原材料，这就意味着，如果食物出现质量问题，可以顺利地启动召回机制。物联网系统可提供食品供应链中食品与来源之间的可靠联系，确保到达超市货架及厨房的食品来源是清晰的，并可追踪到生产企业甚至是动物、植物个体及具体的加工操作人员。RFID是一个100％追踪食品来源的解决方案，因而可回答用户有关“食品从哪里来，中间经过哪些环节，中间处理环节情况如何”等问题，并给出详尽、可靠的回答，可有效监控食品安全问题。

2. 商品流通与零售

在物联网框架下，零售商店节省成本的潜能是巨大的。例如，货架空置导致的销售损失接近全球销售总额的3.9％。此外，制造商也可以根据零售商提供的仓库和销售数据来优化整个供应链的物流，可以制造和运输恰当数量的产品，从而避免过量生产或者供给不足。

物联网在商店内也有很大的应用空间，比如依照预先选择的购物列表，提供购物指南，利用生物特征的自动结算快速支付解决方案，检测某件产品中的潜在过敏源，提供可以接受的个人化交易，进行冷链核实等。

物联网通过先进的计算技术、专家经验和对海量实时数据的分析，展示出更加强大的洞察力。智慧的供应链的价值在于我们可以从各种数据中抽取有价值的信息，包括地理空间或位置的信息、产品属性的信息、产品流程/条件、供应链关键业绩指标和数据流的速度等。

智慧的供应链具有以下三个优点：①提高效率，如动态供求均衡、预测事件检测和解决等；②降低风险，例如，降低污染和召回事件的发生频率及影响，减少产品责任保金，减少伪劣消费产品；③减少供应链的环境保护压力，如降低能源和资源消耗，减少污染物排放。物联网用在供应链、零售链管理中可以获得许多益处，物品使用装载有 RFID 部件的智能包装，可实时跟踪货品，零售商可以优化很多应用，如自动检查商品收据、实时监测仓库、跟踪出库或者检测货品的移动等。

3. 医疗与康复

物联网在康复方面有很多的应用，具有 RFID 传感能力的手机可以作为一个监视平台，监视医疗参数和药品传递。可以预见的优势很多：第一是疾病的预防和监测，这对社会体系有重要的影响；第二是医疗事故的防备和特殊诊断的需要。

组合传感器、RFID、NFC、蓝牙、ZigBee、6LoWPAN、WirelessHART、ISA100 和 WiFi 等技术将显著改善医疗过程中的测量和监视方法，能测量和监视体温、血压、心率、胆固醇和血糖等重要指标。更进一步，医疗康复行业也期望能够使用价格低廉的传感器，实现内置网络连接和远程监视。

可植入的无线可辨识设备可以用于保存健康记录，有助于在紧急情况下挽救病人的生命，尤其适用的人群有糖尿病、癌症、冠心病、中风、慢性阻塞性肺疾病、认知障碍、癫痫和老年痴呆症等的患者；也可用于其他植入了复杂医疗设备的人群，如植入了起搏器、支架，进行过关节置换和器官移植的人群，或者在人们身处手术室，处于无意识、无法交流的状态下使用。

可食用或可生物降解的芯片可以引入人体，并用于指导病人的行动。截瘫者可以通过植入式“智能物体”来控制电气仿真系统，使肌肉获得传递的刺激，从而恢复运动功能。

越来越多的物体被集成到人体内，可以形成一个人体域的网络，它们可以和主治医生、急救服务者、看护者通信。比如完全自动化的内部除颤器，它部署在人体心脏内，可以自动决定什么时候启动缓冲装置去除颤，完全联网后医务人员就可以与他的病人保持实时的联系。

为了确保质量使之不易产生不良变化，将 RFID 应用到输血袋上，由于血液必须处在一定温度下，可以结合使用 RFID 芯片与温度感应器。血液被抽取出来之后，迅速将芯片与感应器贴附于血袋上，在运送、仓储时，感应器所测得的温度都会被记录在芯片中，该血液被使用前，可透过读取器看到所有的温度记录以判断质量。

医院可让患者佩戴 RFID 手环，配合门禁安全辨识管理与病患动向管理系统来管理和跟踪患者，特别适用于智力障碍或疑似传染病患者的管理和行踪记录方面。另外，亦可将 RFID 技术和远程医疗服务系统、3G 无线通信技术与生理信号设备结合使用，患者能够在任何地点与医院取得有效的沟通，大大提高紧急医疗服务的效率，节省等待的时间，争取黄金救援的时机。

医院一直以最谨慎的态度来面对用药安全，要求“三读”(从药柜取药时一读、拿药时二读、将药放回药柜时三读,以确保没有拿错药)、“五对”(施打药物时,要确认病人对、药物对、时间对、剂量对、途径对),将RFID技术应用于药罐标签,领药时通过手持式RFID读取器或采用智能药架来管理用药的正确性,这样可以建立一套高效的检查系统,保障用药安全。

4. 环境监测与资源再生循环利用

以著名的阿尔卑斯山为例,由于阿尔卑斯山的地势高,且地形险峻,高海拔地带累积的永冻土与岩层历经四季气候变化与强风的侵蚀,长期累积后发生的变化会对登山客与当地居民造成极大的影响,但该区环境与位置无法用人工长期监测,故可以通过无线感测器的建置做到大范围的监控,包括温度的变化对山坡结构的影响等。目前传感器的生产成本与部署的难度仍需要持续地降低,才有助于该技术更广泛且普遍地应用。监测系统与预警系统若能整合,将更有助于保障安全。

物联网和无线技术可以用于提高城市和国家级环境规划项目的效果和效率,包括监视车辆气体的排放去改善空气质量,可重复利用材料的搜集,资源和电子部件的重复利用,电子垃圾的处理(RFID可以用于标记PC、移动电话或者其他消费电子产品的部件,增加这些部件的重用率,减少电子废物)等。对于垃圾处理厂、火力发电厂等污染系数大的企业,可以将气体传感器、温湿度传感器、粉尘传感器等检测设备置放于烟囱和其他污染源位置,通过ZigBee、蓝牙等技术检测污染系数。一旦污染源排放的污染物质超过有害物质上限,检测体系就会将警报信息及时传送给工作人员或政府环境监测部门。

(三) 生活领域

物联网的作用就是实现物体与物体之间的信息交换与通信,最终改善人类的生活方式,提高人类的生活质量。本书通过老人独立生活、客运与物流、旅游业务、保险业务等四个方面描绘物联网对未来生活领域的影响。

1. 老人独立生活

物联网应用服务系统将对独居人群的生活产生深远的影响。可以通过身体佩戴的和生活环境中安置的传感器监测人的日常活动,监控社会交往互动,也可以通过佩戴的体征传感器和体内的传感器检测慢性疾病。伴随模式检测算法和机器学习算法的出现,老人周围环境的物体逐渐能够监视和照看老人的生活。当探测到非正常情况时,系统会发出警告或者送出通知。

为了提醒慢性病患者与独居老年人按时吃药,有研究机构利用RFID无线射频技术研发了一种“智慧药柜”。使用者从医院拿回来的药先配上专属的RFID标签,智慧药柜会记录各种药品的用法与用量,还有必须服用的时间。当要吃药时,药柜就会发出语音通知,同时药柜上的屏幕也会显示要服用的药品照片及名称。

同时,因为受照护者的手腕上戴有RFID身份辨识标签,所以,一旦拿错药,药柜会感应并且发出警示。每个药盒药包都有专属的RFID标签,我们可以设定服药时间,当服药时间到了,RFID监控系统就会自动通知吃药时间到了:如果匆忙拿错药,系统就会报警,超过30分钟没有拿药,就会发短信通知照护人员及家属。

利用同样的原理,研究机构也开发出“智慧冰箱”,可以通知受照护者定时定量用餐,并提醒照护者哪种食物可以吃,而且会把使用者的饮食状况记录下来供医师看诊时参考。

随着三网融合,一些适宜老人使用的电信设备具有巨大的市场潜力。如一台功能简单的计算机可实现老人与家人、亲友的视频通话,播放老人喜欢的娱乐节目、按时提醒老人吃饭和用药的视频短片等。

2. 客运与物流

新建马路和拓宽车道等靠增加容量解决交通拥堵的传统方式已经无法适应当今的城市环境，需要一些更有效的可行性解决办法。可以将智能技术运用到交通运行中，例如，在路边增设路边传感器和射频标记，在汽车内安装 GPS 导航系统等，这可改变人们固有的思维和习惯，还可以丰富驾驶者的经验，而不再仅仅关心出行时间及路线选择。通过随处都安置的传感器，可以实时获取路况信息，帮助监控和控制交通流量。人们可以获取实时的交通信息，并据此调整路线，从而避免拥堵。同时，它还可以改进汽车、道路及公共交通，使之更具便利性。智慧的交通系统可以缩短人们的空间距离，提高出行效率、缩短旅程时间，加快突发事件发生时交通工具的响应速度，也可保护环境，如改善空气质量、降低噪音污染、延长资产生命周期和保护古迹、景点和住宅等。

集成服务和信息对未来的公共交通至关重要，例如，乘坐公共交通的乘客可以通过手机查看下一班的市郊火车或地铁上有多少个空座位。为均衡供求，未来的交通系统将可以定位乘客的位置，并为他们提供所需的交通信息。许多交通规划者已开始努力促成多个系统的集成，并在各种交通类型、多个城市，甚至国家或地区之间整合费用和服务。

每天有数以亿计的人通过空中、海上和地面运输工具出行，同时携带相当数量的行李。全球贸易系统通过海港、机场和火车站运送大量的货物。在机场和航空公司应用物联网技术管理旅客的行李，可以实现自动跟踪、自动排序，提高每件行李的读取速度，增强安全性。RFID 标签与行李舱内的行李直接相关。RFID 标签和部署在传送带上的传感器发生链接，将行李信息低成本地读入系统，并链接到核心安全数据库。当这些包装具有自扫描和自称重的能力时，运输公司将变得更有效率，这将通过优化货物运输流通减少资源消耗。

3. 旅游业务

旅游环境容量是指在某一旅游地环境的现在状态和结构组合不发生对当代人及未来人有害变化的前提下，在一定时期内旅游地所能承受的旅游者人数。其内容主要包括旅游生态容量(EEBC)、旅游资源容量(REBC)、设施环境容量(FEBC)和社会环境容量(SEBC)。

许多景区的旅游环境容量研究表明，一方面这些景区的游客量不足环境容量的 50%，表明整个风景名胜区还有较大的旅游环境容量潜力；另一方面这些景区的时空分布又表现出严重的不均，景区内某些重点景点的游客量已达到饱和，而另一些景点尚有较大的发展空间，因此需要建立对旅游景区现状容量的实时监测机制，利用价格杠杆和管理手段，及时发布客流信息等调控措施来调节客流。为景区适时适当地控制或疏导局部景点的游客量，保护景观和旅游环境，为景区旅游的可持续发展提供科学依据和技术手段。

旅游业与物联网结合后，游客可以通过查询物联网收到所关注地区最新的旅游新闻，在得到许可后，访问特定地区布置的多媒体功能设备，浏览某个特定事件的录像，以便于了解该景点的信息。进场通信标签能绑定到旅游海报上，通过连接读入器到 URL 地址，可以提供更多的和海报内容相关的信息，并可以获得如下益处。

(1) 游览线路上实时游客人数参数获取。游览线路上实时游客人数是指在某一时间点上，在一条游览线路上游客的总人数。游览线路可以是一条游览路径，也可以是一个景点。对于有入口和出口的游览线路，可以在入口和出口处安装阅读器。当旅客经过这些地点时，阅读器便会对带有 RFID 的电子门票进行信息自动采集，并记录采集的时间。在入口处采集的时间为该旅客进入游览线路的时间，而出口处采集的时间为该旅客离开游览线路的时间。这样，便可以随时统计在某一个时间点的游客总人数，或某一时间段内游客的平均人数。

(2) 游客在某一景区内的逗留时间参数获取。同样，由于旅客进入和离开游览线路时，都被阅读器记录了信息采集的时间，所以便很容易通过计算机得到每个旅客在游览线路上的逗留时间，也可以统计出所有旅客在这一游览线路上的平均逗留时间。

(3) 游客定位功能。在当前电子门票与游客身份证信息没有建立关联的情况下，只能实现基于电子门票代码的位置查询，并且 RFID 阅读器的分布情况决定其定位的精度。但该系统还为游客的身份证信息预留了接口，如果第二代身份证被广泛使用，可以在游客购票时通过读取其身份证号码，并与电子门票进行关联，实现指定游客的定位和浏览轨迹查询业务功能。利用这项功能可以快速寻找家庭出游中失散的老年人和小孩。

(4) 景点游客流量及环境容量实时监控分析功能。可对某一个时间点或时间段内景点的游客容量进行统计和分析，实现指定景点环境容量的监控和分析。同时，也可对整个景区的游客流量和环境容量按各种时间粒度进行时段分析。并通过计算机辅助决策功能实现对景区游客的管理，比如通过对环境容量过载的景点暂时限制售票等措施来进行游客分流。

(5) 强大的地图显示与查询功能。完全数字化的地图，包含精确的景区地理信息和详细的属性信息。它具有放大、缩小、恢复和拖动，以及模糊查询等功能，空间数据管理功能强大，操作极为方便。

(6) 轨迹存储、回放显示及打印功能。可对单个游客或旅游团体的浏览轨迹进行浏览、打印输出。并通过对游客游览轨迹的分析，判断游客对风景区内景点和相关旅游项目的选择和偏好，从而调整游览线路的组织和项目安排，对风景区的开发和规划提供决策支持。

可以在此基础上，为游客和管理人员提供其他的相关功能服务。比如和短信相结合，提供有针对性的导游服务、提醒服务、景点信息发布服务等。也可以通过建立亲友和团体关系，来实现亲友之间及团体之间的位置查询等服务。

4. 保险业务

一般认为，引入物联网技术会严重地侵犯隐私。然而有时候，人们希望能牺牲一部分隐私，去获取更好的服务或者物质利益。例如在汽车保险中，保险客户如果愿意接受在车内安装电子记录器，以记录加速度、速度和其他参数，可以和保险公司通信，这样能够得到一个便宜的价格或者溢价。保险公司就可以通过早期介入事故从而启动大部分商业手续而节约成本。节约的部分可以通过保险金的折扣返回给客户。

同样的应用可以扩展到其他的领域，如建筑物、机械等装备物联网。在多数情况下，可以在事故发生前，实施更廉价的预防性维护或者直接免除维护，降低成本。

在射频识别系统中，标签有可能预先被嵌入到日常生活物品中，但由于该物品(比如衣物)的拥有者，不一定能够觉察该物品预先已嵌入了电子标签，以及可能不受自身控制地被扫描、定位和追踪，这势必会使个人的隐私问题受到侵犯。因此，如何确保标签物的拥有者个人隐私不受侵犯便成为射频识别技术以至物联网推广的关键问题。而且，这不仅仅是一个技术问题，还涉及政治和法律问题。这个问题必须引起高度重视并从技术上和法律上予以解决。造成侵犯个人隐私问题的关键在于射频识别标签的基本功能：任意一个标签的标识 (ID) 或识别码都能在远程被任意扫描，且标签自动地、不加区别地回应阅读器的指令，并将其所存储的信息传输给阅读器。这一特性可用来追踪和定位某个特定用户或物品，从而获得相关的隐私信息。这就带来了如何确保嵌有标签物品的持有者个人隐私不受侵犯的问题。

四、物联网应用的驱动与阻碍因素

1．物联网应用的驱动因素

物联网应用正在我国及世界范围内全面展开，其发展也受到各方面因素的驱动。

（1）物联网应用在政府驱动方面。我国政府对物联网的发展重视程度大家是有目共睹的，明确指出要加快推动物联网技术研发和应用示范；大部分地区将物联网作为发展重点，出台了相应的发展规划和行动计划，许多行业部门将物联网应用作为推动本行业发展的重点工作加以支持。

（2）物联网应用在技术驱动方面。我国的技术研发水平起点不低，发展并不落后。我国早在十多年前就开始了物联网相关领域的研究，技术和标准与国际基本同步。标准方面，2007年，我国领先于国际启动传感网标准化制定工作，在 ISO/IEC 国际传感网标准化大会第 2 次会议上我国提出了传感网体系架构、标准体系、演进路线、协同架构等代表传感网发展方向的顶层设计。我国已成为国际传感网标准化的四大主导国（中国、美国、韩国、德国）之一，在制定国际标准中享有重要话语权。

（3）物联网应用在市场需求驱动方面。物联网已在我国公共安全、民航、交通、环境监测、智能电网、农业等行业得到初步应用，部分产品已打入国际市场。

2．物联网应用的阻碍因素

未来物联网产业的核心层面将形成于四大产业群，即共性平台产业集群、行业应用产业集群、公众应用产业集群、运营商产业集群。政府各部门对发展物联网产业态度积极，这是产业发展之"喜"。"忧"的一面主要表现在：物联网产业发展初期存在诸多产业发展约束因素。

（1）物联网技术标准的统一问题。当今互联网的发展为何取得了如此骄人的成果，主要原因之一就是技术标准化问题得到了很好的解决。但是目前我国的物联网发展情况比较令人担忧。在物联网领域中，传感、识别、通信、应用等在各层面都会出现大量的新技术，这些都需要尽快统一技术标准，形成一个管理机构，这个就是物联网需要马上解决的问题。

（2）物联网的政策法规问题。物联网不是一种产品，也不是依靠个人或者企业就能发展起来的，它属于对国家经济战略发展和国家安全发展起重要作用的一种高新技术产业。物联网不仅需要技术，它更牵涉各个行业、各个产业，需要多种力量的整合。这就需要国家在相关的政策和立法方面走在前面，制定出适合整个产业发展的政策法规，保证它正常发展。

（3）物联网应用的开发问题。目前，物联网可以创造出很多应用，但这些应用还仅停留在概念阶段，物联网和互联网一样，许多应用是需要靠大量的投入、尝试、调查与评估的，这些应用不能仅靠运营商和物联网技术开发企业，还需要各个行业参与进来进行应用，这需要物联网体系的基本形成，需要一些应用形成示范，只有更多的传统行业感受到物联网的价值，才会把自己的应用和业务与物联网结合起来，也才能得出有实际意义的应用。

（4）物联网应用的商业模式问题。物联网应用的前提是广泛设置传感器，这需要初期投入一定的成本，而快速形成物联网的服务模式和商业模式是解决成本问题的重要出路。目前，物联网还没有一个比较清晰的商业模式，物联网技术运行成本比较高、技术壁垒比较低，一般的商业模式无法给企业带来足够的利润，因此物联网商用模式有待完善，这也变相地阻碍了我国物联网产业的快速推广。

(5) 物联网产业链不完整问题。以物流为例，无线传感网或RFID厂商如因不联合仓储装备商研发实际解决方案，便难以独立提供集成了无线传输模块或RFID设备的仓储装备，物联网应用产品的使用价值便不能得到完整体现。除此之外，物联网产品研发投入巨大，业内公司实力相对薄弱，需要进一步扶持与培育。

(6) 国家企业的安全保密问题。大型企业、政府机构如果与国外机构进行项目合作，如何确保企业商业机密、国家机密不被泄露？这不仅是一个技术问题，而且还涉及国家安全问题。国内物联网的发展已经开始加速，但是物联网的安全机制在业界尚是空白。对物联网安全的需求日益迫切，需要明确物联网中的特殊安全需求，考虑如何为物联网提供端到端的安全保护，这些安全保护功能应该怎么样用现有机制解决。此外随着物联网、机器间集群概念的引入，还需要重点考虑如何使用群组概念解决群组认证问题。关于物联网的安全问题任重而道远，必须引起高度重视，所以在这方面我们应该加倍努力。

(7) 统一平台建立管理问题。随着国家"十二五"规划的明确指导，物联网目前已经逐渐从"空泛概念"变身为产业转型升级的无形推手，各级地方政府积极性高涨，据称，现在90%以上的省份都把物联网作为自己的支柱产业，几乎所有一、二线城市都在建设或筹建物联网产业园。但方向不明确，虚火过旺。由于缺乏国家层面的宏观指导，地方政府对物联网发展的方向和核心技术成熟度把握不准，缺乏科学规划，不少地方盲目投资引进国外系统和设备，着眼于物联网前端的信息传感装置的硬件制造及其标准化。没有全国性高效率的平台，各自为政的结果一定是效率低、成本高，很难发展起来，也很难达到效果。

任务3　中国物联网产业发展

物联网的5 000亿元大蛋糕如何分食？

在中国，自2009年以来中央和地方政府对物联网产业给予了政策和资金上的大力支持。2012年工信部制定了《物联网"十二五"发展规划》，重点培养物联网产业10个聚集区和100个骨干企业，实现产业链上下游企业的汇集和产业资源整合。在已过去的2012年，我国物联网产业市场规模达到3 650亿元，比2011年增长38.6%。从智能安防到智能电网，从二维码普及到"智慧城市"落地，作为被寄予厚望的新兴产业，物联网正四处开花，悄然影响着人们的生活。

而在2013年2月中旬，国务院又发布了《关于推进物联网有序健康发展的指导意见》，提出到2015年要初步形成物联网产业体系，安全保障能力明显提高。对于一个年增速近40%的产业，有很多人感到困惑：到底什么是物联网？有什么判定标准？它发展到了什么阶段？它未来的发展趋势如何？对于这样的问题，一千个关注物联网的人，可能会有一千种答案。

任何一项科技，如果不能深入普通消费群体，实现大规模普及，那么，这项科技的前景也就非常有限了，物联网同样如此。

在由感知层、网络层、应用层组成的物联网三层逻辑架构中，网络层包括通信与互联网的融合网络、网络管理中心、信息中心和智能处理中心等，是相对成熟的领域，现有技术储备基本能够满足需求；感知层与应用层，包括传感器、中间件、大数据处理与挖掘、行业应用等方面则相对薄弱，还有较大发展空间。

任务1：当前物联网产业发展的几个热点问题。

任务2：目前物联网产业发展形势下，阻碍物联网产业快速发展的关键因素、市场瓶颈、何时产业才能井喷等问题。

自2009年8月温家宝同志提出“感知中国”以来，物联网被正式列为我国五大新兴战略性产业之一，物联网在中国受到了全社会极大的关注。

一、中国物联网产业发展存在的问题

作为一个低碳环保的新兴产业，物联网产业受到许多国家和地区的追捧并作为战略性新兴产业予以重点关注和推进。但中国物联网产业发展过程中还存在一些结构问题值得关注。

1. 统筹规划和“顶层设计”缺乏

中国物联网推进速度很快，但现在缺少“顶层设计”，即缺乏一个明确统筹规划的物联网发展战略和路线图。

物联网产业发展还基本上处于一种自发状态，我国各级地方政府机构积极开展推动物联网相关产业发展的工作，成立了相关园区和产业联盟，但是在全国范围内缺乏统筹规划，部门之间、地区之间、行业之间的分割情况较为普遍，产业顶层设计缺乏，资源共享不足。规划意识与协调机制薄弱，更加凸显出研究成本过高、资源利用率过低、重复无序建设现象严重的态势。这种情况非常不利于我国当前及未来物联网产业的发展。只有对物联网产业进行规划，我国的物联网产业才能构造强有力的产业链。

2. 物联网产业高端技术标准缺失

物联网与计算机、通信、电子、材料等多学科有关，其涉及的技术多种多样，导致相关的标准也非常多，而目前尚没有一个统一的标准规范出台。其中，物联网产业中最重要的技术(射频识别技术)与物联网技术最核心部分(传感网芯片研发技术)仍缺乏统一的标准，严重阻碍着物联网产业的发展。

目前，我国RFID技术仍以低端为主，且90%以上的高灵敏度、高可靠性的传感器需要从国外进口，而国外公司大多都坚持使用自己的标准，导致系统之间不能相互联通，RFID在我国使用不便。高端技术缺乏无疑将对国际标准制定的竞争产生影响，并严重削弱我国在物联网产业的话语权。

3. 物联网产业链不完善

物联网的市场潜力巨大，产业链的任何一个环节都举足轻重。物联网的产业化要建立在商家的通力合作之下，才能达到最优整体效益，虽然我国物联网产业链中的网络提供商(三大电信运营商)和系统设备制造商都已跻身国际先进行列，但目前国内还没有一个特别突出的物联网商业模式，更缺乏成熟的商业模式。

我国物联网产业链的完善程度与日本、韩国等国家的相比，还存在一定的差距。虽然物联网所需的上游技术如自动控制、信息传输、射频识别等技术已经基本成熟，下游的实践应用也已经基本启动，但是上下游产业间缺乏互动而不能形成合力。以我国华南大都市广州为例，广州市目前有物联网相关企业100多家，也成立了“广东省南方物联网信息中心”，但各企业分布在产业链的各个节点，信息沟通不畅，基本上是各自为战，缺乏具有凝聚带动作用的大规模企业。因此，各产业链之间的壁垒，就成为影响物联网产业发展的一大瓶颈。

4. 物联网应用成本高

物联网产业处于兴起阶段，还缺乏完整的技术标准体系和成熟、清晰的商业发展模式。现阶段关于我国物联网产业功能单一、价位高的问题愈加明显。电子标签价格高、读写设备价格高、核心技术研究成本高等一系列问题都将制约物联网技术的应用。

物联网产业的优点决定了其发展的重点必将随着技术的进步、社会需求的增大而转移到应用上。目前在全球最大的100家物联网公司中，有60家公司的收益源于一种“免费”的商业模式，即公司通过向某一类客户收取少量或不收取费用，从而吸引来大量的客户。当前，“免费”这一商业模式已经在百度、谷歌等网络经营商中推广。

5. 物联网产业认知度低

由于物联网产业的市场定位是服务于众多的社会群体，降低成本是关键，而实现物联网产业的规模经营就成为降低成本的最有效途径。但在我国许多地区，人们对新鲜事物的认知程度低，对物联网这一产业更是陌生，甚至一些专家的认知度都极低，对于物联网产业的成果、应用及产业优势更是知之甚少，物联网的产业优势难以得到有效发挥。

因此，物联网产业发展要从应用的角度考虑，物联网产业未来发展的核心还是在核心技术上寻求突破，在具体领域的应用，应在有效利用巨大的国内市场和坚实的市场基础上，去开启庞大的物联网应用市场。

二、中国如何布局物联网的产业

1. 将物联网作为发展新兴战略产业的平台

物联网本身是一种战略性新兴产业，近几年物联网产业处于高速发展状态，不少产业的产值已经突破千亿。2010年，我国物联网市场规模为1 933亿元，而国联证券的研究数据也显示，2012年我国物联网产业规模已经达到3 650亿元，预计2015年将超过5 000亿元，并且会在随后较短时间内达到万亿元规模。预计到2020年中国物联网产业的市场价值将达到1万亿元以上，而这种价值将更多地体现在它的行业应用——智能服务上。通过智能交通、智能电网、智能医疗、智能家居、智能工业等物联网的重要应用形式，可以快速而有效地带动电动汽车、清洁能源、生物制药、绿色建筑、纳米技术、先进制造等其他新兴战略产业，朝着共性目标发展。可见，物联网对发展战略性新兴产业具有平台性的带动作用。

2. 从战略的观点布局物联网的发展

鉴于物联网对发展新兴战略产业的意义，布局物联网必须坚持战略的观点。所谓战略的观点，就是要坚持长远性原则、全局性原则、关键性原则和明道性原则。

(1) 长远性原则，就是要站在5～20年的角度布局物联网发展。

(2) 全局性原则，就是要站在促进整个国民经济发展方式转型的高度布局物联网的发展，把物联网的行业应用提升到战略高度，并尽可能全面地掌握物联网的行业应用情况。

（3）关键性原则，要关注协同效应，抓住那些对物联网的发展最具有决定性意义的关键环节。

（4）明道性原则，要让物联网的发展方向符合社会发展规律，目前来说，就是要符合有利于低碳、环保、健康、安全、节能和就业的可持续发展目标，这是物联网乃至整个新兴战略产业的“纲”。

3. 将技术路线图作为物联网产业布局的有效分析工具

技术路线图本质上是一种多维分析的工具，根据前面的指导思想，为了突出物联网对新兴战略产业的作用，以及按战略的观点布局物联网产业发展，可以利用技术路线图为物联网的产业布局提供以下几个分析维度。

（1）市场需求维度：用于归纳最重要的物联网行业应用及在未来不同阶段之前可能大量出现的最重要的市场需求。

（2）产业目标维度：主要是产业发展的技术经济目标和社会目标，以及在未来不同阶段之前应该实现的目标。

（3）关键技术维度：为满足市场需求和产业目标而必须解决的关键技术。

（4）政策需求维度：为满足市场需求和产业目标，而必须在政策层面上解决的关键问题。

这几个维度的分析都是密切关联，环环紧扣，并以时间为共同轴向的，因此最终通过多维共同分析得出的结果，将可以为产业布局提供一个非常可靠的基本框架和政策制定的指南。

三、中国物联网产业的多维布局

物联网在我国作为一个新兴的产业，发展过程中必然受到很大的制约，我们也要清楚地认识到我国物联网发展也尚处在初级阶段。物联网布局的战略重点是智能交通、智能电力、智能医疗、智能家居、智能物流和智能工业等战略性应用。但一份完整的中国物联网产业布局技术路线图需要通过对市场需求、产业目标、关键技术、政策需求四个维度的分析。

1. 市场需求维度

技术路线图的分析首先是从市场需求维度开始的。由于物联网的市场需求涉及各行各业，因此可以行业应用来对物联网市场需求进行分类考察，但从全局性原则出发，必须尽可能全面地调查物联网的行业应用形式。清华大学技术创新研究中心在综合考察了21项最具有代表性的物联网行业应用形式的基础上，归纳、提炼出2015年前可以大力发展的十项重要的物联网行业应用，如表3-2所示。

表3-2　2015年前可以大力发展的十项重要的物联网行业应用

序号	行业应用	2014年前	2015年前
1	智能交通	电子票务、实时交通信息系统	ETC、电子车牌、车路协同系统
2	智能电力	充电站、特高压输电	智能电表、智能抄表
3	智能医疗	电子病历	医疗感知终端设备、医疗协作平台
4	智能家居	安防与监控、智能热水器	智能空调、智能厨房
5	智能物流	物流实时跟踪、优化调度	智能超市、网络化分布式仓储管理

续表

序号	行业应用	2014 年前	2015 年前
6	智能工业	煤矿安全生产管理	食品安全溯源、制造业供应链管理
7	智能环保	工业排污实时控制	重点环保对象的多元化感知监测
8	智能水利	防洪抗旱智能决策	水环境和水资源智能管理
9	智能农业	智能粮库	智能大棚
10	智能金融	手机支付、银行安全监控	智能车险理赔、信用卡芯片化

同时，依照战略的观点，进一步提炼出在 2030 年前，符合长远性、全局性、关键性和明道性原则的六项应用如表 3-3 所示。由于它们对国计民生影响深远，对国民经济增长方式的转型、自主创新能力的提高和其他新兴战略性产业发展具有决定性的带动作用，我们称之为战略性应用。其中，又有三项由于网络效应特征明显，易于在国家主导下，形成主导设计标准，从而全面带动我国的物联网产业取得发展优势，我们称之为主导性应用，它们分别是智能交通、智能电网和智能医疗。

表 3-3　未来 10～15 年内必须大力发展的六项战略性应用

序号	行业应用	2015 年前	2020 年前	2030 年前
1	智能交通	ETC、GPS、实时交通信息系统	智能汽车	自动化公路系统 AHS、车联网
2	智能电网	充电站、特高压输电、智能电表	坚强智能电网	泛能网
3	智能医疗	电子病历、医疗感知终端设备、医疗协作平台	智能医疗建筑、虚拟活检、智能药丸	纳米机器人
4	智能家居	安防与监控、智能家电	智能装修、智能建筑	家居智能网
5	智能物流	物流实时跟踪、优化调度智能超市、网络化分布式仓储管理	智能配货	货运车联网
6	智能工业	生产过程工艺优化、工业安全生产管理、设备监控	真三维显示与人机自然交互生产	泛在制造网络

2. 产业目标维度

本维度主要考察物联网产业发展在 2015 年前（见表 3-4）和在 2030 年前（见表 3-5）不同阶段的技术经济目标和可持续发展目标。根据业内的共识，在此将产业技术经济目标按泛在感知、可靠传送和智能处理三个方面进行分类，而可持续发展目标则具体分解为节能、安全、环保、低碳、健康和就业等六个定性目标，并考察市场需求维度中所列的行业应用是否与它们存在相关性。表 3-4 和表 3-5 中数字为前述市场需求维度中行业应用的序号（见表 3-2）。

表3-4　2015年前可以实现的物联网产业目标

产业目标		2014年前	2015年前
产业技术经济目标	泛在感知	RFID标准化、M2M终端在部分行业标准化、传感器标准化应用示范	RFID全面普及、M2M终端全面标准化、传感器在部分行业标准化
	可靠传送	M2M平台(2G)规模化应用、传感器间的可靠传送、RFID读写器的可靠性成熟	基于传感器网关的可靠传感器网络、电力专用网开放互联的应用示范、M2M平台(3G)规模化应用
	智能处理	低功耗的电源优化、分布式控制处理协议的确定、小型读取终端的智能化	分布式控制与数据管理、超低功耗的电源优化、存储与感知能力的提升
可持续发展目标	节能	1、2、4、5	1、2、3、4、5、6、10
	安全	1、2、4、5、6、8、10	1、2、3、5、6、10
	环保	1、2、3、6、7	1、2、3、7、8
	低碳	1、2、3、4、7	1、2、3、4、5、6、7、10
	健康	1、2、3、7	1、2、3、4、5、6、7、8、9
	就业	1、2、4、5	1、2、3、4、5、6、9

表3-5　在2030年前可以实现的物联网产业目标

产业目标		2015年前	2020年前	2030年前
产业技术经济目标	泛在感知	RFID全面普及、M2M终端标准化、传感器在部分行业标准化	M2M终端全面普及、传感器标准化、多种能量捕获与循环利用	传感器全面普及、可生物降解的新物理效应感知的纳米的器件的运用
	可靠传送	基于传感器网关的可靠传感器网络、电力专用网开放互联的应用示范、M2M平台(3G)规模化应用	超高速状态的可靠信号传送、网络交互标准化、安全传送	人、物与服务间的统一网络，异质系统与产业间整合
	智能处理	分布式控制与数据管理、超低功耗的电源优化、存储与感知能力的提升	智能协同标签、自适应系统、分布式储存与处理、智能器件间系统	智能器件无处不在；智能响应行为标准化；物联网搜索
可持续发展目标	节能	1、2、3、4、5、6	1、2、3、4、5、6	1、2、3、4、5、6
	安全	1、2、3、4、5、6	1、2、3、4、5、6	1、2、3、4、5、6
	环保	1、2、3、6	1、2、3、4	1、2、3、4、5、6
	低碳	1、2、3、4、5、6	1、2、3、4、5、6	1、2、3、4、5、6
	健康	1、2、3、4、5、6	1、2、3、4、5、6	1、2、3、4、5、6
	就业	1、2、3、4、5、6	1、2、3、4、5、6	1、2、3、4、5、6

3. 关键技术维度

本维度考察的是在2015年前(见表3-6)和2030年前(见表3-7),为满足市场需求和产业目标而必须利用和发展的关键技术,在这里我们参考了IBM物联网技术八层模型的分析框架。即将物联网关键技术按分析与优化层、应用层、服务平台层、应用网关层、广域网络层、传感网关层、传感网层、传感器执行层进行分类。之所以采用IBM的分析框架,并不是由于IBM是"智慧地球"的提出者,而是因为IBM的这个分析框架是目前对物联网相关技术最具有包容性的分析框架。

表3-6 在2015年前必须利用和发展的关键技术

产业目标	2014年前	2015年前
分析与优化层	海量数据处理、数据挖掘、知识管理	海量数据处理、数据挖掘、知识管理
应用层	数据服务、数据中心	数据服务、数据中心
服务平台层	分布式云计算、集中式超级计算	分布式云计算、集中式超级计算
应用网关层	WiFi、WiMax	WiFi、WiMax
广域网络层	IPv4、3G、电力线通信	IPv6、LTE、电力线通信
传感网关层	边缘计算、底层采集器与公网的接入标准	边缘计算、底层采集器与公网的接入标准
传感网层	中间件技术、传感器接口标准化	传感器与底层采集器的接入标准、自组织组网技术、短距离无线组网技术、中间件技术、传感器接口标准化
传感器执行层	高频RFID,二维码,定位技术,低功耗芯片组,低成本小型化传感器,小型化、嵌入式读取终端	超高频RFID、超低功耗技术、多路无线射频识别硬件技术、光伏印刷电池技术、上集成射频技术

表3-7 在2030年前必须利用和发展的关键技术

产业目标	2015年前	2020年前	2030年前
分析与优化层	海量数据处理、数据挖掘、知识管理	海量数据处理、数据挖掘、知识管理	海量数据处理、数据挖掘、知识管理
应用层	数据服务、数据中心	数据服务、数据中心	数据服务、数据中心
服务平台层	分布式云计算、集中式超级计算	分布式云计算、集中式超级计算	分布式云计算、集中式超级计算
应用网关层	WiFi、WiMax	WiFi、WiMax	WiFi、WiMax
广域网络层	IPv6、LTE 、电力线通信	IPv6、4G /LTE、电力线通信	IPv6、4G /LTE、电力线通信
传感网关层	边缘计算、底层采集器与公网的接入标准	边缘计算、底层采集器与公网的接入标准	边缘计算

续表

产业目标	2015 年前	2020 年前	2030 年前
传感网层	传感器与底层采集器的接入标准、自组织组网技术、短距离无线组网技术、中间件技术、传感器接口标准化	传感器与底层采集器的接入标准、高速态无线自组网、中间件、传感器接口标准化	高速态无线自组网、中间件技术
传感器执行层	超高频 RFID、超低功耗技术、多路无线射频识别硬件技术、光伏印刷电池技术、集成射频技术	生物、化学与电磁能量捕获,能量循环利用技术,微机电控制技术	纳米技术、生物降解技术、无线传电技术、微机电控制技术

4. *政策需求维度*

本维度主要考察在 2015 年前(见表 3-8)和 2030 年前(见表 3-9),为满足市场需求和产业目标,而必须在政策层面上解决的关键问题。在这里,我们参考欧盟的物联网发展政策分析框架,结合中国国情,将物联网发展的政策支撑要素分为政策取向、标准制定、开放与创新、安全性保障、研究与开发等五个方面。之所以采用欧盟框架,是因为欧洲在现代产业政策规划的系统性、完整性和科学性方面有 100 多年的经验积累,具有很高的借鉴价值。

表 3-8 在 2015 年前必须满足的政策需求

	2014 年前	2015 年前
政策取向	将智能交通、智能电力和智能医疗等三个物联网主导应用纳入国家中长期发展重大专项,从国家层面推动	完成三个专项规划,并指定牵头部门开展跨部门合作的规划实施工作
标准制定	完成 RFID 安全与隐私标准制定、确定无线频带、与国际标准接轨	颁布 RFID 标准化强制条例,完成 M2M 终端标准并与国际标准接轨
开放与创新	鼓励民间资金进入垄断行业的物联网应用领域,与垄断企业合作开发设计、管理和运营的政策	确保三大通信运营商 M2M 平台协议的包容性和互操作性的政策
安全性保障	将物联网安全与隐私保护纳入立法议程、明确未来的潜在危险	制定关于物联网设施和数据保护的法律
研究与开发	国家下拨专项资金,大力支持物联网基础研究与前沿技术的开发,制订物联网产业应用目录,对符合该目录企业的自主创新活动进行扶植	国家重点投资开展智能交通、智能电网和智能医疗等三大主导性应用工程的研发

表 3-9 在 2030 年前必须满足的政策需求

	2015 年前	2020 年前	2030 年前
政策取向	完成智能交通、智能电网和智能医疗三个重大专项工程的国家中长期战略规划,并指定牵头部门开展跨部门合作的规划实施工作	完成三个重点专项工程的阶段性试点建设与评估,确保工程实施进程符合国家最高战略利益方向	全面完成三个重点专项工程的建设与验收工作

续表

	2015年前	2020年前	2030年前
标准制定	颁布RFID标准化强制条例，完成M2M终端标准开发并与国际标准接轨	颁布M2M终端标准条例，完成传感器标准开发并与国际标准接轨	颁布传感器标准条例，制定健康安全标准、智能响应行为标准
开放与创新	鼓励民营资金参与垄断行业物联网应用，确保三大通信运营商M2M平台协议包容性和互操作性的政策	确保各行业传感器标准之间包容性和互操作性的政策	促进人、物、服务网络融合的产业整合政策
安全性保障	制定关于物联网设施和数据保护的法律	制定回收处理标签、传感器的相关政策	制定物联网时代与健康安全相关的法律
研究与开发	国家以专项资金支持物联网基础研究与前沿技术开发，国家应用研发投资的重点放在三个重点专项工程上，支持企业自主创新	国家投资重点支持物联网在交通、电力、医疗、物流、环保和工业生产方面的应用技术开发	国家投资重点在异质系统间应用技术开发，推动2015年前开发的前沿技术成果转化

四、中国物联网产业发展

物联网产业作为战略性新型产业，是由多个企业相互作用形成的具有群体智能的动态链网式企业集合，外界环境及企业的行为都将影响着物联网产业供应链的演进。总体看来，中国政府的长期目标将主要集中在经济建设方面，而社会和经济的导向也将为这个大前提所左右。

1. 中国物联网产业发展任务

物联网为解决当前面临的社会经济问题提供了全新的解决思路，有利于实现政府的长期目标。目前，中国物联网产业发展的主要任务如下。

(1) 突破关键核心技术，提高自主创新能力。重点突破物联网芯片、RFID、光纤传感、各种传感器融合、嵌入式智能装备、物联网IP组网等关键技术，以及物联网的相关标准、交换接口、信息安全、云计算协同等共性技术。

(2) 加快产业基地布局，建设物联网产业体系。全国要因地制宜以现有各类产业园区为载体，以龙头企业为依托，重点发展嵌入式芯片、RFID、传感器和网络设备等物联网设备制造业及相关配套部件产业，大力发展物联网服务运营业，培育物联网软件和技术服务业，加快建立具有地方特色的物联网产业体系。

(3) 加快发展M2M业务，创新物联网运营模式。加快建设将各种通信设备、传感器及智能终端连接起来的商用物联网络系统，着力构建物联网技术支撑体系和业务平台、管理平台，制定相关通信传输标准，创建社会普遍接入的物联网运营环境，大力发展电力、交通、水利、物流、环保、家居、医疗、安防等领域的M2M业务。以中国移动南方基地、中国电信亚太信息引擎、中国联通国家数据中心为依托，大力发展物联网新业务。

(4) 实施应用试点示范工程，建设物联网示范先行区。选择具备一定应用基础的重点领域和地区，分期、分批建设物联网应用示范工程和智慧应用项目。依托物联网技术推动电子商务发展。比如广东省积极推进无线城市和城市信息一体化建设，重点实施智慧广州、智慧深圳等智慧城市试点和智慧南海（佛山）、智慧石龙（东莞）等智慧城镇试点。通过试点示范工程探索高效运作模式，为广东省建成物联网应用先行示范区创造条件。

(5) 建设公共技术服务平台，完善物联网公共服务体系。加快建设地方现代物流公共信息平台、云计算平台。广东省重点支持广州、佛山、东莞等市及有条件的粤东西北地区建设云计算中心，发展公共云计算基础服务。加快建设珠江三角洲基础地理信息公共平台和省级基础地理信息公共平台，发展物联网公共技术服务，着力打造国家级工程技术研究中心、重点实验室、标准检测机构等物联网高端创新平台。支持电信运营商建设M2M公共服务平台。积极支持公共技术服务机构发展，部署建立物联网产业联盟，建设物联网应用孵化扶植基地。

(6) 加强物联网基础设施建设，建立智慧城市支撑体系。加快下一代网络（NGN）建设，部署新一代互联网（IPv6）建设，为物联网的发展提供网络基础支撑。加快地方特色无线城市的示范工程建设，构建第三代无线通信网（3G）、宽带无线接入网（WLAN）、RFID等传感网的覆盖和应用接入体系，加快实施光纤入户等宽带化工程，实现网络无缝对接，构建物联网基础体系，实现随时随地、“随需”的信息服务。

2. 中国物联网产业发展模式

物联网产业链逐步形成，物联网应用领域逐渐明朗。按照目前的技术水平，物联网产业发展主要具有如下几种模式。

1) 产业发展初期，公共管理创新模式

这种模式要求政府统筹指导和规划成为主流，政、产、学、研融合。即政府、企业、高校、科研院所之间以合资、技术联盟、研发联合体等创新的组织形式主导产业技术的进步，通过技术联盟实现产、学、研间的联合创新，有效整合资源，加快促进企业技术进步和创新能力的提高。这个阶段，产业主要聚集和分布在公共管理和服务市场的城市管理、公共服务、政府管理、绿色环保、智能医疗、公众服务、节能降耗等重点领域和具有较高需求的应用场景，形成一系列的解决方案。

2) 产业成长期，商业应用创新模式

在公共管理和服务市场应用示范形成一定效应之后，随着物联网技术的逐步发展和成熟，企业和行业应用将成为物联网产业发展的重点。在这个阶段，随着产业链上下游分工和协作目标更加明确、物联网核心关键环节的技术创新，各类应用解决方案也日趋成熟和稳定，物联网产业聚集、标准化体系逐步形成。

3) 产业成熟期，公共服务应用模式

基于个人和家庭应用市场逐步扩大，在面向公共服务的商业创新模式带动下，物联网产业进入成熟期。在未来5～10年中，基于面向物联网产业应用的应用平台、系统软件、网络运营等方面的创新活跃，产业链渐趋成熟。面向个人、家庭物联网应用市场的应用平台、系统软件、网络运营等方面得到快速发展，新型的商业模式将在此期间形成。物联网产业进入高速发展的产业成熟期。基于以上分析，我国物联网产业的发展是以规模应用为基础，从“公共管理和服务市场”到“企业、行业应用市场”再到“个人和家庭应用市场”的商业模式发展演变的。就目前我国物联网产业的发展来看，应当进入物联网的大规模应用和产业的规模化发展阶段，即由以设备制造商为核心转变为主要依赖网络运营商提供整体解决方案和服务供应商开发应用商业模式。

3．中国物联网产业未来发展路径

物联网带给我们一种全新的思维方式，对现有社会的产品生产，设备使用，物品管理，基础设施管理，人员管理，环境管理及工业，农业，商业的生产作业方式，产业发展思路，政府监管的模式等，都可以采用物联网理念重新做出创新性的思考。

1）商业模式创新

在当今社会，一种商业模式既可以统摄未来的市场，也可以挤垮当前的市场。物联网产业处于早期发展阶段，缺乏完整的技术标准体系和成熟清晰的商业发展模式。物联网产业未来发展的成功需要一个好的商业模式支撑。在全球最大的100家公司中，有60家的大部分收入都源于这样一种商业模式：公司通过向某一类客户收取少量费用或提供免费服务，来吸引足够数量的同类客户，然后再依靠他们来大量吸引另一类客户，而后者贡献的收入将大大超过公司获取和服务前者的成本。“免费”就是这样的一种商业模式，它所代表的正是数字化网络时代的商业未来。

2）构建通道，实现产业互通互联

物联网所需要的自动控制、信息传感、射频识别等上游技术和产业都早已成熟或基本成熟，下游的应用也早已以单体的形式存在。物联网产业的发展一定要以应用为先，它需要嵌入其他产业里，与其他产业共同发展，需要构建一个好的通道。与焦点企业在产业集群中的所扮演的角色和所承担的任务一样，通道的作用不仅只是联系物联网产业的上下游，实现上下游产业的联动，促进物联网产业链的沟通协调和发展，更重要的是，它能够加强横向联系，实现跨专业、跨行业的联动，真正方便终端用户的使用。

物联网产业未来的发展会随着通道作用的变化而不断演化，因此，要推动物联网产业链的发展，就需要构建一个良好的通道，保证通道的持续成长，并让其带动产业链或者说推动产业链共同发展，实现产业间的互联互通，从而加速产业间融合，这是物联网成功的重要保证。

3）整合产业链，促进产业间融合，加快我国产业转型升级速度

改革开放以来，随着我国对外开放程度的不断提高，以国际代工为主的外向型经济发展模式逐渐形成，引进外资进行加工贸易或积极主动地接受发达国家企业的外包订单成为推动经济发展的主要动力，我国目前迫切需要向产业链的高端攀升。在应对当前国际金融危机中，各国正在努力进行抢占经济科技制高点的竞赛，全球将进入空前的创新密集和产业振兴时代，借助我国当前在物联网产业应用研发上所具有的同发优势，从应用的角度去思考，继续从核心技术上寻求突破，有效利用国内市场自身的力量去开启庞大的物联网应用市场，在这场竞争中实现跨越式发展，并通过自身的高技术能力和强大的品牌优势占据物联网产业链中附加值较高的环节。

物联网产业未来发展的核心关键还是在一些领域的具体应用，哪怕是在最简单的产业链环节的应用，只要能够应用起来，技术、市场、人才都会因此而集中。通过借助物联网技术，将生产要素和供应链进行深度的高效率的重组和融合，实现成本更低和效率更高的发展，加速带动其他应用领域产业链的拓展、延伸和融合，逐渐将国内的一些产业链带入良性循环的发展道路，从而真正使信息网络产业成为推动产业升级、迈向信息社会的“发动机”。

任务4 物联网发展面临的商业机遇与挑战

物联网产业的蓝海

物联网这一概念的问世，打破了之前的传统思维。过去的思路一直是将物理基础设施和IT基础设施分开：一方面是机场、公路、建筑物，而另一方面是数据中心、个人计算机、宽带等。而在“物联网”时代，钢筋混凝土、电缆将与芯片、宽带整合为统一的基础设施。在此意义上，基础设施更像是一块新的地球工地，世界的运转就在它上面进行，其中包括经济管理、生产运行、社会管理乃至个人生活。IT和人类基础设施开启智能化之路，都为物联网的出现奠定了坚实的基础。

国家战略性新兴产业规划及中央和地方的配套支持政策确定的7个领域(23个重点方向)为“节能环保、新兴信息产业、生物产业、新能源、新能源汽车、高端装备制造业和新材料”。这七大战略性新兴产业领域之间并不是孤立的，而是具有纲举目张的关系，这个“纲”就是战略性新兴产业的共性目标，即要成为国家在后金融危机时代的新的经济增长点，要为自主创新能力的提高服务，要为经济发展方式转型和可持续发展服务。对于物联网来说，想要发展，需要的是一个开放的大平台，足够的用户数量，以及对大数据的处理能力。为争夺移动互联网和智能终端产业这一新兴的“蓝海”，产业各方应展开激烈的竞争，以创新为原动力，移动互联网和智能终端产业演进脚步不断加快，建设一个节能、环保、低碳、健康、安全和充分就业的社会。

物联网想要深入基层，与民生更紧密地结合起来，智能家居将会是最好的切入点。现在许多智能家居号称采用了物联网技术，实际上，说它们是“伪”物联也不为过，因为它们仅仅是在小范围内的局域互联，并没有真正实现物联网的优势，因此，智能家居想要发展，想要智能化水平更高、反馈速度更快、失误率更小，就需要将云计算引入智能家居之中。“云家”的出现，代表的便是物联网时代，智能家居的未来。

毕竟，如今的社会，最基础的社会单位便是家庭。而作为智能家居行业的领跑者，有企业已经开始进一步降低智能家居的市场价格，将智能家居系统从万元降低到了千元，打开了智能家居低端市场，进一步推动智能家居的普及工作。

任务1：物联网技术发展阶段有哪几个？

任务2：阻碍中国物联网发展的最大“瓶颈”是什么？

物联网是继计算机、互联网与移动通信网之后的又一次信息产业浪潮。到目前为止，物联网发展已具备了一定的产业基础，蕴含着信息产业发展的新机遇。

一、物联网发展带来新浪潮

1. 物联网发展的商业机遇

在 2010 年全国“两会”期间，物联网首次被写入政府工作报告。物联网被认为具有比目前人与人通信市场更大的发展潜力，是电子信息产业新的增长点。工信部已将物联网规划纳入“十二五”专题规划，正在积极研究推进。据工信部介绍，“十二五”期间，物联网产业体系将初步形成从传感器、芯片、软件、终端、整机、网络到业务应用的完整产业链，并培育一批具有国际竞争力的物联网产业领军企业。

物联网面临十分广阔的商业机遇，其用途广泛覆盖智能交通、环境保护、政府工作、公共安全、平安家居、智能消防、工业监测、老人护理、个人健康、水系监测、食品溯源、情报搜集等多个领域，使人类能够以更加精细的方式管理生产和生活，达到“智慧”状态，从而节约成本，提高资源利用率和生产力水平，改善人与自然的关系。我国未来将围绕物联网产业链，在政策市场、技术标准、商业应用等方面重点突破。实现产业链各环节的有效整合、共赢。

2. 物联网产业发展的挑战

20 世纪 90 年代以前，基础设施建设能力停留在建造钢筋混凝土的基础设施阶段。20 世纪 90 年代以后，随着基础设施建设的重点移向国家信息基础建设，信息高速公路等信息基础建设成为国家发展政策的重点和产业发展的基础。2000 年后，随着技术和市场的成熟，实物基础建设和信息基础建设逐步融合，使得世界基础结构发生了翻天覆地的变化，智能城市的建立不再是纸上谈兵，而且日益向全面协作、相互关联和智能化方向发展，物联网随之进入人们的视野。

IT 能力在 1980 年以前，一直局限在主机和后台计算中心，在 20 世纪 80 年代之后，逐步从后台移向前台和桌面，支撑作业处理和分析能力，由此，PC 和局域网应运而生，如图 3-7 所示。

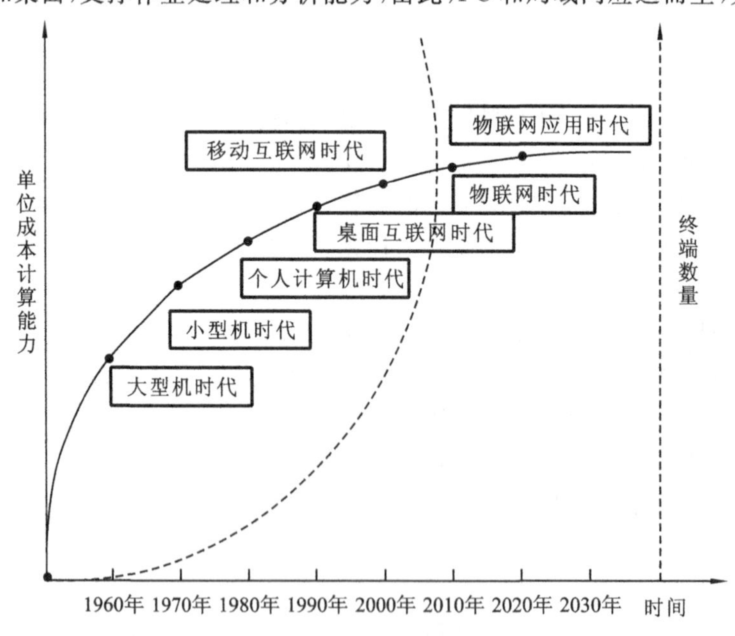

图 3-7 信息产业发展历程

随着互联网的出现,IT 能力从桌面扩展到支撑价值链和商业合作伙伴,支撑着服务和协调。2000 年后,智能设备的不断涌现使得 IT 能力从对人的支撑扩展到对物体的支撑,实现了物体之间的通信和协作,物联网在此初见端倪。

物联网产业目前处于难得的发展机遇阶段的同时,正面临着来自行业、标准及产业链各环节合作等方面的挑战。表 3-10 列出了物联网产业发展面临的主要挑战与对策。

表 3-10　物联网产业发展面临的主要挑战与对策

主要挑战	具体描述	对　策
行业	• 行业碎片化 • 行业间壁垒 • 行业需求多样差异	• 行业需求归纳 • 提炼共性技术框架 • 选择和扩展应用子集
技术标准	• 技术领域涉及面广 • 标准混杂 • 标准项目进展缓慢	• 围绕共性技术框架,建立 • 统一的标准体系
产业合作	• 新运营模式未明确 • 集成商相对分散 • 产业联盟区域性	• 运营模式突破 • 全国性产业联盟
关键技术	• 传感器技术 • 传输技术 • 处理技术 • 服务提供技术	• 下一代关键技术突破 • 新系统集成技术

从物联网应用行业角度上看,目前物联网应用行业呈现碎片化的特征,应用行业覆盖面广,涉及行业多,难以形成规模化;各专业行业控制力较强,行业间壁垒显著;与此同时,各行业的需求呈现多样性,差异较大。

从物联网技术标准角度上看,目前物联网相关的标准较为杂乱,由于物联网覆盖从感知到处理、传输及服务提供等诸多技术领域,即使是同一技术领域,多个标准化组织也会制定各自的标准规范,这些标准所涉及的技术范围常常互有重叠,难以融合和统一。

从总体进度上看,目前国际国内物联网进展仍相对缓慢,技术标准的成熟仍需要较长的时间。

3. 物联网技术发展

目前,计算机和手持设备是 IT 的主体,而数量规模庞大的生活消费品,包括车辆、家电及其他生活实物用品将在未来从各个维度从后台支撑人类的 IT 需求。据预测在未来的 5～10 年内物联网产业在以下几方面将取得发展。

1) 技术发展

欧洲智能系统集成技术平台 (EPoSS) 在 *Internet of Things in* 2020 报告中分析,物联网的发展会经历四个阶段,如表 3-11 所示。2010 年之前 RFID 被广泛应用于物流、零售和制药领域,2010—2015 年物体互联,2015—2020 年物体进入半智能化,2020 年之后进入全智能化,并给出了各阶段技术愿景、产业化、标准化等发展策略。

表 3-11 物联网产业技术发展的四个阶段

	2010 年之前	2010—2015 年	2015—2020 年	2020 年后
技术愿景	单个物体间互联； 低功耗、低成本	物与物之间联网； 无所不在的标签和传感器网络	半智能化； 标签、物件可执行指令	全智能化
标准化	RFID 安全及隐私标准； 确定无线频带； 分布式控制处理协议	针对特定产业的标准； 交互式协议和交互频率； 电源和容错协议	网络交互标准； 智能器件间系统	智能响应行为标准； 健康安全
产业化应用	RFID 在物流、零售、医药产业应用； 建立不同系统间交互的框架(协议和频率)	增强互操作性； 分布式控制及分布式数据库； 特定融合网络； 恶劣环境下应用	分布式代码执行； 全球化应用； 自适应系统； 分布式存储、分布式处理	人、物、服务网络的融合； 产业整合； 异质系统间应用
所需配套的器件	更小、更廉价的标签； 传感器主动系统； 智能多波段射频天线； 高频标签； 小型化、嵌入式读取终端	提高信息容量、感知能力； 拓展标签、读取设备、高频传输速度； 片上集成射频； 与其他材料整合	超高速传输； 具有执行能力标签、智能标签、自主标签、协同标签； 新材料	更廉价材料； 新物理效应； 可生物降解器件； 纳米功率处理组件
能耗要求	低功耗芯片组； 降低能源消耗； 超薄电池； 电源优化系统(能源管理)	改善能量管理； 提高电池性能； 能量捕获(储能、光伏)； 印刷电池； 超低功耗芯片组	可再生能源； 多种能量来源； 能量捕获(生物、化学、电磁感应)； 恶劣环境下发电； 能量循环利用	能量捕获； 生物降解电池； 无线电力传输

目前我国在物联网技术发展方面基本与世界同步。从表 3-11 中可以看出，物联网的技术发展整体是沿着由局部物联到泛在物联，由半智能化到全智能化的路线进行的。其中标准化发展为产业技术发展速度及资源共享提供了保障；产业化应用为技术发展提供原动力。所需配套器件发展为产业技术发展奠定良好基础。能耗的降低为技术发展开拓了新的领域。

2) 设备规模发展

iDate(欧洲视听与电信研究院)估计，到 2035 年前后，我国的传感网终端将达到数千亿个；到 2050 年，传感器将在生活中无处不在。这就是物联网中智能设备的规模效应。

3) 产业规模发展

独立市场研究机构 Forester 预测，到 2020 年，物物互联业务与现有的人人互联业务之比将达到 30：1，下一个万亿级的通信业务将是物物互联。

总体来说，物联网的发展，也是以移动技术为代表的普适计算和泛在网络发展的结果，带动的不仅仅是技术进步，而且通过应用创新进一步带动经济社会形态、创新形态的变革，塑造了知识社会的流体特性，推动面向知识社会的下一代创新形态形成。其规模必然远远大于现有的互联网或者通信网。产业联盟是物联网产业链各环节横向合作的主要形式。

4. 中国物联网发展关键因素

物联网研究和开发是机遇，更是挑战。如果能够面对挑战，从深层次解决物联网中的关键理论问题和技术难点，并且能够将物联网研究和开发的成果应用于实践，则我们就可以在物联网研究和开发中获得发展的机遇。否则，物联网研究和开发只会浪费时间和资源，又一次错过在科学和技术领域发展的机遇。中国物联网产业突破发展的关键因素主要有以下六个方面。

1）标准化体系的建立

物联网在我国的发展还处于初级阶段，即使在全世界范围，都没有统一的标准体系出台，标准的缺失将大大制约技术的发展和产品的规模化应用。

2）自主知识产权的核心技术突破

作为国家战略新兴技术，不掌握关键的核心技术，就不能形成产业核心竞争力。因此，建立国家级和区域物联网研究中心，掌握具有自主知识产权的核心技术将成为物联网产业发展的重中之重。

3）积极的可行性政策出台

出台相关的可行性产业扶持政策是中国物联网产业谋求突破的关键因素之一。“政策先行”将是中国物联网产业规模化发展的重要保障。

4）各行业主管部门的积极协调与互动

物联网应用领域十分广泛，许多行业应用具有很大的交叉性，但这些行业分属于不同的政府职能部门，在产业化过程中必须加强各行业主管部门的协调与互动，才能有效地保障物联网产业顺利发展。

5）重点应用领域的重大专项实施

推动物联网产业快速发展还必须建立一批重点应用领域的重大专项，推动关键技术研发与应用示范，通过“局部试点，重点示范”的产业发展模式来带动整个产业的持续健康发展。

6）积极探索可持续发展商业模式

泛在—物联/传感网产业领域其产业生态环节与环境甚为复杂，其兼顾各方共赢合作利益探索成功的可持续发展商业模式尤为重要，其中包括政策驱动支持协同及有效的新技术驱动支持，充分发挥泛在—物联/传感网的超低功率、超低功耗、低成本、高度可靠性。

二、中国物联网产业竞争力分析

根据波特的菱形模型，决定一个国家的某种产业竞争力的四个因素为：①生产要素，包括人力资源、天然资源、知识资源、资本资源、基础设施；②需求条件，主要是指本国市场的需求；③相关产业和支持产业的表现，这些产业和相关上游产业是否有国际竞争力；④企业的战略、结构，竞争对手的表现，指国内支配企业创建、组织和管理的条件及国内竞争的本质。

同时波特认为，这四个要素具有双向作用，形成钻石体系，而在四个要素之外还存在两大变数，即政府与机遇。机遇是无法控制的，政府政策的影响是不可漠视的。以下将从这六个方面一一阐述中国物联网产业的发展。

1. 生产要素

影响我国物联网产业发展的主要生产要素“瓶颈”是人才和关键技术这样的知识资源。

1）人才方面

虽然我国物联网产业人才数量众多，且成本较低，但是高质量人才，特别是富有原创精神的领军人才、研发人才和生产人才的匮乏，已成为阻碍中国物联网发展的最大“瓶颈”。

2）关键技术方面

在IPV6、4G等物联网相关技术标准的制定上，我国只是追随者。在高频，尤其是超高频RFID技术上，我国也还没有取得自主知识产权优势。

3）传感网技术方面

我国起步不算晚，在《2006—2020年的中长期科技规划纲要》中，传感网技术已作为国家重大专项列入。

4）智能处理技术方面

我国较为落后，特别是在前沿技术开发和技术储备上，与美国、日本等发达国家相比，有10～20年的差距。在标准决定成败的物联网产业中，如果不能在关键技术方面掌握标准制定的话语权，将使我国处于长期的被动状态中。

5）天然资源与基础设施方面

根据物联网产业规模创造价值的特点可知，我国具有较大优势：一方面我国特有的人口优势，使得我国拥有世界上最大的互联网用户群和移动用户群，另一方面我国的电信基础设施建设较为完善，覆盖程度并不逊色于欧美发达国家，但是平均上网速度只有857 Kb/s，接入速度远远落后于美国、日本、韩国等互联网发达国家。

6）资本资源方面

中国国民财富总量已今非昔比，后金融危机时代，中国更是成为国际资本的避风港，加上创业板的开设，发展物联网产业的融资环境已经大为改善。

2. 需求条件

作为信息产业发展的第三次革命，物联网涉及的领域越来越广，其理念也日趋成熟，可寻址、可通信、可控制、泛在化与开放模式正逐渐成为物联网发展的演进目标。而对于“智慧城市”的建设而言，物联网将信息交换延伸到物与物的范畴，价值信息极大丰富和无处不在的智能处理将成为城市管理者解决问题的重要手段。

根据2010年中国物联网为1 933亿元时的产业规模分析，物联网产业市场前景将远远超过计算机、互联网、移动通信等市场，安防和电力两大行业居于中国物联网应用市场前两位，分别占43%和15%，它们合计占据了接近六成的市场份额。交通、医疗、物流市场规模也均超过了50亿元，所占比例分别为9.5%、5.0%、2.9%，如图3-8所示。

据预测，对于持续升温的物联网产业，到2015年，这一规模将达到7 500亿元，年复合增长率超过30%，发展前景将超过计算机、互联网、移动通信等传统IT领域。RFID产业市场规模超过100亿元，其中低频和高频RFID更加成熟。全国1 600多家企事业单位从事传感器的研制、生产和应用，年产量将达24亿只，市场规模超过900亿元，其中，微机电系统（MEMS）传感器市场规模超过150亿元。从二维码普及到“智慧城市”落地，作为被寄予厚望的新兴产业，物联网正四处开花，悄然影响着人们的生活。

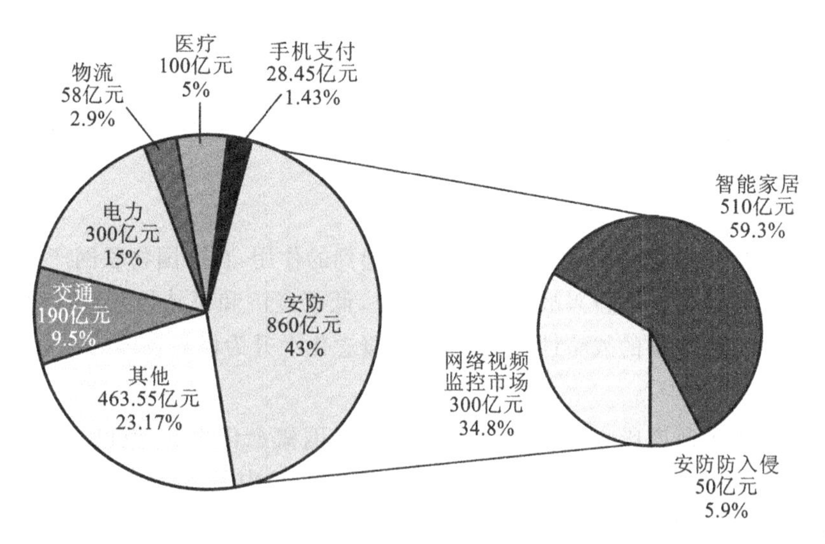

图 3-8　2010 年中国物联网主要行业应用市场规模及份额

3. 相关产业和支持产业的表现

物联网对相关产业的带动效应明显，通过市场调研，54％的受访者认为物联网带动相关产业的产值将在两倍以上。可以带动的上游产业包括芯片、电子元器件、软件、设备制造和材料加工等行业，可以推动的下游产业更是广泛地涉及金融、物流、房地产、交通、电力、工业制造等各行各业。

(1) 从下游产业看，都是发展需求旺盛的产业，因此可以给中国物联网产业带来巨大的应用市场，这一点非常符合应用带动发展的物联网产业特点。

(2) 上游产业方面，中国改革开放 30 多年以来，随着大批国际一流企业在华设立生产和研发中心，使得上游产业的支撑能力已经大大增强，完全能够胜任支撑中国物联网产业发展的重任。

4. 企业的战略、结构，竞争对手的表现

以垄断性平台企业为主导的中国物联网企业竞争格局，有利也有弊。其好处在于能在短时间内迅速形成行业标准，带动大批物联网应用和外围企业的发展。其坏处就是企业不能完全靠加强研发与制造的创新能力来赢得竞争的胜利。

(1) 不同的国家有着特色各异的“管理意识形态”，这些“管理意识形态”对形成一国的竞争优势具有帮助或阻碍作用。例如，在德国和日本企业中，工程师背景的人在最高管理层占据重要的支配地位，这是因为这些国家的企业注重加工制造过程和产品设计。而在中国企业中，营销背景和有权力关系网背景的人在最高管理层中占据重要的支配地位，这是因为我国企业注重市场开发和与政府的关系，也是正确而全面理解中国物联网企业竞争本质的一个不可缺少的方面。

(2) 一个行业中存在激烈的国内竞争与该行业保持竞争优势二者之间存在密切的联系。激烈的国内竞争引导企业努力寻求提高生产与经营效率的途径，反过来促使它们成为更好的国际竞争企业。国内竞争给企业带来创新、改进质量、降低成本、通过投资提升高级生产要素等一系列压力。这一切都有助于产生具有世界竞争力的企业。物联网产业的本质决定了物联网的企业竞争不是单个企业之间的竞争，而是供应链与供应链之间的竞争。

在中国，供应链竞争的特殊性在于，每条供应链中都存在一个具有垄断性的平台企业，平台企业为物联网业务开展提供平台，因此对其所在的物联网供应链技术标准的制定具有主导权，其他外围企业都围绕这个企业形成一个生态圈。

5. 机遇

物联网产业发展机遇，是指偶然性对产业发展起到的作用，在中国物联网产业中，这些机遇包括后金融危机时代国家发展新兴战略产业的需要，低碳经济和可持续发展理念的盛行，国家要求加快经济增长方式转型的战略性需求，物联网概念化上升为世界各国的国家战略，等等。

6. 政府影响

物联网产业发展的政府影响，是指中国政府在物联网概念化之前，就已经将传感网等物联网相关技术的研发列入国家中长期科技发展的重大科技专项中了，使得中国政府在出台发展物联网等战略性新兴产业的国家战略时，并不是缺乏准备和毫无基础的。此外，在物联网的战略性行业应用方面，中国政府也早已通过规划智能电网和智能交通的发展，做了相当长期的技术储备和战略实施准备，这使得中国政府可以率先通过这些领域对中国物联网产业的发展发挥主导性的带动作用。

从以上我国物联网发展政策和现实情况来看，我国物联网产业更多的是为我国发展创新经济、加快经济转型升级服务，尤其是在工业化与信息化的融合方面发挥着重大的支撑作用。从所深入领域程度来说智能工业是应用最全面、最宽广的，这也是由我国经济构成和我国工业现状所决定的。

三、物联网技术应用领域和前景

物联网技术的发展再次印证了“应用是发明创造的根本推动力”这个真理。

当前，物联网应用有着两种模式：一种是在已有应用中引入物联网技术，提高生产管理效率；另一种是建立物联网应用示范，推广一种新的应用。在第一种模式中，通过对比，人们可以发现物联网技术的优越性，主动淘汰陈旧过时的生产管理技术；在第二种模式中，人们通过亲身体验和感受，逐渐接受物联网所提供的新应用服务。

物联网的应用领域可以分为四个大类，分别是用于提高生产效率、保障社会安全、方便日常生活及服务公共事业。

1. 物联网提高生产效率

物联网服务生产企业，可以有效地提高企业的生产效率和管理水平。如在电力、农业和物流等对国民经济发展起基础和重要作用的行业，已有许多较为成熟的基于物联网技术的解决方案用于优化生产过程、提高企业的生产力和竞争力。

电力系统是一个复杂的网络系统，其安全可靠运行不仅可以保障电力系统的正常运营与供应，避免安全隐患所造成的重大损失，更是全社会经济稳定和发展的基础。按电力系统安全监控的要求，物联网可以全面应用于电力传输的整个系统，从电厂、大坝、变电站、高压输电线路直至用户终端，对电力系统运行状态的实时监控和自动故障处理，确定电网整体的健康水平，触发可能导致电网故障的早期预警，确定采取相应的措施，并在事后分析电网系统的故障。

粮足天下安，说明农业生产对一个国家的经济生活具有举足轻重的作用。一个国家的农业是基础产业，工业和服务业都由农业承载，如果不注重发展农业的话，工业和服务业就很难向前发展，即使能向前发展也是很艰难、不可能持久或者是非常危险的。农业物联网利用温度、湿度、光照、化学等多种传感器对农作物的生长过程进行全程监控和管理，并且实时调整生产过程中的有机化学合成的肥料、农药、生长调节剂等物质的使用量，促进农作物增长、增收。

在为客户提供最好服务的前提下，尽可能降低物流的总成本，现代物流行业的目标包括物流反应快速化、物流服务系列化、物流作业规范化、物流手段现代化、物流组织网络化及物流信息电子化等。物联网中的RFID技术已经在现代物流系统中得到了成功的应用，大大提高了物流企业的运营效率。

2. 物联网保障社会安全

经济高速发展的同时也会引发一定的社会问题，为整个社会的安全带来隐患。有效预防违法犯罪活动是制止违法犯罪的最好方式，也可以最大限度降低违法犯罪造成的损失。

社区、楼宇、家庭等场所是各种设施和安防系统密集分布的区域，小区、家庭、家电、停车场、仓库、周界等不同区域都需要进行监控，各种车辆、人员等多种信息也都存在感知的必要性，而现有分散建设的安防系统难以满足如此复杂的智能化要求。只有基于现有的安防系统基础，大力加强物联网平台建设，促进信息融合和智能化建设，降低建设和运行维护成本，提高安防和管理效率，才能真正实现有效的安防。

物联网安防系统具有不同于传统安防系统的功能及特点。物联网架构的安防系统，从终端产品到互联网安防平台及用户端报警软件的一体化开发应用，带来的是安防技术整体升级，正是因此，近年来它在奥运场馆、世博会园区的安全防范中发挥了重要作用。

3. 物联网方便日常生活

居住环境的便利性、舒适性甚至艺术性一直是人类生活追求的目标。智能家居是通过综合采用先进的物联网技术，建立一个由家庭安全防护系统、网络服务系统和家庭自动化系统组成的家庭综合服务与管理集成系统，从而实现一个舒适的居住环境。

与普通的家居相比，智能家居不仅具有传统的居住功能，提供舒适安全、高品位且宜人的生活空间，还由原来的被动静止结构转变为具有能动智慧的工具，帮助家庭与外部保持信息交流畅通，帮助人们有效安排时间。

智能家居的基本目标是将家庭中各种与信息相关的通信设备、家用电器和家庭保安装置，通过有线或无线的方式，连接到一个家庭智能化系统进行集中的或者异地的监视、控制和家庭事务性管理，保持这些家庭设施与住宅环境的和谐与协调。

智能家居在给人们带来方便、舒适生活的同时，也会使人们越来越适应这种智能化的居住环境。

4. 物联网服务公共事业

环境保护是政府所负责公共事业的一个重要组成部分，也是物联网技术应用较早的领域。物联网等环境信息化技术作为环境保护的新兴领域，代表着环境保护事业未来的发展方向，同时也是生态文明建设的重要举措。

在推进经济社会发展的过程中，充分考虑生态环境的承受力，统筹考虑当前发展和未来发展的需要，利用物联网等现代信息技术对污染严重的生态环境进行详查和动态监测，对森林资源、草地资源、生物多样性、水土流失、农业面源污染、工业及生活污染等及时做出监测和预警，是生态环境建设对环境信息技术研发与应用提出的要求。

在实际的日常环境监测、保护工作中，通过布设物联网使得环境信息化，能够建立起环境监测、污染源监控、生态保护和核安全与辐射环境安全等信息系统，有利于实时收集大量准确数据，进行定量和定性分析，为环境管理工作提供科学决策支持。

四、中国物联网产业发展趋势

随着发达国家和地区纷纷出台物联网相关政策，进行战略布局，伴随着技术的进步和相关配套的完善，在未来几年，技术与标准国产化、运营与管理体系化、产业“草根化”将成为我国物联网发展的三大趋势。

1. 物联网应用技术与标准国产化

物联网标准太多、太分散。仅交通方面专用的标准，美国交通运输部有自己的标准，欧盟有汽车通信联盟制定的通用车载通信标准。智能交通、智能电网、数字医疗、智能家居（中国就有E家家、闪联）相关的标准化组织就有好几个。物联网和当年的互联网不一样的是，当年互联网技术美国已经有很成熟的技术和标准了，不再需要中国政府去制定，而现在物联网全球还没有成熟的技术和标准，中国方面需要政府去推动。

尽管近年来我国物联网产业发展迅猛，但核心技术和标准都未能实现自主，芯片和高端传感器几乎全部依赖进口。在政策的大力推动下，国产化将成为我国物联网产业未来几年最重要的发展趋势。

2. 物联网产业发展商业模式逐步形成，运营与管理体系化

一个商业模式记述了一个商业本身用来更好地理解或用来开发一个新的或设计一个新的模型。跟其他模式一样，一个成熟的商业模式有它的投入、产出和它的组件，它们以某种方式组合提供产出。物联网产业发展的商业模式更是如此，原有的商业模式需要更新升级来适应规模化、快速化、跨领域化的应用。而更关键的是要真正建立一个多方共赢的商业模式，这才是推动物联网长远有效发展的核心动力。

物联网技术进一步发展，将扩大传统互联网与移动互联网的外延，并对数据处理能力产生更高要求。一个技术成熟、服务完善、产品类型众多、应用界面友好的应用，将是由设备提供商、技术方案商、运营商、服务商协同合作的结果。随着产业的成熟，支持不同设备接口、不同互联协议，可集成多种服务的共性技术平台将是物联网产业发展成熟的结果。物联网行业特性对传统运营和管理方式都提出了挑战，加强运营与管理的系统性将成为我国物联网发展的重要趋势。

第一，运营体系系统性将进一步增强。物联网天生就不是孤立的技术。从信息采集、传输、处理到反馈的过程构成一个闭合的回路，其中将会涉及RFID、传感器等构成的物联网络，WIFI、3G、互联网等构成的信息传输体系，云计算、大数据等信息处理技术，以及执行反馈信息的终端等多个环节。

第二，物联网发展将倒逼管理方式系统性提升。物联网发展同样对传统的管理方式提出了

挑战。以食品溯源为例，粮食从农田到消费者手中，经过种植、存储、加工、运输、销售等多个环节，这些环节归不同部门监管。即使最终食物上面有二维码或者 RFID 芯片，但每个环节数据录入的真实性如何保证，则对现有的监管体系提出了挑战。再比如现在很多车主都购买了导航，这些导航如果真正做到信息共享，将极大地便利车流量监控，产生很大的社会效益和经济效益。而这首先需要各政府部门充分协调，才能建立统一的行业标准。

诸如食品安全、药品安全等涉及国计民生的大型物联网建设，必须先将各行政部门的职能理顺，明确分工，建立统一的行业标准，提升管理方式的系统性。

3. 物联网应用产业“草根化”

物联网产业的兴起，打破了几年前认为物联网空穴来风的谣言，但一个产业的形成和盈利必须投入时间成本，现阶段可以利用现有的信息技术来实现许多不同类型的物联网应用。如从公共管理和服务市场开始到企业行业应用，再到个人家庭，可能成为我国物联网产业发展演进的趋势。物联网走进生活、惠及民生将成为物联网重要的发展趋势。

在政府和产业界的大力推动下，物联网惠及民生已经初现端倪。

2012 年天津在全市选取了 3 000 部在用的乘客电梯免费安装电梯故障远程自动报警系统。该系统运用物联网技术进行远程监控，一旦发生电梯困人等故障则立即自动报警。该系统自带后备电源，即使电梯突然停电，报警系统也能正常工作。未来天津将进一步推广电梯自动报警系统，使物联网真正“看得见，摸得着”，真正惠及民生。

本章小结

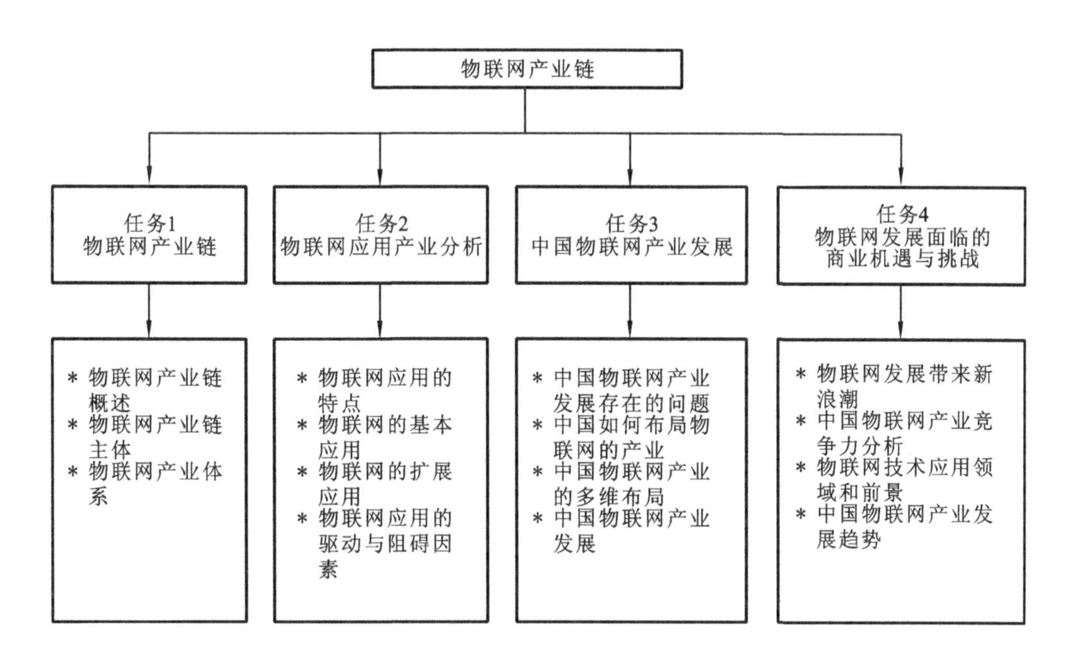

复习思考题

1. 简述产业链的定义、内涵。
2. 物联网产业发展的主要任务是什么？

3. 试述物联网产业发展过程中存在的问题。
4. 试述物联网产业体系及发展模式。
5. 试述如何布局物联网产业。
6. 简述中国物联网产业未来的发展路径。
7. 如何应用波特的菱形模型分析中国物联网产业竞争力？
8. 简述中国物联网产业发展趋势。

第4章

物联网在供应链管理中的应用

WULIANWANG
JISHU YINGYONG
SHIWU

知识目标

1. 了解供应链定义及供应链管理流程相关理论。
2. 理解供应链管理面临的挑战及其发展趋势。
3. 了解物联网对供应链管理环节的影响及应用。
4. 了解集群内供应链管理相关理论。
5. 掌握物联网对集群内供应链管理运作的影响。
6. 掌握基于物联网的集群内供应链管理系统及应用。
7. 了解当前制造企业供应链管理现状。
8. 掌握物联网对制造企业供应链管理的作用、技术架构。
9. 掌握物联网在制造企业供应链管理中的应用。

能力目标

1. 能够将物联网技术在供应链各个环节中切实应用，发现实际问题，并改进技术，努力探索新的供应链管理运营新模式。

2. 能够分析集群内供应链信息、货物运输和交接、产品销售配送、产品包装、产品售后服务、产品循环回收等方面的影响，应用物联网技术提高集群内供应链管理的可视性。

3. 能够抓住物联网技术在制造企业供应链管理中的发展趋势，合理解决物联网在制造企业全球供应链管理中的透明化问题。

基于物联网的智慧供应链管理应用

——医药物联网智能医药供应链平台

国药控股有限公司是由中央直属的我国最大的医药企业集团——中国医药集团总公司与上海复星高科技(集团)有限公司共同出资组建的跨所有制、跨地域的大型医药集团性企业。国药控股广州有限公司是由有着50多年经营历史的中国医药(集团)广州公司在2003年10月按现代企业制度进行改制设立的。国药控股广州有限公司物流中心坐落在广州高塘工业园，占地总面积3.5万平方米，概貌如图4-1所示。

国药控股广州有限公司物流中心是广东省内唯一获得广东省第三方药品现代物流资质的企业，目前正朝着转型重组一体化的道路发展。国药控股广州有限公司物流中心采用美国曼哈顿联合软件公司的仓库管理系统，配合自动化立体库、高层货架、堆垛机、自动分拣系统、RF无线射频、电子标签等先进物流设备，为最大限度地满足客户需求提供了技术保障；运用WMS系统，通过物流平台与货主ERP(企业资源计划)对接，实现客户管理信息化，以更合理、更符合实际的流程来满足物流运作的需求；配备了全方位库区温湿度自动化监控、封闭式红外线安防系统、64路视频监控系统、门禁密码与110报警等安全设备，确保中心全方位的安全管理；其日吞

图 4-1　国药控股广州有限公司物流中心鸟瞰图

吐量达到 4 万箱，储存容量 30 万箱。

1. 智能医药供应链平台功能系统

国药控股的智慧供应链是通过对现有物流资源进行整合，利用现代信息技术，打造“可视(互联)、可控(风险)、可追踪(风险)”的智慧供应链物流体系，智能医药供应链平台结构图如图 4-2 所示。

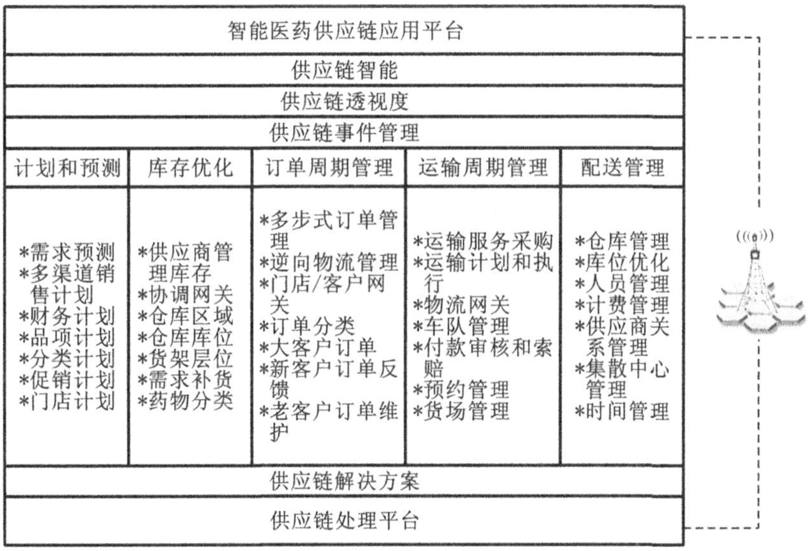

智能医药供应链应用平台				
供应链智能				
供应链透视度				
供应链事件管理				
计划和预测	库存优化	订单周期管理	运输周期管理	配送管理
*需求预测 *多渠道销售计划 *财务计划 *品项计划 *分类计划 *促销计划 *门店计划	*供应商管理库存 *协调网关 *仓库区域 *仓库库位 *货架层位 *需求补货 *药物分类	*多步式订单管理 *逆向物流管理 *门店/客户网关 *订单分类 *大客户订单 *新客户订单反馈 *老客户订单维护	*运输服务采购 *运输计划和执行 *物流网关 *车队管理 *付款审核和索赔 *预约管理 *货场管理	*仓库管理 *库位优化 *人员管理 *计费管理 *供应商关系管理 *集散中心管理 *时间管理
供应链解决方案				
供应链处理平台				

图 4-2　智能医药供应链平台结构图

先进设施设备的引进和使用，提高了企业的运行效率，增加了出入库的准确率和规范性，使出入库的操作一站式完成，客户只要下了订单，系统就会将出库单、拣选路线、配送路线一并设计好。企业运营管理对先进信息系统和设施设备具有高度依赖性。

(1) 全局库存可视化。系统收集仓库管理系统中各仓库的库存水平以及在途库存。通过系统的 GIV(在线翻译)功能，各级用户可查看货品主文档信息，实现全公司库存透视度。国药物流调度系统手持终端图如图 4-3 所示。

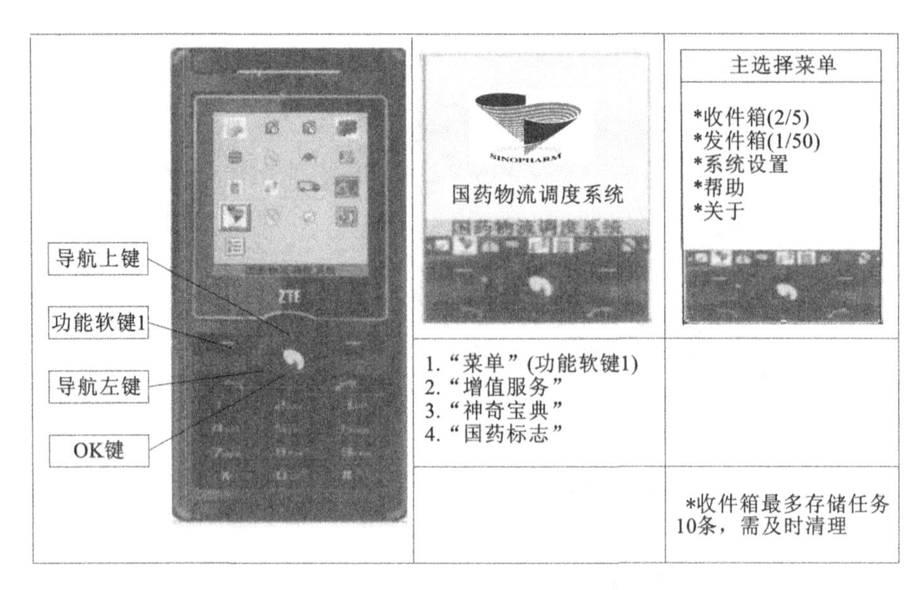

图 4-3 国药物流调度系统手持终端图

(2) 物流协同，订单优化。采用最佳配送中心执行订单的算法，安排订单。触发接口更新ERP系统和WMS系统。EEM(嵌入式事件管理器)系统内生成报告，将货物与从其他配送中心出货到同一客户的货物合并。

(3) 优化品种库存。根据历史销售、服务水平、销售预测、回顾期、前置期、采购周期等，计算各公司各品种规格的最佳库存量。

(4) 订货时间优化。系统每天计算对比各个SKU(单品项管理)策略库存匹配度。设置公司特定最小值和最大值，当触及最小值和最大值时，提示订货或组织促销。

(5) 库存分配优化。系统根据客户历史销售数据，计算各SKU在各个配送中心最佳库存量，生成相关报告，建议转移量或触发ASN(一种ISO/ITU-T标准)自动创建。

(6) 配送全程条形码跟踪。通过3G手持设备对商品进行交接扫描(条码、RFID)，提高物联网数据采集的通用性和兼容性，降低社会物流成本。

(7) 特殊药品监管跟踪。通过对特殊药品应用RFID标签对药品进行出入库、上下车扫描，实现各物流运作环节全程实时监控，保证药品安全。

(8) GPS车辆/车厢温度监控系统。利用实时的车辆温湿度监控系统，实现药品配送的质量全程可控，并作为下游客户商品到货质量保证的依据。

2. 智能医药供应链平台应用

智能医药供应链平台可以对从生产厂家到物流配送中心再到医院药库药房，直至最终到患者的整个物流流程进行可视化管理，统一调配资源，运用专业的第三方医药物流平台(智慧供应链服务平台)，使物流、商流分离。国药控股广州有限公司针对下游医院客户的供应链协同服务平台涵盖了包括医院采购、院内物流、移动药师等多个管理功能模块，打造了面向上游客户即医药生产厂家的渠道信息透明化系统。

(1) 采购协同管理平台是建立在供应链初期功能基础上，专门为医院药剂科采购管理使用的。通过采购协同管理平台，把医院的信息系统和医药流通企业的ERP连接起来。

(2) 通过实施协同采购管理平台，医院药剂科的采购人员可以直接把信息系统中的药品需求转化成采购订单，通过平台发布给相关的商业公司，商业公司根据订单组织货源，统一配送到医院指定的药库和药房。

(3) 院内物流管理系统是针对医院的药库药房管理开发的一套医院内部物流管理系统。通过运用条码技术、无线设备和PDA(掌上电脑)，药库药房的出库、入库、移库和盘点都准确高效，避免了大多数人为的差错。系统运用了现代仓储管理方法、使用条码和无线扫描技术对医院内部药品进行科学管理。药库扫描收货后，通过PDA推荐提示货架位置，扫描货架条码和药品条码，完成上架操作。药品在出库时，操作人员根据PDA提示，显示货架位置，扫描货架条码和药品条码，完成下架操作，再根据出库单信息，完成出库操作。

医院药库管理员使用无线AP(无线访问接入点)扫描设备，逐一扫描收货。在扫描收货的同时，完成了收货确认和电子发票的导入，同时订单信息、药品信息和物流配送信息在医院和商业公司之间交互，确保信息准备，提高了验收效率。

(4) 院内物流管理系统贯穿了从药品采购入库到多级药库的分发，以及药房病区或者护士站的药品分发，直至到病人取药的全过程。通过这个系统，医药生产厂家可以了解国控物流配送网络的药品周转和消耗情况，合理安排生产计划，避免药品积压或者缺货风险。国药也可以通过渠道透明化系统把药品需求信息传递给药品生产厂家，指挥厂家按照要求，在各地物流中心合理进行药品配送和存储，减少物流操作压力。

(5) 移动药师系统通过搭建病区无线网络，借助无线PDA和移动药师系统，实时掌握病人用药状况，对各种状况进行及时处理。用药数据信息处理反馈至药库，药库根据分析和处理，更加准确地预测用药需求，制订采购计划，合理备用，减少库存挤压，避免缺货，降低采购管理成本，使药品采购管理水平大大提高。

国药控股有限公司覆盖全国的现代物流体系，国药控股广州有限公司物流中心拥有以GSP和ISO 9000为基础的质量管理体系、丰富的行业经验、先进的物流设施及高素质、高绩效的物流团队，是华南地区优秀的第三方医药物流服务企业，为实施智慧供应链管理奠定了基础。

供应链改变在中国的一个关键要素就是要挖掘第四利润源，即建立高效协同的物流供应链管理。与此同时供应链管理正成为许多企业或组织运用的战略方法，它使供应链上的企业获得并保持稳定持久的竞争优势，以提高供应链的整体竞争力，也为企业带来了巨大的竞争优势和市场机遇。

任务1 物联网在供应链管理环节中的应用

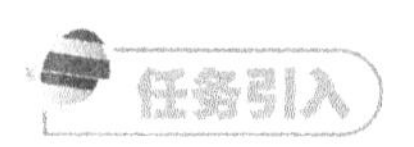

传统的物流与供应链管理模式主要依赖于人工管理，透明度差，物流与供应链管理人员对整个仓库存储情况不甚了解，同时缺乏实时的跟踪管理。虽然随着计算机的应用普及，目前大多数企业的物流与供应链管理数据资料已开始采用计算机数据系统管理，但数据还是采用先纸张记录、再手工输入计算机的方式进行采集和统计整理。这不仅造成大量的人力资源浪费，而且由于人为的因素，数据录入速度慢、准确率低。

物流与供应链管理在企业的整个管理流程中起着非常重要的作用，如果不能保证及时准确地进行入库、出库、物流和库存控制等供应链管理，将会给企业带来巨大损失，这不仅表现为各项管理费用的增加，而且会导致客户服务质量难以得到保证，最终影响企业的市场竞争力。

随着企业规模的不断发展，物流与供应链管理的物品种类在不断增加、出入库频率剧增，物流管理、仓库管理作业也已十分复杂和多样化，传统的人工仓库作业模式和数据采集方式已难以满足仓库管理的快速、准确要求，严重影响了企业的运行工作效率。因此急需建设智能化仓库管理系统来提高物流与供应链管理，提高仓库空间的利用率，加快仓储作业的执行效率，合理地分配劳动力，提高生产效率，从而达到人力资源、设备利用、物流与供应链管理的有效优化，提高企业的核心竞争力。

任务 1：如何实现在物流与供应链管理过程中入库、出库、盘点、运输、移库等关键作业环节中信息的快速、自动、有效、批量的采集？如何实现在物流与供应链管理中信息采集的自动化管理，提升物流与供应链管理水平和效率？

任务 2：RFID 物流与供应链管理系统的设计思想是什么？

一、当前供应链管理现状

1. 供应链结构

供应链是围绕核心企业，通过对信息流、物流、资金流的控制，从采购原材料开始，制成中间产品及最终产品，最后由销售网络把产品送到消费者手中，将供应商、制造商、分销商、零售商，直到最终用户连成一个整体的功能网链结构模式。我国国家标准《物流术语》对供应链的定义是：生产和流通过程中，涉及将产品或服务提供给最终用户的活动的上游与下游企业所形成的网链结构。供应链实际上也是一种业务流程模型，它是指由原材料和零部件供应商、产品的制造商、分销商和零售商到最终用户的价值链组成，完成由顾客需求开始到提供给顾客以所需要的产品与服务的整个过程，如图 4-4 所示。

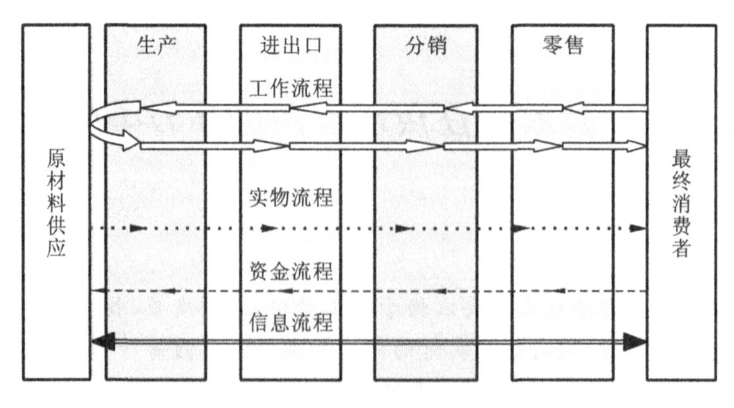

图 4-4　供应链过程结构图

随着经济全球化趋势的愈演愈烈，在世界范围内，企业间的竞争日趋激烈化。供应链管理理论的应用也越来越广泛，一些技术上的瓶颈，比如“牛鞭效应”影响却很难去除，这也为供应链管理战略的具体实施提出了更多更实际的要求。

2. 供应链管理流程

20世纪80年代初，基于敏捷生产的虚拟企业概念实现了现代扩展供应链的管理模式SCM(即供应链管理)，指的是对企业从生产到销售的一系列环节的有效管理，是全程性的管理。鉴于“纵向一体化”管理模式的种种弊端，从20世纪80年代后期开始，企业将目光转向外部可利用资源，于是“横向一体化”的思维模式出现了。其核心是充分利用企业外部的资源快速响应市场需求，企业本身仅抓住最核心最擅长的东西。这时供应链的功能就是整合利用外部资源，使节点企业优势互补，共同增强竞争实力，实现对客户的有效反应和快速响应，敏捷生产的管理理论就此应运而生。核心企业通过网络从内外两个信息源中收集和传播信息，捕捉最能创造价值的经营方式、技术和方法，充分利用企业外部的资源快速响应市场需求，企业本身仅抓住产品研发和设计最核心、最擅长的东西。核心企业供应链管理过程结构图如图4-5所示。

图4-5　核心企业供应链管理过程结构图

从图4-5中可以看出，供应链由所有加盟的节点企业组成，其中一般有一个核心企业(可以是产品制造企业，也可以是大型零售企业，如美国的沃尔玛)，节点企业在需求信息的驱动下，通过供应链的职能分工与合作(生产、分销、零售等)，以资金流、物流和服务流为媒介实现整个供应链的不断增值。

3. 供应链管理现状

作为一种全新的管理模式，从当前我国的企业供应链管理现状来看，就存在着诸多问题。

(1) 供应链的掣肘:“牛鞭效应”的影响。传统库存管理模式主要是以单一企业为对象的库存管理，是各节点企业独立管理库存，从各自自身利益最大化的角度通过确定订货点及订货量以寻求降低库存、减少缺货、降低需求不确定的风险的库存管理模式。这种模式使供应链上的各企业之间缺乏信息沟通，企业间合作的程度很低。所以产生了供应链上的一种需求变异逐级放大的效应，通常称之为牛鞭效应。其表现形式如图 4-6 所示。

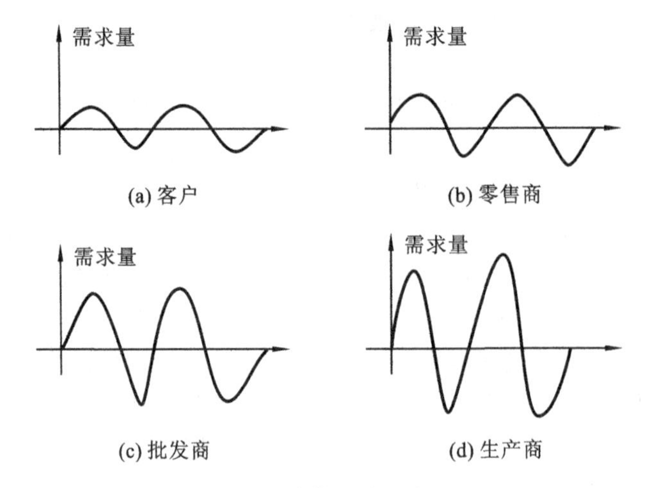

图 4-6　牛鞭效应示意图

(2)“牛鞭效应”的应对措施。对牛鞭效应产生的原因进行分析，供应链上下游只有通过创新的技术手段来对其加以改善和控制。它造成各个环节企业对需求预测修正缺乏可靠数据来源、订货批量决策不能做到最优、各企业之间的盲目扩大配给博弈对价格波动反应不当。所以，针对牛鞭效应的主要诱因，物联网技术利用 EPC/RFID 技术系统大大提高产品在供应链各个阶段的信息透明度能很好地解决这一问题。

4. 供应链管理面临的挑战及其发展趋势

世界经济发展的规律表明，危机的到来往往引发巨大的技术变革。2008 年爆发的全球性金融危机，直接或间接地推动了以物联网为核心的第三次信息技术革命。在未来，物联网技术将广泛应用于物流、零售领域。以射频识别技术、产品电子代码为核心的物联网技术将使产品的生产、仓储、采购、运输、销售及消费的全过程发生根本性的变化。物联网技术在物流和供应链领域的应用，将引发一场轰轰烈烈的供应链管理革命，并带来更好的用户体验和产生价值的新途径。

基于 RFID 的物流与供应链管理系统是在现有物流与供应链管理中引入 RFID 技术，对仓库到货物资物流、配送、入库、出库、移库、库存盘点等各个作业环节的数据进行自动化的数据采集，保证物流与供应链管理各个环节数据输入的速度和准确性，确保企业及时、准确地掌握库存和在途的真实数据，合理保持和控制库存。利用系统的库位管理功能，更可以及时掌握所有库存物品当前所在位置，有利于提高仓库管理的工作效率。

通过在物资上贴上 RFID 电子标签，系统可以实现对物资快速、批量地识别，并准确地随时获得产品的相关信息，例如物资种类、供货商、供货时间、有效期、库存量等。RFID 物流与供应链管理系统可以实现物资从入库、出库、盘点、移库等所有环节进行实时监控，不仅能极大地提高自动化程度，而且可以大幅降低差错率，从而显著提高物流与供应链管理的透明度和管理效率；RFID 在物流与供应链管理的应用有助于企业降低成本，取得竞争优势，信息畅通有利于控制和降低库存，并减少成本（包括人力成本），使企业在对仓储物资的管理上更加高效、准确、科学。

在当前环境下，生产企业的供应链管理主要面临着供应链有效可视性、市场结构全球化、不可控风险管理、用户需求反应速度、供应链成本控制等五个方面的挑战。

物联网技术的出现和应用，根本性地改变了供应链流程和管理手段，成为优化供应链管理的有效工具，为供应链管理发展带来了新的机遇，智慧供应链应运而生。融先进、互联和智能三大特点于一体的“智慧供应链”将成为一个新的发展趋势。

1）先进

先前由人工填写的信息将逐步由机器生成——信息来自传感器、RFID 标签、仪表、执行器、GPS 等自动化设备，库存可以自动盘点，集装箱可以自行检测其内部的货物……

2）互联

整个供应链将连为一体——不仅包括普通的客户、供应商和 IT 系统，还包括各个部件、产品和其他用于监控供应链的智能工具。这样紧密相连就能使全球供应链网络协同规划和决策。

3）智能

供应链决策也将变得更加智能化。先进的分析和建模技术可以帮助决策者更好地分析极其复杂多变的风险和制约因素，以评估各种备选方案。更加智能化的系统甚至还可以自动制订决策。

二、物联网对供应链管理环节的影响

众所周知，供应链管理必须依靠先进计算机信息系统和完善的物流配送中心两大载体才能有效实施，这样，每次信息化产品浪潮的出现都可能为供应链管理的发展带来新的发展契机，所以客观上讲，物联网的出现势必对供应链管理产生极大的影响，甚至可以为供应链管理中所存在的一系列问题提供有效的解决方案。具体表现在对供应链管理各个环节上，具体如图 4-7 所示。

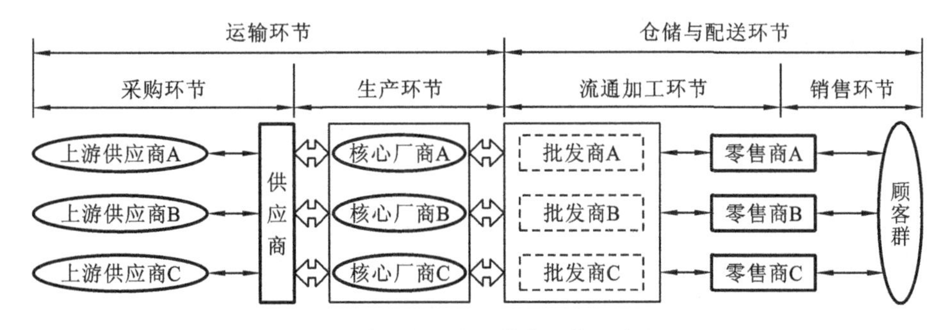

图 4-7　基于核心企业供应链管理流程图

1. 供应链管理中的采购环节

在供应链管理中的采购环节，客户需求的多样化及市场变化不确定性的增强，企业之间的竞争已经逐步转变为以核心企业为主的供应链之间的竞争。供应链之间的竞争又主要表现在两方面：①企业内部供应链各部门之间的管理和协同；②企业与供应商之间双赢的伙伴关系的建立。内部部门之间的管理和协同体现在这些方面：在市场变化的情况下，企业的采购模式如何变化；销售计划和订单需求变化的情况下，各个部门如何快速根据要求调整自己的生产计划、物料计划、库存计划等，且快速生产出高质量的产品并送到客户手中。

2. 供应链管理中的运输环节

在供应链管理的运输环节，通过物联网的应用，可以对在途货车和货物加贴 EPC 标签，在运输线路的检查点加装射频识别转发装置，从而让企业同其供应商、经销商、客户都能够通过互联网实时了解到货物所在的位置、状态和预计到达时间，同时为更好地合理调度在途运输车辆提供了可能，最大限度地提供了运输车辆的利用率。

3. 供应链管理中的生产环节

在供应链管理生产环节，运用 RFID 技术、EPC 技术可以完成自动化生产线运作，实现在整个生产线上对原材料、零部件、半成品和产成品的识别与跟踪，减少人工识别成本和降低出错率，提高效率和效益。同时，基于 EPC/RFID 技术的物联网技术还可以帮助企业的生产管理人员合理安排生产进度，通过识别电子标签来快速从品类繁多的库存中准确地找出所需的原材料和零部件，即时跟进生产环节，并根据生产进度发出补货信息实现流水线均衡、稳步生产，同时也加强了对产品质量的控制与追踪。

4. 供应链管理中的流通加工环节

流通加工是为了提高物流速度和物品的利用率，在物品进入流通领域后，按客户的要求进行的加工活动，即在物品从生产者向消费者流动的过程中，为了促进销售、维护商品质量和提高物流效率，对物品进行一定程度的加工。流通加工过程中假冒伪劣屡禁不止，流通环节缺乏行业规范，物流环节的监控和管理薄弱。

引入物联网技术通过各类传感装置、射频识别技术(RFID)、EC 编码、红外感应器、全球定位系统、激光扫描器等信息传感设备，按约定的协议，根据需要实现物品互联互通的网络连接，进行信息交换和通信，满足商品流通加工过程安全监控的快速感知、可视化的需要。

5. 供应链管理中的仓储与配送环节

在供应链管理的仓储与配送环节，仓储管理通过运用物联网的 RFID 技术与 MES 系统、WES 系统相结合，能够实时、准确地获得库存信息，帮助制造企业实现对各种资源的实时跟踪，及时完成生产用料的补给和生产节拍的调整，提高资源的追踪、定位和管理水平。工作人员在生产仓储中的托盘上放置 RFID 电子标签，用于存储货物的详细信息，电子标签的信息可以通过读写器进行更新。企业 MES 系统和 WES 系统可以通过无线方式收集电子标签上的信息，进行实时处理。

在配送环节采用 EPC 技术能大大加快配送的速度，提高拣选与分发过程的效率与准确率，并能减少人工数量、降低配送成本。通过 EPC 技术，可以对货物的真假进行自动识别，实现配送环节的自动通关，同时可以提高配送环节的安全性和可视性，方便企业查看货物的配送过程。同时，物联网的应用，提高了货物配送的安全性和可靠性，对货物在配送环节中的分拣、包装、运输和堆码等作业提供了强大的技术支持，提高了这些作业的准确性和效率，降低了配送成本。

6. 供应链管理中的销售环节

在供应链管理中的销售环节，物联网可以改进零售商的库存管理，实现适时补货，提高效率，减少出错。当贴有 EPC 标签的商品摆放在货架上，顾客取走货物时，自动识别系统就可以自动地向系统报告。同时自动识别系统还可以根据货架上商品的数量即时告知补货，在结算平台，也可以利用 RFID 技术进行自动识别，节约了人工成本，提高了结算的速度，同时提高了顾客的满意度，而且通过信用卡系统记录货物的流向，便于企业统计产品的销售细节。

另外EPC标签包含了极其丰富的产品信息，例如生产日期、保质期、储存方法等，可以最大限度地减少商品耗损。

三、供应链管理可视化的目标和方向

1. 供应链管理可视化的目标

供应链管理的目标是使供应链整体价值最大化，核心就是系统成本的最小化。物联网的出现及发展在很大程度上影响着供应链管理的两个目标，即过程可视化和决策支持。构建可视化供应链的管理目标是提升服务质量，拓展功能，实现与各种设备和异种信息系统的整合。可视化能暴露供应链各个环节层次决策支持管理系统的相关流程执行效果，并将结果以数据的形式保留在信息化系统中，通过设定不同的决策支持权限，有目的，分角度的提取、统计、分析，为企业提供供应链管理决策支持系统，如图4-8所示。

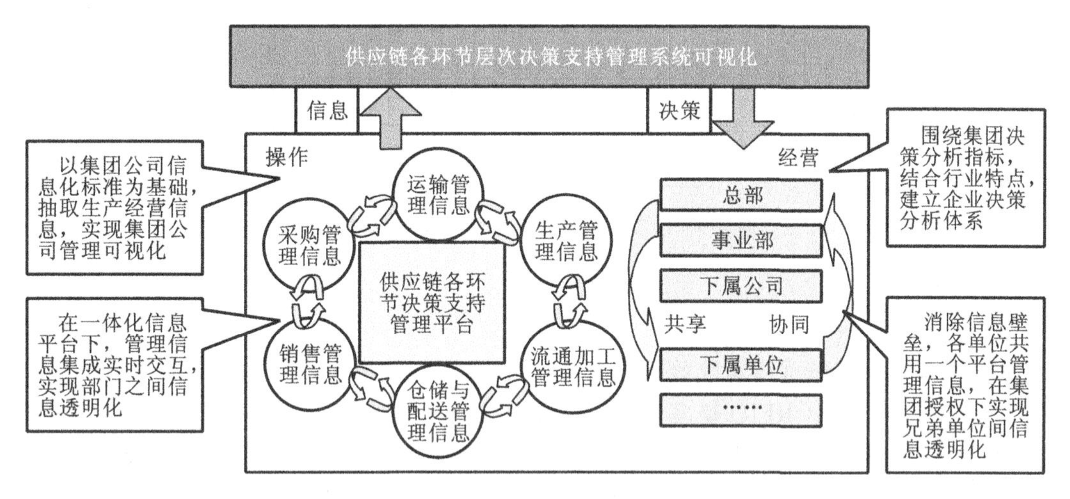

图4-8 供应链管理决策支持系统可视化目标

企业要想在未来的市场竞争中占有先机，必须十分重视发展物联网技术，利用现有的技术条件逐步实现物联网支持下的供应链系统，它对供应链中产品的流通进行合理优化，对资源进行合理配置，对流通过程进行实时监控，提高了供应链的运行效率和透明度。

2. 供应链管理执行过程可视化方向

供应链管理信息系统是供应链管理的强有力的工具。充分利用供应链管理信息系统是降低成本、产生价值的重要手段。企业首先需要建立一个可视化管理平台，将过去的各类数据汇集到这个平台上来，接着对这些信息进行汇总后实现数据共享，供应链管理执行过程可视化流程图如图4-9所示。

物流供应链系统要实现第四利润源，需要整合供应链上下游成员的关联；从供应链的整体出发，在物联网技术应用的基础上，通过供应链各节点企业建立良好的战略合作伙伴关系，实现信息共享，以获得与整个供应链中的库存水平、订单、生产和交货情况相关的准确信息；通过供应链信息化系统的整合，能够快速执行供应链管理策略，以及随时监控执行状况，使得生产按顾客的实际需求进行，从而减少供应链中需求的变动性，才能有助于供应方做出更准确的预测，提供更好的服务，牛鞭效应才能得到有效控制。

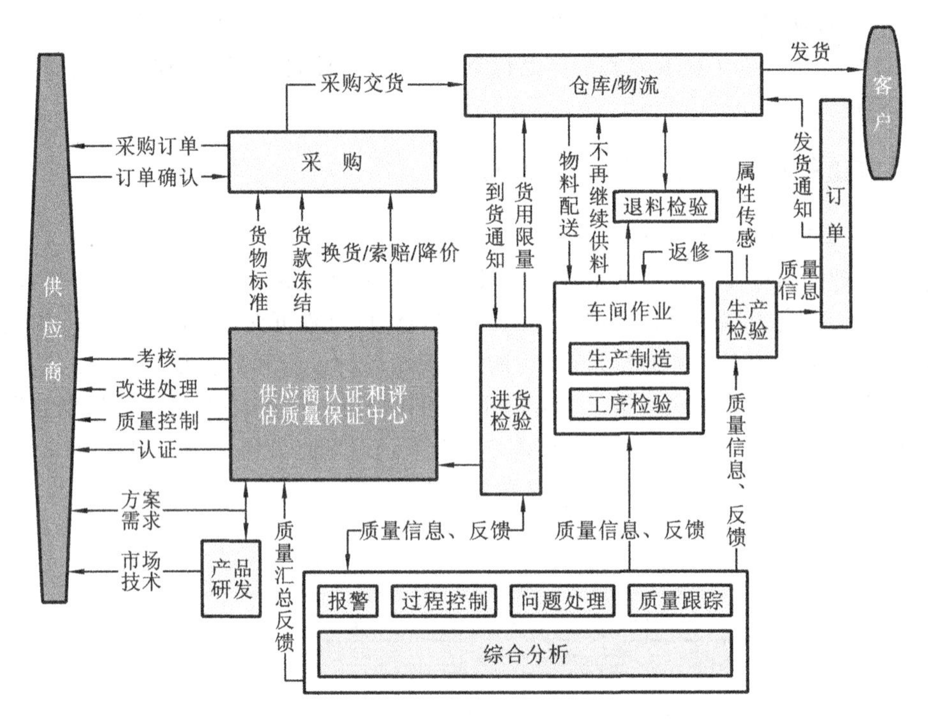

图 4-9　供应链管理执行过程可视化流程图

RFID 物流与供应链管理系统的设计思想：通过 RFID 电子标签作为物流与供应链管理过程中物品的信息载体，以 RFID 读写器及手持设备作为信息采集设备，实现在物流与供应链管理过程中入库、出库、盘点、移库等关键作业环节中信息的快速、自动、有效、批量采集，实现在物流与供应链管理中信息采集的自动化管理，提升物流与供应链管理水平和效率。

从系统逻辑架构中体现 RFID 识别系统各组成部分的逻辑关系及与用户现有业务系统的逻辑关系。上层应用的各个应用模块管理中心业务、仓储终端业务、手持终端业务与中间件进行数据交换；中间件根据应用模块子模块的指令，通过数据传输层操纵硬件设备（包括固定式读写器、手持式数据采集器、RFID 发卡器），并获取硬件设备返回的数据；硬件设备则根据中间件的指令读取或打印电子标签，并且中间件还负责应用程序和数据库之间的数据交换。

系统在整体设计的时候预留了标准的数据接口，以方便和用户现有的业务系统（ERP 系统）之间的数据交换。

四、物联网背景下供应链管理发展新趋势

1. 物联网背景下供应链管理将会有更为快捷的反应速度

随着社会经济的发展和市场竞争的日趋激烈，企业能否为客户提供更加快捷、更加及时的服务，相对于日益增长的客户个性化需求而言，直接关系着企业整体竞争力的强弱，通过物流网在供应链管理中的应用，我们认为，利用物联网的各种优势性因素，供应链管理的可视性将进一

步提高，供应链管理中的资源配置将进一步优化，整个系统管理的信息将更加趋向透明化，在这种形势下，企业不仅能够有效降低运营成本，同时能够让供应链管理以更快捷、更及时的反应速度响应客户的需要，达到高效服务客户的目的。

2. 物联网背景下供应链管理的监控水平将整体得到提升

众所周知，供应链管理涉及多个环节，供应链系统是由多种成员所组成的一个整体体系，供应链内部成员的数量和类型不同可能导致供应链管理出现各种各样的不同程度的复杂问题，所以如何协调供应链管理内部成员之间的关系从而进一步降低供应链管理的复杂性，这是企业所面临的重要问题。通过借助物联网，企业能够有效实现供应链管理内部各成员间信息共享、能够更好地让供应链内部成员之间实现作业计划的协调化发展，同时还能够有效、及时地评估企业合作伙伴，从而让供应链实现集成化管理，让针对供应链内部成员及其合作伙伴的监控水平得到进一步提升。

3. 物联网背景下供应链管理将进一步实现智能化

由于物联网具有信息识别功能和定位跟踪功能，把它这种功能运用到集群内供应链管理之后，供应链企业利用物联网，提高供应链管理的透明度，使供应链上的参与方都能够获知链上产品的相关信息，通过设备“看到”产品经历的流程等，能够以更小的成本更好地满足客户的需求，从而提高供应链整体竞争能力。

4. 物联网背景下供应链管理将进一步从服务上满足客户需求

许多公司在完善供应链管理的过程中，把精力集中到了加强资本投入及采购、物流和生产等上游流程上，却忽视了客户满意度、需求模式的变化等下游流程。而对客户需求模式的变化，企业可以充分利用物联网，在保证采购、物流和生产等上游流程稳定的基础上，通过有效监控商品流动情况，及时读取客户需求的变化，实施基于产品的增值服务，切实提高客户对企业产品的满意度和企业的竞争力。

任务 2　物联网在集群内供应链管理中的应用

传统企业管理以单一的企业为管理的基础。企业与企业之间缺乏信息的交流和沟通，从而导致了具有关联业务的企业之间利益的冲突性，在一定程度上造成了企业之间供应链的分裂，导致了整体竞争关系效力的损失。

供应链整体效益最优化的管理模式与企业实现自身利益最大化之间存在矛盾。为了满足企业的个性化发展需求，集群内供应链的成员之间可通过动态联盟的形式构建整体的供应链管理体系，但由于缺乏统一的信息交流平台，致使信息的共享和供应链成员作业计划的实现具有一定的障碍。动态联盟具有暂时性和非静态性，企业之间的供应链难以建立统一而稳定的业绩标准，整个供应链体系缺乏整体的监控。

物联网建立了全球范围内的对物品的跟踪监控，其发展的原理和机制在很大程度上实现了

传统企业供应链流程及传统管理手段的创新和变革，建立了创新的企业供应链管理模式。由此，对企业供应链管理中物联网的应用及其发展具有极其重要的现实意义。

任务 1：物联网对集群内供应链有何种影响？

任务 2：物联网对集群内供应链管理的作用。

最早提出集群概念的是美国战略管理学家迈克尔·波特（Micheal E. Porter，1990），他认为，产业集群是指在某一特定区域内，互相联系的、在地理位置上相对集中的企业和机构的集合，包括共处一个竞争环境中相互关联的产业和其他实体。产业集群通常向下延伸到销售渠道和客户，并横向扩展到辅助性产品的制造商，以及提供专业化技术培训、教育、信息研究和技术支持的政府和其他服务性产业组织。

一、集群内供应链管理理论

1. 供应链相关理论

供应链是随着物流管理的不断发展而产生的，长期以来，供应链一直被作为一个管理学的概念引起学者们的关注。国内对供应链管理问题的研究始于 20 世纪 90 年代后期，较多的研究集中在对国外供应链管理思想的介绍和引进方面。马士华等（2005）所著《供应链管理》全面论述了供应链管理的起源、发展和具体的运作方法，包括供应链管理环境下的物流、生产计划与控制、库存、采购、组织管理、信息技术等各方面，构建了集成化供应链的理论模型，并提出了供应链企业绩效评价和激励机制。供应链管理强调核心企业与其他优势企业间建立战略合作关系，委托这些优势企业完成一部分业务工作，自己则集中精力和各种资源，通过重新设计业务流程，做好本企业能创造特殊价值、比竞争对手更擅长的关键性业务工作。这样不仅能大大提高本企业的竞争能力，而且也能使供应链上其他企业都受益。随着拥有互补资源的供应链企业间的一体化协同化运作，市场上企业间的竞争转变为供应链与供应链之间的竞争。

综上所述，国内外对供应链的研究主要是基于管理学微观视角，主要研究供应链的流程和具体运作的方法。对从经济学角度涉及的供应链网络结构、供应链竞争机制、供应链网络与市场、产业的结合等尚缺乏系统全面的研究。

2. 产业集群理论

产业集群是一个复杂的企业网络，各节点不是孤立发生作用的，它们之间基于专业化分工产生着各种各样的网络关系，形成关联互动，由此形成其特有的网络组织结构。

结构是系统的主要特征，不同的节点资源在同一结构下会形成不同功能的系统，相同的节点资源在不同结构安排中也会使系统产生不同的绩效。产业集群网络组织结构对集群的绩效也产生着重要的作用。产业集群的发展是一个网络组织逐步优化的过程，组织结构优化为产业集群升级提供了保证。从产业集群构成看，集群中存在一群相互关联的产业，一个产业又有其上下游企业，隐含了诸多供应链式的“子网络”。产业集群实质上是一条或数条供应链在一定地理区域的局部集中。

产业集群是众多按专业化分工的同类或相关产业的企业及其在价值链上相关的支撑企业、机构，以完善的组织方式在一定空间范围内的聚集。但是，一个地区中同类企业的总和并不是产业集群，多个关联度低的企业在一个地理区位上的集聚也不是产业集群。形成产业集群的重要因素是企业间的相互关联协作,“形”聚更要“神”聚,资源能进行集成整合,实现“1+1>2”的竞争优势。产业集群的网络结构不仅取决于聚集企业的性质、位置、角色,更取决于纵横交织、相互关联的企业之间的配套合作关系。

产业集群网络组织形式及其产生的组织关联将超越集聚经济效应而获得网络经济效应,这正成为产业集群发展的动力及竞争优势源泉。产业集群结构优化就是要求集群内节点资源关系的合理化、高级化、有序化。集群的优化需要网络优化,网络的优化首先要求网络结构优化。

3. 集群内供应链管理

从供应链角度来解释所谓的集群,可把它视为是在相应的界定地域,众多具有分工协作关系的不同规模的企业和组织,通过相互作用于同一产业价值链的基础上有机聚合而成的网络集聚体。

供应链是一种企业网络,这种网络和集群网络之间存在着一定的区别。供应链结构能够反映产品生产到消费的全过程,它覆盖了从原材料供应商、零部件供应商、产品制造商、分销商、零售商直至最终客户的整个过程。供应链的组成是按供需关系组成的结构,各个成员企业之间组成层层分布的网络结构。供应链的结构不是杂乱无章的,它呈现出有序的特征。

黎继子等(2006)提出了集群式供应链的概念,将其定义为:在特定集群地域中,存在围绕同一产业或相关产业价值链不同环节的诸多研发机构、供应商、制造商、批发商和零售商,甚至是终端客户等组织,以“供应商-客户”关系,通过“信任和承诺”非正式或正式契约方式进行连接,形成基于本地一体化的供应链,并提出了集群内供应链管理流程,如图4-10所示。

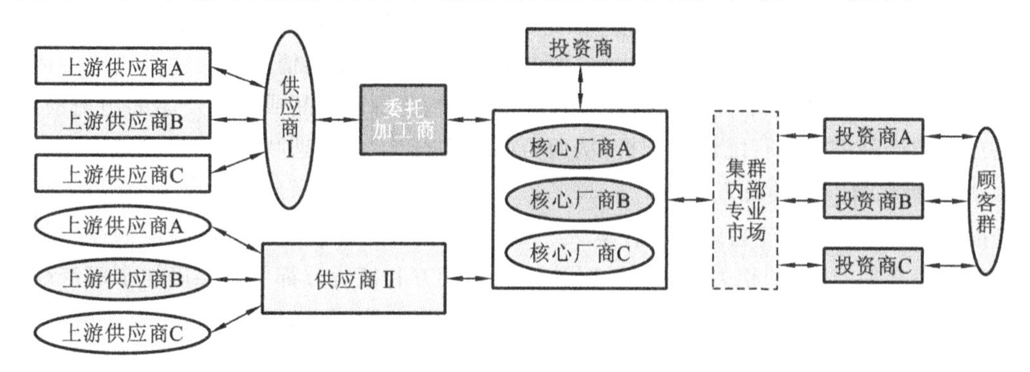

图4-10 集群内供应链管理流程图

产业集群网络的主要节点包括企业(具有垂直联系的上下游企业和水平联系的同类型企业)、大学和科研机构、政府等公共组织、中介服务机构等。网络是由节点和节点之间的连接构成的。

根据网络节点性质的不同,产业集群网络可分成市场关系网络和社会关系网络两类。市场关系网络主要是指以产业集群的市场主体,即上游供应商、供应商、委托加工商、核心厂商(包括零配件企业、半成品企业、成品企业)、集群内部专用市场、投资商及顾客群为节点,以它们在市场中的竞争和合作关系为连线的一种网络。社会关系网络主要是指以产业集群中的人(包括企业主、企业员工、集群管理和服务人员及其他们的亲属、朋友等)为节点,基于血缘、亲缘、地缘和工作关系而形成的一种社会关系网络。

二、物联网对集群内供应链管理运作的影响

物联网对集群内供应链的影响主要表现在供应链信息、货物运输和交接、产品仓储环节、产品销售/配送过程、产品包装、产品售后服务、产品循环回收等方面。

1. 对供应链信息的影响

(1) 物联网能实现供应链上的信息共享。当供应链中任意一件产品都贴上了唯一标识自己的 RFID 标签时，通过射频技术和互联网，产品信息就可传到中央信息系统，并供给供应链上任一有需求的主体，从而真正实现供应链上的信息共享。

(2) 物联网能对供应链上产品动态信息进行管理。由于物联网中 RFID 技术具有非接触完成读写和远距离识别能力，RFID 标签对每件产品都是唯一的标识。基于 EPC 技术，可以对每一件产品而不仅仅是一类产品进行编码，这就使供应链上的主体能详细地跟踪到单个产品。因此，RFID 可以对静止或动态的物品进行自动识别，并进行数据交换，从而实现供应链上产品动态信息的管理。

(3) 物联网能对供应链上的信息进行整合。①将供应链上节点企业内部信息进行整合，从而实现关键业务的优化，增强企业竞争力的同时降低企业管理成本；②供应链上下游企业间信息的整合，通过上下游企业信息的共享和相互之间的合作，使资源得到优化配置的同时，增强整条供应链的竞争力；③综合性的信息平台建设，这就要将市场上多条供应链的信息进行汇总和整合，在发展各个产业的同时，也给不同产业之间的交叉提供可能。

(4) 物联网能对某一产品或其同类产品进行计划、管理和控制。应用物联网中 RFID 标签可将产品的信息都集中到信息系统中，并掌握产品甚至整个行业的情况。这样供应链主体一方面可以及时、准确地掌握产品的最新情况，另一方面还能获得该产品或同类产品的历史信息，对该产品或同类产品信息进行统计和分析，从而更好地进行计划、管理和控制。

2. 对货物运输和交接的影响

产品应用了 RFID 标签后，企业、托运人、承运人和接货方便能及时追踪到运输途中的产品情况。产品装车后，产品的相关信息可随时追踪。送货方和接货方都可以准确地了解产品在运输过程中的情况。对于送货方，通过对运输途中产品情况的跟踪，当运输过程中发生意外时，就可尽可能早地得到相关信息，及时采取应对措施，把产品损坏造成的损失和可能发生的违约损失降到最低；对于接货方，可以通过产品从装车到运输途中情况的信息，做好接货准备，并能确认产品是否在出厂后受到外力损害，提高产品验收的效率。此外，对货物有特殊运输要求的，货主还可监控货物运输过程中是否按要求送达，例如货物不可倾斜的，货主可以了解运输过程中货物是否被侧放等。

除了运输途中的监控外，物联网还可提高送达后的产品交接效率。一方面，由于 RFID 标签的远距离识别功能提高了验收的效率。接货方可以通过信息系统对所到货物的属性信息和运输信息进行核对和检查，大大提高了验收的速度和准确性。如果货物出现问题，可以快速定位到问题产品，且可以了解问题产生的详细原因，以便分清责任和采取应对措施。另一方面，如果将物流中的信息系统和金融方面的信息系统进行对接，还可改进货物的付款流程。对于货到付款的产品，当物流信息系统中 RFID 标签传回的信息表明产品安全到达并通过验收完成交货时，即可触发金融系统进行“货到付款”的支付事件，完成货款的支付。从而降低企业“应收账款”的管理成本，并缩短了资金变现的周期。

3. 对产品仓储环节的影响

在仓储环节，基于 EPC 的实时盘点和智能货架技术可保证企业对其库存实现高效管理。首先建立仓储数据库，将货物编码设为数据库信息主键。当货物入库时，预先为每一件入库的货物设置一个信息编码和储位码，并将基本信息写入货物上的 EPC 标签中，当货物入仓时，仓库门口的阅读器便可扫描货物基本信息和仓储信息，同时将采集的信息更新到仓储数据库中，并根据要求将货物放入指定储位；当货物出库时，仓库管理员按照系统自动生成的出库单找到指定货物并将其运输出库，门口的阅读器读取货物上的 EPC 标签获取出库信息，同时将采集的信息同步至数据库中，并将相应储位状态归置为零；此外，仓库管理员还可定期手持扫描设备对所有在库货物进行逐一扫描，通过无线网络将扫描信息与数据库中的信息进行核对，返回盘点结果。通过对货物的智能化管理，还可以提高仓储空间的利用率，使企业实时了解库存情况，从而降低库存成本，提高企业库存管理的准确性。

4. 对产品销售/配送过程的影响

在产品的销售过程中，通过 RFID 技术可提供详细的货物管理信息；基于 RFID 技术的智能秤可以自动识别秤盘中的商品类型，同时附有解读器的天平能根据不同的货物打印出相应的价格；在自动结账的付款台，当顾客结账时，能够通过 RFID 解读器快速、准确地读出客户购买的货品，利用信用卡结账，这大大减少了顾客排长队结账的烦恼，同时，这些操作无须人工参与，节约了大量的人工成本，也实现方便敏捷服务，同时提高了顾客的满意度。

在供应链管理的配送管理中，通过采用物联网 EPC 技术能大大加快配送的速度和提高拣选与分发的效率与准确率，并能减少人工、降低配送成本。如果到达配送中心的所有商品都贴有 EPC 标签，当商品进入配送中心时，装在门上的读写器就会读取托盘上所有货箱上的标签内容并存入数据库。系统将这些信息与发货记录进行核对，以检测出可能的错误，然后将 EPC 标签更新为最新的商品存放地点和状态。这样管理员只需操作计算机就可以轻松了解库存、通过物联网查询商品信息及通知供应商商品已到或缺货。这样就确保了精确的库存控制，甚至可确切了解目前有多少货箱处于转运途中、转运的始发地和目的地，以及预期的到达时间等信息。

5. 对产品包装的影响

RFID 的读写会受到如下因素的影响。一是，空气介质的性质。由于空气是数据读写信息传播的介质，所以空气的密度、湿度等就会对 RFID 的读写产生影响。空气的湿度越大或空气的密度越高，对无线电波的吸收越严重，也就会使数据传输的距离减小。二是，数据传输路径中的障碍物。因为无线电波碰到障碍物时，物体一般都会对无线电波产生吸收和反射，从而干扰读写的速度和识别距离。

所以，产品的外包装，尤其是运输包装，应当为 RFID 标签提供适宜的工作环境。外部的空气性质不可控，但运输包装给内部产品形成的内环境是能通过包装的工艺、包装的材料等进行调整和控制的。此外，为了减小包装对数据传输的无线电波的吸收和反射，就要注意包装材料的挑选。因此，物联网时代的产品包装，不仅要起到防护、方便生产、方便储运、方便使用、方便处理及促销的作用，还要考虑 RFID 数据传输的要求。

6. 对产品售后服务的影响

物联网通过 RFID 技术还将对产品的售后服务和客户关系管理带来巨大的影响。产品售出以后，企业通过 RFID 标签得到消费者消费和使用情况的翔实、准确的信息，售后服务便可有针对性地进行，从而提高客户的满意度。

在大型超市里，一家企业的产品可能不只是销售给一个客户企业，所以当所有客户企业的库存产品信息都能被其及时获得时，物联网能更科学、合理地安排售后配送，降低配送车辆的空载率，提高车辆的使用率，合理规划配送路线，从而降低配送成本，提高配送效率。如果不是企业自行配送，而是外包给第三方物流企业，则第三方物流企业所承担的配送业务量更大，第三方物流企业及时在自己的信息系统中获取委托方的配送要求信息，对装车和配送进行进一步优化，提高配送的规模性，获得规模效益，那么这种配送效率的提高将会更明显。

此外，通过对消费者对相关产品的消费使用情况信息的统计分析，还可以了解客户的消费偏好，通过这些市场信息的分析，一方面可以改进产品性能以迎合市场，另一方面方便对重要客户提供更具有针对性的个性化服务，增强客户关系管理。

7. 对产品循环回收的影响

在产品的逆向供应链管理中，影响逆向供应链管理和运作的一个重要因素就是废旧产品回收中的不确定性。这个不确定性包括产品回收的时间、地点和回收时的使用情况等。而使用RFID标签后，便可以记录产品的各种信息，而且可以跟踪产品的位置。这样就降低了产品回收的不确定性，而且让制造企业准确了解产品的报废情况，以便准确地进行适当的回收处理，获得经济和环境的双重效益。

三、基于物联网的集群内供应链管理系统

由于供应链管理中各个环节都处于运动或松散的状态，因此，信息和方向常常随实际活动在空间和时间上转移，结果影响了信息的可得性、共享性、实时性及精确性。物联网技术的应用，很好地克服了上述问题。基于物联网的集群内供应链管理系统包括EPC网络系统和电子商务平台两大部分。

1. EPC网络系统

EPC(electronic product code)网络系统由RFID系统、Savant(神经网络软件)系统、ONS(对象名解析服务系统)、PML(物理标记语言)系统和企业信息系统组成，如图4-11所示。

基于EPC的网络系统是利用Savant系统通过应用程序接口(API)与企业的应用系统相连

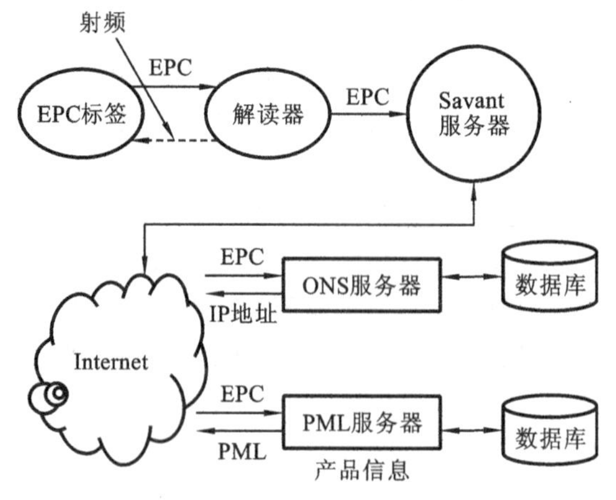

图4-11　EPC网络系统结构图

接的，这样 Savant 系统就可以将从 PML 服务器上读取的产品信息自动地传递到企业应用系统，或存储到相应的数据库中，通过互联网实现信息共享。

2. 电子商务平台

企业内部系统通过与电子商务平台集成，以及和物流配送系统、结算系统协调运作，可以实现对产品供应链的物流、资金流、信息流进行高效的控制和管理，如图4-12所示。

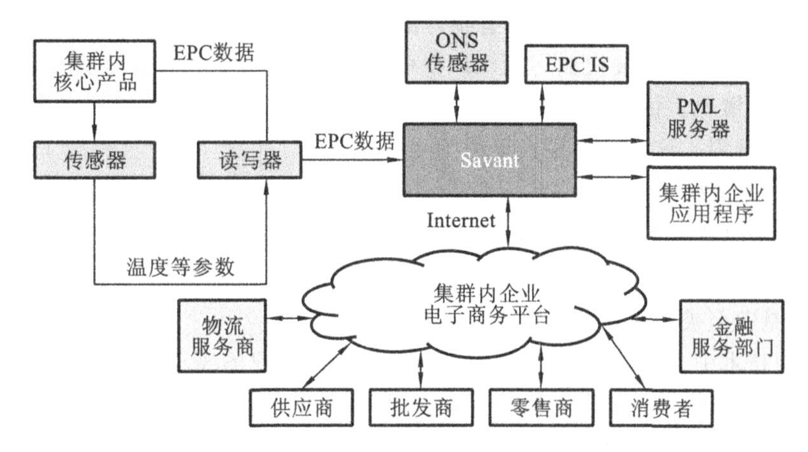

图4-12　基于物联网集群内供应链管理系统图

通过集群内企业电子商务平台，集群内生产企业及用户可以进行原材料及产品的电子采购，原材料供应商可以及时掌握生产企业的需求，物流服务商负责整个产品供应链上的原材料存储、运输等物流服务，零售商及消费者可以及时获取产品的生产、运输信息，政府职能部门也可以上网对商务活动进行监管。

3. 构建物联网集群内供应链管理系统的可行性分析

随着网络信息技术的普及，企业间战略合作意识逐渐增强，企业间的竞争已经转向供应链的竞争，基于物联网的集群内供应链管理系统建设具有一定的可行性，具体如下。

(1) 随着企业竞争的加剧，很多企业日益重视供应链管理，已经将供应链管理提升到了企业战略管理的高度，并通过内外部资源整合改善产品供应链管理。

(2) 供应链信息技术及物联网技术的出现为供应链管理提供了有力的支撑。改善供应链管理，必须使供应链上的成员及时获取其他成员及有关环节上的信息，否则会导致供应链的断裂和效率低下，而 RFID 技术可以对产品的生产、销售、运输等环节进行全程跟踪和监控，达到差错率为零，提高供应链的透明度和管理效率。

(3) 集群内企业间不断建立的电子商务平台为实施供应链管理创造了有利条件。为了共同应对竞争，不少企业已经开始合作建设电子商务平台，运用平台可以大大节约交易成本、消除过多的流通环节、提高运作效率、改善服务水平。

(4) 第三方物流企业的迅速发展。为了获取高利润，不少物流服务商开始向物流产业投资，纷纷在各地新建物流中心，实施兼并收购。提供专业物流服务的第三方物流企业将会不断涌现，物流服务水平将会逐渐提高。

(5) 政府的重视与大力支持。我国高度重视物联网技术和产业的发展，物联网已被列入国家战略性新兴产业之一，并且已经建立了有关研发和人才培养基地。

四、物联网与集群内供应链管理集成层面

1. 信息集成更准确

在整个供应链的集成中，信息集成无疑是基础。当物流在供应链上流动时，应用物联网技术中的 RFID 标签可使供应链中所有的伙伴都能及时准确地获得共享信息。供应链的启动应该由最终的用户需求所驱动。在一个没有很好的信息集成的供应链环境中，最终用户的需求在供应链的传递过程中往往会被扭曲。而 RFID 可以让供应商、制造商及零售商清楚、准确地了解销售终端的库存情况。供应链企业通过 RFID 所传送的信息情况，可以更准确地预测最终用户需求，进而制订计划。这样做将极大地消除牛鞭效应。

2. 同步计划更有效

在信息集成的供应链平台上，同步计划用于解决每个合作伙伴应该做什么、什么时候完成、完成多少等一系列问题。这种计划是每个合作伙伴根据整个供应链的共享信息制订的，因此它是准确有效的，是完全被最终用户需求所驱动的。

通过物联网技术中 RFID 提供实时的物流信息，最终用户的需求在整个供应链中的执行情况具有透明的可追溯性，避免了批量计划所产生的大量的在制品（work-in-process，WIP）。RFID 可保证供应链计划是一种更准确可行的计划方式。

3. 增加工作流的协同程度

同步计划解决了供应链应该做什么的问题，而协同工作流则是要解决怎么做的问题。协同工作流包括采购、订单执行、工程更改、设计优化等业务。RFID 对采购、收货、入库、分拣到出库、运输、上架最终到达客户手中的一系列流程进行简化，其结果是形成灵活、高效、可靠、低成本运作的供应链。

目前，很多 ERP 的供应商在其系统中也集成了 RFID 的应用，但这只是一种供应链管理，通过 EPC（电子产品代码）的统一，可形成跨企业的信息流统一，最终达到工作流的统一。

4. 商业环境的完整集成

RFID 良好集成的供应链环境，为供应链的参与者提供了一个全新的商业运作模式，使得企业能更有效地追求目标。

（1）可以更有效地利用资源。RFID 不需要人工去识别标签，阅读器直接从电子标签中读出商品的相关数据。一些读卡器可以每秒读取 200 个标签的数据，这比传统扫描方式要快 1000 倍，节省了货物验收、装运、意外处理等劳动力资源。

（2）有效地促成供应链结构的优化。在高度协调集成的供应链环境中，通过跨组织实施 RFID 技术，上游供应商和制造商联合下游的分销商和零售商，可以采用货箱、托盘、包装标记来跟踪供应链中的产品，从而降低存货量以减少流动资金的占用，更精确、高效地存储产品并增加销售。

（3）真正做到实时供应链管理。通过 RFID 集成的信息系统平台，库存或运输途中的货物都能被清晰、准确地表现出来，各供应链成员可洞悉整个供应链的销售、供应状态。整个供应链的反应速度、准确性也将得到提高，从而可减少反向物流。市场需求在一个高度实时集成的供应链环境中将被所有的参与者协同完成。

五、物联网在集群内供应链管理中的作用

基于物联网的供应链管理系统使得供应链上任何节点企业都能及时获取市场需求信息和掌握整个供应链的运行状况，各环节间都可以进行交流与共享，从而避免了需求信息扭曲放大的现象。它对整个集群内供应链管理过程的作用主要表现在：①实现物流跟踪，减少了货物遗漏、丢失；②提高了供应链管理的可视性，能真正做到实时管理；③加快了企业信息自动化，实现了管理智能化。

1. 物联网技术实现物流跟踪，减少了货物遗漏、丢失

集群内供应链由直接或间接地满足顾客需求的各方组成，包括特定集群地域中，围绕同一产业或相关产业价值链不同环节的诸多研发机构、供应商、制造商、批发商和零售商，甚至是终端客户服务等组织。物联网中 RFID 技术通过与物流供应链紧密结合，具有优于条码识别技术之处，即可以动态地识别高速运动物体并可同时识别多个电子标签，识别距离较大，能适应恶劣环境。在技术实现上，RFID 是一种射频数据采集技术，是最佳的货物跟踪手段。可将 RFID 标签贴在托盘、包装箱或元器件上，进行元器件规格、序列号等信息的自动存储和传递。RFID 标签能将信息传递给一定距离范围内的读写器，使仓库和车间不再需要使用手持条形码读写器对元器件和成品逐个扫描条码。这可在一定程度上减少遗漏情况的发生，大幅度提高工作效率。这种应用模式可以大幅削减成本和清理供应链中的障碍。

2. 物联网技术提高了供应链管理的可视性，能真正做到实时管理

目前我国的供应链管理中存在很多问题，有诸多方面值得优化，例如，供应链各成员之间缺乏统一的信息平台，商品信息数据库缺乏统一规范的标准；企业间因信息交流匮乏和交流不畅而产生放大的牛鞭效应，增加了无谓的库存成本及相关费用。

物联网技术可使制造商、供应商到分销商、零售商甚至顾客，均实现可视化操作。顾客对所购买商品的信息进行准确了解，这有效保证了顾客的知情权，同时还便于顾客获得良好的售后服务；零售商通过对商品进行流动性分析，做出适当的订货决策和采用合理的营销手段，不仅减少了库存浪费和相应成本，还便于零售商及时捕捉市场信息做好营销策略；分销商通过零售商的订货策略和营销策略，及时调整自己的库存情况，向供应商发出订货单，供应商也是如此向制造商提供订货单；制造商通过订货单适时调整原材料库存和生产量，并通过物联网技术有效控制产品质量。整个供应链可视化程度的加大，使得牛鞭效应得以缓解、整体供应链价值增加。

3. 物联网技术加快了企业信息自动化，实现了管理智能化

今天，供应链已成为企业间竞争的关键领域，对供应链的整合和管理也意味着企业将面临一系列的新技术挑战。物联网技术的使用，使得企业之间，包括供货商选择、采购、产品计划、材料加工、订单处理、存货管理、包装、运输、仓储与客户服务等整个供应链环节间的信息实现共享。

物联网技术对供应链各环节的优化及其自动化、智能化，使企业能有效整合其业务流程，提高对市场变化的快速反应能力。同时诸如库存管理、生产订单、配送路线优化、问题产品召回等问题都可以借助物联网技术及时优化处理，使得企业人力成本、库存成本、运输成本等费用得以减少，决策更加合理、科学，同时决策时间进一步缩短，增强了企业的市场竞争力，提高了供应链的管理效率。

任务3　物联网在制造企业供应链管理中的应用

目前我国制造企业供应链管理中存在很多问题，有诸多方面值得优化，例如，制造企业供应链各成员之间缺乏统一的信息平台，原材料、半成品商品信息数据库缺乏统一规范的标准；供应链各环节中的服务效率低下，售后难以保障；供应链各环节企业间因信息交流匮乏和交流不畅而产生放大的“牛鞭效应”，增加了无谓的库存成本及相关费用；供应链运输环节中运输效率不高，可靠性和安全性难以保证等。

供应链由直接或间接地满足顾客需求的各方组成，包括制造商、供应商、运输商、仓储商、零售商及顾客在内，各环节通过物流、信息流和资金流彼此相连，其所包含的功能有新产品开发、市场营销、生产营销、生产运作、分销、财务和客户服务等。供应链产生的价值为最终产品满足顾客的价值与满足顾客需求所付出的供应链成本之间的差额。

供应链管理的目标是使供应链整体价值最大化，使供应链上的企业获得并保持稳定持久的竞争优势，以提高供应链的整体竞争力。

任务1：物联网对制造企业供应链各环节的优化目标。

任务2：物联网应用于制造企业供应链管理的效果。

随着经济全球化趋势的愈演愈烈，随着人类社会开始步入知识经济时代，在世界范围内，供应链管理这种新模式得到了企业的普遍应用。然而，作为一种全新的管理模式，供应链管理将动态的、多变的、目标不同的各个企业有机地结合在一起，牵涉企业的方方面面，可以说是一个非常复杂的管理体系。

一、当前制造企业供应链管理现状

1. 制造业行业概况

制造业是指对原材料（采掘业的产品和农产品）进行加工或再加工，以及对零部件装配的工业的总称。制造业包括产品制造、设计、原料采购、仓储运输、订单处理、批发经营、零售等众多方面。制造业作为我国工业的主体，是国民经济的重要支柱产业。

从国际形势来看，我国是制造业大国，但还不是强国，表现在：第一，很多领域核心技术没有掌握在自己手里，尤其有些重大装备的核心技术大量依赖进口；第二，我国制造业增加值率低，经济效益低，低端产品多，能源材料消耗高。因此，国家确定了通过信息化带动工业化的国策，推动制造企业实施制造业信息化。

从我国内部形势来看，随着全球经济一体化和加入 WTO，我国的制造企业面临着更加激烈的国际、国内市场的竞争，所以如何才能提升自身的核心竞争力，在行业竞争浪潮中制造企业不得不思考如下几方面问题。

1）计算机技术

根据 2003 年的调查数据显示，制造企业每百人计算机拥有量已达 18.7 台，计算机联网率达 68.4%，但是计算机技术仅仅是实现信息化发展的一种手段和工具。在生产制造中，唯有科学的流程管理才能带来效率的提升。

2）信息化管理软件

ERP 在我国制造企业中无疑曾掀起一股风潮，由于国外几大管理软件巨头及国内管理软件企业的影响及推动，几乎是短短的几年时间，制造企业应用管理软件市场曾空前膨胀。与此同时，大家也注意到，单纯的软件产品针对制造企业生产过程的管理接近理想的状态，由于缺乏实时、精确的生产数据源，ERP 系统的强大功能无法从真正意义上实现，反而造成了其他管理部门工作量的增加，带来了新的浪费，制造业信息化重新回归到生产制造本身，精益制造的概念应运而生。

3）精益制造

近年来市场对制造业的要求逐渐苛刻，最高的产品规范、最低的成本、最快的上市时间和最佳的产品质量等给制造业施加了巨大的压力。事实上，缺乏供应链内的生产同步；缺乏评估生产绩效和生产跟踪的统计数据；在停机时调整资源规划管理的需求；生产跟踪和可追溯性的需求等问题，往往造成生产线上诸如过量的制造、库存的浪费、次品、等待时间的延长、加工时间的延长、大量的移动动作等现象，这些问题的不断解决就是精益制造的精髓。在推行精益生产的时候最被关注的则应该是如何采集实际物料流动的数据。

2. 制造企业供应链管理现状

随着市场竞争的加剧，核心竞争力成为企业生存发展的支柱，企业在塑造和强化核心竞争力的同时必然将一部分非核心业务“外包”出去，进而使得最终产品价值的实现必须依赖于供应链上所有企业的共同努力。供应链上的企业既是为了自身利益相互竞争的对手，又是在单个企业不能取得既定利益时，为了某种共同的目标而相互合作、相互依赖的伙伴，他们必然选择通过一定程度的合作使各自获益最大。

以浙江光机电产品为例，电动机生产企业供应链是从原材料到最终用户的所有实物的流动过程，它包括供货商选择、物料采购、产品设计、材料加工、订单处理、存货管理、包装运输、仓储管理与客户服务，也包括供应链中的产品、货主、位置和时间等信息。SCM（即供应链管理）指的是对企业从生产到销售的一系列环节的有效管理，是全程性的管理，如图 4-13 所示。当前我国的企业供应链管理存在着如下诸多问题。

(1) 整体效益优先同利益最大化之间的矛盾。从我国传统的企业管理状况来看，传统企业管理的立足点是独立个体企业，各企业间并没有形成有效的沟通与连接，俗语说“同行是冤家。”在相关业务关联的各个独立个体企业之间在利益问题上存在着很大的排他性，所以在有效实施供应链管理的过程中，追求企业自身利益最大化同供应链管理模式要求整体效益最优之间存在着很大的矛盾，很大程度上这种供应链管理的分裂导致企业竞争关系的效力损失。

(2) 商品信息数据库的建设有待进一步完善。供应链管理客观上要求供应链成员之间实现信息的共享和交换，然而当前在我国的企业供应链管理中，很多的企业和部门都没有能够按照标准的字段、类型、信息准确度建立完善的商品信息数据库，这样导致供应链管理缺乏足够的可视性，原本企业间应当实现共享的数据与信息，由于商品信息数据库的不健全，造成了信息流

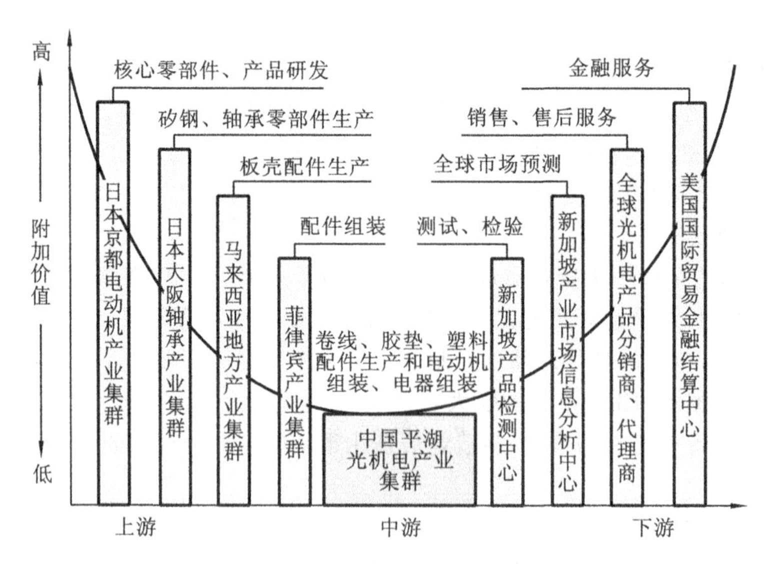

图 4-13　全球价值链视野下光机电产品供应链业务流程图

的人为性阻滞，导致供应链管理过程中出现各种各样的漏洞和问题。

(3) 供应链管理技术的实施不完善。从供应链管理技术的实施成本来看，由于企业自身实力的限制，面对高额的供应链管理技术实施成本，国内的很多企业尤其是中小企业，供应链管理技术的实施根本不完善，在其供应链管理过程中，供应链管理技术并没有能够得到有效应用。

(4) 缺乏整体性的调控平台。面对日趋个性化的顾客需求，为了更好地应对随之带来的产品多样化影响，实施供应链管理的各企业之间常常需要建立动态联系，而从当前我国企业供应链管理的现状来看，尚未建立整体性的调控协调信息平台，无法实现供应链管理各成员之间的信息共享和作业计划透明，总体缺乏稳定、统一的业绩实施标准，难以完成供应链管理的整体调控。

二、物联网应用在制造企业供应链管理的架构

1. 物联网在制造企业车间管理应用方面的需求

信息化、自动化、网络化、智能化、柔性化已成为现代制造企业的鲜明特征。为了降低成本和加快资金周转，需要进一步固化新的流程或新的管理制度，使其得以规范地贯彻执行，而信息系统的作用就在于可以固化管理和优化操作。

1) 生产信息化

制造行业信息化综合集成应用是大型集团企业信息化的大势所趋。国外许多大型企业均通过数字化技术的综合集成应用实现了产品研制、采购、销售等在全球范围内的协同。

RFID 在传统制造业中的应用是一套以生产型企业信息化应用为背景，针对车间生产线上的物料、在制品而研制的工业生产流程自动化管理系统，对生产过程中的“物料”和“在制品”信息进行精确采集、整合、集成、分析和共享，为企业生产物资的管理和产品生命周期的管理提供基础信息解决方案，是车间制造管理系统的核心内容。随着信息技术、网络技术的普及和发展，特别是互联网技术解决了信息共享、信息传输的标准问题和成本问题，使得信息更广泛地成为控制、决策的依据和基础。

2）生产产品数据采集

采集数据恰恰是物联网较为典型的应用形式，物联网因其具有实时性、精细化及稳定度高等特点，可对生产过程中的设备、物料及环境物理量等多种数据进行采集和传输，可满足精益制造的多方面要求，从而使制造业的信息化建设落到实处，并可提高效率，减少浪费。

物联网技术应用可以和 ERP、CRM、SCM 系统形成良好的互补，有效地解决 ERP 系统在物资和产品数据采集、数据准确性和实时输入等方面的问题，是实现工厂或生产型企业整体信息化的枢纽信息系统。特别是适合传统制造业应用的电子标签终端产品的自主研发以及基于此基础的电子标签的制造业应用系统，能够满足国家在不同领域，特别是在制造业、医药等重点行业应用电子标签的市场需求。

3）物料及在制品的跟踪

物料及在制品的跟踪（working in process，WIP）及准时生产方式(just in time，JIT)、制造执行系统(manufacturing execution system，MES)是美国管理界在 20 世纪 90 年代提出的新概念，近 10 年，这些方面在国外得到迅速发展。目前，国内对这些方面的认识深度和研究、应用水平不高，与国外的差距正在拉大。

2. 物联网在制造企业生产安全应用方面的需求

生产安全问题一直是制造企业备受关注的问题之一，近年来关于制造生产过程的事故也屡次发生，因此，做好制造生产过程的安全管理就显得十分必要。若能对生产设备进行实时监控，并对生产工人进行管理，构筑基于 RFID 的物料追踪系统及 WIP 系统，可充分利用 JIT、MES 的先进管理理念与基本方法，通过对车间生产信息的实时反馈来进行加工数据分析和监控，加强车间生产控制，则可大大提高生产过程的安全系数，减少事故发生率。

当有事故发生时，管理人员可及时得到反馈信息，可在第一时间内对相关设备或人员进行处理，将事故损失降到最低。这是提升制造业(尤其是传统制造业)技术创新能力、市场响应速度、综合竞争力的重要举措。

3. 物联网应用于制造企业车间的管理系统

物联网的技术之一 RFID 技术在传统制造业中的应用是面向制造业的工业信息化应用系统，将 RFID、JIT、MES、网络技术等应用于生产管理控制，准确、实时、全面反映生产过程状态信息，有效、敏捷地指导工业流程，与 ERP、CRM、SCM 形成良好互补，推动“透明工厂”的建设，推进生产、管理和组织架构的优化，促进 JIT 的生产模式的实现；将“物料”与“在制品”的追踪管理与品质、效益、效率、仓管、物流等紧密结合，促使车间劳动者、生产商与物料供应商形成利益共同体。

RFID 在传统制造业中的应用(MES)充分利用 RFID 的特性，采用特定的可安装于复杂工业现场的 RFID 数据采集终端，适应国内传统制造车间的环境要求，具备防潮、防油、防雷、防电磁干扰、防热等性能，满足对物料、在制品的无接触自动采集需要，并为管理系统提供信息输入接口和查询界面。同时，在 RFID 数据采集终端的基础上，可以以物料及在制品跟踪为核心，开发出一套具备软件基础平台和系列应用模块的车间级生产执行管理系统。

基于物联网的制造业生产车间管理系统层次图如图 4-14 所示。

运用物联网技术，可以改善传统工作模式，实现制造业对产品的全程控制和追溯。而开发一个完整的基于 RFID 的生产过程控制系统，就是将 RFID 技术贯穿于生产全过程(订单→计划→任务→备料→冷加工→热加工→精加工→检验→包装→仓管→运输)，形成企业的闭环

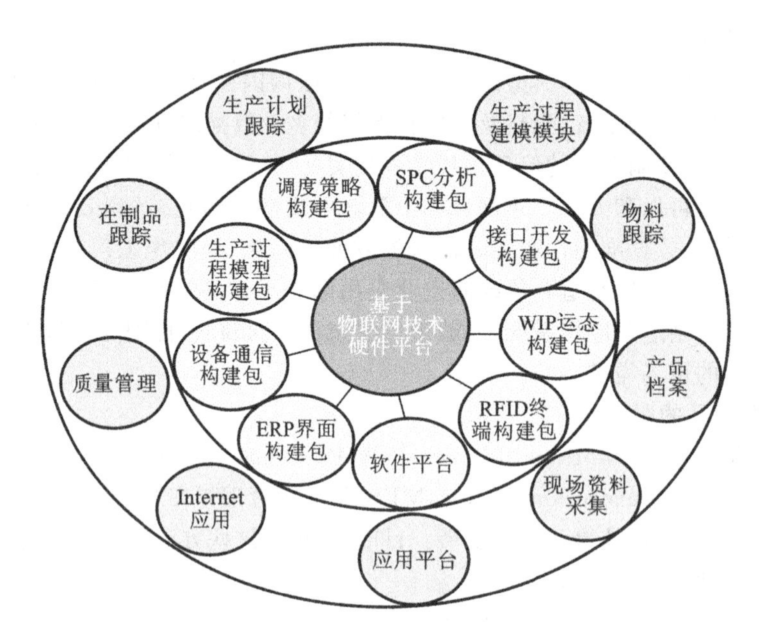

图 4-14 基于物联网的制造业生产车间管理系统层次图

生产。

三、物联网应用于制造企业全球供应链管理透明化

1. 物联网应用于制造企业全球供应链管理透明化的关键技术

RFID 技术是实现全球供应链透明化的一项至关重要的技术。UCR 是促成国际贸易安全的工具，而 RFID 技术是使货物流通透明化、便捷化的利器，二者整合在一起，可构建全球安全与便捷的国际贸易环境。

UCR(unique consignment reference number)为货物唯一追踪号码。进口商与出口商正式签订销售合约时，会首先约定 UCR 号码，则该批货物就被赋予可区别其唯一性的一组号码，该号码以条形码贴于货物上，不论途中经过多少中介商或政府机关，此号码一直与该批货物的运输流程紧密结合，直到国外进口商完成通关手续接收货物为止。换言之，UCR 是连接整个货物发送端到目的端运输链的一组编码，涉及的使用者包括进口商、出口商、中介商(如银行、保险业者、征信业者、运输业者、仓储业者、货物承揽业者、国内报关业者)等与相关政府机关(如海关、贸易机关、签审机关、检疫机关)等，海关并非单一使用单位。

UCR 编码是由 35 位字母和数字符组成的。其第一个字符用于识别十年中的具体年份，用数字 0～9 表示。后面的两个字符代表国家编码，用于识别 UCR 发出的国家。其余的 32 个字符包括一个正式公开国家的公司标识符，以及一个用于在发行者内部使用的连续的独特的参考编码。

2. 出/入库管理透明化

在制造企业整个产品供应链流动中，操作中最为频繁的就是出/入库操作管理。有没有可以在不影响企业正常工作的情况下进行库房盘点的办法呢？对于大型制造企业仓库进行停业盘点所造成的损失是显而易见的，也是企业绝对不愿意承受的。但是不进行盘点又无法真实地掌握库房的情况，这同样是企业的管理者所不愿意面对的。

面对每天都要重复进行的收货、入库工作，如何才能快速完成大批量货物的快速核对、收取？如何在仓库中快速找到指定货物？现在绝大多数的仓库还是通过在货架上贴手写卡片来区分货位，对这些仓库而言这是一件费时费力的工作，而且还经常出现取错货物和多次重复取货的情况。目前企业普遍采用的信息标识跟踪技术是条码技术，条码存在的种种不足限制了供应链效率的提高。采用物联网供应链透明化管理系统电子标签(RFID)技术能较好地解决这些问题，如图4-15所示。

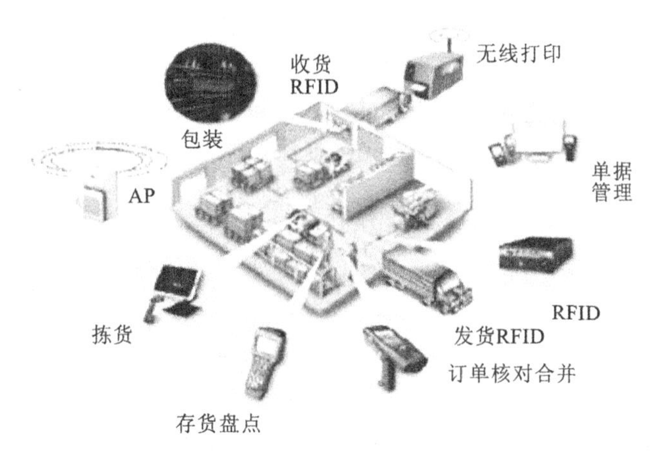

图4-15　RFID应用仓库出入库数据采集图

(1) 在仓库与仓库之间的通道和出入口安装阅读器，为托盘、叉车安装标签，一旦货物等进入读取区域时便会被自动识别、记录，并传给系统数据库保存；而在后台，当货物离开配货中心时，通道口的阅读器在读取标签上的信息后，会将其传送到处理系统并自动生成发货清单；待货车抵达目的地仓库后，由接货口的阅读器自动对车上的货物直接扫描，即可迅速完成验收与核对。

(2) 在货物及包裹上安装标签，管理系统可以通过固定安装阅读器和手持阅读器在物流的各个环节和流程进行实时跟踪，方便盘点、查找、比对。工作人员可以通过系统采集整理的数据清晰掌握仓库内货物是否过期等存放情况。使用该管理系统日常处理大量托盘货物，可大大提高效率，并保证货物有关信息的准确、可靠，如图4-16所示。

图4-16　仓储盘点、查货图

(3) 固定安装阅读器和手持阅读器的同时使用使得现场数据采集、盘点、出入库管理、库位检查等现场操作变得清晰、准确、系统、科学。在叉车、托盘上安装标签，管理系统可以随时跟踪叉车和托盘的方位。将阅读器安装在叉车、托盘进出仓库经过的通道口上方，每个托盘上都安装了电子标签，当叉车装载着托盘货物通过时，阅读器会使计算机了解哪个托盘货物已经通过。

(4) 在货物传输带上方安装阅读器，当货物通过传输带时，系统可通过阅读器快速获取货物的信息，并将其即时传入计算机并与系统内的原始数据做出比对。假设用传统的方法在大量堆叠的托盘中寻找某一件货物，则需要大量的工作量。使用该管理系统，查找过程就将变得简易得多，工作人员只需要拿着手持阅读器经过相关区域扫描即可轻易、准确地找到需要查找的货物。由于射频具有穿透性，所以即便是查找包裹深处的某件贴有标签的小货物也变得轻而易举了。

3. 仓储管理透明化

1) 方便信息的透明化管理

将物联网供应链透明化管理系统用于仓储货物管理时，可完全有效地解决仓库里与货物流动有关的信息的透明化管理。它不但增加了一天内处理货物的件数，还监控着这些货物的一切信息。信息都被存储在仓库的中心计算机里，当货物被装走运往别地时，由另一个阅读器识别并告知中心计算机它被放在哪个拖车上，这样管理中心可以实时地了解到已经处理了多少货物和发送了多少货物，并可自动识别货物，确定货物的位置。

2) 方便货物分拣透明化管理

物联网供应链透明化管理系统完全摒弃了使用书面文件完成货物分拣的传统方法，提高了效率，节省了劳动力。它不但可以快速完成简单订货的存储提取，而且可以方便地根据货物的尺寸、提货的速度要求、装卸要求等实现复杂货物的存储与提取；分拣工人只需简单操作就可以实现货物的自动进库、出库、包装、装卸等作业，降低了工人的劳动强度，提高了效率，最重要的是它可以高速无误地处理这一流程。

3) 方便货物信息的收集和查找透明化管理

采用物联网供应链透明化管理系统时，工作人员或者叉车司机可以通过手持读卡器对仓库内的货物进行信息的收集和查找，快速便捷，大大提高了仓储盘点、查货的效率和准确率。货物到达目的地后，工作人员拿着手持读卡器可以非常快速地查找、核对到达的货物，并传入数据库进行比对，这样不会发生传统记录的错记、误记，而且由于可以远距离感应，并同时准确处理30张标签，因此大大提高了工作的效率及准确率。

4) 方便仓库工作人员透明化管理

采用物联网供应链透明化管理系统时，工作人员身上携带一个标签，当工作人员在仓库内移动时将被安装在出入口及仓库空间上方的阅读器跟踪，并记录下其运行时间及轨迹，从而可方便地监控工作人员的工作，考察工作人员的工作效率。

4. 大宗货物、集装箱、货车的沿途实时跟踪透明化

在车辆、集装箱和大宗货物上安装标签，它们就会被实时监控起来，如图4-17所示。当将标签放在汽车挡风玻璃上时，它可利用内部写入的唯一识别码或直接写入车辆信息(车牌号、所载货物)等来标识汽车及其装载货物。

(1) 在货车离开仓库前，将被阅读器自动读取、识别，获得的信息自动传入后台管理系统，

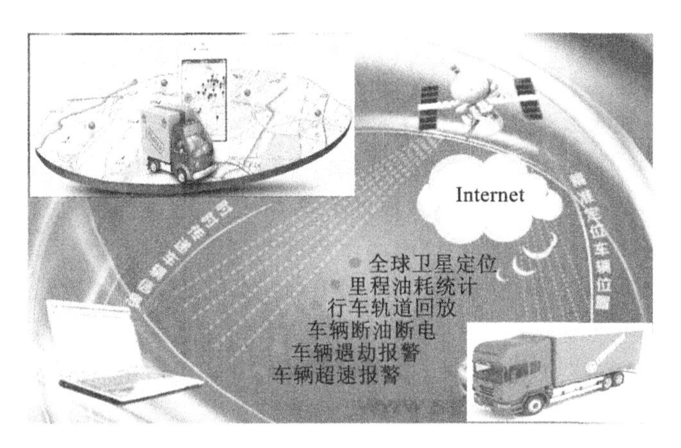

图 4-17　大宗货物、集装箱、货车的沿途实时跟踪图

系统即刻将其与数据库内原始数据比对。当发现错运、漏运等信息时，系统将自动报警，阻止货车出库，从而保证了货物运输的绝对准确性。

(2) 当车辆、集装箱和货物离开仓库时，装在仓库出口的 RFID 阅读器将自动感应到，并记录下它们离开的时间和信息；当货物经过安装在运输路线网点上的阅读器时，其信息和通过时间会被自动记录；当货物抵达目的地仓库时，货物信息会被入口处的阅读器自动识别、记录，并传入计算机和互联网。

这样，车辆、集装箱和货物在运输过程中被全程实时监控了起来，客户可以通过互联网随时查询货物所在位置。货物抵达后，工作人员可以很方便、快速地查对货物。

5. 货场货车的管理透明化

在货车的挡风玻璃上安装卡式标签，标签内记录有货车的相关信息，如车号、司机等；在货场出口及入口上方安装固定阅读器，当安装了标签的卡车进入和离开货场时会自动被阅读器识别，记录下车号及出入时间，快速无误，避免了人工处理的烦琐和错误。

阅读器收集的数据会及时传入互联网系统，方便在互联网上跟踪货车的位置。系统会记录所有进出货车的信息，并自动将相关信息制成表格，方便工作人员随时进行查询、管理，如图 4-18所示。

图 4-18　货场货车的管理图

四、物联网应用于制造企业全球供应链管理透明化的效果

1. 物联网应用于制造企业全球供应链管理透明化的运作模式

在制造业实施物联网技术可以从原材料制造、采购、半成品加工、成品制造、批发、配送到零售，贯穿全社会供应链的每一个环节，直到最终消费者，进行管理透明化。另外，将物联网技术向供应链上端延伸，还可以打破一个系统内部使用的孤立性，使其管理系统推广到集群内其他相关的产品制造业应用领域。在制造业采用 RFID 标签，可以实现货物信息的标准化，方便货物进行运输，使制造企业全球化国际贸易通关变得十分简单而快捷，同时还可以对货物进行追踪，使货物的安全得到了进一步的保障。基于物联网的全球供应链管理透明化的基本视图，如图 4-19 所示。

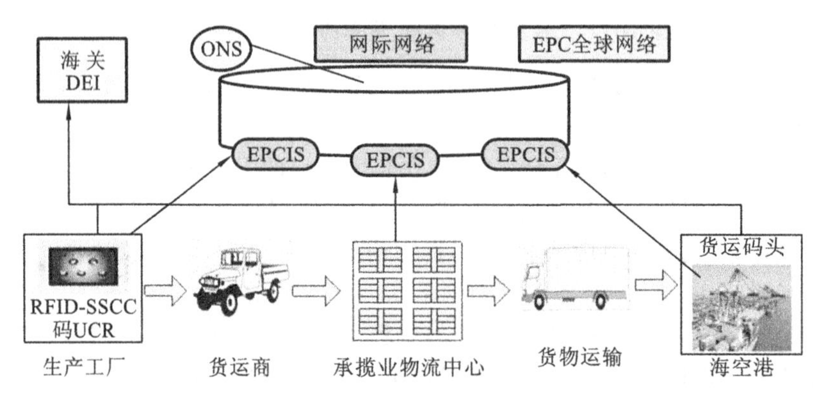

图 4-19　基于物联网的全球供应链管理透明化的基本视图

由图 4-19 可知，货物在出厂进行运输或者通关工作时便被赋予了 UCR 号码及 RFID 标签，再通过 EPC 全球网络对货物进行监控、追踪等活动，就可使货物运输的全过程可视化。

(1) 实现关键信息全程管理透明化。货物在运输途中所包括的关键信息有贸易商、货物承接商、运输业者及海关。UCR 的应用也可以分为在单一运送、货物拼装运送和货物分运中的应用。单一运送就是把一个 UCR 号码赋予一整批货物，通过一种运输方式将货物运往目的地。虽然 RFID 系统并不采用中央计算机来记录每个托盘或货品的位置，但它能够清楚地获知托盘上货箱甚至单独货品的各自位置、身份、储运历史、目的地、有效期及其他有用信息。正因为 RFID 系统能够为供应链中的实际货品提供如此详尽的数据，并在货品与其完整的身份之间建立物理联系，所以用户可方便地访问这些完全可靠的货品信息。

(2) 实现全球供应链透明化的关键信息的标准化。只有标准化信息才能连接全球各地不同的货运承揽、运输及仓储业者。而货物唯一追踪号码是在货物运输之前被赋予的唯一一组号码，在运输途中不管经过多少中介商或者政府机构，此号码将一直与该货物紧密相连，直到国外的进口商完成通关手续接收货物为止。

(3) 实现货物追踪透明化。货物拼装运送是指从不同托运人处收取运往同一地方的货物，然后拼装成批或者成箱，再通过一种运输方式进行运送。而货物分运是指整批货物被赋予同一个 UCR 号码，利用不同的运输工具将这批货物运往不同的目的地。通常情况下都是使用同一个 UCR 号码将货物从起始点运往目的地的。UCR 为每一件货物提供了唯一号码，这样货物在运输途中一旦丢失或者运往错误的目的地，就可以通过 UCR 找到这批货物，并将其运往准确

的地点，从而防止货物出现丢失的情况。这两项技术相结合，可促使全球供应链透明化、便捷化，为今后的国际贸易提供一个安全的环境。但是有些情况例外，如货物转售时，UCR号码将会改变，在这种情况下应当记录UCR号码的历程，以便对货物进行追踪。

(4) 实现货物识别透明化。和接触式识别技术不同，RFID系统的电子标签和阅读器之间不用接触就可完成识别。与条形码技术相比，RFID技术的识别距离更远，因此它可在广泛的场合中得到应用。RFID系统通过为每一件货品提供单独的识别身份及储运历史记录，从而提供了一个详尽而具有独特视角的供应链，实现了货物的全程追踪及供应链的透明化。

2. 物联网应用于制造企业供应链管理透明化的功能、效果

制造企业供应链管理透明化实现后的功能、效果如下。

(1) 客户化功能及入口网站：物流业者已将目前所有的服务项目建置在操作平台上，再依每个客户的需求建设客户专属的入口网站，为顾客提供专业的物流信息服务。

(2) 存货可视性：利用物流信息平台集成所有物流中心的存货数据，使客户可以不同条件查询存货动态。

(3) 运输可视性：集成运程中各物流中心的货物进出状态及配送车辆的进出站情况，将配送信息提供给客户以方便他们查询。

(4) 订单可视性：客户的采购进货及销售出货情况可以在物流信息平台上通过订单进行查询，可以了解订单目前被执行的情况。

(5) 信息交换：信息交换的目的在于让物流的信息流先行于货物的流动，让物流信息由开始到结束的所有信息不需重复输入，达到无纸化物流的境界。

(6) 监管物流信息平台上的处理物流流程，将各个监控点所传递的信息与在平台上所设定的流程进行比对，一旦流程不符合规定要求，则平台会警示负责人员进行异常事件处理。

(7) 容器/集装箱在整个流程中被完整监控。

(8) 货物、托盘、叉车、货车移动和存放位置一目了然，操作高效、自动化。

本章小结

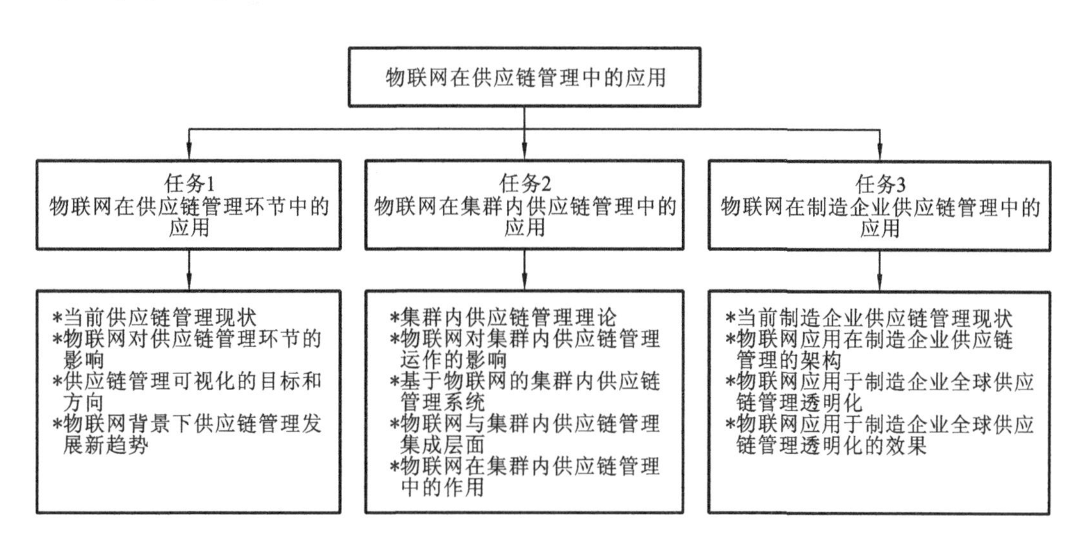

复习思考题

1. 简述供应链的掣肘——“牛鞭效应”的影响。
2. 简述在当前国际环境下，生产企业的供应链管理主要面临的挑战及其发展趋势。
3. 供应链管理可视化的目标及方向是什么？
4. 供应链管理可视化采购平台的重点是什么？
5. 影响供应链管理运输环节运输质量的主要因素是什么？
6. 什么是产业集群？什么是产业集群供应链？
7. 试述当前制造企业供应链管理现状。
8. 物联网应用于制造企业全球供应链管理透明化的关键技术是什么？

第5章

物联网在物流管理中的应用

WULIANWANG JISHU YINGYONG SHIWU

知识目标

1. 了解智慧物流概念及智慧物流体系。

2. 理解智慧物流的作用和智能物流的主要支撑技术。

3. 掌握智慧物流系统与技术需求及智慧物流系统与技术在智慧物流业中的应用。

4. 掌握物联网技术在物流公共信息平台的应用。

5. 物联网在物流过程可视化智能管理中的应用。

6. 物联网在全自动化的配送中心管理中的应用。

7. 物联网在产品的智能可追溯网络系统中的应用。

8. 掌握物联网在库存管理中的应用。

9. 掌握物联网在商业流通领域的应用。

能力目标

1. 能够应用物联网技术使物流充分满足企业的要求，解决我国物流行业所面临的困境；通过物流环节及时的信息反馈，改变企业生产滞后于市场需求的被动局面，打造企业主动推动市场形成的新局面。

2. 能够应用物联网技术实现物流信息资源的共享、整合和优化利用，达到社会物流资源的优化配置，降低社会物流成本，推动供应链管理的发展，提升物流业整体水平。

3. 能够将物联网技术应用到仓库基础数据管理的项目中，可有效地提高信息收集的自动化程度，实现对出入库作业的实时监控，方便对库存货物的定位与查询，同时可避免电子标签完全替代条形码的高额成本，从而可大幅提高仓储作业的工作效率。

4. 能够在商品流通过程中将物联网技术运用于内部物流管理，通过智能库存管理、生产管理及车间物流优化等手段，调整库存、及时配备物品、准确认知生产过程中的物品，择优选取，大大降低库存与物流成本，明显提高企业的管理效率和经济效益。

物流公司运酒弄丢了一箱茅台酒只赔300元，引发官司

福州一家食品公司委托物流公司运送九箱酒，结果该物流公司运输中弄丢了一箱价值1.3万余元的茅台酒，由此引发一场官司。福州市中级人民法院终审此案时，认为作为托运方的食品公司未对货物进行保价，只能根据合同最高赔偿限额获赔300元。

法官提醒说，如果委托快递或物流运送价值较大的货物，最好进行保价，不然货物弄丢很难得到满意的赔偿结果。

事件回放：托运茅台酒未选择保价运输。

去年3月17日，福州一家食品公司委托员工小黄将九箱酒托运至上海。当天，小黄将这九箱酒交由某物流公司承运，并未选择保价运输。在运输途中，该物流公司将其中一箱价值1.3万余元的茅台酒弄丢，导致收货人拒收货物，其他八箱酒从上海被退回。

该食品公司提出赔偿要求，协商无果后，向晋安区人民法院提起诉讼，要求该物流公司赔偿因托运物遗失所造成的经济损失共计1.3万余元。

托运方认为，该物流公司物流保单上关于"对每件价值高于300元人民币的货物，托运人应选择保价运输……实行保价运输的，承运人按托运人声明的货物价值或损失比例赔偿；无保价的货物最高赔偿额每件不超过300元"的约定是该公司单方面作出的格式合同，属"霸王条款"，是违背公平原则的无效格式条款。

该物流公司辩称，该公司拿出的托运单正面左下方采用加黑、加大字体印有"背面的特别约定"，托运方的员工已全面了解过，并签字确认。保价条款的意思，是托运方付更高运费，承运方承担更高风险，条款是公平合理的。

法官说法：未保价赔300元不违反公平原则。

晋安区人民法院一审认为，根据双方签订的合同，托运方未对所托运的货物进行保价，应自行承担由此产生的风险，所以不支持托运方高于300元索赔额的诉求。

该食品公司对判决持有异议，向福州市中级人民法院提出上诉。

福州市中级人民法院的法官认为：无保价情况下的限额赔偿，与保价情况下据实或按损失比例赔偿的区别及意义在于：对于托运人而言，以更高付费换取更低风险；对于承运人而言，则因更高收费承担更高风险，此种约定并不违反公平原则。

最后，福州中级人民法院驳回了托运方的上诉，维持原判。

思考题：

1. 目前我国物流货运领域频频出现的货物丢失现象，已经成为摆在我国物流企业特别是行业龙头企业面前的迫切需要解决的问题，物联网技术为解决货运丢货问题提供了新机遇。

2. 如何建立物联网环境下的业务运作机制？

任务1 物联网在智慧物流管理中的应用

物流信息化在产业升级的宏观环境下，围绕制造、商贸等企业如何通过信息数据的集约化管理推进内部物流资源整合与优化，以及物流企业如何与客户的信息数据整合推进供应链建设这两大主线，加快信息化发展的步伐。在这一进程中，物联网的兴起引发物流信息化整合进入一个新周期，在这个阶段，信息技术的单点应用将会逐步整合成一个体系，以追求整体效应，从而带来物流信息化的变革，推进物流系统的自动化、可视化、可控化、智能化、系统化、网络化的发展，形成智慧物流系统。

物流业是最早接触物联网理念的行业，也是中国物联网在2003—2004年第一轮热潮中被寄予厚望的一个行业。在物流过程的可视化智能管理网络系统方面，采用基于GPS卫星导航定位技术、RFID技术、传感技术等多种技术，对物流过程中实时实现车辆定位、运输物品监控、在线调度与配送可视化与管理。目前，全网络化与智能化的可视管理网络还没有，但初级的应用比较普遍，如有的物流公司或企业建立了GPS智能物流管理系统，有的公司建立了食品冷链的车辆定位与食品温度实时监控系统等，初步实现了物流作业的透明化、可视化管理。

很多物流系统和网络也采用了最新的红外、激光、无线、编码、认址、自动识别、定位、无接触供电、光纤、数据库、传感器、RFID、卫星定位等高新技术，这种集光、机、电、信息等技术于一体的新技术在物流系统的集成应用就是物联网技术在物流业应用的体现。

任务1：在竞争日益激烈的今天，面对着大量的个性化需求与订单，怎样能使供应链更加智慧？怎样才能做出准确的客户需求预测？

任务2：物联网发展正推动着中国智慧物流的变革，未来物联网在物流业的应用将出现何种趋势？

随着科学技术的高速发展、贸易壁垒的消除及全球化进程的加快，物流领域逐渐成为现代信息技术普遍应用的领域，物流企业正在转变为信息密集型企业，物流信息化成为现代物流业的灵魂，是现代物流业发展的必然要求和基石。

一、智慧物流概述

1. 智慧物流概念

智慧物流是物流企业通过运用现代信息技术，实现对货物流程的控制，从而降低成本、提高效益的管理活动。智慧物流是和传统物流相对应的。

与智能物流强调构建一个虚拟的物流动态信息化的互联网管理体系不同，智慧物流更重视将物联网、传感网与现有的互联网整合起来，通过精细、动态、科学的管理，实现物流的自动化、可视化、可控化、智能化、网络化，从而提高资源利用率和生产力水平，创造更丰富社会价值的综合内涵。

传统物流的特点是：需求不被充分了解，信息孤立在不同的系统里，没有整合，更谈不上优化配置。

智慧物流的智慧主要体现在三个方面：首先了解物品和载体的需求，比如哪里有货要运，有哪些工具可以运；然后，把物品、载体等信息都集中起来，放在同样的系统里共享；接着，再进行优化的分析，比如什么产品适合用货轮来运输，怎么排班合理，对此进行一个预测。简单地说，智慧物流就是在物联网的基础上给传统物流加上“智慧的大脑”，极大限度地提高物流的效益和水平。物联网发展推动着中国智慧物流的变革。随着物联网理念的引入、技术的提升、政策的支持，智慧物流将迎来大发展的时代，中国物流业革命性的变化是可以预期的。

中国物联网校企联盟认为，智慧物流是利用集成智能化技术，使物流系统能模仿人的智能，具有思维、感知、学习、推理判断和自行解决物流中某些问题的能力。即在流通过程中获取信息从而分析信息做出决策，使商品从源头开始被实施跟踪与管理，实现信息流快于实物流，可通过RFID、传感器、移动通信技术等让配送货物自动化、信息化和网络化。

2. 智慧物流体系

1)智慧物流的内容

基于物联网的普及和应用，我们认为物流未来发展的方向必然是建立于物联网基础之上的智慧物流。智慧物流主要包括：

(1)感知，即利用传感器、RFID、GPS 和智能设备自动感知货物及运输工具信息，各方能准确掌握货物、车辆和仓库等实时信息；

(2)互联，即通过现代信息技术，实现物质流、信息流和资金流的互联互通；

(3)可视，即实现物流活动各环节的可视性；

(4)智能，即利用智能化手段，评估成本、时间、质量、服务和其他要素，实现预测、分析、调度和决策。

通过区域内智慧现代物流体系的建立，可以充分整合和规范物流资源，有效降低区域物流成本，全面提升物流企业竞争力；促进产业升级和提高企业的竞争力，增强政府对物流业的监管能力；最终建设成为集电子政务和物流服务于一体的区域性、综合性、开放性的智慧型物流信息服务平台，并以此为突破口推进区域经济发展。

2)智慧物流体系的建设

智慧物流体系的构建是一个全方位的系统工程，主要需要建立以下几大系统，如图 5-1 所示。

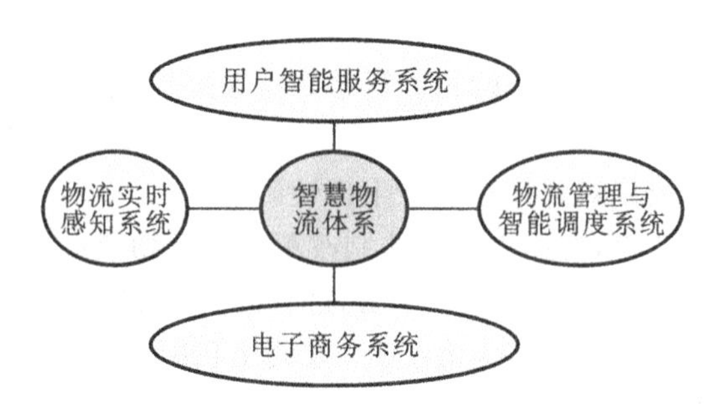

图 5-1　智慧物流体系基本架构

一是物流实时感知系统。在智能交通系统、通信系统及其他相关系统基础上，利用传感器、RFID、GPS 和其他智能设备，建设包括货物、运输工具、仓储等物流基础要素的自动感知系统，为智能物流系统提供基础的实时信息。

二是用户智能服务系统。建设面向用户的智能服务系统，实现货物运输最优方案指导，运输成本自动生成等咨询服务，远程订单与订单管理等业务服务，货物实时跟踪、货物状态可视等过程服务。

三是物流管理与智能调度系统。建设面向物流企业的资源管理与智能调度系统，实现货物自动调配、仓储动态管理、车辆自动调度、配送线路规划与指导；实现物流设备、设施实时监控；实现物流信息自动处理与查询等。

四是电子商务系统。面向物流利益相关方建设电子商务系统，实现物流信息发布与查询、在线业务竞标、商机智能撮合、在线交易、在线支付、在线结算、在线报关与商检、在线投保及理赔等，实现物流市场预测与预警。

3. 智慧物流的作用

将物联网先进技术融入具体物流运作中，将能够实现高度的物流信息化、自动化和便利化。企业通过接入物流物联网信息网络能够即时建立与企业内部、供应商、消费者、政府部门等相关单位之间的联系、协调和合作，实现整体联动的社会化物流。智慧物流的具体作用如下。

(1)降低物流成本，提高企业利润。智慧物流能大大降低制造业、物流业等各行业的成本，实实在在地提高企业的利润。生产商、批发商、零售商三方通过智慧物流相互协作、信息共享，物流企业便能更节省成本。其关键技术诸如物体标识及标识追踪、无线定位等新型信息技术应用，能够有效实现物流的智能调度管理、整合物流核心业务流程，促进物流管理的合理化，降低物流消耗，从而降低物流成本，减少流通费用、增加利润。

(2)加速物流产业的发展，成为物流业的信息技术支撑。智慧物流的建设，将加速当地物流产业的发展，集仓储、运输、配送、信息服务等多功能于一体，打破行业限制，协调部门利益，实现集约化高效经营，优化社会物流资源配置。同时，将物流企业整合在一起，将过去分散于多处的物流资源进行集中处理，发挥整体优势和规模优势，实现传统物流企业的现代化、专业化和互补性。此外，这些企业还可以共享基础设施、配套服务和信息，降低运营成本和费用支出，获得规模效益。

(3)为企业生产、采购和销售系统的智能融合打基础。随着 RFID 技术与传感器网络的普及，物与物的互联互通，将给企业的物流系统、生产系统、采购系统与销售系统的智能融合打下基础，而网络的融合必将产生智慧生产与智慧供应链的融合，企业物流完全智慧地融入企业经营之中，打破工序、流程界限，打造智慧企业。

(4)使消费者节约成本，轻松、放心购物。智慧物流通过提供货物源头自助查询和跟踪等多种服务，尤其是对食品类货物的源头查询，能够让消费者买得放心、吃得放心，在增加消费者的购买信心的同时促进消费，最终对整体市场产生良性影响。

(5)提高政府部门工作效率，有助于政治体制改革。智慧物流可全方位、全程监管食品的生产、运输、销售，在大大节省相关政府部门工作压力的同时，使监管更彻底更透明。通过计算机和网络的应用，政府部门的工作效率将大大提高，有助于我国政治体制的改革、精简政府机构、裁汰冗员，从而削减政府开支。

(6)促进当地经济进一步发展，提升综合竞争力。智慧物流集多种服务功能于一体，体现了现代经济运作特点的需求，即强调信息流与物质流快速、高效、通畅运转，从而降低社会成本，提高生产效率，整合社会资源。

二、智慧物流的主要支撑技术

开放的物联网信息网络能够深化专门从事物流服务的第三方物流(3PL)企业与客户的合作关系，最大限度地开发它们在包装、运输、装卸、仓储、配送等环节的物流资源，为客户提供优化的物流解决方案和增值服务。物流物联网的建设能够极大加强物流环节各单位间的信息交互，实现企业间有效的协调与合作，推进物流行业的专业化、规模化发展。但实现智慧物流必须有一定的支撑技术。

1. 自动识别技术

自动识别技术是以计算机、光、机、电、通信等技术的发展为基础的一种高度自动化的数据采集技术。它是通过应用一定的识别装置,自动地获取被识别物体的相关信息,并提供给后台的处理系统来完成相关后续处理的一种技术。它能够帮助人们快速而又准确地进行海量数据的自动采集和输入,目前在运输、仓储、配送等方面已得到广泛的应用。

1)条码识别技术

条码识别技术是目前使用最广泛的自动识别技术,它利用光电扫描设备识读条码符号,从而实现信息自动录入。条码是由一组按特定规则排列的条、空及对应字符组成的表示一定信息的符号。不同的码制,条码符号的组成规则不同。目前,较常使用的码制有 EAN/UPC 条码、128 条码、ITF-14 条码、交插二五条码、三九条码、库德巴条码等。

2)射频识别(RFID)技术

射频识别技术是近几年发展起来的现代自动识别技术,它利用感应、无线电波或微波技术的读写器设备对射频标签进行非接触式识读,达到对数据自动采集的目的。它可以识别高速运动物体,也可以同时识读多个对象,具有抗恶劣环境、保密性强等特点。

3)生物识别技术

生物识别技术是利用人类自身生理或行为特征进行身份认定的一种技术。生理特征包括手形、指纹、脸形、虹膜、视网膜、脉搏、耳郭等,行为特征包括签字、声音等。由于人体特征具有不可复制的特性,这一技术的安全性较传统意义上的身份验证机制有很大的提高。目前,人们已经发展了虹膜识别技术、视网膜识别技术、面部识别技术、签名识别技术、声音识别技术、指纹识别技术等六种生物识别技术。

2. 移动通信技术

移动通信技术包括 3G 网,甚至 4G 网等移动无线通信技术。

1)3G 网

3G 是英文 the 3rd generation 的缩写,指第三代移动通信技术。相对第一代模拟制式手机(1G)和第二代 GSM、CDMA 等数字手机 (2G),第三代手机(3G)一般是指将无线通信与国际互联网等多媒体通信结合的新一代移动通信系统。

第三代移动通信技术,是指支持高速数据传输的蜂窝移动通信技术。3G 服务能够同时传送声音(通话)及数据信息(电子邮件、即时通信等)。其代表特征是提供高速数据业务。

3G 与 2G 的主要区别是传输声音和数据的速度不同,3G 能够在全球范围内更好地实现无线漫游,并处理图像、音乐、视频流等多种媒体形式,提供包括网页浏览、电话会议、电子商务等多种信息服务,同时也要考虑与已有第二代系统的良好兼容性。为了提供这种服务,无线网络必须能够支持不同的数据传输速度,也就是说在室内、室外和行车的环境中能够分别支持至少 2Mb/s(兆比特/秒)、384Kb/s(千比特/秒)及 144Kb/s 的传输速度(此数值根据网络环境会发生变化)。

目前国内不支持除 GSM 和 CDMA 以外的网络。GSM 设备采用的是频分多址,而 CDMA 使用码分扩频技术,先进功率和话音激活至少可提供大于 3 倍 GSM 网络容量,业界将 CDMA 技术作为 3G 的主流技术,国际电联确定三个无线接口标准,分别是 CDMA 2000、WCDMA、TD-SCDMA,也就是说国内 CDMA 可以平滑过渡到 3G 网络,3G 的主要特征是可提供移动宽带多媒体业务。

2)4G 网

4G 是第四代移动通信及其技术的简称,是集 3G 与 WLAN 于一体并能够传输高质量视频图像且图像传输质量与高清晰度电视不相上下的技术产品。第四代通信技术是继第三代以后的又一次无线通信技术演进，其开发更加具有明确的目标性：提高移动装置无线访问互联网的速度。据3G市场分三个阶段走的发展计划，3G的多媒体服务在10年后进入第三个发展阶段。在发达国家，3G服务的普及率更超过60%，那么这时就需要有更新一代的系统来进一步提升服务质量。

4G系统能够以100Mb/s的速度下载，比拨号上网快2 000倍，上传的速度也能达到20Mb/s，并能够满足几乎所有用户对无线服务的要求。此外，4G可以在DSL和有线电视调制解调器没有覆盖的地方部署，然后再扩展到整个地区。

很明显，4G有着不可比拟的优越性。与传统的通信技术相比，4G通信技术最明显的优势在于通话质量及数据通信速度都有提升。然而，在通话品质方面，移动电话消费者还是能接受的。随着技术的发展与应用，现有移动电话网中手机的通话质量还在进一步提高。数据通信速度的高速化的确是一个很大优点，它的最大数据传输速率达到100Mb/s，简直是不可思议的事情。

4G移动系统网络结构可分为物理网络层、中间环境层、应用网络层三层。物理网络层提供接入和路由选择功能，它们由无线和核心网的结合格式完成。中间环境层的功能有QoS映射、地址变换和完全性管理等。物理网络层与中间环境层及其应用环境之间的接口是开放的，它使发展和提供新的应用及服务变得更为容易，提供无缝高数据率的无线服务，并运行于多个频带。这一服务能自适应多个无线标准及多模终端能力，跨越多个运营者和服务，提供大范围服务。

3. 智能终端

智能终端是指具备开放操作系统的移动终端，支持用户安装和卸载各种应用程序，并提供开放的应用程序开发接口以供第三方开发应用程序，通常与移动应用商店及应用服务器紧密结合来灵活地获得应用程序和数字内容。

伴随着移动互联网的发展，智能终端的使用数量急剧增加，功能也日益增强。这不仅推动了移动互联网的发展和相关业务的普及，同时，智能终端也在人们的日常生活之中变得不可或缺。但与此同时，由于智能终端本身的开放性、灵活性，以及智能终端的广泛应用，可能给终端用户、通信网络乃至国家安全和社会稳定在信息安全方面造成一定影响，成为阻碍其健康发展的绊脚石。

4. 位置服务

基于位置的服务现在非常流行，除了传统的GPS，发展最快的是通过智能手机提供的位置服务。

手机位置服务(location based services，LBS)又称手机定位服务，是指通过移动终端和移动网络的配合，确定移动用户的实际地理位置，提供位置数据给移动用户本人或他人及通信系统，实现各种与位置相关的业务。实质上是一种概念较为宽泛的与空间位置有关的新型服务业务。

1)移动手机位置服务

中国移动手机位置服务业务主要产品包括自有业务和合作业务两类。自有业务包括面向大众客户的手机导航、手机地图、车e行(基于便携式导航仪的导航信息服务)、车载前装(车辆预装导航及增值信息服务系统)业务和面向集团客户的车务通业务，位置合作业务是中国移动联合合作伙伴向大众与集团客户提供基于定位能力和通信网络等资源的位置类增值服务。

2)电信手机位置服务

天翼导航业务除提供手机导航、网上导航之外，还增加了人工座席导航，以方便开车等一些用户的特殊需要。目前,支持该业务的部分终端机型已经上市接受订购。

3)联通手机位置服务

联通手机位置服务指通过无线终端(手机)和无线网络的配合,确定手机用户的实际位置信息(经纬度坐标数据,包括三维数据),通过SMS、MMS、语音发给用户或以此为基础提供某种增值服务。它是通过联通运营商的网络获取联通终端用户的位置信息(经纬度坐标),在电子地图平台的支持下,为用户提供相应服务的一种增值业务。

5.商业智能技术

商业智能,又称商务智能,英文为business intelligence,简写为BI。商业智能的概念于1996年最早由加特纳集团(Gartner Group)提出,加特纳集团将商业智能定义为:商业智能描述了一系列的概念和方法,通过应用基于事实的支持系统来辅助商业决策的制定。商业智能技术提供使企业迅速分析数据的技术和方法,包括收集、管理和分析数据,将这些数据转化为有用的信息,然后分发到企业各处。

商业智能是对商业信息的搜集、管理和分析过程,目的是使企业的各级决策者获得知识或洞察力(insight),促使他们做出对企业更有利的决策。一旦管理转移到依赖于信息加工、信息处理,即利用商业智能技术进行加工和处理信息,实现决策、实现增值时,商业智能技术将会热门起来。

6.人工智能技术

人工智能就是探索研究用各种机器模拟人类智能的途径,使人类的智能得以物化与延伸的一门学科。它借鉴仿生学思想,用数学语言抽象描述知识,用以模仿生物体系和人类的智能机制,目前主要的方法有神经网络、进化计算和粒度计算三种。

1)神经网络

神经网络是在生物神经网络研究的基础上模拟人类的形象直觉思维,根据生物神经元和神经网络的特点,通过简化、归纳,提炼总结出来的一类并行处理网络。神经网络的主要功能主要有联想记忆、分类聚类和优化计算等。虽然神经网络具有结构复杂、可解释性差、训练时间长等缺点,但由于其具有对噪声数据的高承受能力和低错误率的优点,以及各种网络训练算法如网络剪枝算法和规则提取算法的不断提出与完善,使得其在数据挖掘中的应用越来越为广大使用者所青睐。

2)进化计算

进化计算是模拟生物进化理论而发展起来的一种通用的问题求解的方法。因为它来源于自然界的生物进化,所以它具有自然界生物所共有的极强的适应性特点,这使得它能够解决那些难以用传统方法来解决的复杂问题。它采用了多点并行搜索的方式,通过选择、交叉和变异等进化操作,反复迭代,在个体的适应度值的指导下,使得每代进化的结果都优于上一代,如此逐代进化,直至产生全局最优解或全局近优解。其中最具代表性的就是遗传算法,它是基于自然界的生物遗传进化机理而演化出来的一种自适应优化算法。

3)粒度计算

早在1990年,我国著名学者张钹和张铃就进行了关于粒度问题的讨论,并指出“人类智能的一个公认的特点,就是人们能从极不相同的粒度上观察和分析同一问题。人们不仅能在不同粒度的世界进行问题的求解,而且能够很快地从一个粒度世界跳到另一个粒度世界,往返自如,毫无困难。这种处理不同粒度世界的能力,正是人类问题求解的强有力的表现”。随后,Zadeh

(扎德)讨论模糊信息粒度理论时,提出人类认知的三个主要概念,即粒度(包括将全体分解为部分)、组织(包括从部分集成全体)和因果(包括因果的关联),并进一步提出了粒度计算。他认为,粒度计算是一把大伞,它覆盖了所有有关粒度的理论、方法论、技术和工具的研究。目前主要有模糊集理论、粗糙集理论和商空间理论三种。

三、智慧物流系统与技术需求

随着社会对物流智能化和信息化服务需求的不断增加,基于物联网技术,以高度信息化、智能化为特征的智慧物流应运而生,使物流信息化进入一个新的阶段。智慧物流系统的体系架构,如图 5-2 所示。智慧物流系统的体系架构由三个层面组成,最上层是感知互动层、其次是网络传输层、最下层是应用服务层。

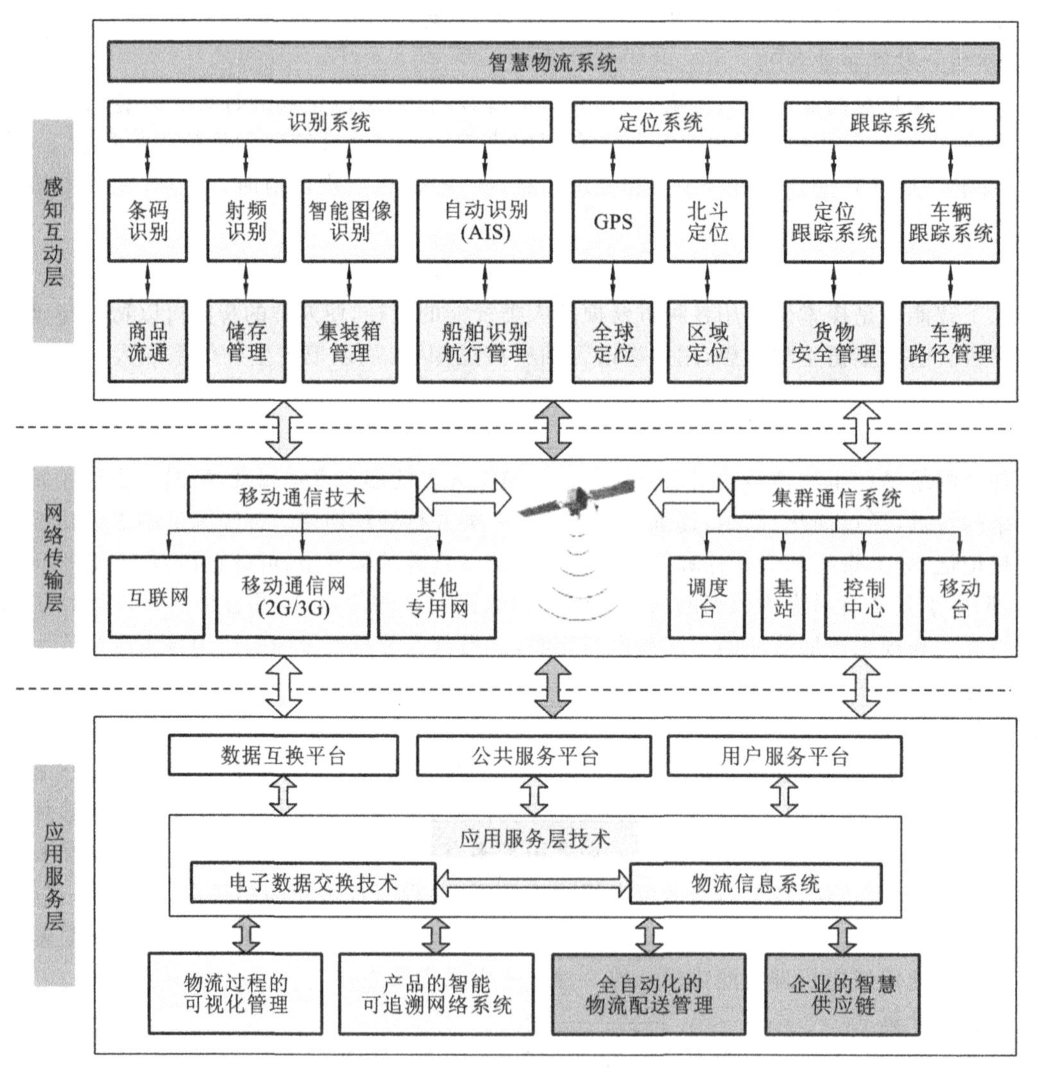

图 5-2 智慧物流系统的体系架构图

1. *感知互动层*

感知互动层由识别系统、定位系统和跟踪系统组成，包括RFID设备、传感器与传感网等，主要完成物体信息的采集、融合处理，采用条码识别、RFID、智能图像识别、AIS、GPS、北斗卫星导航系统、定位跟踪系统、车辆跟踪系统等多种技术对各类物流对象进行信息采集，这种采集具有实时、自动化、智能化、信息全面等特点。

1)条码识别

条形码是由宽度不同、反射率不同的条和空，按照一定的编码规则(码制)编制成的，用以表达一组数字或字母符号信息的图形标识符。随着计算机应用的不断普及，条形码识别技术的应用得到了很大的发展。条形码可以标出商品的生产国、制造厂家、商品名称、生产日期、邮件起止地点、类别、日期等信息，因而在商品流通、图书管理、邮电管理、银行系统等许多领域都得到了广泛的应用。

2)RFID

射频识别系统通常由电子标签(射频标签)和阅读器组成。电子标签内存有一定格式的电子数据，常以此作为待识别物品的标识性信息。应用中将电子标签附着在待识别物品上，作为待识别物品的电子标记。

3)智能图像识别

集装箱号码自动识别，简称箱号识别，是基于图像识别中的OCR(光学字符识别)技术发展而来的一种实用技术，包括触发、图像抓拍、字符识别等几个关键环节。它能对集装箱图像进行实时抓拍，对集装箱号和箱型代码(ISO号码)进行识别。

实时的影像、车辆和集装箱的信息均转化成为数字化信息存储在计算机中，通过调用这些信息，与物流、码头、堆场或海关的信息管理系统进行整合，提高关口和货物管理、集装箱存货管理、场地规划、收费管理及其他有关物流管理的自动化程度，有效地节省了集装箱检验的时间，降低了人工记录集装箱号码的出错率。

4)AIS

AIS全称为automatic identification system(自动识别系统)，也称全球无线电应答器系统。AIS是近年来几个国际组织，特别是国际海事组织(IMO)、国际航标协会(IALA)、国际电信联盟(ITU)共同的研究成果。AIS的目的是使所有船舶都安装无线电应答器系统，使某一船只可以被其他装有无线电应答器的船舶"看得见"。

5)GPS

卫星定位是一种结合卫星及通信发展的技术，利用导航卫星进行测时和测距的系统。全球卫星定位系统是美国从20世纪70年代开始研制，历时20余年，耗资200亿美元，于1994年全面建成，具有海、陆、空全方位实时三维导航与定位能力的新一代卫星导航与定位系统。全球卫星定位系统以全天候、高精度、自动化、高效益等特点，成功地应用于物流运输领域，取得了很好的经济效益和社会效益。

6)北斗卫星导航系统

北斗卫星导航系统是中国自行研制的全球卫星定位与通信系统(BDS)，是继美国全球定位系统(GPS)和俄罗斯GLONASS之后第三个成熟的卫星导航系统。系统由空间端、地面端和用户端组成，可在全球范围内全天候、全天时为各类用户提供高精度、高可靠的定位、导航、授时服务，并具有短报文通信能力，已经初步具备区域导航、定位和授时能力，定位精度优于20m，授时精度优于100ns。2012年12月27日,北斗卫星导航系统空间信号接口控制文件正式版正式公布,北斗导航业务正式对亚太地区提供无源定位、导航、授时服务。

7)定位跟踪系统

实时定位跟踪系统利用RFID,以电子标签作为目前最先进的标识码,具备不易破损、数据可靠、使用周期长、有效通信距离长等特点,是替代条形码、红外线标识的最佳选择。将其安装在受控目标上,实现对监控目标进行追踪和定位。在物流领域应用实时定位跟踪系统,主要目的是防止货物丢失。

8)车辆跟踪系统

车辆跟踪系统为追踪、测量和管理设施内任意区域(不论室内和室外)的车辆提供实时信息。在如今的车辆组装、供应链和车队运营等环节中,为了降低运营成本,车辆跟踪系统能让车辆制造商、供应链或车队运营实时准确了解车辆当前或曾经出现的位置,可精确至3 m以内,这样达到提高车队运营中的车辆利用率的目的。

2. 网络传输层

网络传输层是进行物流信息交换、传递的数据通路,包括各类接入网与核心网。除传统的因特网外,在物流领域应用较为广泛的有移动通信技术、集群通信技术等。

1)移动通信技术

移动通信技术是指以无线电波为通信用户提供实时信息传输的技术,通过"蜂窝"(cellular)技术的地域覆盖和短距离通信组合,以实现在保障覆盖区或服务区内的顺畅的个体移动通信。随着技术的不断发展,移动通信技术的数据传输能力越来越强,在广域、远程无线语音与数据传输等应用中,为用户提供方便快捷的服务。

2)集群通信技术

集群通信系统产生于20世纪70年代,已经广泛应用于军队、公安、司法、铁路、交通、水利、机场、港口等部门。集群通信系统由基站、移动台、调度台和控制中心四部分组成。其中,基站负责无线信号的转发,移动台用于在运行中或停留在某个不确定的地点进行通信,调度台负责对移动台进行指挥、调度和管理,控制中心主要负责控制和管理整个集群通信系统的运行、交换和接续。

3. 应用服务层

应用服务层包括数据互换平台、公共服务平台和用户服务平台。物流领域中的应用服务层技术包括EDI、物流信息系统等。

1)EDI

EDI即电子数据交换,联合国标准化组织将EDI描述为按照统一标准,将商业或行政事务处理转换成结构化的报文数据格式,并利用计算机网络实现的一种电子数据传输方法。EDI的主要功能表现在电子数据传输、传输数据的存储文书数据标准格式的转换、安全保密、提供信息查询、提供技术咨询服务、提供信息增值服务等方面。

EDI作为一种新型有效的信息交换手段,可以提高整个物流流程各个环节的信息管理和协调水平,是实现快速响应(QR)、高效消费者响应(ECR)、高效补货等方法必不可少的技术。

2)物流信息系统

所谓物流信息系统,实际上是物流管理软件和信息网络结合的产物,小到一个具体的物流管理软件,大到利用覆盖全球的互联网将所有相关的合作伙伴、供应链成员连接在一起提供物流信息服务的系统，都可称为物流信息系统。对一个企业来说，物流信息系统不是独立存在的，而是企业信息系统的一部分，或者说是其中的子系统，即使对一个专门从事物流服务的企业也是如此。

建立在信息网络基础上的物流信息系统，通常也被人们称为物流信息平台。在信息网络环境下，“系统”和“平台”这两个概念在很多时候被人们不加区别地使用。

四、未来物流信息化——智能物流

从“感知中国”“智慧的地球”到“智能物流”，快速提高的信息化技术水平和不断扩大的应用范围，逐步影响到中国各行各业。智能物流供应链标志着信息化在整合中国网络和中国管控流程中进入到一个新的阶段。

1. 智能物流产业规模庞大

在传统物流运输中，运输的种类和风险、物流过程中的运输环节和动作方式，以及物流企业的服务，都影响到物流运输的成本和质量。智能物流是利用集成智能化技术，使物流系统能模仿人的智能，具有思维、感知、学习、推理判断和自行解决物流中某些问题的能力。

预计到2015年中国智能物流核心技术将形成的产业规模达2 000亿元。智能物流是根据自身的实际水平和客户需求对智能物流信息化进行定位，是国际未来物流信息化发展的方向。

2. 未来智能物流的发展方向

智能物流的未来发展将会体现出：物流智能化、物流一体化、物流层次化、物流柔性化与物流社会化。其主要为在智能物流作业过程中的大量运筹与决策的智能化；以物流管理为核心，实现物流过程中运输、存储、包装、装卸等环节的一体化和智能物流系统的层次化；智能物流的发展会更加突出“以顾客为中心”的理念。智能物流的发展将会促进区域经济的发展和世界物流资源优化配置，实现物流高科技信息化。

未来物流应该如何发展？物流企业一方面可以通过对物流资源进行信息化优化调度和有效配置，来降低物流成本；另一方面，在物流过程中加强管理和提高物流效率，以改进物流服务质量。然而，随着物流的快速发展，物流过程越来越复杂，物流资源优化配置和管理的难度也随之提高，物资在流通过程中各个环节的联合调度和管理更加重要也更加复杂，而我国传统物流企业的信息化管理程度还比较低，无法实现物流组织效率和管理方法的提升，阻碍了物流的发展。要实现物流行业长远发展，就要实现从物流企业到整个物流网络的信息化、智能化，因此，发展智能物流成为必然。

3. 智能物流在现实中的应用

例如：一家物流公司在每辆配送车辆上都安装了GPS定位系统，而且在每件货物的包装中嵌入了RFID芯片，通过芯片物流公司和客户都可在网络上了解货物所处的位置和环境。同时在运输过程中物流公司可根据客户的要求，对货物进行及时的调整和调配，实时全程监控货物，防止物流遗失、误送等，优化物流运输路线，缩短中间环节，减少运输时间。通过货物上的芯片，装载时自动收集货物信息，卸货检验后，用嵌有RFID的托盘装载货物，经过读取的通道，放置到具有读取设备的货架，物品信息就自动记入了信息系统，实现精确定位，缩短了物流作业时间，提高物流运营效率，最终减少物流成本。利用智能物流技术，结合有效的管理方式，这家物流公司在整个物流过程中，能够实时掌控货物状态，对物流资源有效配置，从而提供高效而准确的物流服务。

通过上述案例,我们可以看到,新技术使整个物流供应链更加透明化。通过智能物流,物流仓库的管理变得高效、准确,物流人力大大节约。在大型高等级物流仓库,甚至可以实现除了人口收验货人员,物流仓库内“无人”全自动化操作,仓库可仅安排计算机屏幕前的监控人员。

4. 智能物流对企业及供应链的影响

(1)智能处理技术应用于企业内部决策。通过对大量物流数据的分析,对物流客户的需求、商品库存、物流智能仿真等做出决策。实现物流管理自动化(获取数据、自动分类等),物流作业高效便捷,改变中国物流仓储型企业“苦力”公司的形象。

(2)降低物流仓储成本。物流智能获取技术使物流从被动走向主动,实现物流过程中的主动获取信息、主动监控运输过程与货物、主动分析物流信息,使物流从源头开始被实施跟踪与管理,实现信息流快于实物流。

(3)智能传递技术应用于物流企业内部,实现外部的物流数据传递功能。智能物流的发展趋势是实现整个供应链管理的智能化,因此需要实现数据间的交换与传递。提高服务质量、响应时间,促使客户满意度提高,物流供应链环节整合更紧密。

(4)智能利用技术在物流管理的优化、预测、决策支持、建模和仿真、全球化物流管理等方面应用,使物流企业的决策更加准确和科学。借助智能物流的东风,我国物流企业信息化将上一个新台阶,同时也促进物流信息行业实现共享的局面。

任务2　物联网在物流过程管理中的应用

随着物流园区逐步成为物流企业大量集聚的空间区域,如何加快物流园区供应链管理公共平台的建设,支持各类物流企业依托物流园区开展物流供应链服务,已经成为当前国内外学者关注的热点。但与现有供应链管理平台相比,物流园区供应链管理平台的构建面临以下问题。

(1)移动工作任务,园区集聚的各类物流企业,其业务活动常常表现为较大空间范围内的频繁移动服务过程,对园区供应链业务数据采集的时效性和准确性要求更高。

(2)高度专业分工,物流园区具有典型的产业集群特征,相关企业的专业分工程度较高,因此,对企业之间协同信息传递的可靠性和及时性要求更高。

(3)海量数据服务需求。集聚在物流园区的物流企业数量较多。对SaaS和PaaS服务模式的接受程度也较高。因此园区供应链管理平台的信息种类和数量都成倍增加。要求其具备高效的海量数据处理能力。

(4)智能信息服务需求,随着园区数据海量特征的日趋突出,如何对海量物流数据进行智能挖掘与处理,支持企业在合适的地点和时间,及时、准确地获得合适的信息或服务,也是当前物流园区供应链管理平台面临的重大挑战。

物联网技术的快速发展为上述问题的解决提供了新的思路。物联网是指通过射频识别、红

外感应器、全球定位系统、激光扫描器等信息传感设备，按约定的协议，把物品与互联网连接起来，进行信息交换和通信，以实现智能化识别、定位、跟踪、监控和管理的一种网络，具有全面感知、可靠传递和智能处理等特征。但现有物联网研究主要集中在物联网领域的共性基础关键技术研究上。

任务1：基于物联网技术的物流园区供应链管理平台是如何构成的？

任务2：支持园区供应链管理的物联网构建技术是什么？

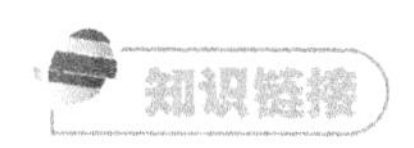

目前我国物流业处于向现代物流业发展的起步阶段。通过物流信息技术实现物流信息资源的共享、整合和优化利用，达到社会物流资源的优化配置，降低社会物流成本，推动供应链管理的发展，提升物流业整体水平，推动经济结构的重大调整是当前我国现代物流体系建设亟待解决的问题。

一、物联网技术在物流中的应用

目前，物流是物联网技术集成应用程度较高、应用范围较为广泛的领域，物联网技术为中国物流业发展带来新的机遇。物联网技术应用主要集中在物流公共信息平台、物流过程的可视化智能管理、全自动化的配送中心管理、产品的智能可追溯网络系统等方面。

1. 物流公共信息平台管理

全球化背景下的企业竞争将是供应链与供应链之间的竞争，对企业的物流系统、生产系统、采购系统与销售系统提出较高要求。物流公共信息平台的基本功能是将物流相关的企业和服务机构，如生产制造商、物流服务商、分销商、银行、保险、政府相关机构，通过统一的信息网络连接起来，实现不同数据格式、多种信息标准的转换和传输，提供公共的应用模块，方便企业使用，降低信息成本，进一步还可以提供决策分析服务。物流公共信息平台建设离不开物联网。在竞争日益激烈的今天，面对着大量的个性化需求与订单，怎样能使供应链更加智慧？怎样才能做出准确的客户需求预测？这些是企业经常遇到的现实问题。这就需要智慧物流和物流公共信息平台后勤保障网络支持。

2. 物流过程的可视化智能管理

在物流过程的可视化智能管理网络系统方面，采用基于GPS卫星导航定位技术、RFID技术、传感技术等多种技术，对物流过程中实时实现车辆定位、运输物品监控、在线调度与配送可视化管理。目前，全网络化与智能化的可视管理网络还没有，但初级的应用比较普遍，如有些技术比较先进的物流公司或企业大都建立与配备了GPS智能物流管理网络系统，可以实现对食品冷链的车辆定位与食品温度实时监控等，初步实现物流作业的透明化、可视化智能管理。

3. 全自动化的配送中心管理

随着市场竞争越来越激烈，作为买方市场主体的消费者，对产品的需求向着多品种少批量方向发展，配送这一服务体系应运而生。配送从属于物流，但对流通的时间性要求更高，物联网技术能够为建立全自动化物流配送中心，建立物流作业的智能控制、自动化操作提供支持，可实现物流与生产和市场需求的联动，实现商流、物流、信息流、资金流的全面协同。

物联网基于传感、RFID、声、光、电、机、移动计算等各项先进技术，在物流配送中心实现全自动化管理，建立配送中心智能控制、自动化操作网络，从而实现物流、商流、信息流、资金流的全面管理。例如一些先进的自动化物流中心，就实现了机器人码垛与装卸，采用无人搬运车进行物料搬运，自动输送分拣线开展分拣作业，出入库操作由堆垛机自动完成，物流中心信息与企业 ERP 系统无缝对接，整个物流作业与生产制造实现了自动化、智能化。

4. 产品的智能可追溯网络系统

目前应用的智能可追溯网络系统主要有食品的可追溯系统、药品的可追溯系统等。当前食品安全已经成为政府、企业和消费者关注的焦点，特别是在食品供应链管理中需要一种可溯源的信息载体来呈现证明食品安全的信息。将物联网技术应用到可追溯系统中，保证信息的实时传递和跟踪，便可建立有效的召回管理机制，向下游分销商、零售商及消费者提供食品的完整产供销信息，通过商品的电子标签代码从物联网查到与之相关的信息。这些智能的产品可追溯系统为保障食品、药品等的质量与安全提供了坚实的物流保障。

基于物联网技术的物流园区供应链管理平台是指通过传感器等终端数据采集设备、无线传感网络等各类物联网技术应用，实现对车辆、货物、集装箱、仓储等物流资源状态的全程监控，建立统一的园区多元数据集成中间件，通过园区供应链的数据挖掘，实现同区物流资源的优化配置。该平台的概念模型包括物流资源层、数据采集层、网络通信层、供应链数据层、供应链应用层、供应链服务层、供应链决策层等七大层次。

(1)物流资源层：刻画了园区供应链管理面向物流资源对象的视图描述。

(2)数据采集层：应用物联网关键技术实现了对各类物流资源实时状态的监控和跟踪。根据数据采集时间周期，数据采集分为三种：基于 RFID 等终端数据设备的实时数据采集，基于专用企业接口系统的定期数据采集，基于特定情况发生的应急数据采集，如发生特大自然灾害时有关道路通行信息的采集。

(3)网络通信层：在集成物流园区有线/无线网络和传感器网络的基础上，建立具有自适应自组织特征的物联网网络通信系统，重点实现基于混合汇聚点的无线传感器网络构建。

(4)供应链数据层：提供了数据定义、数据集成、数据交换和数据分发等四类数据管理组件，建立了统一描述的多元物流数据视图模型及支持园区物流资源及其业务数据自主统一访问的专用集成数据中间件。

(5)供应链应用层：以 SaaS 应用模式为用户提供了包括货物运输管理系统、仓储管理系统、司机手机服务系统、货代管理系统、LCD/LED 信息发布系统等在内的多类软件系统租赁服务。

(6)供应链服务层：定义了资源定位服务、信息推送服务、资源调度服务等四类供应链通用服务单元，支持以 PaaS 平台服务方式为用户提供上述四类 Web 服务。

(7)供应链决策层：重点建立并依托园区“云计算”公共服务中心，根据用户要求和园区资源优化配置目标，调度相关计算资源，开展分布海量数据挖掘；通过数据分析和挖掘结果，支持园区供应链的业务协同和管理优化。

二、物联网技术在物流公共信息平台的应用

1. 物联网技术与物流公共信息平台

物流公共信息平台可分为面向地域的物流公共信息平台(如省、市、县的物流公共信息平台)、面向行业的物流公共信息平台(如钢材、医药、汽车等物流公共信息平台,包括园区的物流公共信息平台)及面向特定功能的物流公共信息平台(如港口、公路运输的物流公共信息平台)等。

物联网技术是建设物流公共信息平台的不可或缺的关键技术。近年来,国内许多物流公共信息平台的建设都更为重视采用物联网技术。如基于物联网技术的物流园区供应链集成管理平台构建的研究,基于物联网的煤炭企业物流信息平台应用研究,省级物流公共信息平台的物联网技术的研究等。

省级物流公共信息平台是服务于全省的物流公共信息平台,它的功能是将省内的各种物流公共信息平台和系统(包括政府、企业、园区、物流枢纽、金融机构等)及相关的信息集成整合在一个标准、共享的信息平台上,并与其他省市的物流信息平台对接,形成全国性的物流公共信息平台,实现全国范围信息资源的共享和集成、物流资源的高效整合和优化利用,以及对社会物流成本和企业物流成本的合理控制。省级物流公共信息平台是一省范围的物流信息神经中枢和智能管理中心,因此它具有特殊的重要性。物联网技术快速发展极大地推动了省级物流公共信息平台的建设,从而给我国物流业的发展带来了新的机遇。

2. 物流公共信息平台的总体架构及主要功能

物流公共信息平台的总体架构如图 5-3 所示,它的组成主要有物联网公共服务平台传感基

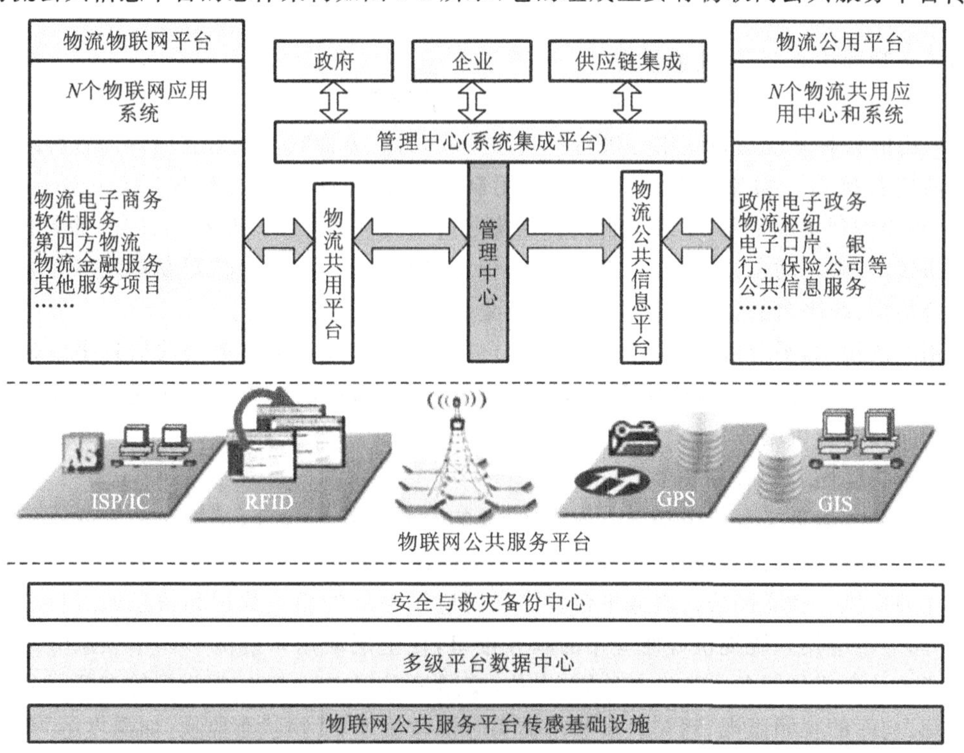

图 5-3 物流公共信息平台的总体架构

础设施、多级平台数据中心、安全与救灾备份中心;一个系统管理中心(系统集成平台)、在物流物联网平台上的 N 个物联网应用系统;在物流公用平台上的 N 个物流公共应用中心和系统。

1)关于物流公用平台

该平台的主要作用是连接和集成政府电子政务、物流枢纽、电子口岸、银行、保险公司等信息平台和信息系统,提供物流相关的公共信息和资讯。其主要功能如下。①为政府相关部门发布信息,协助政府进行物流业务的监管、对运营情况进行统计和分析,为制定政府政策及对物流行业进行宏观调控提供依据。②提供应急服务,协助政府进行应急物资采购、库存调拨、运输调度、指挥协同、建立多主体联合应急物流体系。③实现与省内电子口岸(航空、水路、铁路、公路的电子口岸等)信息系统的对接。④实现与省内的银行、保险公司、期货交易所、信托机构等金融机构的信息系统的接口。

2)关于物流物联网平台

该平台是关联中心,作用是连接企业的信息平台和信息系统,为企业提供商业性服务。物流共用平台主要包括物流电子商务、软件即服务、第四方物流、物流金融服务及其他服务项目。①物流电子商务:提供网上物流交易服务,包括物流信息(运输、仓储等)发布、(供需)竞价匹配、交易撮合、诚信保障、货物跟踪、在线支付等。②软件即服务:基于互联网的软件服务,使企业以租用方式使用平台上的软件而无须购买软件。③第四方物流:提供供应链整体解决方案,包括物流系统的设计、分析诊断、系统改进和优化等物流咨询服务等。④物流金融服务:提供运费代收和代付服务、货物抵押,以及提供银行业务代理、保险代办、货物担保等服务和其他配套增值服务。⑤其他服务项目:提供物流外包招投标、物流采购、产品营销、物流培训、物流人才招聘等服务。

3)关于管理中心/系统集成平台

管理中心/系统集成平台是物流公共信息平台的管理中心,其主要功能是集成和管理。一方面平台内的各种系统通过该中心进行互联和集成,另一方面它提供对省内外的各种组织机构及个人的信息接口。物流公共信息平台采用新一代的信息架构技术 SOA(service oriented architecture)构建集成平台,实现平台上各系统之间的互联和集成,以及与省内外的各种机构及个人的对接,实现了动态、标准化的集成模式,保证各种软件系统、物联网设备能够在异构环境下进行跨结构、跨平台的灵活且快速的构建及集成化、综合性的应用。

采用上述技术,平台可以对接和集成省内(并通过对接外省的物流公共信息平台连接全国其他省市)物流相关的物联网应用系统和设施设备,并将这些功能以单项功能或者集成化的功能的方式向社会提供服务。

4)关于物联网公共服务平台

物联网公共服务平台应包括五大内涵:统一的物联网终端管理、精细化的物联网信息交换服务、电信级的物联网信息监管、物联网网络系统测试和验证检测、物联网共性技术工具库和解决方案库的提供。物联网公共服务平台将物联网应用系统的相关数据和信息通过传感网收集起来,并向上层应用系统提供方便应用的服务接口,使上层应用系统能够以单项服务或集成化服务方式向社会提供服务。如发布地震、水位、交通情况等实时信息,提供运输车辆及货物的定位与跟踪、仓库的视频监视、驾驶人员和车辆实时视频认证、货物状态监视(如温度等)等单项服务及物流电子交易全过程(包括网上交易、在途跟踪、网上支付、财务结算等)等集成化的服务。

物联网公共服务平台是中国特色的物联网产业联盟环境的核心,十分有利于在现阶段形成最有生命力的商业模式。物流物联网平台的主要作用是通过各种中间件(包括 RFID 的中间件、GIS 系统中间件等)集成、协调和整合各种物联网应用系统和设备,以使物流的应用系统能够综合应用这些物联网系统和设备。

3. 物联网技术在物流公共信息平台的应用前景

物联网技术在物流公共信息平台有广阔的应用前景,如图 5-4 所示。其主要发展方向:一是广度,二是深度。广度一方面是指在平台上集成更多的物联网系统和设备,并通过物联网技术的综合性、集成化的应用,实现物流的全程可视化、管理透明化,通过物联网技术在供应链过程的全方位应用,实现综合性的一站式、一揽子服务;另一方面是指物流公共信息平台与其他地区和行业信息平台的集成,实现跨地域、跨行业的物联网技术和设备的对接。深度主要是指充分利用物联网技术获取的海量信息,开展深层次的智能化应用。例如基于实时信息的路径优化,基于环境信息(应用从相关的桥梁、道路、隧道、堤坝等传感器采集的信息)的路径选择等。

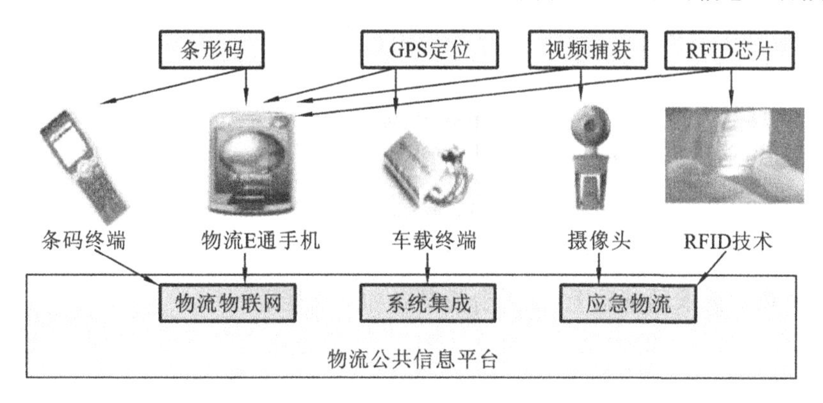

图 5-4　物流公共信息平台物联网应用示意图

物流园区供应链管理平台,架构在物联网和云计算技术上,不仅能够支持对物流资源及相关物品的全程动态跟踪,实现适时适地的信息智能分类推送服务,而且能够支持平台以 SaaS、PaaS 和 IaaS 等方式为园区供应链上各企业提供各 IT 资源应用服务,对于支持物流企业依托园区供应链管理平台,组建面向不同任务的物流服务供应链,并实现园区供应链协同管理。支持该平台实现其功能的构建技术有以下几种。

(1)支持园区供应链管理的物联网构建技术。物流园区的工作移动性和业务复杂性等特点,需要在集成有线/无线网络和传感器网络的基础上,建立适应多类型障碍,满足园区连通与覆盖目的,并支持 RFID、EPC 和移动数据终端等多种数据采集和交换方式的物联网。

(2)融合物联网数据的多源数据集成中间件技术。物流园区供应链中多种数据接入和交互方式的存在,使得不同物流资源的数据格式存在较大差异,必须建立支持不同应用程序独立于异构数据源访问的统一数据集成中间件。它包括资源属性数据模型、物流业务数据模型、空间地理数据模型、过程数据模型、元数据模型和知识数据模型等六类数据管理模型。

(3)基于任务情境的信息智能推送服务技术。物联网技术的应用不仅要为园区供应链平台提供强大的数据采集和通信服务。更为关键的是要为园区供应链上不同主体之间的数据交换,尤其是如何根据不同主体面临任务环境的差异进行业务信息或知识的智能推送,提供强大的技术支撑。

(4)基于“云计算”公共平台的园区供应链决策优化技术。基于“云计算”模式的园区供应链决策优化系统的核心是在园区“云计算”公共服务模式的总体架构下，建立由园区内外应用系统服务器、GIS应用服务器、物流企业服务器等软硬件资源构成的计算资源协作群，通过海量分布计算资源的敏捷调度，使每个用户均能享受园区“云计算”平台提供的分布异构海量数据分析和挖掘服务。

三、物联网在物流过程可视化智能管理中的应用

基于物联网的物流过程可视化智能管理平台，以生产企业物流业务过程，即原材料的采购、生产装配、运输、装卸搬运、储存、流通加工、包装、销售配送及售后服务为研究对象，在计算机软硬件的支持下，以数据库技术、网络技术、无线通信技术为基础，采用最新的红外、激光、无线、编码、认址、自动识别、定位、无接触供电、光纤、数据库、传感器、RFID、卫星定位等高新技术，并以基于PDA(掌上电脑)的方式为用户提供物流业务过程查询、统计、分析、图形显示和输出，实时、准确、动态地管理，从而实现物流业务过程管理的可视化。

(一)基于物联网的物流过程可视化智能管理平台总体功能介绍

1.基于物联网的物流过程可视化智能管理平台总体功能

在系统分析用户需求的基础上，该平台应具备如下功能：

(1)对物流业务过程中的信息进行可视化的展示，给企业和客户更好的视觉感受，让信息得到更充分有效的利用；

(2)对物流业务进行可视化的调度；

(3)实时地对物流业务过程进行监控和管理；

(4)对物流系统和业务过程进行可视化分析，为决策者提供参考。

2.基于物联网的物流过程可视化智能管理平台示意图

1)系统总体结构

按照对物流业务过程的理解将物流业务分为以下九部分，即原材料的采购、生产装配、运输、装卸搬运、储存、流通加工、包装、销售配送及售后服务等。

对不同的物流业务过程，我们都要将其进行可视化，因此将可视化平台划分为九个过程可视化的模块，此外可视化依赖于物流业务过程中的数据，因此需要从其他平台或者业务过程获取数据，同时进行可视化，数据还需要传递出去，因此，除了九个模块外，还需要两个接口，如图5-5所示。

2)功能结构图

在可视化管理平台系统中，主要包含三部分，如图5-6所示。

3.基于物联网的物流过程可视化智能管理平台功能模块

1)物流业务过程可视化

物流业务过程可视化包括原材料的采购、生产装配、运输、装卸搬运、储存、流通加工、包装、销售配送及售后服务可视化，车辆信息查询及摄像头管理。其中运输过程可视化和销售配送过程可视化类似。

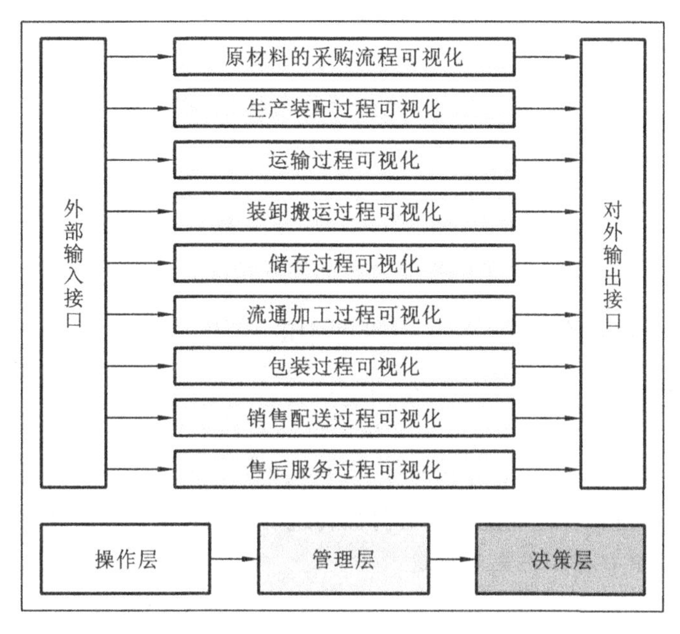

图5-5 物流过程可视化智能管理平台示意图

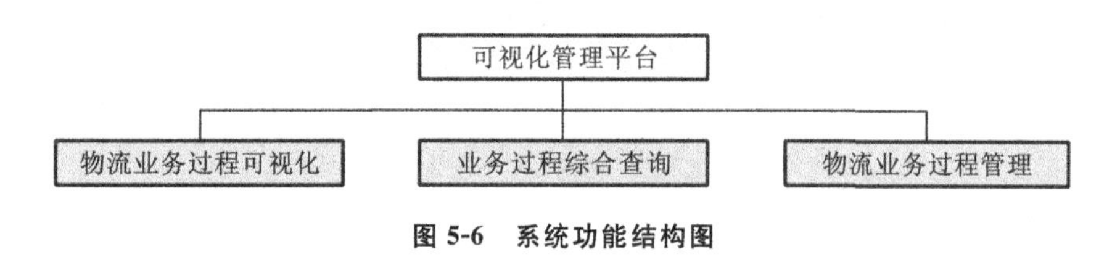

图5-6 系统功能结构图

2)业务过程综合查询

业务过程综合查询包括运输状况查询、入库状况查询、在库状况查询、装卸搬运状况查询、流通加工状况查询、包装状况查询、出库状况查询及配送状况查询,它们都是主从式查询,其中在库状况比较复杂,其他的比较类似。以在库状况查询为例,输入仓库编码及时间点可以查询此仓库在此时刻的库存情况,是一个主从式查询。

3)物流业务过程管理

物流业务过程管理包括运输单管理、入库分拣单管理、入库单管理、盘点单管理、装卸搬运单管理、流通加工单管理、包装单管理、出库单管理、出库分拣单管理、配送单管理,它们所包含的功能与操作十分类似。以运输单管理为例,运输单管理的主界面包含增加新运输单、已经存在运输单的编辑和删除。

(二)基于物联网的物流过程可视化智能管理平台创新及优势

基于物联网的物流过程可视化智能管理平台具有以下的优势及创新点。

(1)充分利用PDA与通信网络的功能,可以实时地增加新运输单和配送单,以及对入库、出库和在库状况进行查询,这便于此平台的用户和相关人员在没有计算机的情况下对相应模块进行操作。

(2)界面十分友好,操作也十分简便,此平台的使用很容易学会。平台的主色调是蓝色,让人赏心悦目。

(3)一般物流网站仅仅包含运输和库存系统,本平台还包含流通加工、装卸搬运及包装,包含物流的全部过程。

(4)利用RFID储存货物的相关信息,比如货物名称、货物代码等,操作人员只需读卡设备就可以将信息写入相关系统。

(5)利用相关软件,对物流过程进行仿真,提供给用户和相关操作人员直观和生动的画面,不同于以往大多数仅仅只是以数据交换为中心的抽象系统;利用摄像头,对部分物流过程进行实时监控,让用户和系统操作人员了解物流过程的实际情况。

四、物联网在全自动化的配送中心管理中的应用

随着进出货物数量、品种逐步增加及客户需求日趋复杂,目前仅以条码驱动的传统配送方式制约了零售供应链的敏捷化反应,影响了供应链的整体发展及零售企业竞争力的提升。同时,随着RFID技术逐渐成熟,建立在该技术与互联网基础之上的物联网给商业信息主动反馈机制带来了新的契机,也为零售业配送中心打破传统的瓶颈带来了新的曙光。

1.传统物流配送中心存在的主要问题

消费者需要高水平的服务和具有竞争力的价格,因此需要设置配送中心进行集中配送,这样可以更有效地组织物流活动,控制物流费用;集中存储物资,保持合理的库存;提高服务质量,扩大销售;防止出现不合理的运输。而传统的配送中心主要存在以下几个方面的问题。

1)存货统计缺乏准确性

由于某些条码不可读或者一些人为错误,使得存货统计常常不精确,从而影响配送中心的配送决策。

2)订单填写不规范

很多订单没有正确填写,因此很难保证配送中心每次都可以将正确数量的所需货物发送到正确的地点。

3)货物损耗

在运输过程中的货物损耗始终是困扰配送中心的一个问题,损耗有因为货物存放错了位置引起的,也有因货物被偷盗而损失的,还有因为包装或者发运时出错误引起的。根据一项美国的调查表明,零售业的货物损耗达销售量的1.71%。

4)清点货物

运用传统方法清理货物效率很低,而为了及时了解货物的库存状况又需要随时清点,为此需花费大量的人力、物力。

5)劳动力成本

劳动力成本已经成为一个比较严重的问题,统计表明,在整个供应链成本中,劳动力成本所占比重已经上升到30%左右。

2.物联网技术在物流配送中的应用

针对传统物流配送中心存在的问题,从以下几个方面详细论证如何在配送中心应用RFID技术。

1)入库和检验

当贴有电子标签的货物运抵配送中心时,入口处的阅读器将自动识读标签,根据得到的信息,管理系统会自动更新存货清单,同时,根据订单的需要,将相应货物发往正确的地点。

这一过程将传统的货物验收入库程序大大简化，省去了烦琐的检验、记录、清点等大量需要人力的工作。

2)整理和补充货物

装有移动阅读器的运送车自动对货物进行整理，根据计算机管理中心的指示自动将货物运送到正确的位置上，同时将计算机管理中心的存货清单更新，记录下最新的货物位置。存货补充系统将在存货不足指定数量时自动向管理中心发出申请，根据管理中心的命令，在适当的时间补充相应数量的货物。在整理货物和补充存货时，如果发现有货物堆放到了错误位置，阅读器将随时向管理中心报警，根据指示，运送车将把这些货物重新堆放到指定的正确位置。

3)订单填写

通过RFID系统，存货和管理中心紧密联系在一起，而在管理中心的订单填写，将发货、出库、验货、更新存货目录整合成一个整体，最大限度地减少了错误的发生，同时也大大节省了人力。

4)货物出库运输

应用RFID技术后，货物运输将实现高度自动化。当货物在配送中心出库，经过仓库出口处阅读器的有效范围时，阅读器自动读取货物标签上的信息，不需要扫描，就可以直接将出库的货物运输到零售商手中，而且由于前述的自动操作，整个运输过程速度大为提高，同时所有货物都避免了条码不可读和存放到错误位置等情况的出现，使得运输准确率大大提高。

3.物联网技术在物流配送中的应用方式

配送中心信息管理系统必须具备系统管理、出入库管理、订单管理、发货计划、采购管理、报表管理和退货管理等业务流程。其中，重点是配送中心内的主要流程环节，如出库管理、入库管理、订单管理和发货计划等。

电子标签拣货系统又称为CAPS (computer assisted picking system)，其工作原理是通过电子标签进行出库品种和数量的指示，从而代替传统的纸张拣货单，提高拣货效率。电子标签在实际使用中，主要有两种方式——DPS和DAS。

1)DPS

DPS (digital picking system)方式就是利用电子标签实现摘果法出库。首先要在仓库管理中实现库位、品种与电子标签对应。出库时，出库信息通过系统处理并传到相应库位的电子标签上，显示出该库位存放货物需出库的数量，同时发出光、声音信号，指示拣货员完成作业。DPS使拣货人员无须费时去寻找库位和核对商品，只需核对拣货数量，因此在提高拣货速度、准确率的同时，还降低了人员劳动强度。采用DPS时可设置多个拣货区，以进一步提高拣货速度。DPS一般要求每一个品种均需配置电子标签，对很多企业来说，投资较大。

2)DAS

DAS(digital assorting system)方式是另一种常见的电子标签应用方式，根据这些信息可快速进行分拣作业。同DPS一样，DAS也可多区作业，以提高效率。电子标签用于物流配送，能有效提高出库效率，并适应各种苛刻的作业要求，尤其在零散货物配送中有绝对优势，在连锁配送、药品流通场合及冷冻品、服装、音像制品物流中有广泛的应用前景。

DPS和DAS是电子标签针对不同物流环境的灵活运用。一般来说，DPS适合多品种、短交货期、高准确率、大业务量的情况；而DAS较适合品种集中、多客户的情况。无论DPS还是DAS，都具有极高的效率。

4. 物联网技术应用在配送中心管理信息系统的意义

配送中心管理信息系统是一个内部流程十分复杂、信息量十分庞大的系统。运用RFID配送中心管理信息系统可以提高配送中心整体的经济效益和社会效益，具体表现在：

(1)缩短作业流程。

(2)改善盘点作业质量。

(3)增大配送中心的吞吐量。

(4)节省人力成本。

(5)降低运转费用。

(6)供应链上的物流跟踪。

(7)降低货物损耗。

(8)增加供应链管理的透明度。

(9)在流程中捕获数据。

(10)信息的传送更加迅速、准确。

五、物联网在产品的智能可追溯网络系统中的应用

将RFID电子标签贴在车辆与物品上，利用传感器将其信息记录下来，利用GPS全球定位系统与GIS地理信息系统技术跟踪记录车辆与物品的位置，使企业能够实时查询到车辆与物品的运输状况，建立车辆的实时配送、可视化的在线调度与管理系统，从而实现企业管理的实时化、信息的透明化、决策的科学化，创建一个智能运输与配送的可追溯网络系统。

1. 物资存储和运输过程中的跟踪和追溯

通过物联网对整个物流过程进行实时监控与跟踪，既可以提高物流效率，又可以使产品质量得到一定程度的提升。同时，还可以促使生产企业生产经营规范化，商品在流通环节能够有序流通并且能够保障消费者权益，进而促进整个物流企业运营成本下降。

而对于数量多、种类丰富的物资在存储和运输过程中的跟踪和追溯问题也是一个重要问题，特别是一些与生产生活相关的贵重物品如机密文件、医疗药品、文物、易燃易爆物和重要资产等，需要对其生产、存储和运输流通等过程进行全方位实时监控，并对各个关键环节的信息加以有效管理，进而实现物资的跟踪和追溯。

传统的二维条形码、智能卡等技术由于识别距离、可靠性等限制，已不再适用于一些领域的物资管理。近年来迅速发展的有源RFID已成为当前物资存储运输过程中建立跟踪追溯体系的最佳选择。

2. 物资跟踪管理及追溯系统的构成与流程设计

1)系统的基本结构

物资跟踪管理及追溯系统的基本结构如图5-7所示。

根据物联网的技术架构共分三层。①在感知层，采用有源RFID技术完成标签读写，实现终端识别系统。②在网络层，互联网及局域网为主要技术支撑，现有的互联网及局域网协议成熟，具有广泛的适用性。③在应用层，分别有管理系统、数据库系统及地理信息系统三个子系统。管理系统主要负责整个物资跟踪管理及追溯系统的控制监测，进行数据的采集和发送，以及完成用户的各类控制指令。数据库系统存储RFID终端系统的标签信息及地理信息系统的

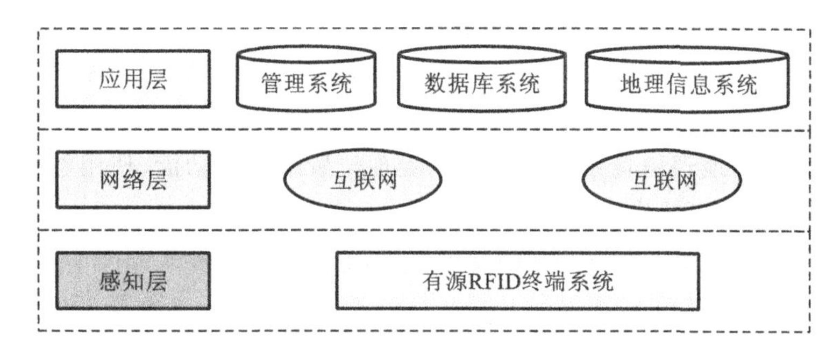

图 5-7　物资跟踪管理及追溯系统的基本结构

各类信息。地理信息系统通过调用数据库系统中的标签信息可以实现物资跟踪追溯定位可视化。

2)系统的组成

物资跟踪管理及追溯系统主要由物资跟踪管理、信息存储、信息查询、可视化追溯四部分组成。

(1)物资跟踪管理:在物资仓库存储的过程中,仓库管理人员可以远距离通过手持读写器来对物资信息进行查询,并能够及时了解物资的遗失信息。

(2)信息存储:对读写器所获取的标签信息进行存储,以提供分类管理和查询的功能。

(3)信息查询:利用数据库中所存储的物资信息,对物资进行分类查询。

(4)可视化追溯:结合地理信息系统,可以将数据库中的物资运输信息以图像的方式提供给用户,方便用户对物资进行追溯。

3. 物资跟踪管理及追溯系统的实现

物资跟踪管理及追溯系统是建立在一个存储运输网络的基础上,在该运输网络中,对物资进行跟踪管理及追溯,如图 5-8 所示。

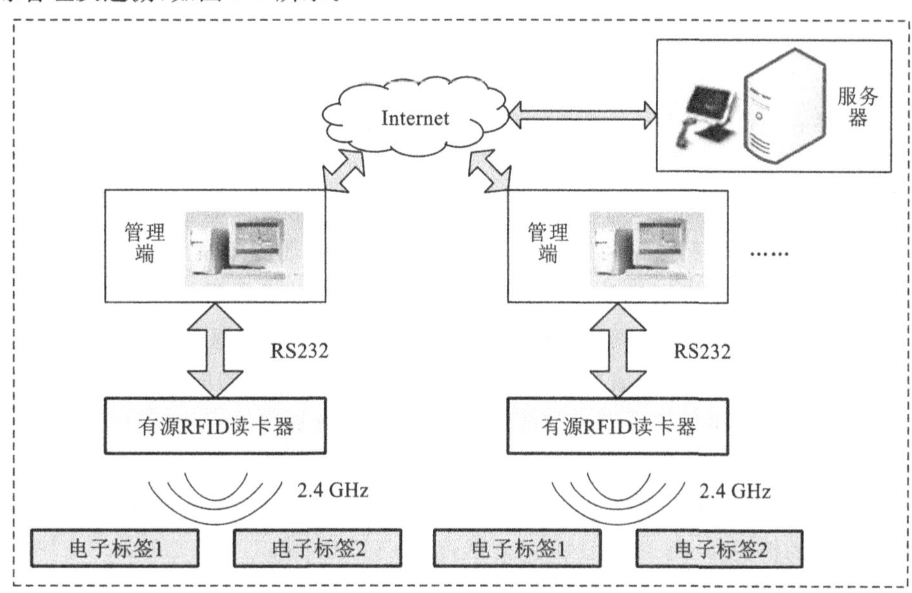

图 5-8　物资跟踪管理及追溯系统

微软的 SQL Server 软件是一个全面的数据库平台，为关系型数据和结构化数据提供了更安全可靠的存储功能。地理信息系统是在计算机软、硬件系统支持下，对整个或部分地球表层空间中的有关地理分布数据进行采集、存储、运算、分析、显示和描述的技术系统。物资跟踪管理及追溯系统主要利用地理信息系统中的显示地理位置信息的功能，使用谷歌地图作为地图源，实现物资地理信息的可视化。

在存储和运输的不同节点配置相同的管理端，每个管理端都通过互联网与服务器进行连接和数据交互。每个管理端都设置有基于有源 RFID 的读卡器，通过 RS232 与管理端计算机相连接。有源 RFID 的读卡器通过读取存储在物资电子标签内的数字信息来获取该物资的相关信息，并通过管理端将物资信息反馈给服务器进行处理和存储。

电子标签的设计采用 EPC-96 编码协议，该协议是 EPC Global 组织推出的新一代产品编码标准，可以实现对所有实体对象的唯一标识。EPC 编码是由一个版本号加上域名管理者、对象分类、序列号三段数据组成的一组数字。采用该协议使本系统兼容性和可靠性有所保证。

基于物联网设计的跟踪管理和追溯系统，实现了物资存储过程中管理的便利性及运输过程中物资的可追溯性。物资跟踪管理及追溯系统的实现能使物资存储和运输的管理更加智能化和人性化，应用前景良好。

任务 3　物联网在库存管理中的应用

随着全球经济一体化逐步凸现，企业业务量的不断扩大，库存管理的物料种类、数量也在不断增加，出入库频率更是剧增，仓库管理作业变得十分复杂和多样化。传统的人工仓库作业模式和数据采集方式已难以满足仓库管理快速、准确的要求，严重影响了企业的运行效率，成为制约企业发展的一大障碍。如何保障仓库管理各个环节数据输入的准确性和速度，确保企业及时、准确地掌握库存的真实数据，合理控制企业库存已经成为一个重要议题。

物联网技术应用在库存管理系统中可以有效提高库存管理的效率与准确率。当贴有标签的货物到达后，使用读写器识别标签，确认货物的数量、大小、种类是否与订单一致，并把到货时间及途中的损毁程度录入系统中。待货物上架之后，使用读写器读取最新的位置等信息，然后同时更新标签和云端数据库中的信息。当货物需要出库时，应用层的库存管理系统可以进行快速定位，取出的货物经过出口位置安装的固定读写器时，所有货物的标签信息都会被读取，系统会将这些信息与发货记录进行核对，检测是否有错误出现。正确取出的货物的位移信息都会被及时记录与更新。技术的使用增强了作业的准确性与快捷性，节省了劳动成本，还减少了商品误放、失窃等造成的损失。

任务 1：现代库存管理的主要业务流程是怎样的？

任务 2：物联网在库存管理运用中存在的问题有哪些？

库存管理是企业管理内容的重要组成部分，在实际生产过程中，企业库存管理模式还存在部分漏洞和缺陷，主要存在以下几个方面的问题。①生产用原料周转频繁，库存控制难以掌握最佳时机。②客户需求的不稳定导致企业生产不均衡、影响库存波动。③库存产品信息细节深化与产品交货期矛盾加剧。④产品运输过程和流转情况复杂。⑤定期平均运输量与产量比例分配不均衡。

一、现代仓储业应用的主要物联网技术

在以仓储为核心的物流中心信息系统中，通常采用企业内部局域网直接相连的网络技术，并留有与互联网、无线网扩展的接口，而在不方便布线的地方，一般采用无线局域网技术。现代仓储系统内部不仅物品复杂、形态各异、性能各异，而且作业流程复杂，既有存储，又有移动，既有分拣，又有组合。因此，以仓储为核心的智能物流中心，经常采用的智能技术有自动控制技术、智能机器人堆码垛技术、智能信息管理技术、移动计算技术、数据挖掘技术等。

在智能仓储中，为了对仓储货物实现感知、定位、识别、计量、分拣、监控等，主要采用传感器、RFID、条码、激光、红外、蓝牙、语音及视频监控等感知技术。

二、现代库存管理的基础设施

1. 自动化高架仓库

自动化高架仓库是近年来国际上迅速发展起来的一种新型仓储设施。这种仓库可以在不直接进行人工干预的情况下，自动存储和取出物料。它一般由高层货架、仓储机械设备、建筑物及控制和管理设施等部分组成，其优点包括占地面积小、仓储容量大、入/出库作业率和仓库周转能力得到提高。

2. 自动拣选系统

自动拣选技术是集光、机、电于一体的现代化技术。自动拣选系统通过分层装置与自动化仓库系统相结合。

自动拣选系统的特点是，由计算机对出库数量提前进行最佳的安排，对大批量的单一品种货物，事先装上托盘，按出库要求送出库。对同一种货物，可以集中供应与回收托盘等设备，简化了处理程序，减少了作业次数。如今的仓库，每小时运送数以千计的产品，而与此同时，产品运送的精确度却在大幅提高，员工配备也在大幅减少，这其中的秘密就是采用了自动化物料搬运系统的拣选系统。相对于人工定位的管理方法，自动拣选系统可以接收计算机管理系统的信息，继而自动完成商品定位、数量确认、货位确认等工作。

3. RFID等自动数据采集技术

自动识别是指在没有人工干预下对物料流动过程中某一活动的关键特征的确定。这些关键特征包括产品名称、设计、质量、来源、目的地、体积和运输路线等。这些数据被采集处理后，能用来确定产品的生产计划、运输路线、路程、存储地址、销售生产、库存控制、运输文件、单据和记账等。配合自动立体仓库及自动拣选系统，条形码及RFID等自动数据采集技术使现代物流设备的效用能够得到最大限度的发挥。

三、现代库存管理业务流程

现代库存管理的主要业务流程是基础数据管理、收货入库管理、库存盘点管理和拣货出库管理，系统流程图如图 5-9 所示。

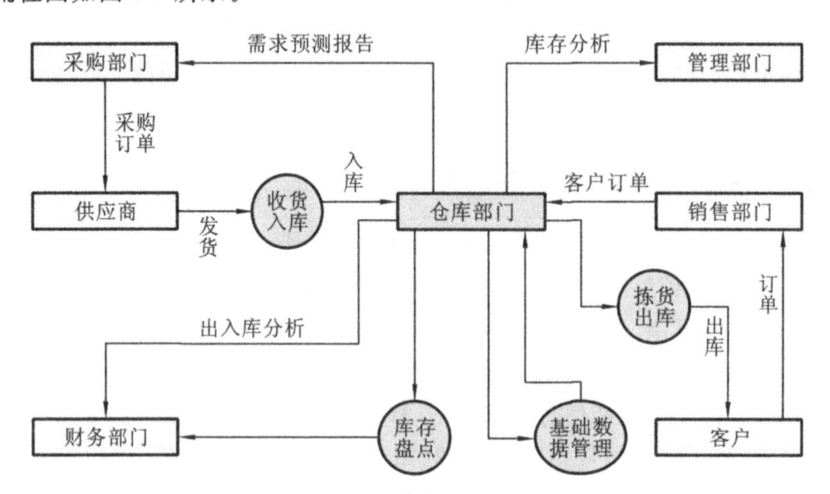

图 5-9 现代库存管理系统流程图

总体来讲现代库存管理的业务流程如下：采购部门向供应商发送采购订单后，供应商安排发货，经过收货验证等程序后，仓库部门安排货物入库，并向财务部门发送货物入库单据。仓库部门要定期对存货进行盘点，当盘点数据与企业库存数据有差异时，企业需要对这些货品的计算机仓储数进行更新，并向财务部门发送相关数据，以调整存货信息。销售部门接收来自客户的订单，并向仓库部门发送客户订单，要求发货。仓库部门根据订单安排拣货出库，并向客户发送货物。

四、物联网在库存管理中的应用设计

将物联网技术应用到仓库基础数据管理的项目中，可有效地提高信息收集的自动化程度，实现对出入库作业的实时监控，方便对库存货物的定位与查询，同时避免电子标签完全替代条形码的高额成本，从而大幅提高仓储作业的工作效率。

1. 收货入库

入库作业主要由接货验收和入库两部分组成。

传统入库作业采用条码等识别技术的仓库管理，一般是先将货物搬运到收货区，对产品的种类和数量进行人工检验，然后由作业人员利用条码扫描仪依次对货物进行扫描，作为入库记录，其流程如下：①入库准备。首先要做的是对商品进行大数验收，一般通过逐件点数记总和集中堆码点数来进行验收，靠人工来进行点数，容易产生差错。②货物接运。在进行大数验收的同时，检查商品的包装是否完整，清点入库商品的数量，核对商品入库通知单上的物品名称和数量。③根据入库凭证，对商品进行检查验收，并办理交接手续。④按照商品的型号、材质、规格等把商品放到相应的货架位置上存储，同时办理入库手续。

物联网技术应用到库存管理之后，使用电子标签的货物，通过入库口通道时，安装在入库口的阅读器与电子标签进行通信，就将读取的货物信息传输到仓储管理系统中，如图 5-10 所示。

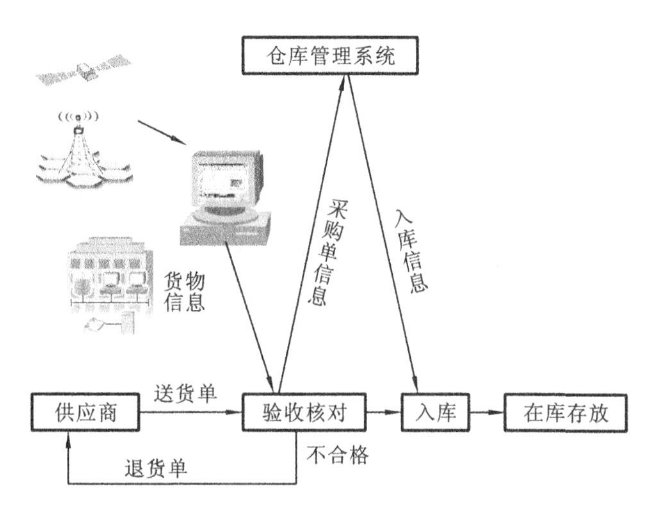

图 5-10 入库流程图

读取的信息与预入库信息进行对比，若读取的信息与实际入库信息不符，则由系统进行错误提示，由工作人员进行相应的处理；若是与实际入库信息相符，则允许货物入库，同时将入库信息转换成库存信息。仓库操作员就根据 RFID 设备或手动输入的数据，将货物放置到指定的库位，相关的货物信息会出现在仓储管理系统的入库管理页面上，叉车司机根据叉车上的 RFID 系统终端的信息提示，把货物运送到系统指定的库位，安装在货架上的阅读器确认货物就位后，把信息传输回仓储管理系统，及时更新库存数据。

2. *库存盘点*

库存余量作为仓库管理系统中最核心的数据，系统提供的多级库存记录模式，可多角度地提供从宏观到微观的全景式的库存信息。在仓库内发生的每一项业务活动，系统都会自动记录到库存交易中，除交易活动本身之外还会记录与活动相关的操作者和操作时间。盘点的作用在于保证库存实物与库存管理系统中的记录相一致。

物联网的应用使管理人员能实时、方便、准确地掌握库存信息。库存盘点是对现在仓库的库存进行数量的清点，主要是实际库存数量与账面数量的核对工作，其业务流程如图 5-11 所示。

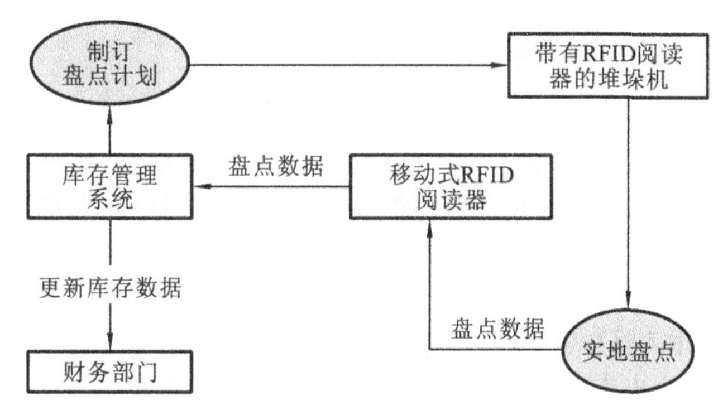

图 5-11 盘点流程图

在物联网技术下，盘点作业主要扫描托盘标签、产品包装箱标签和相应的库位信息，清点库存产品数量，确定产品摆放位置等。

当仓库管理人员使用手持式或自动读写器扫描标签进行数据的采集时，读写器会自动读取各区域的ID电子标签信息，系统可根据事先设定的产品分类，自动产生或人工选择产生盘点任务表，并输送给主机存成新的数据记录，系统会自动列出已盘点产品与未盘点产品。

盘点结束后，生成盘存汇总表和差异报表，方便管理人员及时发现问题。如果发现商品数量与库存信息出现差异，管理系统还可以调取商品出入库明细，并进行核对，找出差异的出错点，并报告仓库管理人员进行处理。

3. 拣货出库

出库作业流程也同传统的作业流程一样需要完成验收和出库等操作。传统的出库流程包括出库准备、审核凭证、分拣备货、复核查对、清点交接等各项活动。出库管理信息采集就是仓库管理员输入想要出库的产品种类、名称和数量，系统自动显示目前的库存情况，仓库操作员根据这些产品的相关信息，将其取走，核对无误后，由仓库管理员完成出库操作。

现在出库流程：首先根据订单要求编制出库单，叉车司机根据叉车上的RFID系统终端的信息提示，到达指定库位，叉车司机通过手持式阅读器扫描确认需要装载的货物和货位，从库位上取出货物后，货架上的阅读器将信息传输到仓储管理系统，仓储管理系统根据阅读器反馈的信息与订单信息进行对比，若对比的信息不一致，则由仓库管理系统进行错误提示，若反馈的信息与订单信息相符，则更新库存信息，叉车司机即可把货物顺利运送出库，如图5-12所示。

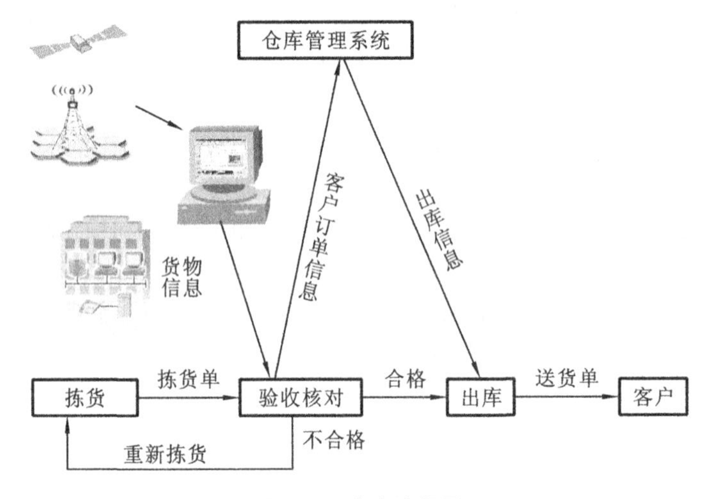

图5-12 出库流程图

当读写器读到出库的货品时，商品的详细信息（如编号、名称、数量等）显示于界面，操作人员选择相应的客户订单号从系统读取该订单的详细信息，进行核对，无误就可以出库。在信息采集过程中，如发现有不符合发出要求的物资，会有报警系统发出提示信息，以引起仓库管理员的注意。货位的确定通常是在信息采集完成后，由运载工具（如叉车）将物资运输到指定的货位存储，存储完成后由工作人员检查，之后将实际存储位置输入到仓储管理信息系统中。拣货出库业务流程主要根据货物出库单，分拣处理出库的货物，并进行出库管理。

4. 库存信息监控

当单品的存货生产日期将过或者库存量降至阀值时，系统会自动产生库存警告报告，提醒仓库管理人员采取相应的措施。

从以上几个流程的描述中可以看出，采用了 RFID 等自动库存管理设备后，相对于传统库存管理，现代库存管理的流程得到了很大的简化，自动化存取获取与库存盘点，加快了配送的速度，提高了拣选与分发过程的效率和准确率，并降低了人力等成本。可以说，RFID 技术在库存信息监控的未来发展中肯定会发挥日益重要的作用。

物联网是一种大规模、多角度、高精度采集环境信息的网络，可提高测量和信息获取的可靠性，并具有动态性、可控性的特点。借助感知技术集成应用，在特殊品仓储的监测系统中，可以用于仓库环境监测，满足温度、湿度、空气成分等环境参数分布式监控的需求，实现仓储环境智能化。在危险品物流管理中应用无线传感器网络，能够实时监测危险品及其容器的状态，一旦超过警戒值可及时报警，从而为危险品物流过程的跟踪、监控、管理等提供安全保障。在冷藏物流系统中，可以全程监控冷冻环境中产品的温度及湿度，及时调控温度和湿度，保证产品质量。

运用基于 RFID 技术的物联网的最终目的无疑是使企业达到零库存生产，即准时制生产。然而在实施的过程中，主要会遇到三个方面的障碍：

(1) 标准不统一。标准(特别是关于数据格式定义的标准)的不统一是制约 RFID 发展的首要因素。因为每个 RFID 标签中都有唯一的识别码，如果它的数据格式有很多种且互不兼容，那么使用不同标准的 RFID 产品就不能通用，这对经济全球化下的物品流通是十分不利的。

关于标准的另一个问题是，目前还没有正式的关于 RFID 产品(包括各个频段)的国际标准，目前各个厂家推出的 RFID 产品互不兼容，造成了 RFID 产品在不同市场和应用上的混乱和不兼容。这势必对未来的 RFID 产品互通和发展形成了障碍。

(2) 技术实现有困难。如何将这项昂贵的、崭露头角的专有技术转化为有利的供应链工具是目前最大的挑战。

(3) 物流管理应用少。从现状看，RFID 的应用还是限于企业内部，而对 RFID 在物流中如何进行管理的关注还比较少，因为这要涉及供应链的整个环节，包括物流配送单位、海关、工商、税务等各个环节。而 RFID 的应用是一个生态环境，仅有标签本身是无法应用的，必须有相应的应用环境和管理手段，才能推动电子标签的大规模普及。

五、物联网在库存管理中应用的实现

库存管理根据每批入库货物的信息，生成了用于仓储内部管理的货物包装箱条形码，克服了原有货物条码无法反映入库信息的缺点，同时在仓库中的每个货架上放置了一张电子标签，用来收集该货架上摆放的货物的信息。货架标签上的信息通过设计开发的手持设备，在扫描摆放在货架上的货物包装箱条形码后进行更新。主机系统通过仓库顶部的固定阅读器以无线方式收集货架标签上的信息，并进行实时处理。系统主要由手持设备、固定阅读器、货架标签、货物包装箱条形码、主机管理系统五部分组成，系统总体结构图如图 5-13 所示。

(1)手持电子标签条形码读写器(简称手持设备)是现代库存管理系统仓储出入库操作的核心设备，该手持设备集成了条形码扫描和电子标签读写功能，并且可以通过员工卡间接与主机系统进行通信。在仓储操作过程中，操作员首先用手持设备扫描货物包装箱上的条形码信息，而后将货物入库和出库的信息通过手持设备写入货架上的电子标签，以更新货架标签上的货物

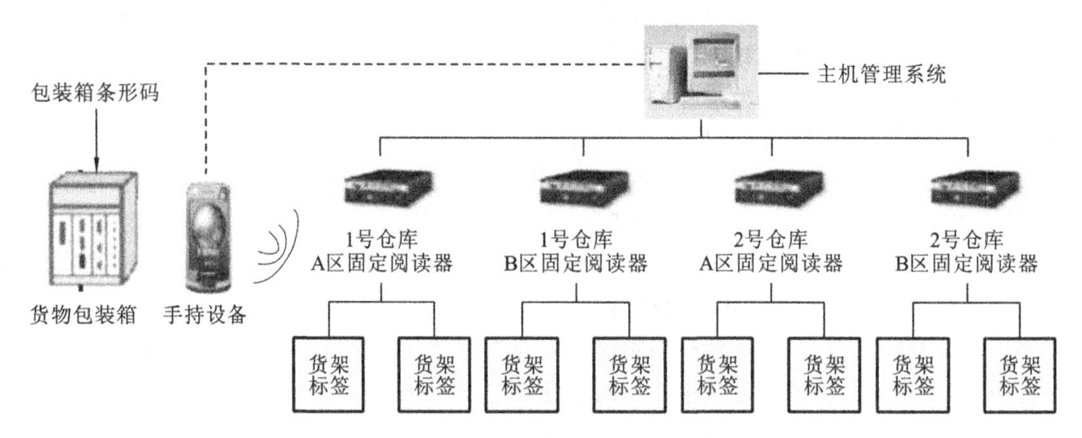

图 5-13 现代库存管理系统总体结构图

库存信息。

(2)阅读器是一款快速、实用、功能超强的桌面端阅读软件。这种软件可以自由读取 RSS 和 Atom 两种规范格式的文档,有多个版本,由不同的人或公司开发,有着不同的名字。多部固定阅读器将仓库划分为若干区域,每个区域顶部放置一部 RFID 阅读器,通过多串口卡连接到管理主机上,用来监控该区域内各个货架上的电子标签,并实时读取货架标签中的库存信息,及时更新管理系统的数据,确认货物的出入库信息。

(3)货架标签即电子标签,仓库的每个区域都包含若干个货架,每个货架上都置有一张电子标签,用来记录该货架上的货物库存信息。货架标签上的信息在每次仓储操作后,由手持设备刷新,并且接受该区域固定阅读器的实时查询。

(4)货物包装箱条形码是管理系统自己生成的与商品入库信息相关联的内部条形码。它记录了货物信息和商家的库存信息,其中主要包括入库时间信息、入库区域编号、流水号。

(5)主机管理系统主要由基本信息管理模块、出入库操作管理模块、手持设备管理模块、设备及标签检测模块、库存报警模块、库存信息查询模块组成,用来对整个仓储过程实施多方位、全天候的监控与管理。

物流业多环节、多领域、多主体和网络化的作业特点决定了其对信息技术的依赖程度较高,物联网的感知、智能处理和控制反馈等技术特征与物流业的运作特点具有良好的匹配性。库存管理由原先的单一的、静态的、分布式的发展成立体的、动态的、协同管理的模式成为趋势。这种集光、机、电、信息等技术于一体的新技术在物流系统的集成应用就是物联网技术在物流业应用的体现,对于物流成本的降低和物流效率的提高具有重要意义。

任务 4 物联网在商业流通领域中的应用

目前,B2C 在价格上的优势明显,越来越多的资源和注意力开始向电子商务领域倾斜,商业流通领域的革命才刚刚开始。在某种程度上,团购当道是电子商务 B2C 逐渐成为商业流通领

域的主流写照。

作为现代营销方式的最主要途径，电子商务打破时空限制、减少环节、降低成本、提高效率、缩小了生产者与消费者之间的距离，加速了产品的产业化、市场化进程，其地位作用已经大大超出商业本身，成为信息化、网络化、市场化、国际化新条件下的重要资源配置方式和引领经济社会发展进步的重要力量。

在技术创新、市场需求和社会化投资的多重要素驱动下，我国电子商务市场规模不断扩大，企业应用不断深入，网络购物迅速增长，相关服务业快速跟进，保持了快速增长态势，已经成为带动第一产业、提升第二产业、变革第三产业的新型经济形态和现代流通方式。

任务1：我国流通业与国外流通业应用物联网技术提高运营效率的水平相比，还存在很大差距的原因是什么？

任务2：物联网技术在流通领域应用的发展空间如何？

流通业是我国国民经济的基础性、先导性产业。商业技术，包括在流通领域应用的一系列信息化技术，是流通现代化的核心要素，流通业的发展在很大程度上得益于商业技术进步的推动。研究表明，商业技术进步对商业发展的贡献率高达70%以上。

随着物联网的快速发展，应用物联网等现代技术已成为提升我国流通企业核心竞争力、降低企业运营成本、提高流通效率和经济效益的重要战略。而在推进物联网建设的过程中，商业模式变得异常关键。在流通领域运用物联网技术，按照全产业链、供应链的理念构建多方共赢的商业模式，是推进流通现代化的必然选择。

一、加快发展商贸物流的重要意义

商贸物流是指与生产、贸易、批发、零售、居民服务等行业相关的物流服务活动。商贸物流属于产业物流，是商品流通的重要组成部分，处在整个商品物流链条的下游，是连接消费、实现交换的关键环节。

1.提高流通产品的可靠性和送货效率，满足客户较高服务需求

完整的流通价值链包括原材料供应链、商品分销渠道与企业内部供应链，这一链条的整合决定了流通的效率和物流现代化的进程。而物联网的实施会加速流通价值链的整合过程，如图5-14所示。

物流企业通过物联网充分利用射频识别技术和网络技术的优势，很好地解决了对全球每一件产品的唯一标识问题及同时识别多个商品和“非可视”识别问题，对产品的识别和信息共享，有助于实现便利、快捷、低成本的物流配送，实现物品和物品的信息交换。不但可以提高产品流通的安全性，而且可以提高流通产品的可靠性和送货效率，从而改善服务质量，提高客户对较高服务水平的需求。

2.降低流通成本、提高经济发展质量的需要

当前，物流成本高已成为增加流通费用、推高商品价格的一个重要因素，而主要处于城市配送“最后一公里”(1公里=1千米)的商贸物流成本的居高不下尤其应当引起高度重视。据中央

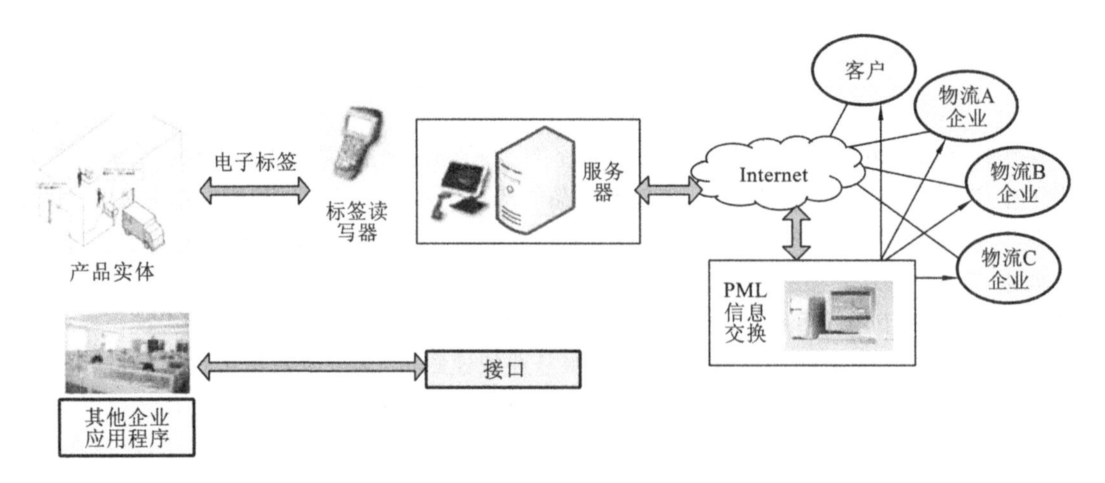

图 5-14　物联网环境下的流通配送图

电视台 2011 年调查，自山东寿光销往北京的蔬菜在产地收购价只有 0.25 元/斤(1 斤＝500 克)，到北京新发地批发市场的批发价上涨到 0.50 元/斤，而到北京市内菜市场的零售价却上涨到 1.5 元/斤。即从产地到终端蔬菜价格上涨了 5 倍，其中 4 倍涨在“最后一公里”。

3. 适应居民消费水平提高和消费结构升级的需要

居民生活水平提高，逐步从吃饱向吃好转变，对食品保鲜、品质、消费安全提出了更高的要求。随着城乡居民收入增加，人们消费习惯和消费方式的改变，对速冻食品、保鲜食品的需求会不断增加，冷链物流会得到大力发展，商贸物流服务模式创新的速度也会加快。

4. 促进产业协调发展、提高流通企业竞争力的需要

物流业服务于相关产业发展。从批发零售业发展情况来看，我国流通体系正经历一次深刻的变革，以电子商务为代表的多种经营方式、多业态发展必然加快商贸物流发展，促进流通业转型升级，要求物流服务方式和服务模式做出相应的调整，零售业的激烈竞争要求物流企业提供多品种、小批量、快周转的供货服务，高效的商贸物流配送体系是流通企业竞争力的重要体现。

5. 适应经济全球化发展、构建全球物流服务网络的需要

经济全球化导致物流服务的全球化需要。物流企业要发展，固守旧的模式只会导致停滞不前，经营模式的创新才是最关键。物流企业首先要破除过去那种“大而全，小而全”的经营理念，把物流业务外包作为未来的经营模式。经济全球化使世界越来越成为一个整体，大型公司特别是跨国公司日益从全球的角度来构建生产和营销网络，原材料、零部件的采购和产品销售的全球化相应地带来了商贸物流活动的全球化。

二、国际上物联网在流通领域的应用现状

目前，发达国家已将物联网技术应用于交通、车辆管理、仓储管理、身份识别等领域。其中，RFID、GPS、GIS 等物联网技术已在发达国家流通业中得到了广泛应用，推动流通业信息化水平不断提高和发展模式不断创新，形成了全球竞争力较强的流通网络。总体来看，国际上物联网在流通领域的应用主要集中在三个方面。

1. 物联网在军事物流中率先应用

目前物联网技术在国际物流领域的应用主要集中在物流过程中的可视化管理、物流信息化

自动采集、物流运输过程中的跟踪定位及多式联运等领域。

在美国，以美军的军事物流系统应用 RFID 为代表，推动物联网技术应用进入了新的高潮。在美军采用 RFID 技术的推动下，以色列、英国、法国、日本等国家也开始在军事物流中推广使用 RFID 技术。在各国军事物流的示范效应下，世界跨国物流企业，包括 UPS、DHL、Fedex 等都纷纷试验或应用 RFID 技术，以提升物流服务能力、降低物流成本。同时，一些国家政府还在港口、铁路、机场等物流枢纽采用了物联网技术，以提高物流运作效率。如韩国政府为更有效地追踪货物，在釜山建立 RFID 系统。该项目采用一些有源的 RFID 标签，在集装箱运输过程中，标签将实时收集从方位和安全状况到集装箱内照明、温度和湿度的各种信息，都上传到一个可以通过互联网访问的监视网络进行货物的监控管理。

2. 物联网开创“未来商店”模式

在零售领域，沃尔玛、麦德龙等跨国零售巨头率先推动 RFID 应用，以降低劳动力成本、提高物流运作效率、降低商品缺货损失。2003 年 7 月，沃尔玛率先在货箱和货盘上使用 RFID 标签，到 2007 年，已有 1 000 多家沃尔玛门店使用 RFID 技术。同时，沃尔玛集团所有负责运送货物的卡车都被装上了 GPS。2003 年麦德龙集团投资建立的“Smart Helves”未来商店——Extra 超市，可以使顾客借助超市中所采用的电子价签(ESL)、自助结账系统和无线射频识别技术等得到一种新的购物体验。

3. 物联网应用确保流通领域食品安全

食品安全领域是发达国家应用物联网技术的重要领域。为了确保食品安全，一些发达国家把食品可追溯技术融入相关法律法规中，并将 RFID 技术应用于食品可追溯领域。如日本从 2001 年在肉牛生产供应体系中全面引入了可追溯系统，从零售点到农场，全国实施强制性可追溯系统，系统允许消费者通过互联网输入包装盒上的牛肉信息码，获取他们所购买牛肉的原始生产信息。

三、物联网在我国流通领域应用面临的问题

目前物联网技术在我国流通领域的应用推进缓慢，仍处于起步探索阶段，仅限于局部的、小范围的、少量单项服务的应用，与国外流通业应用物联网技术提高运营效率的水平相比，还存在很大差距。分析其原因，既与我国商贸流通行业发展的特点和水平相关，也受物联网技术自身应用特点的制约，流通环节中运用物联网技术还存有较多有待克服的问题。

1. 成本问题

目前，我国大多数物联网技术包括电子条码、DEI、RFID、传感器、GPS、无线网络技术、DM 技术、云计算技术等的开发基本上还处于起步阶段，自主研发能力不强，还没有实现规模化生产，推广应用的成本较高。

例如，目前国内大规模生产 RFID 电子标签最低价格为 0.7 元人民币，还难以将其成本附着在较低价值的单体商品上。

2. 信息化问题

物联网发展和应用需要社会及行业具备良好的信息化基础，但与发达国家相比，我国流通信息化基础设施建设比较滞后，突出表现在：

(1)先进的信息技术应用较少，应用范围有限。

(2)物流企业间的数据交换、商业合同及绝大多数的单证在物流过程中仍然采用纸张等传统的传输方式,没有实现电子化。

(3)零售企业对增值链系统(value added network,VAN)、供应链管理(supply chain management,SCM)、需求链管理(demand chain management,DCM)和企业资源计划(enterprise resource planning,ERP)的开发和应用还处于起步阶段,对供应商的管理还较欠缺,未形成完整的供应链管理系统。

3. 产业链问题

目前,尽管 RFID 等物联网技术在物流、零售领域已逐步得到推广应用,但由于流通领域供应链管理相对落后,行业整体应用水平不高,多是单个企业、单个业务采用物联网技术,还没有形成真正互通互联的产业链。如在物流领域,多数企业只应用到了物联网中的运输、仓储环节。

在零售领域,部分企业应用了商品的跟踪和统计技术。尤其对于供应链中的广大中小流通企业而言,由于物联网技术成本高昂,这些企业更无积极性采用物联网技术。因此,在流通领域,要形成基于物联网的畅通的产业链或供应链,是需要解决的重要问题之一。

4. 环境污染问题

工农企业、城市安全管理、环境监测、医疗保障、交通维护等经济和社会领域在进行流通时都将广泛运用物联网技术,在运用中必然会依靠 RFID 技术和大量遥控器设备,这些技术与设备在运用时肯定会给自然环境带来一定的影响。同时,卫星、遥感设备等器械也会对太空造成一定的污染。值得注意的是,无线电波、射频对人的身体也会有一定程度的伤害。这些都是各行各业在流通中运用物联网技术需要攻克的难点。

5. 安全隐私问题

物联网应用面临一系列信息安全的问题,会涉及企业机密和个人隐私信息。特别是随着射频识别技术的广泛应用,标签有可能预先被嵌入到任何物品中,而导致该物品的拥有者可能不受控制地被扫描、定位和跟踪,造成个人隐私受到侵犯或企业机密泄露等问题。因此,如何确保信息安全成为物联网推广的关键问题。在这方面,通过立法保障物联网技术的应用和推广已成为经济发达国家的重要战略。

6. 商业模式问题

物联网作为未来经济增长点,必须建立在相应的商业模式之上。商业模式是企业利用自身资源,通过整合物流、信息流、资金流和商流,把自己的商品和服务提供给客户以获取收益的盈利模式。在流通业推进物联网建设的过程中,商业模式变得异常关键。因为物联网涉及终端制造商、网络运营商、应用开发商、系统集成商和最终用户等多个环节。他们之间的利益是分不开的,客观上需要整个产业链中的利益主体共同解决物联网技术、上下游企业和客户、内外部管理体制等问题,创新物联网应用的商业模式。而目前物联网在流通领域还只限于局部领域,没有形成一定的商业模式,难以形成各利益主体共赢的、规模化的产业链。

7. 运用普及和知识传播问题

现有流通企业运用物联网技术尚不普及,而且往往缺乏物联网意识,对物联网的技术前景认识和了解不够充分,所以运用得不是很普及。物联网需要系统的解决方案,它贯穿于物件流通的整个过程,含有 RFID 系统、GPS、GIS 传感技术、视频识别技术、物物通信(M2M)等技术,而很多限于低级竞争和人力密集型的流通企业往往对其都不太了解。所以,物联网的普及运用、知识传播，也是流通领域运用物联网急需攻克的难点。

四、物联网在我国流通领域的应用

未来5～10年，随着居民消费结构的不断升级，商品消费市场将更加繁荣活跃、服务消费比重将大幅度提升。特别是“80后”、“90后”新生代消费群体的形成，将带动个性化、差异化、时尚化、品牌化消费，并催生网络购物、手机支付等新消费模式。这将为物联网技术在流通领域的应用创造更大的发展空间。

1. RFID技术大规模应用

近年来物联网技术应用推动了RFID市场规模的快速扩大。2010年，全球RFID市场规模达到了110亿美元。从国外物流、零售领域应用RFID技术的情况和未来趋势看，未来几年，RFID技术在流通领域的应用将主要集中在三个方面。

1)物流供应链管理

在制造物流、商业物流、应急物流等领域RFID的市场潜力巨大，更多的商品将从生产环节开始加入RFID电子标签，促进运输过程中的货物监控和实时跟踪，大大提高商品从制造到流通环节，最后到消费者手中的供应链管理效率。同时，RFID技术也将更多地应用于智能仓储系统、货运车联网系统等领域。

2)大型连锁超市

受沃尔玛、麦德龙等跨国零售巨头应用RFID技术的启迪，国内有实力的大型流通企业集团如物美、苏宁、国美等将加大流通信息化投入，推动商品贴上RFID标签，创造“智能超市”“智能商店”新模式。

3)医药和食品智能追溯系统

随着国家加大对食品卫生行业物流过程的监控力度，RFID技术在医药和食品智能追溯系统将得到快速应用，并促进食品安全的智能监控范围向所有农副产品过渡，切实确保流通领域食品安全。

2. 物联网技术的集成应用

在RFID技术在物流领域大范围渗透的同时，随着新一代信息技术及云计算的快速发展，未来越来越多的物联网技术将会呈现集成化应用趋势。如传感技术、蓝牙技术、视频识别技术、M2M技术等多种技术将逐步集成应用于现代物流、零售领域。

1)可视化与智能化物流管理领域

主要应用RFID技术、全球定位系统、感知技术等多种技术，在物流过程中实现车辆定位、在线调度、货物监测及配送可视化管理。这种集成技术的应用可以有效地提高物流效率，降低因迂回运输、空载等产生的物流成本。

2)智能化物流配送中心

智能化物流配送中心主要通过RFID技术、网络技术、数据分析技术等，实现机器人码垛、无人自动搬运车搬运、计算机自动控制商品出库。这种集成技术可以提高货物入库和出库的效率，自动监测商品库存储备情况。

3)“智慧冷链”

“智慧冷链”是一种车联网应用技术。它是无线技术、数字地理信息技术、全球定位系统及多种物联网技术的集成。这种集成技术可以为冷链车运输的货品提供生命周期管理服务，并且能够运用温度传感、高清视频、温度标签、无线传输等手段，实时监测货品的温度、湿度等系列数据，确保监控的物品在流通环节不会因为温度失控而发生变质，从而保障货品质量、减少货品损耗。物联网技术的集成化应用要求流通信息化条件较高，且开发的软件系统能够兼容各种技术，确保各种技术能在同一平台上有效运行。

3. 物联网创造“智慧流通”

物联网在流通领域的应用将彻底改变流通业原有的劳动力密集、附加值低的面貌，使流通业通过新技术改造和应用，逐渐成为创造价值、影响中国制造、促进消费升级的重要行业。未来物联网在流通领域的深度应用和渗透，将会创造出“智慧物流”“智慧商业”“智能商店”“智慧供应链”等多种新概念，丰富流通服务形式，促进流通业内涵不断延伸。

物联网作为近年来新兴的产业和技术，广泛应用于经济社会发展的各个领域。流通业作为国民经济的基础性、先导性行业，在推进流通现代化的过程中，流通领域特别是现代物流领域应用物联网技术至关重要。要加快推动物联网在流通领域的应用，应着力加强流通信息化基础设施建设，打造完整的流通产业链或供应链，加快制定统一的物流标准和流通业标准，创造符合流通业发展特点的商业模式。可以预见，在国家政策导向和物联网技术快速发展的推动下，未来物联网在流通领域应用空间巨大、前景广阔，并将通过创造“智慧物流”“智慧供应链”“智能商店”“智能市场”等新形态，成为现代流通业绿色化、智能化和可持续发展的重要引擎。

五、物联网在我国流通领域应用的意义

现代流通业是衡量一个国家和地区综合竞争力的重要标志，是反映一个国家和地区经济发展水平的重要窗口。随着信息技术的不断发展和经济全球化步伐的加快，流通业对合理配置资源、提高经济运行质量、降低生产成本，都起着十分关键的作用。而要发挥流通业的这些作用，客观上要求流通现代化水平不断提升，而这就需要以物联网技术为代表的商业技术来保证。

1. 推动物联网在流通领域应用有利于提高流通生产力

流通作为生产和消费的桥梁和纽带，是经济发展和社会进步的关键环节，解放和发展流通生产力，是促进经济发展方式转变和社会生产力进一步发展的重要动力源，也是经济可持续发展的必然要求。物联网利用射频识别技术和网络技术，可以较好地对产品进行唯一标识，并对多个商品进行识别，实现商品间的信息交换。更为重要的是，通过 RFID 技术进行产品真伪标识，对运输路线进行追踪，可以大大提高商品流通的可靠性和物流配送效率，从而提高对客户的服务水平。

2. 推动物联网在流通领域应用有利于降低物流成本

目前，物流成本较高已成为制约我国经济发展的重要问题。加强物联网在物流领域的应用，可以在生产环节实现对原材料、零部件、半成品、产成品的全过程跟踪和识别，能够降低人工成本；在仓储环节，采用物联网技术可以迅速准确地了解库存情况，从而能够使企业迅速做出补货决策，大大提高库存管理能力，降低库存成本；在配送环节，引入物联网技术能够减少货物找寻时间和劳动力成本，加快货物配送速度。因此，加强物联网技术的应用，对提高物流效率、降低物流成本具有重要的意义。

3. 推动物联网在流通领域应用有利于提高人民生活质量

着力改善民生、提高人民生活品质已成为当前流通业发展的重要目标。物联网在流通领域

的应用和推广有利于提高人民的生活质量。一方面，物联网技术的应用，可以使得超级市场、便利店、仓储式商场、专业店、专卖店等新兴业态得以快速发展，能够满足日益多样化、个性化的消费需求。另一方面，物联网技术，如RFID、EDI等在购物场所的应用，使得居民购物消费更便利化、舒适化、人性化，不仅能够满足居民的购物需求，还满足了人们休闲、娱乐等方面的需求。

4. 推动物联网在流通领域应用有利于促进流通国际化

经过近年来的快速发展，尽管我国流通业在市场主体、市场网络建设、现代化流通方式等方面已取得了较大的成绩，但与发达国家相比，我国流通业整体实力还较弱，还没有形成一批具有国际竞争力的大型商业企业集团，流通企业"走出去"步伐缓慢，流通业陷入"国内市场竞相瓜分市场、国外市场望而却步"的发展局面。在后危机时代，国外市场萎缩已成基本趋势，如何利用我国流通企业"走出去"进一步开拓国外市场，已成为我国经济发展的重要战略。物联网技术的发展为我们提供了新的路径。在流通领域应用物联网技术，可以快速提升流通企业管理水平，促进经营理念创新，提高供应链管理水平，不仅有利于提高流通业国际化水平，而且能够促进流通领域的商流、信息流、资金流、物流的运动跨越国界，加速中国经济与世界经济的融合，推进经济全球化进程。

本章小结

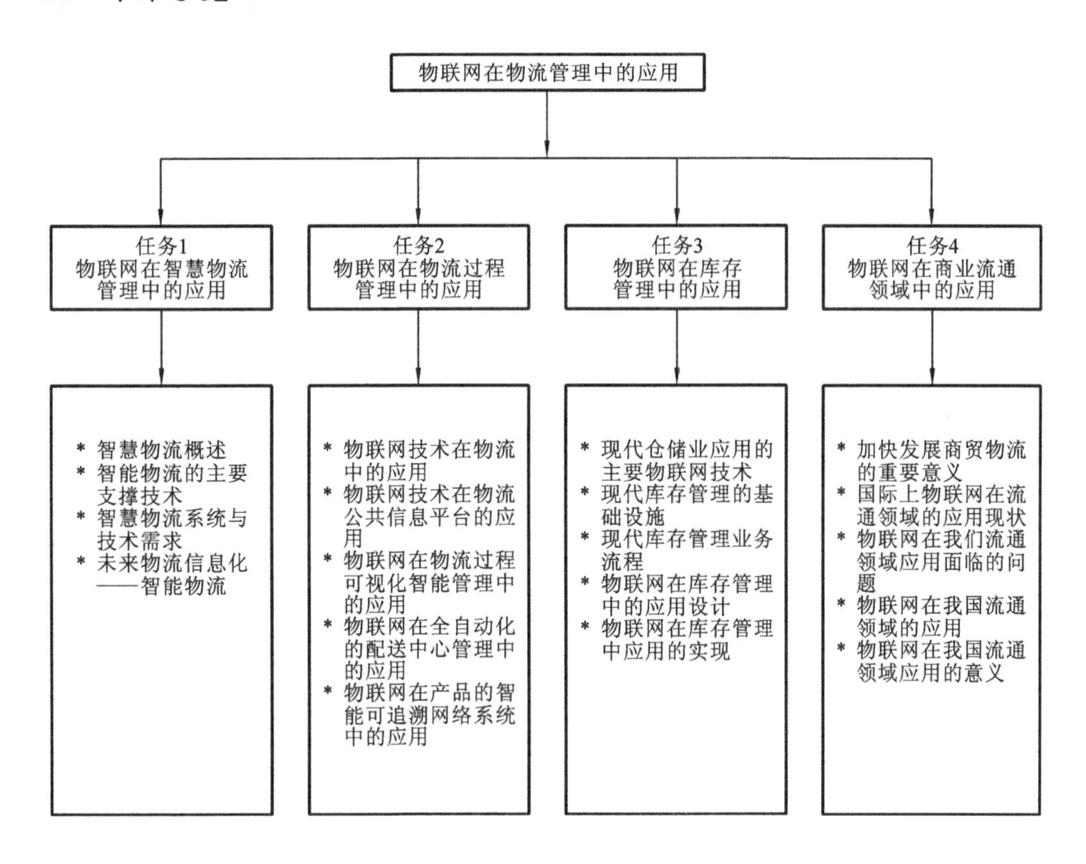

复习思考题

1. 简述智慧物流的内涵及智慧物流的内容体系。

2. 试述智慧物流的作用。
3. 简述智能物流包括哪些主要支撑技术。
4. 简述物联网技术在物流中的应用。
5. 简述物联网在物流过程可视化智能管理中的应用。
6. 简述物联网在全自动化的配送中心管理中的应用。
7. 简述物联网在产品的智能可追溯网络系统中的应用。
8. 简述物联网在商业流通领域中的应用。
9. 试述物联网在我国流通领域应用的意义。

第6章

物联网在农产品产业链中的应用

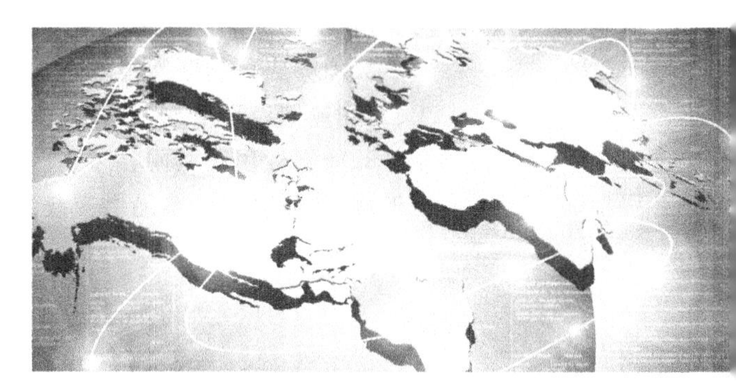

WULIANWANG JISHU YINGYONG SHIWU

知识目标

1. 了解农业及农产品相关理论及农业物联网实施的意义。
2. 了解物联网在农业中的应用需求及现状。
3. 掌握农业物联网技术系统及精细农业物联网技术架构。
4. 了解食品、食品的分类和食品安全相关知识。
5. 掌握食品产业链安全物联网系统构建。
6. 掌握物联网技术在食品产业链质量安全溯源的监控应用。
7. 掌握物联网技术在不同种类生鲜食品供应链中的应用。

能力目标

1. 能够应用物联网技术改变农业生产方式，使其由经验型、定性化向知识型和定量化转变，由粗放式向精细化转变，减少浪费和污染、保证农产品产业链产量和质量。

2. 能够应用物联网技术消除食品安全隐患，追查出现漏洞的加工、运输或储存环节，并对食品生产、流通过程进行追溯。

3. 能够应用物联网技术对不同种类生鲜食品供应链的安全进行追溯，达到对整个食品供应链过程进行有效管理。

江苏省江阴市猪肉质量安全信息全程自动追溯方案

江阴市“放心肉”安全信息追溯平台基于先进的RFID等信息技术，建立起覆盖生猪养殖、屠宰、销售、政府监管等环节的信息化综合平台，构建从“农场到餐桌”的全程自动追溯体系。

平台如图6-1所示，包括RFID养殖生产管理、治疗防疫管理、屠宰管理、销售管理、监督管理、追溯查询六大系统，实现记录信息从养殖场、屠宰场到销售网点的无缝衔接，监管者可以依托平台进行信息采集、追溯和监察，消费者可以查询每块猪肉的来源出处，确保每块放心肉“来可追溯，去可跟踪，信息可保存，责任可追查，产品可召回”。

1. RFID养殖生产管理系统

养殖场管理系统实现生猪入栏到出栏全过程的智能化管理。有了它，操作流程轻松便利，每头生猪佩戴RFID耳标，使用手持机轻轻一扫，便能完成信息采集和处理。有了它，猪舍管理智能高效，品种、存栏、时间等信息清晰明了，视频监控全猪舍覆盖，温度异常自动报警、短信提醒，并可自动控制风机进行温度调节。

2. RFID生猪治疗防疫系统

生猪治疗防疫系统由生猪治疗防疫部门使用。防疫人员首先为其所负责的猪厂制订防疫规则和计划，然后录入系统，系统会根据录入的规则和计划在指定时间提示应对哪个猪厂哪个栏舍的猪进行哪种类型的防疫，防疫人员仅需在防疫时使用手持机扫描一下所防疫的猪耳标，

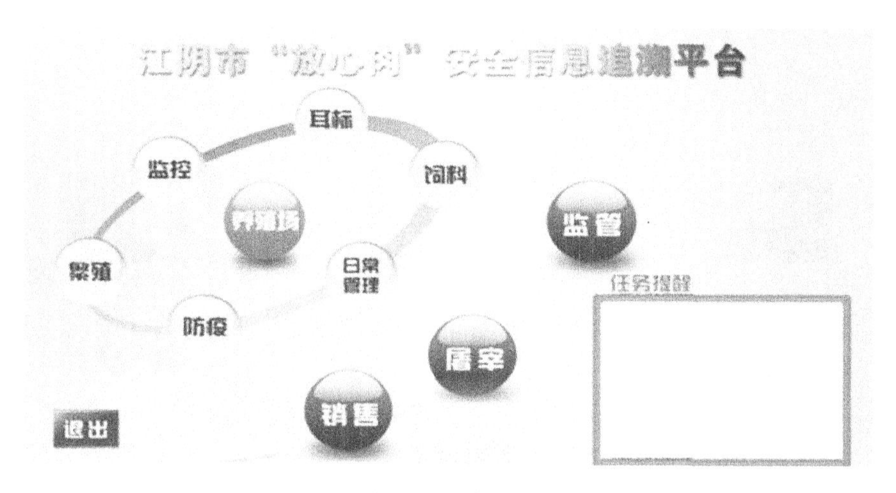

图 6-1 "放心肉"安全信息追溯平台

即可完成防疫信息采集。

3. RFID 屠宰管理系统

该系统由生猪屠宰部门使用，现阶段功能是使用手持机操作，如屠宰场规模较大时可使用自动化流水线处理。生猪屠宰前，操作者先使用手持机扫描一下猪耳标记录下猪屠宰前的信息，然后生猪上屠宰线屠宰，屠宰完毕后，会绑上 RFID 标签，操作者使用手持机扫描一下 RFID 标签，记录下猪肉信息和检疫情况，即可完成屠宰信息采集。

4. 生猪销售管理系统

销售管理系统主要由猪肉销售人员使用。使用条码称录入销售编号，打印出条码，猪肉销售人员再将条码贴到所售商品上即可。

(1)放心肉监管平台。监管人员具备相应权限后，可查看系统各个部分产生的数据。市场监管人员也可使用手持机查看"放心肉"摊位上所售产品是否为放心肉产品。

(2)信息追溯查询平台。消费者购买产品后，可凭借贴在商品上的条码在自助查询终端上查询产品追溯信息，也可通过手机短信或网络输入条码编号，查询产品追溯信息。消费者能够真正感受到公开、透明、知情的消费模式。

"放心肉"安全信息追溯平台是一个具备完整追溯食品各环节的安全控制体系，确保供应链的高质量数据交流，让肉类食品行业彻底实施食品源头追踪及在食品供应链中实现完全透明，保证向社会提供优质的放心肉类食品。

5."放心肉"全程信息管理实施系统

"放心肉"全程信息管理实施系统，如图 6-2 所示。

江阴市实施"放心肉"全程信息管理实施系统至少包含 RFID 畜牧业管理系统、牲畜电子监控管理系统、肉类托盘管理系统、批发市场 RFID 管理系统等系统实施。

(1)RFID 畜牧业管理系统(电子耳标)实施。①设备情况：带 GPS、GPRS 的手持数据采集和传输的 POS 机、RFID 手持读写器、含 RFID 芯片的电子耳标、远距离的 RFID 读写器，这些设备放置于草场的出入口和主要通道出入口，随时记录牲畜的出入信息。②数据信息：包括三部分，即养殖→出生状况→生长状况→出栏状况，防疫→接种疫苗→防疫检查→疫情处理，畜群管理→牲畜出入草场信息→牲畜草场位置信息→牲畜状况信息。③信息系统。RFID 数据采

江阴市"放心肉"安全信息追溯

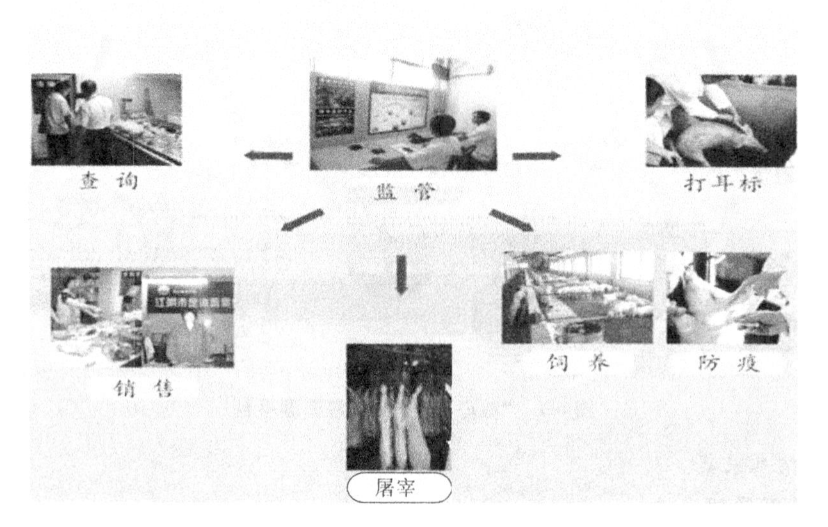

图 6-2 "放心肉"全程信息管理实施系统

集系统、牲畜防疫监控系统。

在牲畜养殖源头上，该系统通过在牲畜耳朵上打上电子射频耳标（或者脚环），对猪生长全过程进行记录。

（2）牲畜电子监控管理系统实施。这个系统实施预先通过系统对入境的动物、运输工具、产地及目的地等信息先期制作 RFID 电子标签卡，发放给入境单位；同时在进入指定动物检验检疫站时进行 IC 卡读写操作，登记、验证确认符合入境防疫条件准予进入。

（3）肉类托盘管理系统实施。货物在运输过程中，按照规定的产地、数量、品质、等级等标准写在运送过货物的托盘上或包装箱的电子标签中。当货物运输到批发市场或商场的指定仓库中或指定的配送点时，要读取托盘和包装箱标签内的产品的信息，并上传到系统中去。

（4）批发市场 RFID 管理系统实施。RFID 标签作为肉类批发信息的载体部分，对应批发商的货物，利用射频技术及 RFID 标签的手持读取功能对货物进行交易结算，大大加快肉类批发的交易结算速度。以 RFID 标签为交易核心数据的载体，可记录进场交易的每个货品的来源地、交易时间、检测检疫信息，加强肉类产品交易的规范性和可追溯性。

（5）监管牲畜实施信息化的重要性。牲畜信息化管理系统是对牲畜从饲养、监管、屠宰到销售等各个环节建立并结合食品安全理念而构建的管理信息系统，从养殖场到生鲜超市的整个供应链上各环节的数据和信息汇总到市级监管平台，使监管部门和公众可以在这个平台上对肉类产品全过程进行追溯和跟踪，从而确保整个流转过程的透明化，确保牲畜从源头到餐桌的全程安全，实现了全程质量监控和追溯。

我国是一个地域辽阔、气候复杂、自然灾害频发的农业大国，随着农业信息化的不断发展，物联网技术在现代农业中也有所应用。物联网在农业领域的应用是现代农业发展的重要内容，它将农业带入数字和信息时代，是 21 世纪农业发展的重要方向。

任务 1　物联网技术在农业中的应用

装上一个小小的无线传感器，大棚里的蔬菜就会"说话""有感觉""有思想"了，大棚里的温度高了它会警告你，土壤里的湿度低了它会通知你，更准确地告诉你它的需求。

农技师现在只需坐在办公室里，计算机的页面停留在几片蔬菜叶子上，用鼠标一点点拉近，就可以很清晰地看到叶片上趴着几只小蚜虫。这样农技师通过物联网的远程监控系统发现了"敌情"，可以立即给棚里的农业工人提个醒，早点做防护措施。这种新型的农村生产方式距离我们还有多远？

智慧农业其实就是基于物联网技术，通过各种无线传感器实时采集农业生产现场的光照、温度、湿度等参数及农产品生长状况等信息而对生产环境进行远程监控。将采集的参数等信息进行数字化和转化后，实时传输网络进行汇总整合，利用农业专家智能系统进行定时、定量、定位云计算处理，及时精确地遥控指定农业设备自动开启或是关闭。比如农业用上了物联网技术，瓜果蔬菜该不该浇水？肥料、药物怎样保持精确的浓度？温度、湿度、光照、二氧化碳浓度，如何实行按需供给？一系列作物在不同生长周期曾被"模糊"处理的问题，都有信息化智能监控系统实时定量"精确"把关，农民只需按个开关，做个选择，或是完全凭"指令"，就能种好菜、养好花。

任务 1：农业物联网定义、内涵。

任务 2：农业物联网应用的趋势。

农业物联网的实施将农业生产模式逐渐从以人力为中心、依赖于孤立机械的生产模式转向以信息和软件为中心的生产模式，从而大量使用各种自动化、智能化、可远程控制的生产设备，实现对农业生产环境信息和农作物生长信息的全面感知、可靠传递和智能处理，是智能农业必经之路，是中国农业发展的重要趋势。

一、农业概况

我国是人口大国，农业不只是社会发展的基础，也是社会安定的基石；我国又是传统农业大国，勤劳的农业人口有着光荣的历史，以世界 7%的耕地养活了 22%的人口。

1. 农业行业概况

农业为通过培育动植物生产食品及工业原料的产业。广义的农业包括种植业、林业、畜牧业、副业和渔业五个部分。其中，种植业是中国最重要的农业生产部门，主要粮食作物有水稻、小麦、玉米、大豆等，经济作物有棉花、花生、油菜、甘蔗和甜菜等。农业是支撑国民经济建设与发展的基础产业。

目前,我国的粮食、棉花、油菜籽、烟叶、肉类、蛋类、水产品、蔬菜产量均居世界首位。近些年,尤其是自2001年中国正式加入世界贸易组织以来,为全面提高农业的国际竞争力,中国政府开始着重解决农业结构的战略性调整问题,并投入财力、物力,加快农业的科技进步、科技创新和农产品的产业化经营进程。党的十六大提出,建设现代农业,发展农村经济,增加农民收入,是全面建设社会主义新农村的重大任务。

因此,通过在农业生产计划规划与管理、农业生产、农产品储运、农业生态与环境保护、农业技术推广与服务的全过程中实现数字化、网络化、智能化,用信息流加速农业活动中的物流和资金流的流通,可提高农业生产的效率、发展速度和可持续发展能力,同时也使信息技术成为提升农业生产力的重要因素。

另外,在农业迅速发展的同时,农业和农村经济与社会的发展也带来了农业用地减少、农田水土流失、土壤生产力下降、农产品与地下水污染及生态环境恶化等问题。精细农业是一种由信息、遥感技术与生物技术支持的定时、定量实施耕作与管理的生产经营模式,它是现代信息技术与农业技术紧密结合的产物,是21世纪农业发展的重要方向。

2. 认识精细农业

所谓精细农业,是指基于变异的一种田间管理手段。农田里田间土壤、作物的特性都不是均一的,是随着时间、空间变化的。精细农业就是一种现代化农业理念,它是现有农业生产措施与信息高新技术应用的有机结合。它集成了信息技术与3S(遥感RS、全球定位系统GPS、地理信息系统GIS)空间信息技术,从信息采集、高效传输、信息处理、模型建立、决策分析、农作物管理等方面开展信息化技术研究。

在传统的、目前仍在采用的农田管理中,都认为是采用均一的、统一的施肥时间和施肥量。而实际存在的差别、空间变异使得目前这种按均一方式进行的田间作业有两种弊害。

(1)浪费资源,为了使贫瘠缺肥的地也能获得高收成,把施肥量设定得比较高,那么本来就比较肥沃的地就浪费了肥料。

(2)这些过量施用的农药、肥料会流入地表水和地下水,引起环境污染。在这种情况下提出精细农业,根据田间变异来确定最合适的管理决策,目标是在降低消耗、保护环境的前提下,获得最佳的收成。

精细农业本身是一种可持续发展的理念,是一种管理方式。但是为了达到这个目标,需要三方面的工作。①获得田间数据;②根据收集的数据作出作业决策,决定施肥量、时间、地点;③需要机器来完成。这三个方面的工作仅凭人力是无法很好完成的,因此需要现代技术来支撑,并且最终需要利用机器人等先进机械来完成决策。

精细农业与传统农业相比,主要有以下特点。

(1)合理施用化肥,降低生产成本,减少环境污染。精细农业因土、因作物、因时全面平衡施肥,彻底扭转传统农业中因经验施肥而造成的三多三少(化肥多,有机肥少;N肥多,P、K肥少;三要素肥多,微量元素少),以及N、P、K肥比例失调的状况,因此有明显的经济和环境效益。

(2)减少和节约水资源。目前传统农业因大水漫灌和沟渠渗漏对灌溉水的利用率只有40%左右,精细农业可由作物动态监控技术定时定量供给水分,可通过滴灌、微灌等一系列新型灌溉技术,使水的消耗量减少到最低程度,并能获取尽可能高的产量。

(3)节本增效,省工省时,优质高产。精细农业采取精细播种、精细收获技术,并将精细种子工程与精细播种技术有机地结合起来,使农业低耗、优质、高效成为现实。在一般情况下,精细播种比传统播种增产18%～30%，省工2～3个。

(4)农作物的物质营养得到合理利用，保证了农产品的产量和质量。精细农业通过采用先进的现代化高新技术，对农作物的生产过程进行动态监测和控制，并根据其结果采取相应的措施。

农业物联网定义

农业物联网，即在大棚控制系统中，运用物联网系统的温度传感器、湿度传感器、pH值传感器、光传感器、CO_2传感器等设备，检测环境中的温度、相对湿度、pH值、光照强度、土壤养分、CO_2浓度等物理量参数，通过各种仪器仪表实时显示或作为自动控制的参变量参与到自动控制中，保证农作物有一个良好的、适宜的生长环境。远程控制的实现使技术人员在办公室就能对多个大棚的环境进行监测控制。采用无线网络来测量获得作物生长的最佳条件，可以为温室精准调控提供科学依据，达到增产、改善品质、调节生长周期、提高经济效益的目的。

3.农业物联网应用的功能

(1)实时监测功能。通过传感设备实时采集温室(大棚)内的空气温度、空气湿度、二氧化碳、光照、土壤水分、土壤温度、棚外温度与风速等数据；将数据通过移动通信网络传输给服务管理平台，服务管理平台对数据进行分析处理。

(2)远程控制功能。针对条件较好的大棚，安装有电动卷帘、排风机、电动灌溉系统等机电设备，可实现远程控制功能。农户可通过手机或计算机登录系统，控制温室内的水阀、排风机、卷帘机的开关，也可设定好控制逻辑，系统会根据内外情况自动开启或关闭卷帘机、水阀、风机等大棚机电设备。

(3)查询功能。农户使用手机或计算机登录系统后，可以实时查询温室(大棚)内的各项环境参数、历史温湿度曲线、历史机电设备操作记录、历史照片等信息；登录系统后，还可以查询当地的农业政策、市场行情、供求信息、专家通告等，实现有针对性的综合信息服务。

(4)警告功能。警告功能需预先设定适合条件的上限值和下限值，设定值可根据农作物种类、生长周期和季节的变化进行修改。当某个数据超出限值时，系统立即将警告信息发送给相应的农户，提示农户及时采取措施。

4.农业物联网实施的意义

时至今日，制约现代农业发展的两类问题，农业生产资源紧缺与过度消耗，也越来越显著，具体表现如下。

(1)耕地资源不断减少。从1996年到2004年中国耕地面积减少1亿多亩(1亩=666.7平方米)，年均减少1 000多万亩。近两年国家采取最严格的土地管理政策，年耕地减少量也还维持在400万亩左右。

(2)水资源紧缺。目前，全国仅灌区每年就缺水300亿立方米左右。20世纪90年代年均农田受旱面积为2 667万公顷。

(3)水资源浪费和污染情况严峻。中国农业用水量占总用水量的70%以上，中国主要灌区的渠系利用系数只有0.4～0.6，与发达国家的0.8相差甚远。

(4)化肥农药污染浪费情况严峻。中国是最大的农药使用国和化肥使用国，2003 年全国农药使用量为 131.2 万吨，有毒农药约占 90%，并正以每年 10%的速度增加。中国每年施用化肥量折纯达 4 200 万吨以上，占全球施用化肥量的 1/3，而同时化肥利用率却不到 40%，低于发达国家 15～20 个百分点。这些浪费的农药和化肥对食品安全和环境保护都造成了巨大的伤害。

物联网技术在农业中的应用，既能改变粗放的农业经营管理方式，也能提高动植物疫情疫病防控能力，确保农产品质量安全、引领现代农业发展。智能农业是指以现代信息技术与农业技术融合为特点的精细农牧业技术，它可为提高农业生产效率提供重要支撑，其核心是利用信息技术精确获知生态环境、动植物生命、农产品品质等特征信息并进行智能信息处理和决策，并通过机械化控制手段改造生产目标和生产环境。

二、物联网在农业中的应用现状

我国在农业行业的物联网应用主要实现农业资源、环境、生产过程、流通过程等环节信息的实时获取和数据共享，以保证产前正确规划以提高资源利用效率；产中精细管理以提高生产效率，实现节本增效；产后高效流通，实现安全溯源等多个方面。但多数应用还处于试验示范阶段，具体体现在如下几方面。

1. 农业资源利用

近年来，我国将 GPS 定位技术与传感器技术相结合，实现了农业资源信息的定位与采集；利用无线传感器网络和移动通信技术，实现了农业资源信息的传输；利用 GIS 技术实现了农业资源的规划管理等。

目前 GPS 技术已开始应用于农业资源调查、土壤养分监测和施肥、病虫害监测和防治等农田信息采集和管理、农业环境变化和农业污染监测等方面。精细农业需要及时了解农田状态信息，如农田中的肥、水、病、虫、草、害和产量的分布情况，卫星定位技术与农田信息采集技术相结合，可以实现定点采集、分析农田状态信息，生成农田信息空间分布图，指导生产者做出相应的决策并付诸实施。

2. 农业生态环境监控

农业生态环境是确保国家农产品安全、生态安全、资源安全的重要基础。许多发达国家如美国、法国和日本特别注重对农业生态环境的监测和保护。一方面，加强立法等政策性保护措施；另一方面，综合运用高科技手段构建先进农业生态环境监测网络，通过利用先进的传感器感知技术、信息融合传输技术和互联网技术，将物联网技术融合其中，建立覆盖全国的农业信息化平台，实现了对农业生态环境的自动监测，保证了农业生态环境的可持续发展。

目前我国多个省市建立了墒情监测系统，这些系统依靠传感器技术和无线通信技术，是目前我国农业生态环境监测中应用比较多的领域。

3. 农业生产精细管理

在美国，20%精细农业中应用了 GPS、传感器等物联网感知技术，已成为农业生产信息获取、生产管理、辅助决策、智能实施的物联网关键技术。

(1)在粮食生产方面。部分发达国家的大田粮食作物物联网已形成雏形，并在实践中日趋完善。2008 年，法国建立了较为完备的农业区域监测网络。在农作物生长的各个环节，对作物的苗情、长势信息、与作物生长直接相关的环境信息进行获取，并将相关数据发送到农业综合决策网进行处理，以指导施肥、施药、收获等农业生产过程。

(2)在设施农业方面。通过GPRS无线通信技术建立现场监控系统与互联网的连接，将实时采集信息发送到Web数据服务器。系统软件采用MS VB-net和ASP-net开发，构建了基于B/S的“瘦客户”模式，通过浏览器不仅可实时浏览监测数据，而且能进行历史数据的查询。

(3)在畜禽水产养殖方面。发达国家的畜禽、水产精细化养殖监测网络已经初具规模，集成实时监测、精细养殖、产品溯源、专家管理于一体的物联网应用得到快速发展。

4. 农产品安全溯源

农产品安全溯源系统综合运用了多种网络技术、条码识别等前沿技术，实现了对农业生产、流通过程的信息管理和农产品质量的追溯管理、农产品生产档案(产地环境、生产流程、质量检测)管理、条形码标签设计和打印、基于网站和手机短信平台的质量安全溯源等功能。可用于农产品质量监管部门和农业生产企业应用，从产品的生产到产品的检测，再到消费者手中，都有着详细的记录。产品是否农药残留过量，消费者可根据包装上的安全农产品溯源标签信息，直接查询，明白消费，放心食用。

5. 农业物联网应用发展趋势

近十年来，美国和欧洲的一些发达国家在农业信息网络建设、农业信息技术开发、农业信息资源利用等方面，全方位推进农业网络信息化的步伐，利用“5S”(GPS、RS、GIS、ES、DSS)技术环境监测系统、气象与病虫害监测预警系统等，对农作物生产进行精细化管理和调控，有力地促进了农业整体水平的提高。

我国农业正处于传统农业向现代农业的转型时期，全面实践这一新技术体系的转变。2009年8月，温家宝同志提出建立中国传感信息中心的战略设想，物联网再度成为热点，也为发展“农业物联网”或“物联网农业”提供了契机和动力。农业网络信息化建设似乎又迎来了新的春天。

大到一头牛，小到一粒米都将拥有自己的身份，人们可以随时随地通过网络了解它们的地理位置、生长状况等一切信息，实现所有农牧产品的互联。网络信息技术在农业领域的普及和应用，使“电脑上也能把地种”的愿望变为可能，使“运筹帷幄，决胜千里”的管理调控理念梦想成真。农业物联网应用发展趋势如图6-3所示。

要实现图6-1所示的农业物联网就必须解决如下问题：一是农业传感设备必须向低成本、自适应、高可靠、微功耗的方向发展；二是农业传感网必须具备分布式、多协议兼容、自组织和高通量等功能特征；三是信息处理必须达到实时、准确、自动和智能化等要求。

三、物联网技术在农业中的应用需求

物联网技术在工业控制和电子商务等领域已经有较快的发展，而在农业领域因其行业特点和其他条件所限正处于起步阶段，但已有一些探索和应用的成功案例。这些应用包括农业环境信息和动植物信息监测，智能化节水灌溉，动、植物远程诊断，精细农业生产监控，农产品质量安全追溯等方方面面。

1. 在环境信息和动植物信息监测中的应用

通过分布多层次的物联网传感器网络检测系统，对畜家禽、水产养殖、稀有动物的生活习性、环境、生理状况及种群复杂度进行观测研究。利用传感器网络对温度、湿度等进行实时监

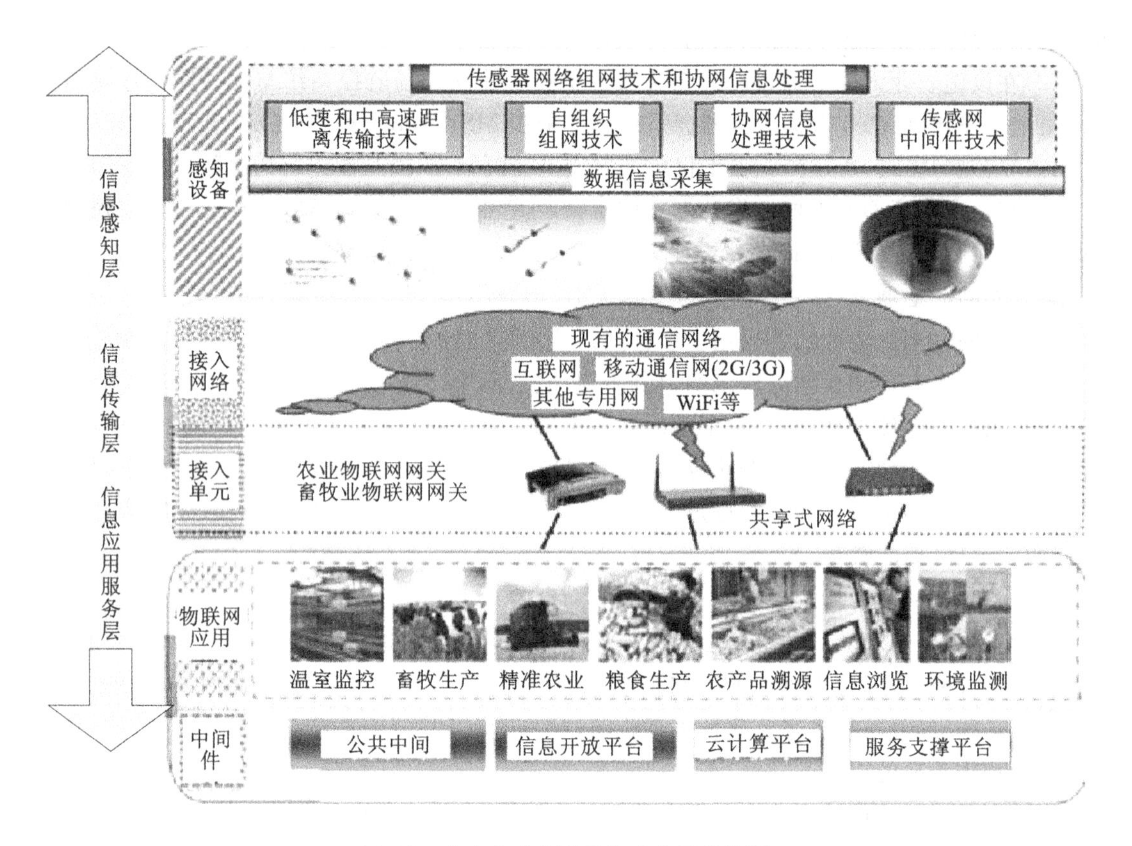

图 6-3　未来农业物联网技术应用趋势图

测，同时也可以应用在精准农业中监测农作物的害虫、土壤的酸碱度和施肥状况以便获得植物生长的环境条件，将获取的信息应用于传感器节点，然后通过网络传输到农业生产监控中心，使得农业科技人员可随时通过手机或计算机获得生产环境的各项参数，为作物生长场所的参数精确调控提供科学依据。

2. 在农业病虫灾害中的应用

传统害虫监测手段主要是依据昆虫间化学通信和物理学反应而实现的，但存在时耗长、消耗大量的人力和物力且害虫数据质量差等问题。物联网在农业病虫灾害信息监测系统中，基于农业害虫监测这个特殊的对象，采用多种害虫监测传感器来实现对虫害信息的监测和采集，依据对害虫群密度发热获取，并结合传统的监测技术，采用计算机视觉技术、声音信号技术、传感器技术、雷达技术、遥感技术等，对不同种类的害虫进行自动监测和计数。

3. 在智能化节水灌溉中的应用

水资源紧缺是制约干旱区农业发展的瓶颈，而精准灌溉是实现旱地农业可持续发展的有效途径。随着我国水资源紧缺形势的日益加剧，信息技术在农业领域的应用日趋广泛，研究与推广智能化节水灌溉将成为我国干旱区未来农业发展的重要方向。

4. 在动、植物远程诊断系统中的应用

随着人们生活水平的不断提高，人们对畜产品的需求越来越多，导致人们对养殖业也越来越重视，从小规模逐渐扩展为大规模。与此同时，畜禽病害发生就显得比较频繁，在边远农牧区存在畜牧兽医专业人才少、现场诊治不方便等问题；极端气候变化使病虫害的发生种类、发生规律产生较大变化，并总体使植物灾害发生更加频繁，危害更加严重、受灾面积有逐年递增趋势。而物联网在动、植物疫病预测预报系统中的应用，很好地解决了这一难题。

5. 在精细农业生产监控中的应用

在精细农业的灌溉系统中，通过在农业园区安装生态信息无线传感器和其他智能控制系统，对整个园区的生态环境进行检测。通过采集、分析和控制土壤湿度、土壤成分、降水量、温度、空气湿度和气压、光照强度、CO_2 浓度等来获得作物生长的最佳条件，将生物信息获取方法应用于无线传感器节点，从而及时掌握影响园区环境的一些参数，并根据参数变化适时调控灌溉系统、保温系统等，确保农作物有最好的生长环境，以提高产量、保证质量。

6. 在农产品质量安全追溯中的应用

农产品质量安全事关人民健康和生命，事关经济发展和社会稳定，农产品的质量安全和追溯已成为农产品生产中一个广受关注的热点。通过系统的建设，从产品生产（甚至是原材料生产）开始，在产品中嵌入电子标签，记录产品生产、流通的整个过程。消费者在购物时，只要根据卖家所提供的产品电子标签，就可以查询到农产品从原料供应、生产加工到销售的整个过程，以及相关的信息。

四、农业物联网技术系统

农业物联网技术系统一般采用包括大量传感器节点构成的传感器网络；集成传感器技术、无线通信技术、嵌入式计算技术和分布式智能信息处理技术于一体；通过数据分析（包含图像识别）、模式识别、专家系统（人工智能、数据挖掘）进行智慧判断，通过通信网络迅速回传反馈给决策层与终端操作者。具有易于布置、方便控制、低功耗、灵活通信、低成本等特点的物联网技术已成为实践“农业物联网”的迫切应用需求。

（一）智能精细农业物联网技术系统

1. 智能精细农业物联网技术系统架构

智能精细农业系统的总体架构分为传感信息采集、视频监控、智能分析和远程控制四部分，如图 6-4 所示。

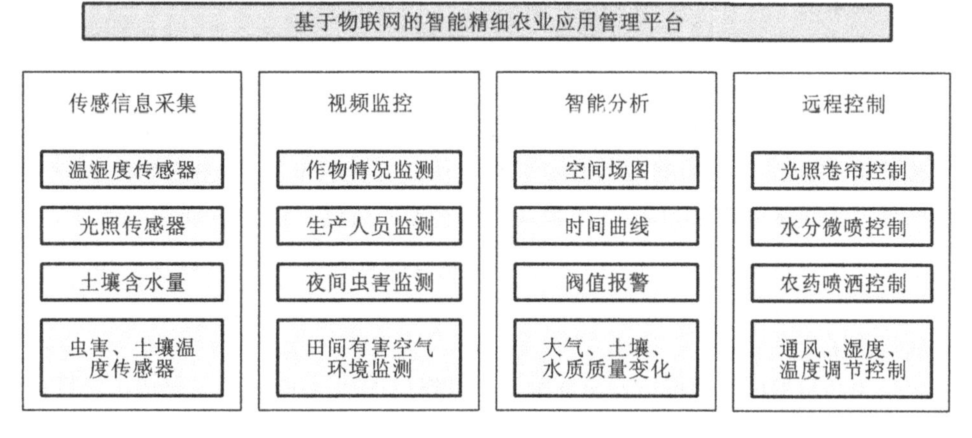

图 6-4 智能精细农业物联网技术系统的总体架构

2. 智能精细农业物联网技术系统平台

智能精细农业物联网技术系统平台由数据采集系统、视频采集系统、控制系统、无线传输系统和数据处理系统组成，如图 6-5 所示。

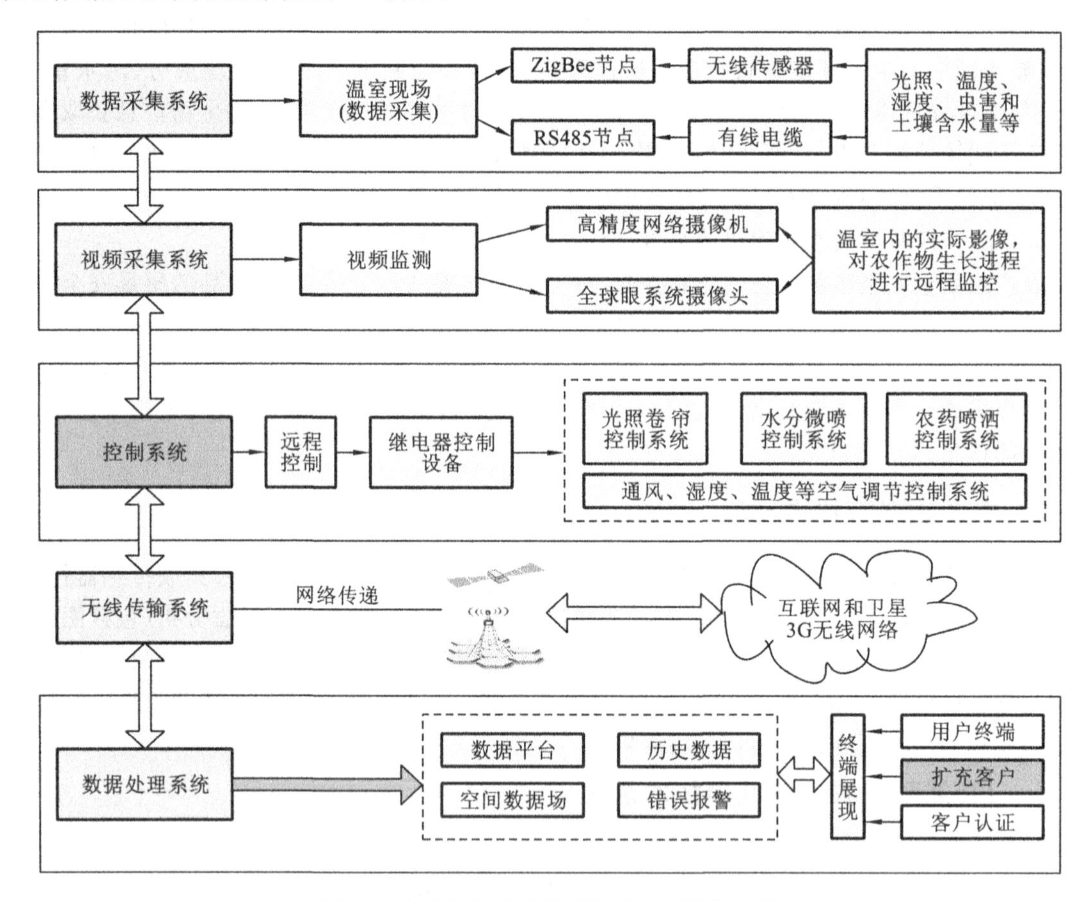

图 6-5　智能精细农业物联网技术系统的组成

1)数据采集系统

数据采集系统主要负责温室内部光照、温度、湿度、虫害和土壤含水量及视频等数据的采集和控制。温度包括空气温度、浅层土壤温度(土下 2 cm)、深层土壤温度(土下 5 cm)三种；湿度主要包括空气的湿度、浅层土壤含水量(土下 2 cm)、深层土壤含水量(土下 5 cm)三种。数据传感器的上传采用 ZigBee 和 RS485 两种模式。根据传输方式的不同，温室现场部署分为无线版和有线版两种。无线版采用 ZigBee 发送模块将传感器的数值传送到 ZigBee 节点上；有线版采用电缆方式将数据传送到 RS485 节点上。无线版具有部署灵活、扩展方便等优点；有线版具有高速部署、数据稳定等优点。

2)视频采集系统

该系统采用高精度网络摄像机和全球眼系统摄像头进行紧密融合，系统的清晰度和稳定性等参数均符合国内相关标准。

3)控制系统

该系统主要由控制设备和相应的继电器控制电路组成，通过继电器可以自由控制各种农业生产设备，包括光照卷帘控制，水分微喷控制，农药喷洒控制，通风、湿度、温度等空气调节控制系统等。

4)无线传输系统

该系统主要将设备采集到的数据，通过3G网络传送到服务器上，在传输协议上支持IPv4协议及下一代互联网IPv6协议。

5)数据处理系统

该系统负责对采集的数据进行存储和信息处理，为用户提供分析和决策依据，用户可随时随地通过计算机和手机等终端进行查询。

3.智能精细农业物联网技术系统主要功能

1)数据采集

温室内温度、湿度、光照度、土壤含水量等数据通过有线或无线网络传递给数据处理系统，如果传感器上报的参数超标，系统出现阈值警告，并可以自动控制相关设备进行智能调节。

2)视频监控

用户随时随地通过3G手机或计算机可以观看到温室内的实际影像，对农作物生长进程进行远程监控。

3)数据存储

系统可对历史数据进行存储，形成知识库，以备随时进行处理和查询。

4)数据分析

系统将采集到的数值通过直观的形式向用户展示时间分布状况(折线图)和空间分布状况(场图)，提供日报、月报等历史报表。

5)远程控制

用户在任何时间、任何地点通过任意上网终端，均可实现对温室内各种设备进行远程控制。

6)错误报警

系统允许用户制定自定义的数据范围，超出范围的错误情况会在系统中进行标注，以达到报警的目的。

7)统一认证

系统实现统一认证、集中管理控制，包括用户管理、设备管理、认证管理、权限管理等功能。

8)手机监控

3G手机可以实现与计算机终端同样的功能，实时查看各种由传感器传来的数据，并能调节温室内喷淋、卷帘、风机等各种设备。

4.智能精细农业物联网技术系统特点

1)涉及技术门类多

系统融合了3G、HTTP、宽带、物联网、传感器等国内前沿技术，具备开展商业运营的能力。

2)可扩展性强

除了系统平台形成瓶颈的缺陷，管理控制与媒体流分离的架构设计使得系统能够支持大容量部署。

3)可靠性高

系统从硬件到软件实现冗余设计，无单点故障，提高系统的可靠性。

4)安全性好

系统具有完整的端到端鉴权、加密体系及用户行为的审计记录功能，最大限度地保证监控网络和用户使用安全。

5)兼容性强

系统采用国际标准，专门设计了多种终端接入和网络协议的协商功能，可以兼容多种编码格式。

6)超准确性

系统对于关键的控制部分采用先进的控制算法，保证了系统的准确性。

7)通用性好

系统支持多种终端和操作系统。

8)计费灵活

系统具有完善的后台支撑系统和灵活的计费方式。

(二)智能精细农业物联网技术需求

基于信息和智能管理复杂的智能精细农业物联网技术系统，转变农业发展方式，对物联网农业应用提出了迫切需求。

1. 农业信息感知技术

农业信息包括环境信息和作物信息两类，环境信息主要是种植业、畜牧业、渔业生长环境信息，包括光照强度、温湿度、离子浓度等信息；作物信息包括动植物的身份标识信息、外貌信息、行为信息和这些信息的统计信息。感知层所需要的关键技术包括检测技术、短距离有线和无线通信技术等。

各类农业信息首先通过传感器、数码相机等设备进行采集，然后通过 RFID、条码、工业现场总线、蓝牙、红外等短距离传输技术进行传输。现代农业常用的传感器包括空气温湿度传感器、土壤温湿度传感器、光照强度传感器、CO_2 传感器、NH_3 传感器、营养元素(N、P、K 等含量)传感器等，此外在喷灌和滴灌场合还可能用到水流量传感器、水温传感器，水产养殖方面会用到水体溶解氧浓度传感器等，而作物信息检测则往往需要用到图像采集设备和耳标等。

(1)营养元素传感器，对营养元素含量的检测采用的是离子敏传感器。离子敏传感器由离子敏感膜和转换器两部分组成。离子敏感膜用以识别离子的种类和浓度，转换器则将离子敏感膜感知的信息转换为电信号。一般用于检测无土栽培环境中所调配的营养液中营养元素的含量，或根据流回的营养液中元素的吸收情况决定营养元素的调配比率，也可用于普通大棚或温室中土壤营养元素含量检测。

(2)水体溶解氧浓度传感器用于水体溶解氧的检测，该传感器使用覆膜酸性电解质原电池原理来实现水体中溶氧(DO)浓度的测量。该传感器经常应用于水产养殖中的水含氧量检测监控。

(3)耳标，是动物标识之一，用于证明牲畜身份，承载牲畜个体信息的标识，加施于牲畜耳部。电子耳标应用 RFID 技术，内置芯片和天线，编码信息存储于芯片内。由于 RFID 具有非接触、远距离、自动识别移动物体、可读可写等特性，一些自动化计量、测量、定量系统在畜牧业中得以推广使用。

2. 农业信息传输技术

智能农业物联网的网络传输层通过泛在的互联功能，实现感知信息高可靠、高安全传输。

互联网和移动通信网(包括移动互联网)是智能农业物联网的核心网络,该类网络是所有物联网应用的共性部分,本章并不做特别的介绍。

3. 农业信息处理技术

感知互动层采集的信息通过网络传输层到达部署在远程机房的主机中。各种传感器收集到的信息有些是可以直接利用的,有些如图像、视频或多个传感器采集的信息是需要经过预处理,完成信息的提取和融合,才可以进行使用的。这种信息需要经过信息融合、图像识别等信息预处理技术,转换为机器可以使用的有效信息。

五、农业物联网技术应用架构

农业物联网技术层次结构与智慧物流、智能电网等物联网应用系统类似,均由信息感知层、信息传输层和信息应用服务层组成,如图 6-6 所示。

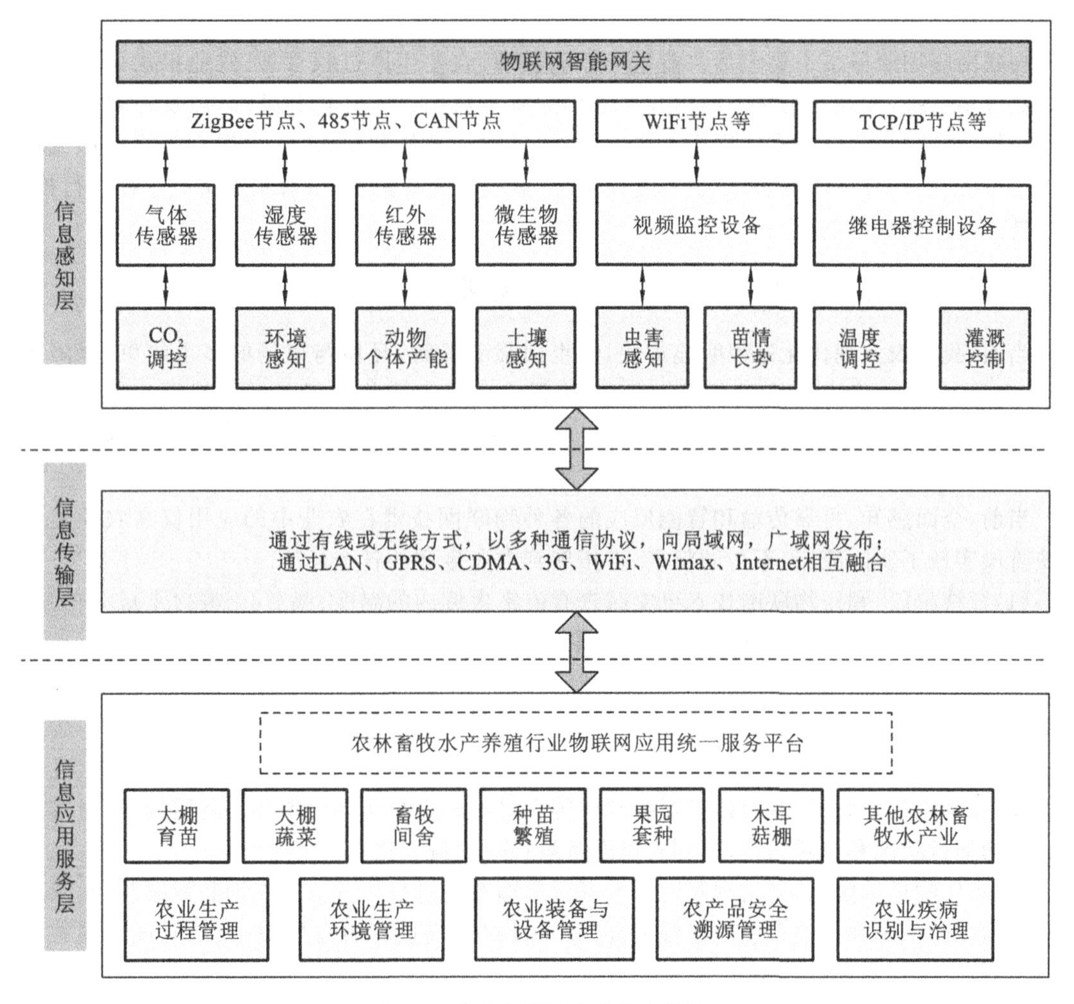

图 6-6 农业物联网技术层次结构

1. 物联网信息感知层

物联网信息感知层主要由各种传感器节点、RFID 设备、视频监控设备等数据采集设备组成，通过先进传感器技术，实现将数据采集设备获取到的数据，如土壤肥力、作物苗情长势、动物个体产能、健康、行为等信息，通过 ZigBee 节点、CAN 节点等通信模块传送至物联网智能网关，做到现场数据信息实时检测与采集支持过程精细化管理。信息感知层主要实现对农业生态环境、农作物的状态和农产品状态的实时感知。

此外，上层应用系统下发的控制命令，通过物联网智能网关传送到继电器控制设备，远程控制农业设施（如智能浇灌等）的开关，实现农业生产环境的改善。

2. 物联网信息传输层

在信息传输层中，传感器获取各类数据后，网络层通过有线或无线方式，以多种通信协议，向局域网、广域网发布；通过 LAN、GPRS、CDMA、3G、WiFi、WiMAX、Internet 等的相互融合，实现现场数据信息和上层控制命令实时准确地传输与交互，即主要实现农作物和农产品信息的传输。

3. 物联网应用服务层

物联网应用服务层主要包括农业生产环境管理、农业生产过程管理、农业疾病识别与治理等农业应用系统，实现对由物联网感知层采集的海量数据进行分析和处理，以及对农业生产现场的智能化控制与管理。在应用服务层，首先通过数据分析和融合、模式识别等手段形成最终数据，提供给生态环境监测系统、生长监控系统、追溯系统等使用，以对农业生产过程进行控制，为合理生产提供决策支持。

六、物联网技术在农业中的应用与市场预期

当前，我国农业现代化进程明显加快，但也面临着资源、环境与市场的多重约束，保障粮食安全、食品安全、生态安全的压力依然存在，确保农民稳定增收的任务越来越重。实施区试工程，对于探索农业物联网理论研究、系统集成、发展模式及推进路径，提高农业物联网理论及应用水平，促进农业生产方式转变、农民增收有重要意义。

当前，全面感知、可靠传输和智能反应的各种物联网技术在农业中的应用仅在农业生产的育秧阶段实现了实际应用，不久的将来，将拓展到农业生产的各个环节。

(1)育秧阶段，利用物联网技术可实时查看温室大棚内的温度、湿度、土壤含水量等信息，并可通过 3G 手机或计算机，对温室内各种设备进行远程监控、远程控制。

(2)灌溉阶段，利用物联网技术结合全球眼实现水库闸坝、水位的视频监控，可全方位掌握雨情、水情、工情信息，实时动态为山洪灾害的及时预警、人员的及时撤离提供技术支持，为合理灌溉提供技术手段。

(3)收割阶段，利用物联网技术对收割机等农机设施进行车辆定位和设备监控，实时掌握各项设施的运行状况和位置信息，达到农机设备运行效率最大化。

(4)农作物运输阶段，利用物联网技术可对运输车辆进行位置信息查询和视频监控，及时了解车厢内外的情况和调整车厢内温湿度，同时还可对车辆进行防盗处理，一旦发现车锁被撬或车辆出现异常，自动进行报警。

(5)存储阶段，利用物联网技术通过将粮库内温湿度变化的感知与计算机或手机连接进行实时观察，记录现场情况以保证粮库内的温湿度平衡，结合全球眼设备，用户可通过 3G 手机和计算机实时查看粮库内外情况并进行远程控制，为粮食的安全运送和存储保驾护航。

(6)农产品加工阶段，利用物联网技术进行绿色食品的加工监控、乳品的溯源、出口农产品

的溯源及交易跟踪等。

随着物联网技术的不断发展，产业链的不断完善与成熟，智能农业应用的不断深化，物联网在农业发展中的应用还远远不止这些，未来的农业在物联网技术的支持下，将变得更加智能化、自动化、现代化。

任务 2　物联网技术在食品行业中的应用

产品自己会“思考”，会做出正确判断并执行任务。比如智能冰箱能根据商品的条形码来识别食品，提醒你每天所需吃的食品，商品是否快过保质期等。

目前我国食品安全形势较为严峻，各类食品安全事件屡有发生，对人民群众的生命安全和健康造成极大危害。针对这一现象，政府统一安排，从 2009 年 1 月 1 日起，对肉及肉制品、豆制品、奶制品、蔬菜、水果等六类食品实施严格的市场准入。但由于管理手段落后，无法对食品生产、流通的各个环节进行有效的监管，市场准入制度的落实受到严重制约和影响。

结合食品安全和物流信息化工作，组建基于物联网的现代食品物流系统。现代食品物流系统将记录原材料、产成品从供应起点至需求终点及相关信息有效流动的全过程，将食品采购、运输、仓储、装卸、流通加工、配送等环节进行模块化。通过分析各模块之间的关系，组成供应环节的网络关系图。还可以重点针对有些食品，诸如果蔬、水产、畜禽及豆制品、奶制品的流通环节，实施安全检测、控制、预测、监控、溯源、信息共享等，具有重大的现实意义、经济效益和社会效益。

任务 1：现代食品物流信息技术系统的组成。

任务 2：现代食品物流信息技术系统的关键技术。

一、食品的概述

食品指各种供人食用或者饮用的成品和原料，以及按照传统既是食品又是药品的物品，但是不包括以治疗为目的的物品（本释义出自《中华人民共和国食品安全法》）。

通俗来讲，食品是除药品外，通过人口摄入，供人充饥和止渴的物料的统称。

从来源来看，食品既包括农业生产供人食用的农产品（如谷物、蔬菜、水果、肉、奶、蛋、鱼等，通常称其为食物），也包括食品工业生产的商品（如罐头、饼干、面包、奶粉、火腿肠、方便面、酱油、食醋、啤酒等），还包括公共食堂、餐馆、饭店所制作的饭菜。从基本功能来看，食品既包括供人充饥的物质（即通常所说的食品）、供人饮用的物质（即通常所说的饮料），又包括调味物质（即通常所说的调味品）。此外，还包括某些嗜好品，如口香糖、白酒、茶叶、咖啡等。总之，无论是哪种类型的健康食品，都是以保健为目的的，需要长时间服用方可使人受益。

二、食品的分类

(一)根据食品的来源分类

1. 植物性食品

植物性食品即可供人食用的植物的根、茎、叶、花、果实及其加工制品,又可大致将其分为粮食及其加工品、油料及其加工品、蔬菜及其加工品、果品及其加工品、茶叶及其加工品等。

2. 动物性食品

动物性食品即可供人食用的动物体、动物产品及其加工品,又可大致将其分为畜肉及其加工品、禽肉及其加工品、乳及乳制品、蛋及蛋制品、水产品及其加工品等。

3. 矿物性食品

矿物性食品即可供人食用的矿产品及其加工品,如食盐、食碱、矿泉水等。

4. 微生物性食品

微生物性食品即可供人食用的微生物体及其代谢产品,如食用菌及其加工品,食醋、酱油、酒类等发酵食品。

5. 配方食品

配方食品即并不明显以某种自然食品为原料,而是完全根据人的消费需要设计加工出来的一类食品。这类食品生产原料来源特殊或多样,具有较严格的配方,故称其为配方食品。如果味饮料、碳酸饮料、人造蛋、人造肉等。

6. 新资源食品

新资源食品指在我国首次研制、发现或者引进的,在我国本无食用习惯,或者仅在个别地区有食用习惯的,符合食品基本要求的食品。

(二)根据食品的安全性分类

根据食品的安全性可将食品分为常规食品、无公害食品、绿色食品、有机食品、普通食品、不安全食品和假冒伪劣食品等。

(1)食品中的自然致癌物主要包括亚硝基化合物、高脂肪物质、高浓度酒精等。其中亚硝基化合物的前体物在不新鲜的食品如腐烂变质的食物中含量较高,人体在有萎缩性胃炎或胃酸分泌不足时,胃将亚硝基化合物的前体物合成为亚硝基化合物。

(2)食品污染物中的致癌物主要包括家用杀虫剂,家用的洗涤剂可能含有致癌的化合物,与这些物质接触的食品可能被污染。一些激素类制剂可通过兽医治疗或饲料添加剂进入食用家禽家畜体内,从而诱发与内分泌系统有关的肿瘤。一些食品包装材料含有多环节羟基类物质,具有潜在的致癌性,如食品包装袋、包装纸等。空气中的致癌物质通过土壤、水等途径蓄积于食物中。

(3)食物中的添加剂,如防腐剂、食用色素、香料、调味剂及其他添加剂中含有的亚硝胺类物质。

(4)食品加工储存时导致的致癌物,熏制食品和腌制食品中含有大量的环芳羟基类致癌物,霉变的大米、玉米、豆类中所含的黄曲霉素对人和动物都有很强的致癌作用。

(三)根据食品的功能特性分类

1. 嗜好性食品

嗜好性食品指不以为人体提供营养素为基本功能,而具有明显独特的风味特性,能满足人们某种嗜好的食品,如酒类(尤指白酒)、茶叶、咖啡、口香糖等。

2. 营养性食品

营养性食品营养性是所有食品的基本功能,但不同的食品所含营养素的种类及其含量的多少有较大差异,自然食品及绝大多数加工食品往往存在这样或那样的营养缺陷,不能满足人们对营养素的全面需要,或由于某种或某些营养素的缺乏,导致这种食品的整体营养价值较低。这里所说的营养性食品主要是指从营养学的观点出发,根据营养平衡原理在食品中人为添加某种或某些营养素,或将营养特性不同的几种食品按照一定比例组合搭配,而生产出的营养素种类、含量及比例更趋科学合理、营养价值更高的食品,又称为营养强化食品或强化食品,如目前市场上的AD钙奶、富铁饼干、多维食品等。

3. 保健食品

保健食品又称为功能食品,是一类新型食品,目前国际上还无统一的定义。1989年日本厚生省将其定义为:“功能食品是具有与生物防御、生物节律调整、防止疾病、恢复健康等有关功能因素,经设计加工,对生物体有明显调整功能的食品。”我国《保健食品管理办法》(1996)将其定义为:“保健食品系指具有特定保健功能的食品。即适宜于特定人群食用,具有调节机体功能,不以治疗疾病为目的的食品。”即指除了满足食品应有的营养功能和感官功能外,还具有明显的调节人体生理功能的一类食品。

4. 特殊膳食用食品

特殊膳食用食品指为满足某些特殊人群的生理需要或者某些疾病患者的营养需要,按特殊配方专门加工的食品。这类食品的成分或成分含量应当与可类比的普通食品有显著不同。

5. 休闲食品

休闲食品即主要供人们在娱乐时间或旅游途中等,不以充饥为主要目的而消费的一类食品。通常又称为小食品,如各类瓜子、口香糖、泡泡糖等。

(四)根据加工程度和食用方便性分类

1. 自然食品

自然食品指可供人直接食用或经简单加工后可供人食用的来自自然界的产品,主要是来自自然界或农林牧渔业的产品,如粮食、蔬菜、果品、食用菌、鱼、虾、蟹、贝类等。它们有些可以直接食用(即生食),如某些蔬菜、果品等,但大多数均需经过一定加工后方可食用。自然食品是加工食品生产的主要原料,故又称为原料性食品、初级食用农产品或食物。

2. 初加工食品

初加工食品即以自然食品为原料,经简单或初步加工后所得的产品,一般不可直接食用,食用前需进一步加工,如面粉、大米、油脂、面条等。

3. 深加工食品

深加工食品即以自然食品或初加工食品为原料,经进一步加工或加工深度较大、技术含量和原料利用率相对较高的产品,如罐头、果汁、蔬菜汁、色拉油、香肠、火腿、奶粉等。

4.方便食品

方便食品一般指经工业化加工，可供人直接食用，且食用的随意性较大，不受时间、场所限制的食品。如方便面、方便米饭、火腿肠、糖果、面包、糕点、饼干及其他小食品等，也称为即食食品。现在也将传统的在家庭、饭店等厨房内完成的加工作业按照工业化加工的产品称为方便食品，如冻饺、净菜等。

(五)根据食品的原料和加工工艺分类

我国按照食品的原料和加工工艺不同将食品分为28大类525种。这28大类食品是粮食加工品，食用油、油脂及其制品，调味品，肉制品，乳制品，饮料，方便食品，饼干，罐头，冷冻饮品，速冻食品，薯类和膨化食品，糖果制品(含巧克力及其制品)，茶叶，酒类，蔬菜制品，水果制品，炒货食品及坚果制品，蛋制品，可可及焙烤咖啡产品，食糖，水产制品，淀粉及淀粉制品，糕点，豆制品，蜂产品，特殊膳食食品及其他食品。

三、食品安全

食品安全指食品无毒、无害，符合应当有的营养要求，对人体健康不造成任何急性、亚急性或者慢性危害。根据世界卫生组织的定义，食品安全是“食物中有毒、有害物质对人体健康产生影响的公共卫生问题”。食品安全也是一门专门探讨在食品加工、存储、销售等过程中确保食品卫生及食用安全，降低疾病隐患，防范食物中毒的一个跨学科领域。

1.食品安全具体含义

食品安全问题的本质是信息不对称下的逆向选择。目前农产品市场的现状是一种“吃了不倒”的低水平均衡，因为信用品的质量安全属性没有参与交易。即消费者购买使用农产品之后也不能了解其质量信息，如农药残留、重金属污染等，所以面临严重的信息不对称，从而导致逆向选择而造成市场失灵，优质不能优价，劣币驱逐良币。

我们的探索和努力实质上就是应对农产品信息不对称逆向选择的一系列制度安排，包括信号传递机制、声誉机制、重复博弈等，在农村源头建立起一道食品安全防火墙。

整个价值链交易成本畸高，我们有两种路径选择，一种路径就是以中粮为代表的全产业链，将外部交易变成内部交易，另一种路径就是以乡土乡亲为代表的建立声誉机制和透明供应，降低监管和交易成本。

目前食品安全的含义有以下三个层次。

(1)食品数量安全，即一个国家或地区生产的粮食能够满足民族基本生存所需的膳食需要。要求人们既能买得到又能买得起生存生活所需要的基本食品。

(2)食品质量安全，指提供的食品在营养、卫生方面满足和保障人群的健康需要，食品质量安全涉及食物的污染、食品是否有毒、添加剂是否违规超标、标签是否规范等问题，需要在食品受到污染之前采取措施，预防食品的污染和避免遭遇主要危害因素侵袭。

(3)食品可持续安全，这是从发展角度要求食品的获取需要注重生态环境的良好保护和资源利用的可持续性。

2.治理食品安全的相关措施

(1)建立食品安全保障技术。①让物联网技术成为食品安全监管的“千里眼”。②通过构建食品安全物联网，实现对食品的“高效、节能、安全、环保”的“管、控、营”一体化。

(2)净化市场源头。重点应对人民每天需食用的粮食作物、蔬菜、水果、饮用水等严加控管，进行规范型、创新型种植，调整生产结构及生产保障体系。市场上的食品应由大型的、符合质量要求的、国家认可的种植专业户和集团、生产厂家的食品占绝大部分，对落后的、零星的、质量无保障的种植户和生产小厂适时淘汰，或让其无人问津而自灭。净化市场源头是重点，这一步抓好了，购者放心。

(3)建立市场级检测体系。在中、大型超市，农贸市场设置检测仪器，提供检测方法，随时对有关食品主要质量参数进行检测，可由市场专职检测人员或人民群众开展抽检。国家应投入一定费用开展快速检测方法的研究，供市场快速确认质量。若如此，则不合格产品就难以上市，也不敢上市，可杜绝不合格产品上市。

(4)增加媒体透明度。互联网、电视台、报纸应有计划、有针对性地适时报道食品检测结果，对优质、合格产品进行表彰，引来认购者，使其受益，对不合格者曝光，让其下架或受冷落，令其整改或停产，多方面、全方位展开关注，持之以恒。

四、食品产业链质量安全溯源的监控系统

“民以食为天，食以安为先。”近年来，国内外发生了多起恶性的食品安全事件——禽流感、疯牛病、苏丹红、三聚氰胺、地沟油、塑化剂等，严重威胁及危害到了人类的健康和生命，引起了各国政府、企业及人民对食品安全问题的担忧和关注。为了消除食品安全隐患，追查出现漏洞的加工、运输或储存环节，需要对食品生产、流通过程进行追溯。

1.食品产业链质量安全溯源的物联网业务流程

在具体应用中有两种实现食品安全管理的方法：①从上往下进行追踪，即从农场→食品原材料供应商→生产加工商→运输商→销售商→POS销售点进行追踪，这种方法主要用于查找造成质量问题的原因，确定产品的原产地和特征；②从下往上进行追溯，也就是消费者在POS销售点购买的食品发现了安全问题，可以向上层层进行追溯，最终确定问题所在。

通过对现有食品生产流程系统分析，提出从“农场到餐桌”对食品安全实行质量追溯与安全评估的方法，其业务流程大致如下。

1)生产原料源头

在食品生产原料的源头，不管是畜类饲养过程中的饲料信息，还是蔬菜种植过程中的肥料信息，均可通过电子标签记录到食品安全数据库中，作为将来质量追溯的原始数据。

2)生产加工环节

食品生产加工环节的厂家、操作员、加工方式和时间等信息也会记录到数据库的相应字段中。

3)流通环节

在食品的流通过程中，每个环节都布置了集成多种传感器的读写器设备，可以实时记录该批食品的环境信息。

4)运输环节

在运输过程中，安装在车门后的读写器每隔一段时间就会读取车内食品货箱的电子标签信息，连同传感器信息一起发送至食品安全管理系统中。由于车厢内的环境信息基本一致，因此，在读写器而不是在电子标签上集成传感器有助于大幅度降低系统成本。

5)仓储环节

食品在运输到物流仓库时，也将被读取信息和记录入库时间，并由系统自动分配存货区。

仓库中也布置有集成传感器的读写器，同样按照一定时间间隔读取标签信息和记录环境信息。

根据记录的环境信息，物流仓库的质量评估系统将发挥作用，自动对库存食品进行评估，判断过期食品，确定发货顺序。这将改变传统“先入先出”的评估方法，而是根据环境信息综合判断，有变质可能的食品应该先发货。

6)销售环节

经过严格的流通过程，安全的食品将被运送到消费者手中。这样，不论是在餐桌旁还是在货架上，消费者不仅可以了解自己所选购食品的原料产地、生产者、生产日期等信息，而且可以根据食品安全评估系统对该食品进行认证，享受“放心食品”。

现代食品物流信息技术系统主要由基础层、支撑层、数据层、业务层、应用层组成，应用的主要技术包括基于各种通信方式的近距无线通信(NFC)、移动通信技术、全球卫星定位(GPS)技术、地理信息(GIS)技术、计算机网络技术、多媒体技术、自动化仓管技术、信息交换技术、数据库、Web 技术等。

2.食品产业链质量安全溯源的监管体系

食品安全问题可能发生在原料源头、生产加工、流通、运输、仓储和销售等环节。可以将现场快速检测技术、物联网技术等新兴的科学技术应用于食品安全监督管理体系，建立食品安全的“源头”保障。通过建立食品安全指数，对食品中的有害物质的污染范围、有害程度、影响程度等权重进行客观分析，完善食品安全主动防御预警机制。

物联网技术是实现食品安全监管体系网络化的核心。基于电子产品代码（electric product code，EPC）的物联网是在计算机互联网的基础之上，利用全球统一的物品编码技术、射频识别技术、无线数据通信技术等，实现全球范围内的单件产品的跟踪与追溯。利用物联网技术，将从原材料生产到加工出产成品的所有食品都配备一个 EPC 标签，把食品生产的每一阶段的信息录入标签内，并随时对食品中影响健康的物质进行定量和定性检测分析，同时将这些食品信息整理并发布到网络中。消费者只要根据食品上的 EPC 标签，就可以查到该食品在各个阶段的所有信息，从而能够清晰地看到整个食品从原材料到加工成产成品的整个流通过程及食品潜在的不安全因素。其工作示意图如图 6-7 所示。

食品一旦变质，食品安全监管体系的评估系统就会实时改变评估结果，提示消费者不要食用，或者通知零售商尽快将其撤下货架。此外，该系统还可以为生产商提供它们最需要的销路分析功能。一旦发生紧急情况，不仅可以根据食品安全追溯系统找到每件食品的最终消费者，而且可以找到流通或生产加工过程出现问题的环节，形成由政府统一管理、协调、高效运作的架构。这也是国际上食品安全追溯管理模式的发展趋势。

五、物联网技术在食品产业链质量安全溯源的监控应用

(一)物联网技术在食品产业智能系统实现的关键技术

在食品产业链质量安全溯源的监控系统中，要求能够识别和追踪食品供应的每一个环节。借助物联网技术能将互联网与所有物品通过射频识别等信息传感设备连接起来，实现识别和管理智能化。物联网技术在食品产业链质量安全溯源的监控设计系统如图 6-8 所示。

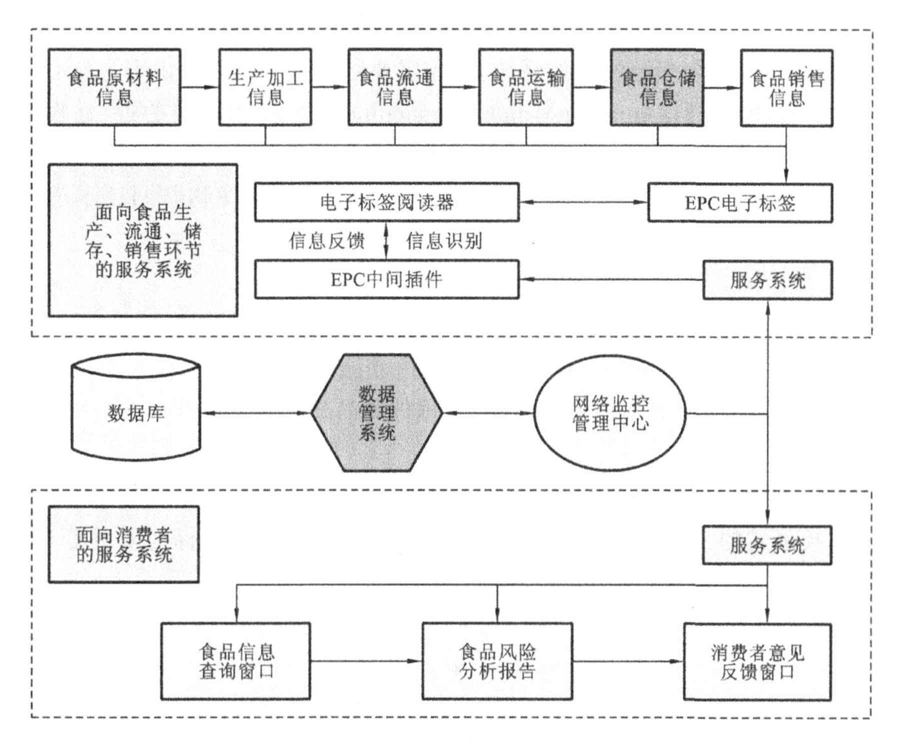

图 6-7　基于物联网的食品生产工作示意图

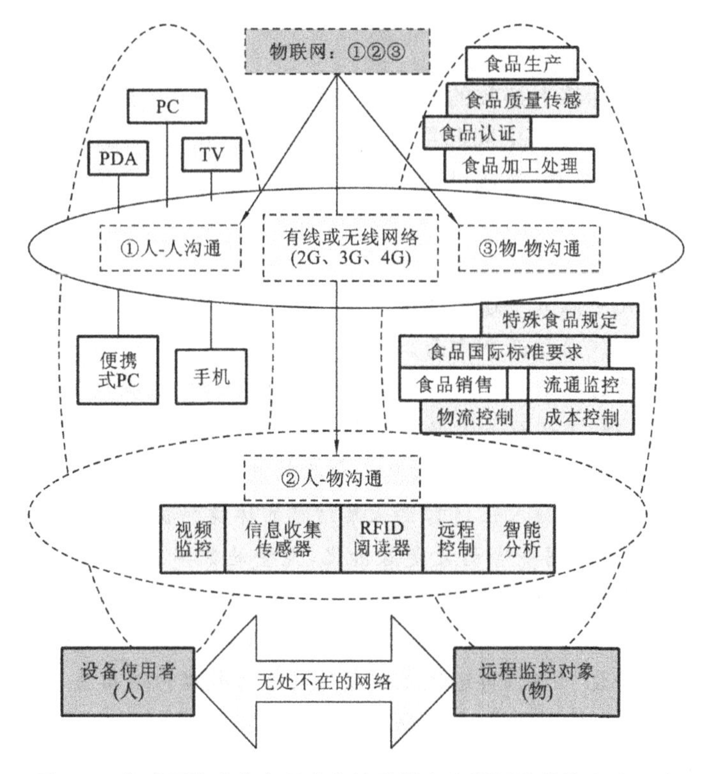

图 6-8　物联网技术在食品产业链质量安全溯源的监控设计系统

如果要形成生产、运输、销售等各环节的自动化、智能化管理，使食品走向国际化，开发功能强大的食品产业链质量安全溯源的监控系统，首先需要以传感器和射频识别为核心的信息采集技术，以机器/人与机器间通信(machine/man to machine，M2M)为关键的近、远程数据网络通信技术，以云计算和信息物理融合系统为主体的海量信息智能分析与控制技术等。其次，食品企业还需要引入先进的ERP系统、WMS系统、CRM系统等才能使物联网技术进入食品产业链质量安全溯源的监控。

1. EPC

EPC的全称是“electronic product code”，中文名称是电子产品代码，是由一个版本号和另外三段数据(域名管理者、对象分类、序列号)组成的一组数字，是每个实体对象所独有的唯一标识。EPC解决了单件商品的识别与跟踪问题，为每件商品建立了全球开放的标识标准。

2. RFID

RFID(射频识别)，是一种利用无线射频识别技术识别目标对象并获取相关信息的技术。RFID是一种非接触式的自动识别技术，它通过射频信号自动识别目标对象并获取相关数据，识别工作无须人工干预。它可工作于各种恶劣环境。

3. GPS跟踪技术

GPS跟踪技术要建立一个有效的物联网，有两大难点必须解决：一是规模性，只有具备了规模，才能使物品的智能发挥作用；二是流动性，物品通常都不是静止的，而是处于运动状态的，必须保持物品在运动状态，甚至高速运动状态下都能随时实现对物品的监控和追踪。那么，依托GPS是最好的解决方案。

4. Savant网络

为了处理大量从电子标签上接收的数据流，AUTO-ID center推出了Savant软件系统，它是一种在企业应用系统和阅读器中间起衔接作用的软件。在数据流送到企业应用系统之前，Savant会对数据进行过滤、计算、集成，压缩数据容量，以减少网络数据流量。

现代食品物流系统几乎涵盖了通信技术的各个方面，就应用规模和技术难度来讲，关键技术主要包括传感技术和无线通信两个方面。

信息的自动采集要靠传感器来完成，如何将温度、湿度、压力、亮度等食品环境的变化转化为数据源，以供采集和处理，是现代食品物流系统首先要解决的问题。传感器本身的技术已经比较完善，几乎可以反馈任何需要感知的信息。食品物流等物联网领域对传感技术有更进一步的要求，传感器要微型化，可以嵌入任何需要采集信息的环境和物体中，特别是要适合片上系统(SoC)的集成。微型化带来的另一个好处是廉价化，大量的数据采集需要投入数量众多的传感器，低成本的传感器使整个网络的建设更加现实。

无线通信技术和传感技术相结合，组成无线传感网络，网络中一个节点的基本功能就是将传感器采集的信息经过转化、处理，再运用无线通信技术将数据传递出去，因此节点构成可以基本分为传感单元、处理单元、射频单元三部分。

(二)物联网技术在食品产业链质量安全溯源的监控应用系统

1. 物联网技术在食品产业链质量安全溯源的监控框架

物联网技术在食品产业链质量安全溯源的监控框架系统由四个层次组成,如图6-9所示。

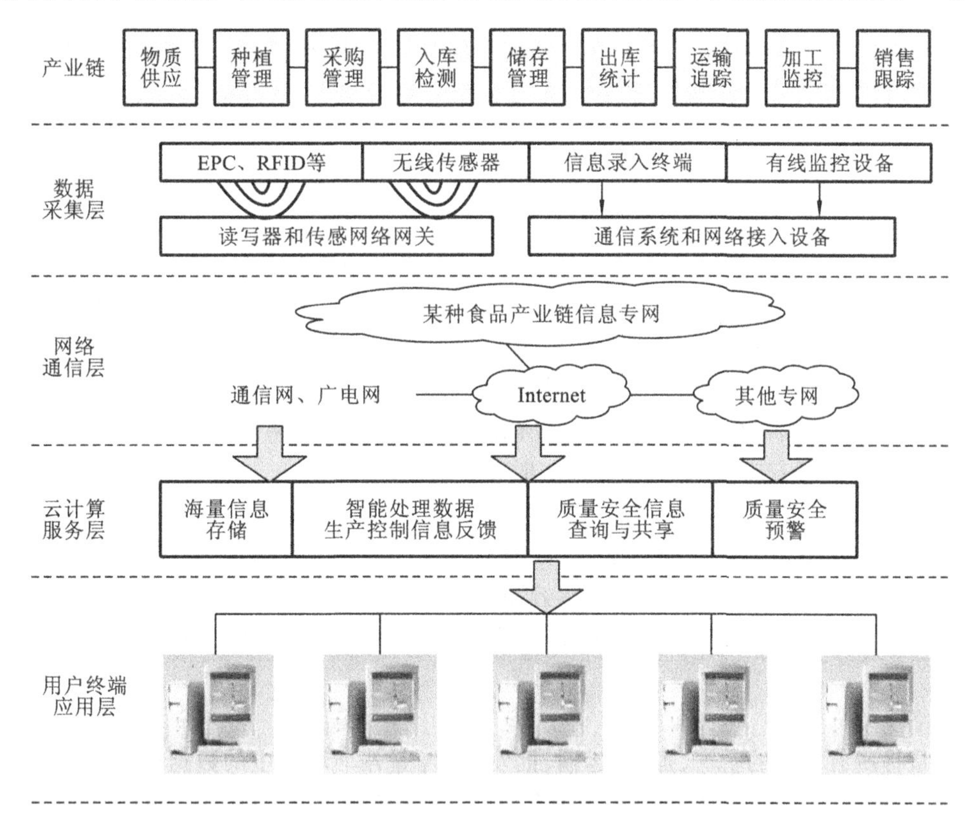

图6-9 物联网技术在食品产业链质量安全溯源的监控框架图

1)数据采集层(感知层)

数据采集层以RFID、传感器、EPC编码为主,从生产开始,将统一的EPC编码标识植入食品,在食品生产和流通的关键环节安装读写器,自动识别产业链中的投入物资、农产品种植及其加工品,并读取或标识其质量信息;利用无线传感器、有线监控设备、信息输入终端实时采集生产、加工、储运、销售设施信息,以及其中的植物、动物、设备、加工材料或产品、人员等的主要静态和动态参数,实现对食品质量相关信息的全面掌控。

2)网络通信传输层

网络通信传输层将数据通过网络技术保留到互联网上的食品供应链信息平台,实现海量数据传输共享。以M2M技术为核心,结合远距离连接技术(如GSM、UMTS等)和近距离连接技术(如WiFi、Blue-Tooth、ZigBee、Ultra Wideband、UWB等)实现产业链内人、物、系统间的通信;通过读写器及传感网络网关、通信系统和网络接入设备将数据采集层获取的信息输入某种食品产业链信息专网,后者以互联网为纽带,实现食品产品质量信息在广电网、通信网和其他专用网安全高效地互联互通。

3)云计算服务层

云计算服务层将传统计算机技术与网络技术发展融合,实现信息存储资源和计算能力的分布式共享，对视频产品产业链衍生的海量信息进行高效存储和智能处理，并通过数据挖掘和知识发现，支持产业链中物资、人员、设备、设施、环境和生产流程中关键信息反馈、质量安全信息查询与共享，以及质量安全预警。

4)用户终端应用层

用户终端应用层是各种商业模式在物联网上的具体应用，包括食品安全信息平台、食品供应链信息平台等系统软件操作平台。基于 GPS 实现 3C（computation、communication、control)技术的有机融合与深度协作，使产业链各环节主体通过质量信息服务，实时感知食品产业链中的物资、设备、设施、环境和生产过程，并利用计算机、手机或其他控制终端予以人工或智能的动态调控和优化，对质量安全预警做出有效反应。

2. 物联网技术在食品产业链质量安全溯源的监控系统组成

1)数据采集

以 RFID、二维码核心技术为基础实时监控食品生产的相关现场活动，进行图像数据和 EPC 编码数据的采集、传输和管理。将数据采集和跟踪贯穿到食品的生产、加工、运输、批发、零售的全部流程中，食品安全溯源系统中的所有数据都来自食品第一线，信息采集可采用无线 PDA、RFID 阅读器等方式，来获取食品的实时相关信息。

2)标准

标准主要包含 RFID、二维码标准，可分四类，即技术标准、数据内容标准、一致性标准、应用标准。食品安全追溯信息相关的标准内容主要有商品条码(GB12904 码)、时间表示法(GB/T7408)、数据元、交换格式信息、交换日期，以及信息技术数据元的规范与标准化(GB/T18391 2002)等。

3)网络

网络是将所有分散的生产、加工、运输、批发、零售等各个环节中的数据信息上传到数据中心，通过网络及 XML 技术对数据进行集中存储、管理，所有数据一旦输入就可以立即查询。

4)协议

这里主要指食品安全溯源系统中采用的网络协议，除了必需的网络协议外，还有通用分组无线业务通信协议。RFID 网络协议 SLRRP 是一种简单、灵活的阅读器网络协议，可用来在控制器和阅读器之间传送状态、控制、配置和标签信息。

5)监管平台和数据中心

食品可追溯系统是对食品的生产、加工、运输、批发、零售的数据进行整合，实现从“从源头到餐桌”中各个环节的追踪及其过程的反向追踪。以互联网为依托，建立政府、企业、消费者之间可以信息共享的食品安全信息数据库，将产品质量控制策略传输到公用数据中心，建立监管平台。

6)应用系统

应用系统一般由开放的数据终端组成。通过数据终端可以查询食品的原料来源及生产、加工、运输、批发、零售等信息。

3. 物联网技术在食品产业链质量安全溯源的监控过程

物联网技术在食品产业链质量安全溯源的监控过程可分为八部分，包括种植、采购、入库、储存、出库、运输、加工及销售信息跟踪。物联网技术在食品产业链质量安全溯源应用的整个过程是以 Savant 系统作为支撑，通过在托盘、货架、仓库内部、出入库口、搬运器械、车辆、物流关卡等物流设施上安装RFID阅读器,能够实现自动化的入库、出库、盘点,以及物流交接环节中的RFID信息采集,通过RFID技术与物流设施的结合,实现食品物流的透明化、信息化和自动化管理。物联网技术在食品产业链质量安全溯源的应用架构,如图6-10所示。

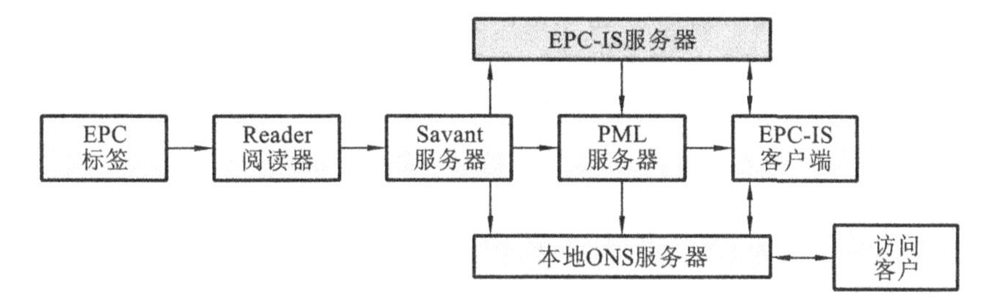

图6-10 物联网技术在食品产业链质量安全溯源的应用架构示意图

以果蔬产品为例,从果蔬的种植开始,应用物联网技术溯源监控食品安全。

(1)种植环节:依托M2M运营支撑平台和GPRS/3G网络传输,利用短信息、Web、WAP等手段,使从事农业生产的客户能够实时掌握植物生长最关键的温度、湿度、二氧化碳含量、土壤含水率等信息。

(2)采购环节:采集原材料,在原材料正式入库前,检验员都会对每批产品的质量进行检验,同时会在该批原材料上贴上包含对应EPC代码的射频识别标签,收集该批产品的登记信息和检验结果。

(3)入库环节:在入库和储存过程中如果发生装卸搬运、入仓和转仓等情况,Savant(一种分布式网络软件)系统会将这批产品的实际变化情况和与之对应的PML文件信息相匹配。

(4)储存环节:食品以散存的方式入库后,在仓库内安装温度、湿度和气体浓度等感应器和传感器,实时监控食品存储过程中仓库内的温度、湿度和气体浓度,并将接收到的EPC信息传输到本地服务器中的Savant,随后将RFID阅读器识别到的仓库内的信息记录到本地EPC信息服务器,通过无线通信方式传送到食品监控系统中心,系统中心通过GIS开发的软件将信息转变成指令信息,同时系统就地与通风等设备组成控制系统,实现仓库内环境的自动调节。

(5)出库环节:当食品以包装箱或集装箱的形式出库时,安装在出库门前的RFID阅读器将它接收到的该批食品的EPC信息传送给本地服务器中的Savant。随后Savant将RFID阅读器识别到的食品信息记录到本地的EPC信息服务器中。EPC信息服务器再将收集到的信息与入库检验、储存监控时收集到的在数据库里的同一序列号的食品信息进行匹配,随后按照PML规格重新写入交易和出库记录,形成新的PML文件并存入PML服务器。

(6)运输环节:当食品以包装箱或集装箱的形式运输时,在货运车辆的车体部位或者挡风玻璃上贴上智能化的RFID标签,标签中包含车牌号、始发地点、终点、运输线路、所属企业、食品基本信息等,实时记录箱、货、物流信息及开关箱的时间和地理位置信息,实现食品集装箱物流信息的全程实时在线监控。当行驶前方出现交通事故导致道路堵塞时,食品流通信息监控系统会重新选择最优运输路径,通过无线通信方式传送给货运车辆,以便货运车辆能及时调整路线,按时完成运输任务。

(7)流通加工环节:当食品运送到加工企业时,RFID阅读器会根据到货检验、装卸搬运、入库等物流作业快速读取EPC标签中的代码,并将数据传递给本地Savant系统。本地Savant系统将接收到的食品 EPC 编码传送给本地 ONS 服务器，本地 ONS 服务器再将该批产品 EPC 编码转换成 EPC 域名，并把 EPC 域名传递给 ONS 基础构架，请求获得与 EPC 域名相匹配的 PML 服务器 IP。ONS 基础构架中的 Savant 系统负责将这一请求与之前该批食品存储仓库的 PML 服务器相匹配。本地服务器通过 Internet 与远程 PML 服务器通信，请求获得服务器中该批食品的相关信息。仓库的 PML 服务器返回食品的检验记录、交易记录及相关物流记录。

(8)销售信息跟踪环节：当食品运输到达销售点时，与采购、入库、储存、出库时的食品物联网工作流程是相类似的。当零售店内的消费者想购买某一商品时，就可以通过专门的平台查询该产品的所有信息，充分了解其安全性、产销状况等。在食品销售过程的每个环节中，只要通过射频阅读器就可检验货物，而不需要开包验收，这样就能极大地提高物流作业效率，还能够保证各环节实时地了解到食品库存的详细情况和减少差错率。

六、物联网技术架构下食品产业链质量安全监控机制

在物联网技术支持下，实现对食品产业链质量实时监控和事前预警，避免质量安全事故，还需要一套行之有效的运营管理机制，如图 6-11 所示。

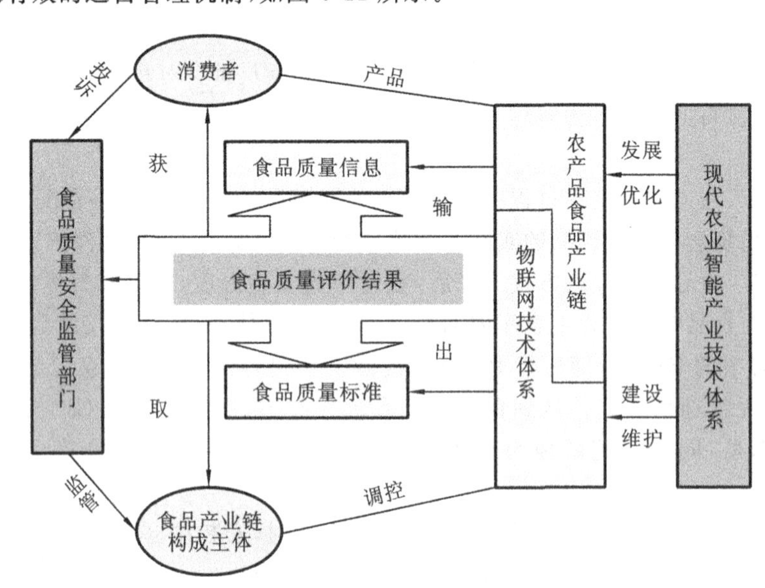

图 6-11　基于物联网技术的食品产业链质量安全监控机制图

将现代农业智能产业体系的功能拓展、食品产业链构成主体的价值实现和质量监管部门的制度创新以质量安全为纽带，予以逻辑思考，构建可向消费者提供质量合格的最终产品的安全监控机制。

1. 食品质量安全条件构建机制

物联网技术与食品产业链的有机融合是实现食品质量全程监控的物质基础，食品产业链质量控制关键点的质量安全标准是食品质量安全的评价依据。现代农业产业技术体系应依托自身优势，在农产品食品产业链质量安全方面进一步延伸其职能：一是制定食品产业链各环节投入品、生产过程及产出物的适应物联网技术的可操作性质量安全标准和经营管理规范；二是在增强食品产业价值增值和市场竞争能力的过程中，充分考虑食品质量安全和物联网技术应用要

求，不断发展和优化产业链；三是依据食品产业链质量安全的物联网技术应用架构，选择物联网技术供应商，建设和维护基于产业链的物联网技术体系。

2. 食品质量安全自控机制

基于农产品食品产业链质量控制关键点构建的物联网技术体系，以数据的实时、完整采集为基础，通过食品产业链信息专网向互联网发送农产品食品质量信息，实现消费者、质量监管部门和食品产业链各环节主体的信息共享，极大地消除了上述三者在农产品食品生产过程及质量问题上的信息不对称，防止监管部门与食品产业链成员间可能的串谋，从而在消费市场形成产品的优质优价，在食品产业链内形成各环节主体为追逐价值实现和增值而对投入品、生产流程和产品质量的自觉监控。食品产业链有很高的积极性抵制有损产品质量的投入品，改善生产和储运条件，完善生产工艺和流程，规范经营管理，提高食品产品质量。

3. 食品质量安全监管机制

在物联网技术的支持下，消费者有更为便捷的渠道和方式反馈产品消费的感受，或向监管部门投诉劣质食品产品，形成对食品产品供给方的直接评价和市场影响。目前，虽然我国对涉及农产品食品质量安全监管的农业、卫生、工商、质检和食品药品监督等五个管理部门的职能做了明确划分，但在实际工作中仍然存在职能重叠、监管漏洞、信息孤岛、事后应急、责任推诿等问题。基于食品产业链的物联网技术支撑下的质量信息、标准和评价共享机制，需要有一个确定的部门（或几个部门的联合工作组）对整个食品产业链的质量安全事项统一监管，并予以政策法规保障，对质量安全预警及时反应，监督相关主体适时调控，做到事前防范。

任务3 物联网技术在食品供应链中的应用

刚泡好的清茶摆在面前，你眼睛看到的是杯子，鼻子闻到的是茶香，嘴巴尝到的是微苦味，用手摸一下还较烫……

人体器官的感知综合在一起时，人便得出了对这一杯清茶的判断。假如把清茶的感知信息传上互联网，人们便能通过网络随时了解清茶的采摘、加工、销售配送及安全检验等情况。物联网将改变人们传统的思维与做法。

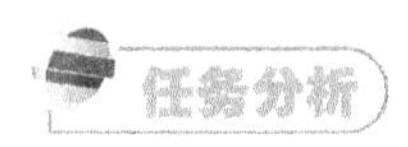

食品行业供应链中跨环节之间的联系比较脆弱，实时跟踪与追溯常常会遇到信息断层。那么，如何才能建立起一条"从农场到餐桌"的食品安全追溯体系呢？答案就在物联网中，RFID技术可能会为食品安全追踪溯源提供有力支持。

"民以食为天，食以安为先。"物联网RFID技术助力于安全食品供应链的应用，对企业来说，有助于食品企业加强食品安全方面的管理，稳定和扩大消费群，提升市场竞争力；从食品供应链角度看，通过为消费者营造放心消费的环境而树立了良好的形象，切实提高了整体供应链的服务水平。

任务1：物联网对食品供应链管理影响的表现。

任务2:物联网对食品供应链的安全可追溯的意义。

一、我国食品供应链的研究现状

1. 食品供应链的定义

食品供应链(agri-food supply chain,ASC)是从食品的最初生产者到食品消费者各环节的经济利益主体(包括其前端的生产资料供应者和后端的作为规制者的政府)所组成的整体;是农产品和食品生产、销售等组织,为降低食品和农产品物流成本、提高质量、提高食品安全和物流服务水平而实施的一种垂直一体化的运作模式。

食品供应链与其他供应链的不同在于其更加关注食品质量与安全及气候影响,有限的产品生命周期及需求和价格波动,使得农产品供应链管理变得更加复杂和困难。

我们把食品供应链分为五个关键的阶段,如图6-12所示,分别为:第一阶段生产源头;第二阶段原材料采购及初级处理;第三阶段生产与制造;第四阶段物流环节;第五阶段营销环节。每一个阶段又有具体的操作步骤,通过将链条上的各个环节进行细致的划分,使得所有的食品操作程序的特性得到了很好的描述,便于分层来讨论。

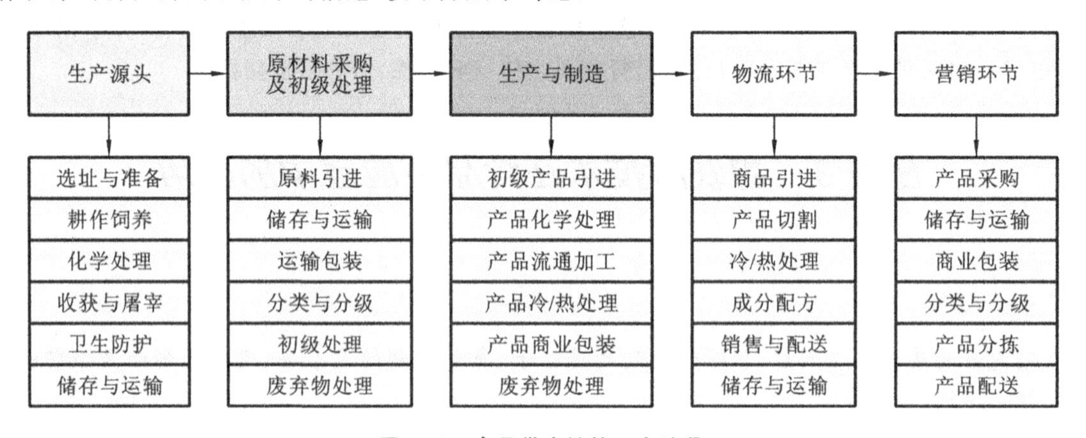

图6-12　食品供应链的五个阶段

2. 我国食品供应链安全状况

食品供应链的五个阶段中,几乎每个阶段都存在着一定的问题,因为整个链条上牵涉的人员繁多,而所有的单位或个人,都无一例外地想要获得更多的经济利益,而最优化的结果应该是获得两大收益,即社会效益和经济效益。

1)生产源头

农业生产过程缺乏控制,化肥、农药、兽药使用量过大,以及添加剂的非法使用和滥用。如"吃避孕药"的黄瓜、"会爆炸"的西瓜、吊养并强喂食催肥的鸡,土地反复耕种同类的农作物等,导致土壤贫瘠,农产品品质下降。

2)原材料采购及初级处理

原材料是最终产品的来源或者是深加工的原料,这个阶段包括很多步骤,粗到清除缺陷产品的视觉检查、挑选大小或形状,细到清洗与除污。原材料初级处理后可能直接成为单件商品,如豆芽菜的生产、水果榨汁；也可能只是后续大批量生产的原料，还需要研磨与精炼、熏制、真空处理等。这阶段也存在不少问题，如为了让豆芽发得快、为了让腐败变质的食品能继续售出，很多商贩选择了非法及有违公德的手段，为了节约采购成本，在原材料采购环节以次充好等。

3)生产与制造

我国大部分食品加工企业都还是10人以下的小规模食品厂或手工作坊，很多企业缺乏必要的安全加工设施和环境。大部分企业虽然有食品卫生标准和制度，但是加工过程缺乏对食品质量和食品卫生进行严格控制的意识。

4)物流环节

我国目前80%的食品通过公路运输，而公路运输中专用的冷藏型运输车辆极为缺乏。此外，还存在食品仓储容量不足、库点分布不合理、规模普遍偏小等问题。由于物流体系不健全，食品在流通环节损耗率高，受到二次污染的可能性大。

5)营销环节

目前我国食品零售渠道主要有超市、农贸市场、副食品商店等。农贸市场虽然存在食品安全监管制度，但缺少足够的食品安全检测手段、检测设备及检测人员。超市虽然是食品安全信誉较高的地方，但食品安全隐患依然存在，如鲜活产品的有毒有害物质残留超标、随意更改产品保质期、新鲜产品与过期产品混杂等。

3. 物联网对食品供应链管理的影响

物联网的出现，打破了单一互联网模式的信息垄断格局。物联网对整个食品供应链管理过程的影响主要表现在以下几点：①使食品供应链管理过程得到高度优化；②使资源得到有效利用；③能真正做到实时管理；④增加食品供应链的可视性，提高信息透明度；⑤能使食品供应链管理实现高度敏捷和完全的集成化。

具体表现在食品供应链的如下环节中。

1)生产源头

在农产品生产的源头，可以通过电子标签把农产品品名、种植基地、种植人等信息记录到农产品安全数据库中，作为将来追溯的原始数据。从产品生产（甚至是原材料的生产）开始就在产品中嵌入EPC标签，记录产品从生产原材料的生长到产品的形成，再到产品流通的整个过程。消费者只要通过卖家提供的EPC标签，就可以查询到农产品从原材料的供应、生产加工到销售的整个过程及其相关信息，从而决定是否购买，彻底解决了产品信息仅来自卖家介绍的问题。

2)原材料采购及初级处理

原材料采购是影响食品质量安全的第一个环节，也是食品安全管理的起始点。采购人员必须到持有卫生许可证的单位采购原材料，避免如农药的滥用造成原材料中农药残留等问题，保证原材料在其正式入库前，检验员都对每批购入产品的质量进行检验，同时在该批原材料上贴上包含对应EPC代码的射频识别标签，收集该批产品的登记信息和检验结果。在入库和储存过程中如果发生装卸搬运、入仓和转仓等情况，Savant（一种分布式网络软件）系统会将这批产品的实际变化情况和与之对应的PML文件信息相匹配。

3)生产与制造环节

实现准时制生产，可以完成自动化生产线运作，实现在整个生产线上对原材料、零部件、半成品和产成品的识别与跟踪，减少人工识别成本，降低出错率，提高效率和效益。采用了EPC

技术之后，就能通过识别电子标签快速地从品类繁多的库存中准确地找出工位所需的原材料和零部件，为准时制生产带来极大的便利。EPC 技术还能帮助管理人员及时根据生产进度发出补货信息，实现流水线均衡、稳步生产，同时也加强了对产品质量的控制与追踪。

4)物流环节

一方面，物联网有助于食品在存储时实现空间优化利用。当贴有 EPC 标签的货物进入仓储中心(或物流中心)时，入(出)口处的阅读器将自动识读标签，完成盘点，并将货物信息输入主机系统的数据库，仓储中心内商品可以实现自由放置，提高仓储中心的空间利用率，并能快速、准确地了解自身的库存水平，从而降低库存，同时能保证入库和出库的准确性，减少配送错误带来的损耗。另一方面，物联网有助于食品在运输过程中实现可视化管理。在途货物和车辆贴上 EPC 标签，运输线的一些检查点装上 RFID 和接收、转发装置，使供应商和销售商能实时了解货物目前所处的位置和状态。

5)销售环节

贴有 EPC 标签的货物摆放在配有嵌入式扫描器的货架上，一旦货物被顾客取走，货架可以自动识别，并向系统报告这些货物的移动。在大型超市中，通过 RFID 技术可提供详细的货物管理信息；基于 RFID 技术的智能秤可以自动识别秤盘中的商品类型，同时附有解读器的天平能根据不同的货物打出相应的单价和金额；当顾客结账时，自动结账的付款台能够通过 RFID 解读器快速、准确地读出客户购买的货品，并利用信用卡结账。

二、不同种类生鲜食品供应链的安全可追溯研究

1. 禽畜及肉制品供应链的安全可追溯研究

瘦肉精、农药残留超标和注水肉等食品安全事件在我国频发，影响到消费者的健康和禽畜、肉品国际竞争力。口蹄疫、疯牛病和禽流感等疫病的爆发给相关国家的畜牧业造成巨大打击。因此，完善肉类追溯跟踪的物流模式具有重要意义。

在我国，政府应该建立肉类质量预警体系，将中国牛肉食品数字化安全监控体系与发达国家的管理体系接轨。通过构建系谱资料培育良种畜品，对活体和分割肉牛品采用耳标和分割肉号码，结合 EAN/UCC 条码技术对牛体和分割产品进行有效标识，保证饲养场与屠宰加工场信息的连续性。通过建立肉品全生命周期管理(PLM)可追溯体系对生产业务关键点进行跟踪，该追溯系统可分为车间追溯和宰后至销售的全程追踪。将同源同批次同品种组合为单元，基于集约化养猪、批量化生产与集中屠宰，将关键因子构成质量信息代码，以符合“全进全出”饲养模式。

2. 蔬菜和水果食品供应链的安全可追溯研究

蔬菜和水果产品从生产到销售涉及播种、施肥施药、收割、运输、存储等环节，绝大多数的蔬菜和水果生产都会用到各种化学药剂，蔬菜和水果产业的安全问题主要来自农药残留超标对消费者健康构成的威胁隐患。根据蔬菜和水果本身的产品特性和生产过程，建立整个供应链的追溯制度具有必要性。

蔬菜和水果的可追溯具有地理空间性，这具体表现在生产基地或企业地域分布、蔬菜和水果流通的供应链各节点活动范围和消费者的地理分布上。可将网络信息技术与蔬果种植业实际相结合，应用 EAN/UCC 条码为蔬果产品标识，构建包含中心管理系统、生产基地管理子系统、配送中心管理子系统、公众查询子系统在内的蔬果质量安全可追溯系统，实现蔬果“从田间

到餐桌”的全过程质量安全卫生控制。

3. 水产品供应链的安全可追溯研究

水体污染、福寿螺事件、孔雀石绿残留等影响到消费者对水产品质量安全的信心,“多宝鱼”事件更对水产行业造成严重的打击。

水产品的整个生产、加工甚至销售周期都必须在水体进行,水体对电磁波的干扰、RFID标签微弱重量对水产品成长的影响等,给信息存储和传递带来很大困难。水产品应主要采取共性追溯,主体为一个批次的水产品,销售运输过程可能存在混合的情况,当追踪问题产品时追踪到的不是单个产品而是一个或几个批次的产品,有可能是由一家企业生产的也有可能是几家企业生产的。

目前,水产品追溯系统中以挪威渔业研究所牵头实施的“TraceFish”计划较有代表性,以EAN/UCC产品标识法为基础,建立鱼产品从养殖直至消费整个链条所需要记录的信息及信息的记录与传递方法等共识标准。由于不同水产品流通链模式等都是由具有共性的环节构成的,因此可分门别类地详细制订各类养殖加工产品流通链中各环节的信息细则及信息管理技术标准。

4. 乳制品供应链的安全可追溯研究

乳品质量安全取决于供应链中的饲草料种植加工、奶牛饲养管理、鲜奶收集储运加工等安全操作,从源头遏制问题乳品扩散、建立乳品安全可追溯体系尤为必要。

原料奶难以追溯至生产环节。乳品从加工至最终消费的逆向追溯性较好,但之前原料奶可追溯性差,大型的乳品加工企业大都建立了良好的操作规范(GMP)和食品安全管理体系(HACCP),加工环节具有完整的追溯信息。大量的小规模奶户使得在原料奶生产收集时奶站只能将小奶户的牛奶混装,从奶牛场至加工企业、销售企业、消费者之间没有完整衔接的信息追溯体系,只有验收信息,不具备原乳生产信息。

饲草和其他饲养食物也会影响到牛奶所含成分的比例,可以通过设置植物生物标志物、代谢指标、活体标记,改变饲料并结合不同追溯工具,特别是近红外光谱和功能基因组,能抽检少量的不同动物个体,得到较精确结果,定位问题源头。

在丹麦、澳大利亚等国家,奶农组建合作社实现乳品的规模化集中生产。丹麦通过合作社方式让牛奶来源稳定、可靠并受监督,成员集中得以减少收集牛奶的运费,集资发展合作社有利于设备投资;澳大利亚实行的电子身份证制度规定小牛出生后就佩戴登记该牛一生相关信息的NLIS耳卡。

三、我国肉制食品供应链现状

目前,我国是肉制食品的生产大国和消费大国,我国人均肉制品占有量大大高于世界水平。与此同时,肉类食品安全问题也逐渐成为全世界各国面临的一个紧迫问题。由于源头污染、畜禽屠宰中控制不当等原因,形成肉类食品的安全隐患。

1. 肉制品供应链管理尚待完善

我国肉类加工食品行业目前尚未形成完善的供应链管理模式,产业链较短,各环节间信息不对称,各环节衔接不畅。生产加工和分销方式大多仍以小规模分散饲养为主,相对比较松散,缺乏集中管理。小农户对科学的饲养知识的认识不足易造成肉制品的源头污染。市场上流通的肉类产品多为个体屠宰户经营，缺乏有效的监控和检验，易导致肉类的污染、腐变等。

2. 各环节间缺乏有效沟通

一系列的食品安全管理标准都一致要求食品供应链保持组织内外的必要沟通原则，并强调了食品链各阶段组织的相互协同作用的重要性。当然对于肉制品供应也不例外，自最初的畜禽饲养到最终到达消费者手中，其中经历较多环节，各环节间沟通不足且相互间缺乏一定的监督机制，即便出了问题也无法获知问题出在哪个环节。

3. 信息技术应用不足

肉制品的供应涉及养殖、屠宰加工、仓储保管、物流配送、消费终端等诸多环节。除运用传统的、行之有效的现场管理外，对先进的技术管理手段如互联网、物联网、条码等信息技术等应用不足。工厂加工现场和关键部位缺乏必备的监控设备，运输途中保鲜的控制等信息也没有持续性的跟踪记录，一旦出现问题，短时间内很难查找出原因所在。

四、物联网在肉制食品供应链中的具体应用

1. 肉制品供应链流程

这里以牛肉为例。牛肉供应链相对其他肉制品供应链为长，经过养殖、屠宰、初割、再分割、销售等环节最终到达消费者手中。具体见图 6-13 所示。

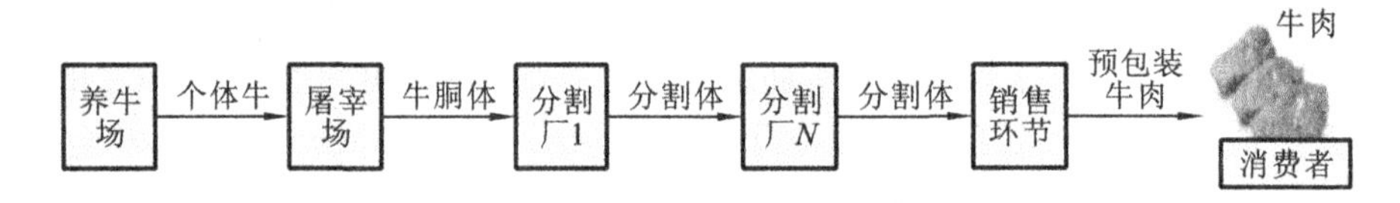

图 6-13 牛肉供应链和环节

有许多个体牛来自单个的农户，因受限于资金等困难，单个农户没有给个体牛进行登记注册等(包含耳标、养殖场户信息、饲料、检疫等情况的肉牛养殖档案对于后期问题牛肉的溯源追踪非常重要)，这也是目前国内很难在具体的实践中做到保障牛肉从养殖场到餐桌全程控制的主要原因。另外，牛肉的供应经多级流转，各环节的产品形态不一，因而关键信息的记录、无缝传递及实时监控是保障牛肉安全供应的关键。

2. 肉制品供应链的安全分析

肉制品供应链中存在的许多危害，都可能影响肉制品的安全，其存在危害的过程主要包括养殖场选址环节、肉牛引种环节、饲养环节、个体牛出栏检验检疫环节、活体肉牛运输环节、屠宰环节、牛胴体运输环节和销售环节。牛肉供应链危害分析工作单如表 6-1 所示。

表 6-1 牛肉供应链危害分析工作单

供应链流程	危害分析	控制措施	是否关键控制
厂址选择	工业“三废”、水源、空气对牛的污染	远离污染；对可能污染源进行调查检测；保证充足的水电供给	否
种源	不良品种会影响肉牛的生长和肉制品质量	种牛来自非疫区，符合品种要求。查看种牛经营许可证和检疫证明。兽医检查确定健康后方可使用	否

续表

供应链流程	危害分析	控制措施	是否关键控制
饲养	圈舍卫生和消毒药物残留	按畜群养殖 SSOP 防疫卫生标准实施	是
	劣质饲料	严格遵守《饲料和饲料添加剂管理条例》《饲料添加剂安全使用规范》和 NY5032《无公害食品畜禽饲养饲料及饲料添加剂使用准则》	是
	疫苗、兽药使用不当	按《中华人民共和国动物防疫法》《兽用生物制品经营管理办法》《兽药管理条例》等国家及部门法规、标准执行	是
	个体肉牛出栏前检验检疫	严格按照《个体肉牛屠宰管理条例》执行;实施个人责任制	是
活体肉牛运输	车辆卫生引起活体肉牛感染,运输过程造成物理伤害、饮水不足、通风差	要求运输车辆具备车辆消毒证,且具有相应保护措施,行驶平稳,通风条件好,饮水充足	否
屠宰	屠宰场卫生引起感染	按照《国务院关于统一领导屠宰场及场内卫生和兽医工作的规定》执行	是
	个体牛验收不当,使带疫病肉牛被屠宰	建立科学的个体牛验收程序并严格执行,拒绝接收没有个体牛检验检疫证明的肉牛	是
	宰前处理不当引起"应激反应"	宰前休息,断食管理,充分饮水	是
	屠宰方法或工序不当影响牛肉制品质量	按照《个体肉牛屠宰管理条例》和《肉牛屠宰操作规程》执行	是
	宰后处理不当,使合格牛肉被污染或不合格肉制品流入市场	检验按《肉品卫生检验试行规程》执行,不合格肉制品按《畜禽病害肉尸及其产品无害化处理规程》(GB 16548)进行处理,对合格肉制品进行冷处理	是
牛胴体运输	运输车辆未经消毒或消毒不严	要求运输冷库车具备车辆消毒证	是
	运输车辆库内温度过高	检验冷库车冷冻效果	是
	采用杀菌剂、防腐剂污染牛肉	禁止使用一切防腐、防潮等药剂	是
销售	分割包装不合格造成污染	专设车间,严格监督	否

3. 物联网在牛肉供应链中的具体应用的分析

在政府推动和龙头企业拉动下，各地都在积极探索具有"公司＋农户""公司＋基地＋农户"的经营模式来解决源头分散的局面，物联网在供应链中的实施也是基于此背景下由企业来完成的。全面感知、可靠传输及智能应用是物联网最显著的三个特点，其在牛肉供应链中的应用如图 6-14 所示。牛肉的供应主要通过肉牛养殖、屠宰加工、运输储存、销售等多个组织环节到达消费者餐桌。

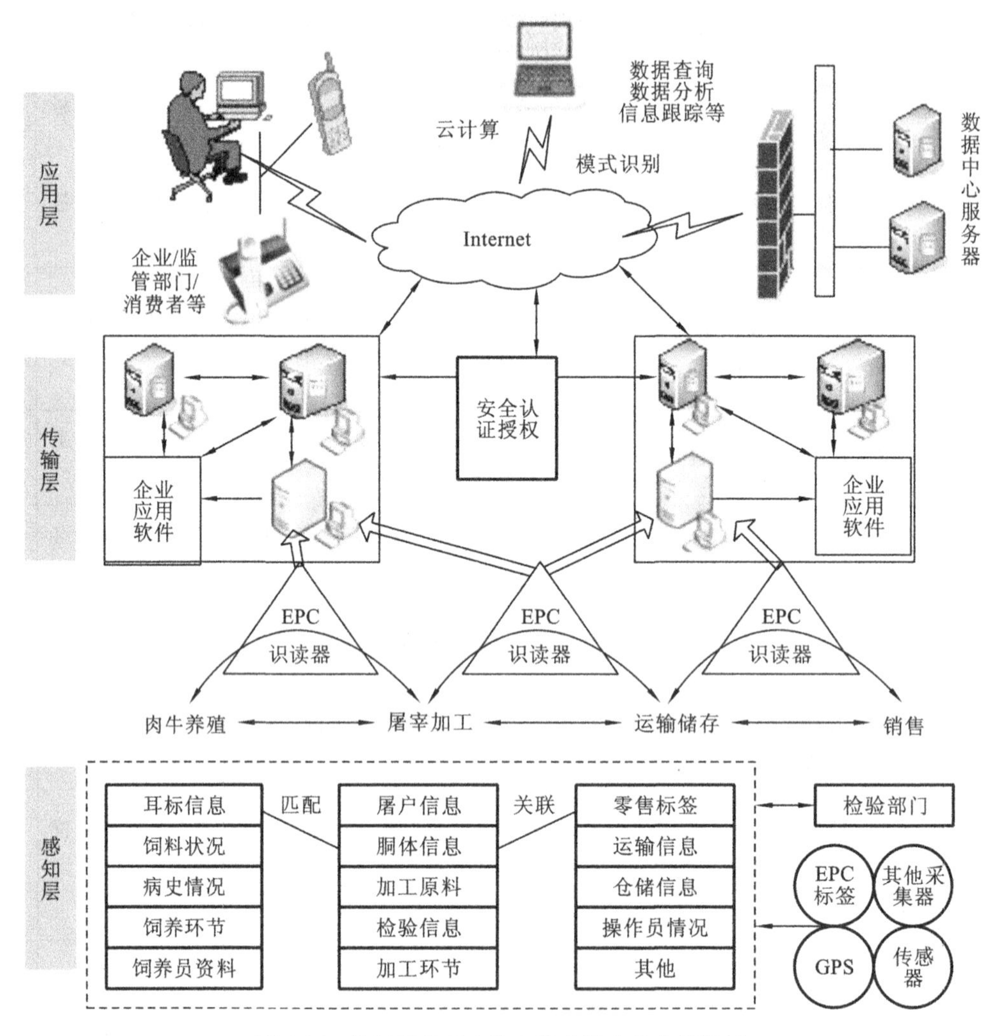

图 6-14 物联网技术在牛肉供应链中的应用框架

1)肉牛养殖阶段

肉牛从出生开始，用耳标记录仔肉牛的父母信息及仔肉牛品种、代数、出生日期等信息。在仔肉牛及成年肉牛的喂养环节，用耳标记录饲料、添加剂和兽药使用情况；病史及治疗情况；生长环境关键信息及饲养人员；防疫情况及卫生、各政府部门的检查检疫等信息。肉牛出栏时，记录出栏日期、出售机构和售前检验检疫等信息。

2)屠宰加工阶段

养殖场将出栏牛通过固定的运输车辆运输，并且每车生牛的 RFID 标签通过读写器记录到动物产品 RFID 信息登记卡，并经生牛产品 RFID 检疫卡道口，经过检疫登记后运往指定屠宰场。在屠宰全过程都需要在挂钩上安装 RFID 芯片进行过程管理和追溯，采用标准片，封装后镶嵌进牛肉挂钩中，在挂钩流转的各个环节导轨两旁安装读写器。数据通过专线传至管理中心。

3)运输储存阶段

屠宰完成后，再通过固定的运输车辆将胴体肉牛运抵专用冷冻库储存。在出库时，还要将屠宰好的原始牛肉进行分割加工，在分割牛肉时，可采用原料上携带 RFID 继续追踪，将 RFID 信息数据库编号与包装条形码相对应，以做到通过条形码追溯牛肉相关信息。凡是需要对原料进行分切的环节，均对标签进行复制张挂，使识别号码跟随原料完成整个分割加工过程。在生产线末端，对完成加工的产品进行包装时，读取 RFID 标签中的信息，通过系统转换打印成条码标签贴在产品的包装上。

4)销售阶段

销售终端一般以大型超市和农贸市场为主，也可以直接提供给有长期合作关系的团体食堂、宾馆酒店、连锁专卖点等。当农产品(牛肉)进入大型超市或专卖店时，仓库门口的 RFID 阅读器读取产品信息，并与系统中产品信息进行比对，比对一致的产品说明前面的流程没有问题，牛肉来源及质量可靠。在销售环节，超市可将牛肉信息通过显示器告示消费者，消费者也可通过店铺的终端查询牛肉的养殖、加工等信息。对于集贸市场，可在市场门口安装 RFID 阅读器以便读取进入市场的牛肉信息。对于读取的各摊主牛肉信息可在市场门口的公共显示器上显示。

消费者通过显示器了解相关牛肉信息后，选择摊主购买。消费者通过牛肉信息查询终端，可以了解牛肉的养殖、加工、物流等过程的详细信息，有利于提高消费者的消费信心。这样，牛肉在生命周期内所经历的一切都能完整地记录下来，在提供给消费者安全完整的供应流程的同时，发现了质量问题也可以很快地回溯，查找出问题的所在。其间，检验监管部门以定期或随机抽查的方式参与其中，确保企业能规范操作，严把质量关。

五、物联网在肉制食品供应链中的安全保障

物联网在肉制食品供应链中的应用，主要从以下三个方面来保障供应的安全，即产品的标准化唯一标识、不合格肉制品的溯源追踪及全程信息共享。

1. 标准化唯一标识

企业在开展实施物联网的应用前，需在我国唯一授权的编码组织——中国物品编码中心注册申请，获得一个全球唯一的标识代码。在供应链中，各环节的标识编码均参照 GS1 统一编码(globe standard 1 缩写为 GS1，该标准同时包含五个含义：全球系统、全球标准、全球解决方案、全球一流的标准化组织、全球开放标准/系统下的统一商务行为)。RFID 耳标是活牛的唯一标识，此外，不同形态的肉制品、操作人员等也都有各自的标准唯一代码，这样不但可以防伪，减少差错，还能帮助操作人员消除蒙混心理、尽心工作。

2. 不合格肉制品的溯源追踪

现有的肉制品追溯系统大多是从屠宰阶段开始的，无法实现源头追溯。结合肉制品供应链的特点，从源头起就做好养殖档案，一旦零售产品出现问题，可以准确地关联至相邻的上下两环节，及时加以控制和处理，减少对其他合格产品的影响。

3.全程信息共享

肉制品供应每一环节产生的大量信息和数据都通过可靠传输上传至网络，消费者或其他监管部门登录指定的站点便可随时了解供应的进程。监管部门通过智能分析、数据处理可实时监控供应情况，消费者也可以全面掌握供应的来源，吃得放心。

利用物联网技术来改善传统的食品肉制品供应模式，对提升食品肉制品供应链安全有较显著的效果。但还存在一些漏洞与不足，首先企业的诚信经营依旧占据较大的比重。此外，企业在实施这种新技术的过程中，也存在诸多的难点，政府在这方面应通过相关政策措施予以积极引导，监管部门与企业间的关系也应适当改善，变传统监管惩办为合作式发展。企业自身也应加强人员的素质培养和道德建设，树立正确的价值观，不应只图个人利益，不顾他人的健康。对消费者而言，也应加强安全保障意识，合法维护自己的权利。食品供应的安全需要食品链上的每一个相关群体共同努力。

六、基于物联网的食品供应链安全对策

1.搭建食品质量安全供应链信息平台

针对供应链中不同食品的特点，依据对种养殖、检验、生产、加工、运输、入库、分包装、销售等各环节信息的采集、传输与处理，建立生鲜食品和包装食品两个可追溯信息系统；并以此为基础，搭建基于供应链一体化的食品质量安全供应链公共信息平台，实现食品供应链运作全过程的溯源监管，以及多部门的信息流、货物流、工作流的同步和信息共享，提高食品安全管理工作的针对性和有效性。

2.推动现代化的食品物流配送中心建设

(1)食品物流配送中心，不仅可以实现集中采购、统一配送、统一管理，还可以对食品进行再加工处理，保证食品质量的卫生和标准，从而对食品质量安全进行综合防治。

(2)专业化的第三方食品物流企业，可以通过构建社会化、专业化和集约化的食品物流服务体系，如建立食品低温冷藏供应链系统，克服传统非专业食品运输过程中的种种弊端，确保食品运输质量，防止食品变质和污染。

(3)食品物流配送中心可以充分收集下游各环节的食品质量安全信息，并通过食品优质优价机制激励生产经营者提高质量安全水平，或者通过明确责任的潜在惩罚约束机制，促使生产经营者提高质量安全水平。

3.加强食品安全的标准化管理，引入生产者责任延伸制度

建立更严格、更先进、更科学的新一轮质量标准体系，同时，严格执行食品供应链节点企业的市场准入制度，引入生产者责任延伸制度，强化食品包装标识，建立食品的可追溯系统，明确“谁生产、谁负责”的责任划分，加强监督和惩罚力度，减少缺德行为。

4.加强应急管理，健全食品快速回收通道

建立健全应对突发重大食品安全事故的救助体系和运行机制，规范和指导应急处理工作，有效预防、积极应对、及时控制重大食品安全事故，高效组织应急救援工作，最大限度地减少重大食品安全事故的危害。健全有害食品的快速回收通道。一旦发现有害食品，各参与主体有义务快速回收有害食品。食品供应链参与主体在应急情况下，应主动承担起有害食品回收的责任，将危害降到最小。

本章小结

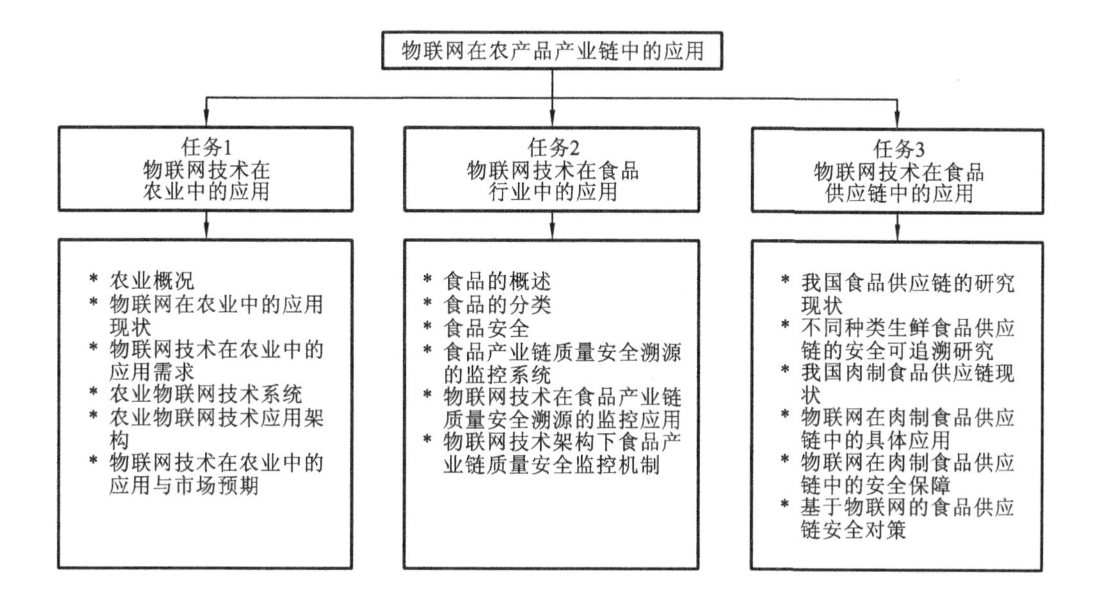

复习思考题

1. 简述精细农业与传统农业各自的特点及区别。

2. 简述物联网技术在农业中的应用与发展前景。

3. 简述食品安全的重要性及治理食品安全的相关措施。

4. 论述物联网技术架构下食品产业链质量安全监控机制如何保证。

5. 物联网对整个食品供应链管理过程的影响表现在哪些方面？

6. 如何搭建食品质量安全供应链信息平台？搭建食品质量安全供应链信息平台的意义何在？

第7章

物联网在社会经济领域中的应用

WULIANWANG JISHU YINGYONG SHIWU

知识目标

1. 了解国内外智慧医疗发展现状。
2. 掌握物联网技术在智慧医疗系统中的应用。
3. 掌握物联网技术在医院管理系统中的应用。
4. 理解基于物联网技术的智慧医疗的发展趋势。
5. 理解智能家居的内涵及相关概念。
6. 掌握物联网技术在智能家居中的应用。
7. 理解智能环保系统与技术需求。
8. 掌握物联网技术在智能环保中的应用。

能力目标

1. 能够应用物联网技术方便群众就医、提高医疗服务水平和医院管理水平。
2. 能够借助物联网技术推广数字医疗,实现医疗监护设备无线化,降低公众医疗成本。
3. 能够应用物联网技术使医疗领域数字化、可视化,实现有限的优质医疗资源让更多人共享。
4. 能够应用物联网技术满足人们对安全、舒适、方便和符合绿色环境保护的需求。
5. 能够应用物联网技术在环保领域中充分利用各种信息通信技术,感知、分析、整合各类环保信息,对各种需求做出智能响应,使决策更加切合环境发展的需要。

智能信息家电将成为现代家庭的新时尚

体验一下智能信息家电所创造的现代化生活场景。

清晨6点20分,轻柔的音乐自动响起并逐步增大音量催你起床,同时卧室的光线也逐渐调整到清晨的亮度。6时30分,电视自动调整到CNN频道播报当日新闻。同时,你的智能咖啡壶已自动热好咖啡。出门时,你完全不必担心灯还没关,大门还没锁。因为在你开车上公路的时候,埋藏在地下的传感器会检测到你离家了,智能家居系统会自动帮你照料好一切。

上班以后,你可以随时登录到自己的家庭网站上查看安全防护系统的摄像记录。通过连接到幼儿园的摄像头,你还可以观察到你小儿子的一举一动。而当下午你的大儿子放学回家时,在他输入安全密码进屋的同时,你能接收到孩子已经安全到家的消息。

下班路上,当离家还有一两分钟时,你掏出手机指示家里的空调开始工作。接着安装在家门口的传感器检测到你回家了,由于天色已晚,院子里的灯自动开启,车库的大门也自动打开。

走进厨房，热气腾腾的晚餐已经备好。这要归功于你的智能电炉的快速烹饪功能。晚餐后，你来到家庭影院，电视机的顶置盒在白天已经按照你的指示自动搜索并摄录了电视节目。睡觉前，你通过床边的触摸屏下载了电子邮件，然后按下了“晚安”键。这时，你家的灯全部熄灭，大门锁好。而安全防卫系统开始忠实地守卫你的家园。

听起来这一切好像是在做梦，可是美国 *Electronic House* 杂志主编 Amanda Finch 却指出这样一套梦幻般的智能信息家电系统正在进入普通百姓的家庭。然而这种智能家居系统并不是智能信息家电的实质。智能信息家电的实质就是：专业系统变成通用系统，专有变通有。

任务1　物联网在医疗卫生行业中的应用

产品之间可以通过网络进行联系。比如智能电表可以同智能家电形成网络，自动分析各种家电的用电量和用电规律，从而对用电进行智能分配；医院在病人身上安置体温采集、呼吸、血压等测量传感器，医生可以远程了解病人的情况。产品和人能够进行主动的交流，形成互动。比如电子宠物可感知主人的情绪，根据判断用不同的沟通方式取悦主人。这些未来都将变成现实。

任务分析

以物联网技术为基础的无线传感器网络可以实现对全面感知的物联网信息提供可靠的信息传输，同时为应用层的智能处理和信息交互提供网络支撑和安全保障的网络层。

任务1：医疗物联网安全性和兼容性如何解决？

任务2：物联网技术提供医院全程管理透明化。

近几年来，医疗行业随着我国经济水平的不断提升得到快速发展。许多大型医院应用的信息系统（HIS）是医院管理同现代软件技术、网络技术相结合的产物，在方便群众就医、提高医疗服务水平和医院管理水平方面发挥着重要作用。但是，HIS无法解决诸如婴儿防盗管理、特殊患者定位管理、档案电子标签化管理、药品安全、医疗垃圾处理等重要问题。相关事宜仍需通过人工管理的方式处理，难免出现差错，严重的还可能造成医疗事故、导致医疗纠纷。如何利用信息化系统提高医疗服务质量、消除安全隐患，使医疗资源得到更充分的利用，是医院信息管理人员必须思考的问题。

一、国内外智慧医疗发展现状

物联网医疗模式具有更透彻的感知、更全面的互联互通、更深入的智慧化。物联网技术将引领医疗信息化模式创新，最终实现实时、智慧化、自动化、互联互通的动态服务以适应卫生服务变革，形成智慧医疗体系。

1.物联网环境下智慧医疗系统的特点

智慧医疗的发展分为七个层次:①业务管理系统,包括医院收费和药品管理系统;②电子病历系统,包括病人信息、影像信息;③临床应用系统,包括计算机医生医嘱录入系统(CPOE)等;④慢性疾病管理系统;⑤区域医疗信息交换系统;⑥临床支持决策系统;⑦公共健康卫生系统。

物联网环境下智慧医疗系统的特点如下。

(1)全方位互联:指通过各种形式的通信网络,将医疗仪器、各类医院传感器、个人电子设备等系统中收集和储存的分散的信息及数据连接起来,进行交互和多方共享,从而更好地对医疗环境和业务状况实时监控,从全局角度分析形势并实时解决问题,也可实现跨医院、跨区域的远程诊疗等,彻底改变整个医疗业务运作方式。

(2)全方位感知:指利用任何可以随时随地感知、测量、捕获和传递信息的设备、系统或流程,感知病人血压、医院内部各服务环节的病人等候与排队时间,或敏感药物的存储位置和温度等。任何信息都可被快速获取并分析,便于立即采取应对措施和进行长期规划。

(3)全方位分析:指深入分析收集到的数据,以获取更加新颖、系统且全面的信息来解决特定问题。这要求使用先进技术来处理复杂的数据分析、汇总和计算,以整合和分析医院海量的跨科室、跨部门的数据和信息,并将特定知识应用到特定行业、特定场景、特定的解决方案中,更好地支持决策和行动。

2.国外智慧医疗应用现状

1)美国

2004年2月,美国FDA采取大量实际行动促进RFID的实施与推广,通过立法加强在药物运输、销售、防伪、追踪体系的应用。

2)日本

日本信息通信产业的主管机关总务省提出2006—2010年间IT发展任务"u-Japan战略"。

3)韩国

2006年,韩国确定了"u-Korea战略",其中提到要建立无所不在的智慧型社会,让民众在医疗领域可以随时随地享有智慧医疗。

4)欧洲

2009年10月,欧盟委员会以政策文件的形式对外发布了物联网战略,提出要让欧洲在基于互联网的职能基础设施发展上领先全球。

3.国内智慧医疗应用现状

目前,在远程智慧医疗方面,中国发展比较快,比较先进的医院在移动信息化应用方面其实已经走到了前面。但目前欠缺的是长期运作模式,缺乏规模化、集群化的产业发展,此外还面临成本高昂、安全性及隐私问题等,这也刺激着智慧医疗的发展,总体来说,中国政府十分关注物联网技术在医疗领域的应用。

(1)智慧医疗实现医疗服务领域四大"梦想":①通过推广数字医疗,以很便宜的价格把现有的医疗监护设备无线化,进而大大降低公众医疗成本;②实现信息在医疗卫生领域各参与主体间共享互通,将有利的医疗信息充分共享;③实现我国医疗服务的现代化,提升医疗服务现代化水平;④通过信息化手段实现远程医疗和自助医疗,有利于缓解医疗资源紧缺的压力。

(2)智慧医疗实现健康感知领域三大"梦想":①可实现远程可持续的慢病监测;②可实现传

染病患者的监测与管理；③可实现医院内健康监测(含心电遥测、生命体征监测等)。

4. 智慧医疗的应用系统

智慧医疗系统包括物联网和传感器技术两大内容。通过传感设备(RFID、扫描仪等)进行患者的身份管理，形成 HIS 中的患者主索引，并在此基础上按照约定的业务逻辑和网络协议，进行信息的交换和通信，后台中央处理机对收集到的庞大的数据进行逻辑上的业务模型融合计算，以实现智慧化识别、定位、跟踪、监控和管理。智慧医疗的应用系统包括以下几方面内容。

(1)物联网在药品生产、用药管理中的应用。①生产流程管理，实现原料到成品的全程电子化追踪，从而提高药品生产过程和效果的可信度，包括产地环境监控、成品批次追踪等。②物联网与药品安全监督，实现电子标签在成药流通管理上的应用。③用药史管理和个人电子病历档案，其中个人电子病历档案记录个人的用药史，主要是电子标签管理的延伸。④无线网在医疗管理中的应用，包括医院资产管理、血液管理、医疗废弃物管理、医院消毒物品管理。

(2)物联网在医疗环境管理中的应用。①医疗应用：主要用于医院实验室管理、智慧型手术室管理。②管理应用：主要用于楼宇智慧控制与能源管理、视频监控、门禁管理等。

二、物联网技术在智慧医疗系统中的应用

对于医疗卫生行业来讲，智慧医疗应用系统图如图 7-1 所示。智慧医疗物联网架构由感知层、网络层和应用层组成。其中，感知层包括感知控制子层和通信延伸子层，感知控制子层实现对物理世界的智慧感知识别、信息采集处理和自动控制，通信延伸子层通过通信终端模块直接或组成延伸网络后将物理实体连接到网络层和应用层。网络层主要实现信息的传递、路由和控制。应用层包括应用基础设施/中间件和各种物联网应用。

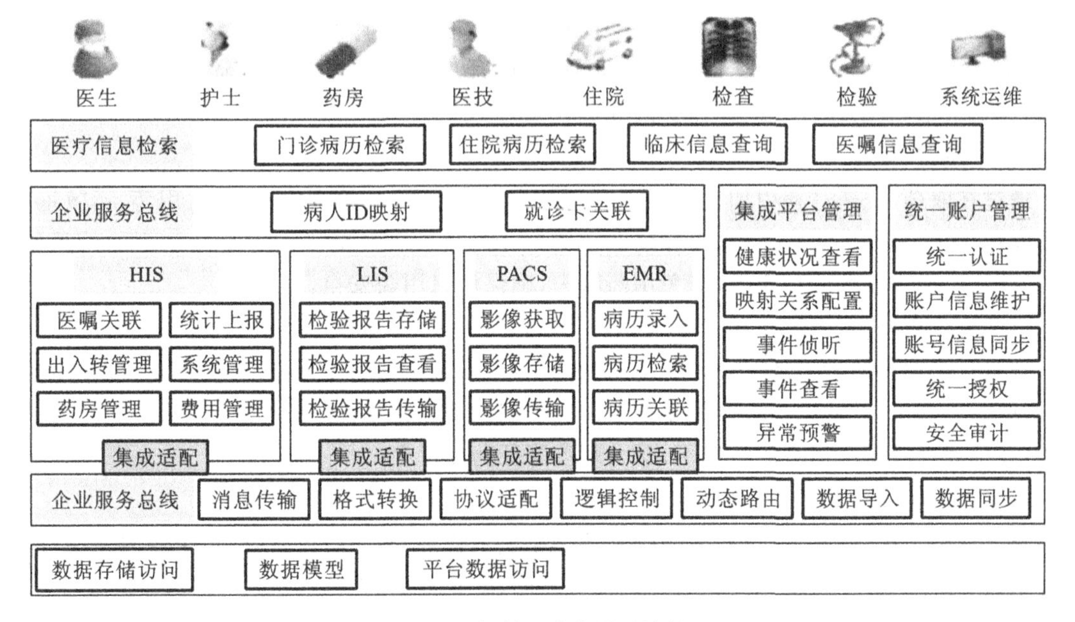

图 7-1　智慧医疗应用系统图

在智慧医疗领域，物联网技术主要可以应用于远程医疗、移动护理、医疗急救管理、医疗器械管理、药品制剂防误、智慧化药房、新生儿防盗系统、信息共享互联。

1. 远程医疗

医疗卫生是关系到国计民生的重大问题，但目前医疗资源配置不均衡，有些地区医疗资源供应不足，而有些地区医疗资源利用效率不高。针对这个问题，基于物联网技术的远程医疗成为重要的解决方案。医疗资源丰富地区的医护人员通过远程医疗信息采集设备和通信网络实现对远程患者的监护和诊疗等，实现医疗资源充分利用。在远程医疗应用领域主要包括健康监护、急救服务、远程诊疗等方面。

2. 移动护理

移动护理系统是以无线网络技术和射频识别技术为核心，通过医疗信息管理系统和移动手持终端设备为医护人员提供协助的信息服务系统。无线网络技术可以实现无线实时信息交互，快速、准确、随时进行信息传递。射频识别腕带中记录患者的姓名、性别、血型、病史和生命特征等个人信息，便于医护人员利用 PDA 等设备查询，护士通过移动终端查询、执行和记录医嘱，通过腕带查询病例、化验单据或医疗费用，通过腕带实现患者跟踪定位，对手术患者等进行全天候实时监护，保证患者安全，腕带信息只有医护人员按权限进行查询，可保护患者的隐私。

3. 医疗急救管理

在伤员较多、无法与患者家属取得联系、病患危重等特殊情况下，借助 RFID 技术可靠、高效的信息储存和检验方法，快速实现病人身份确认，完成病人入院登记手续，为急救病患争取到治疗的宝贵时间。

4. 医疗器械管理

医疗机构新仪器设备日益增多的现状，对设备动态管理提出了更高的要求。每台设备上安装射频标签并结合识别管理系统，实现对设备的管理、巡检、维护和记录，可以提高效率，避免疏漏，为医疗事故界定提供依据。手术包的射频标签里采集和存储其属性信息，如器械种类、编号数量、消毒人员编号、包装消毒日期等，便于手术包的回收清洗、分类包装、消毒发放，减少交叉感染，避免贵重、放射性或锐利器械丢失等。

5. 药品制剂防误

通过在取药、配药过程中加入防误机制，在处方开立、调剂、护理给药、病人用药、药效追踪、药品库存管理、药品供货商进货、保存期限及保存环境条件等环节实现对药品制剂的信息化管理，确认病患使用制剂的种类等，避免用药疏失，确保病患用药安全。

6. 智慧化药房

智慧化药房系统能自动记录各种药品的使用规律，包括药品保质期、存储环境，以及药品随季节、就诊疾病类型、就诊人数等的变化。通过数据挖掘和智慧计算，自动完成药房药品的采购清单，在确保医院安全运行的情况下，最大限度降低药品库存。

7. 新生儿防盗系统

将大型综合医院的妇产科或妇幼医院的母婴识别管理、婴儿防盗管理、通道权限相结合，防止外来人员随意进出，为婴儿提供一种切实可靠的、防止抱错的措施。

8. 信息共享互联

医疗信息共享互联后，一方面经过授权的医生可以翻查病人的病历、病史、治疗措施和保险明细，患者也可以自主选择或更换医生、医院；另一方面支持乡镇、社区医院在信息上与中心医院实现无缝对接，能实时地获取专家建议、安排转诊和接受培训等。

三、物联网技术在医院管理系统中的应用

物联网技术在医疗领域的应用潜力巨大，能够帮助医院实现智慧化的医疗和管理。物联网在医院中的应用系统平台如图 7-2 所示。

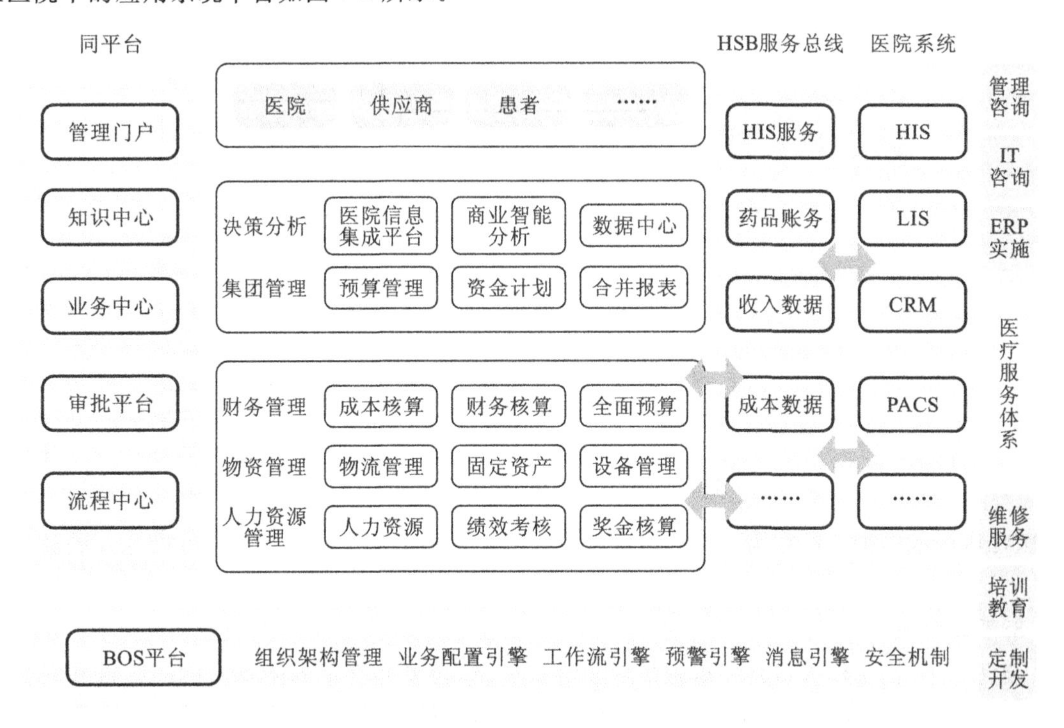

图 7-2　物联网在医院中的应用系统平台

物联网在医院中的应用系统平台支持医院内部医疗信息、设备信息、药品信息、人员信息、管理信息的数字化采集、处理、存储、传输、共享等，实现物资管理可视化、医疗信息数字化、医疗过程透明化、医疗流程科学化、服务沟通人性化，更能够满足医疗健康信息、医疗设备与用品、公共卫生安全的智慧化管理与监控等方面的需求，从而解决医疗平台支撑薄弱、医疗服务水平整体较低、医疗安全生产隐患等问题。

在医院管理系统平台中，通过应用物联网 RFID 技术可将各个部门的各项医疗活动整合为一体，主要包括患者实时管理系统（入院管理、患者定位、婴儿防盗）、医院安全管理系统（医疗设备管理、医疗器械包的全程跟踪管理、药品追踪管理）、医疗追踪管理系统（医疗垃圾管理、疫情追踪控制）、医院供应链管理系统（血库管理、药品仓库管理）等方面，如图 7-3 所示。

（一）患者实时管理系统

1. 入院管理

医院采用 RFID 医疗系统，可将患者的基本信息编制成卡片，方便患者随身携带。当患者急诊或普通就诊时，医院只需通过特定扫描器扫描患者信息卡，即可获得患者的所有信息。

2. 患者定位

当医院中高危病人出现紧急情况时，可能因为医护人员无法在第一时间获得信息，以致病人不能得到及时抢救造成生命终止。通过使用 RFID 技术，患者可在紧急时刻主动发射求救信

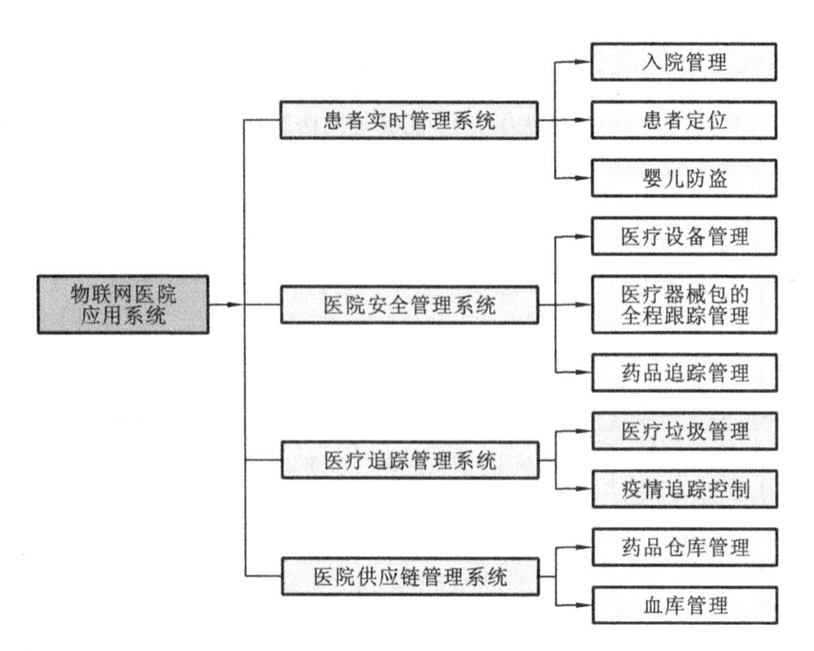

图 7-3　物联网在医院中的应用模块图

号，医疗机构或医护人员在第一时间内可获取信号以便追踪病人位置，及时、准确地开展救治活动。

3. 婴儿防盗

婴儿出生时，工作人员将一组腕带发放给家长，包括婴儿携带的防暴力拆卸腕带和家长携带的普通腕带。婴儿的健康记录、出生日期、家长姓名、联系方式等相关信息均记录在婴儿的腕带中。病房区域设置 RFID 读卡网络，当婴儿的腕带被拆卸时，标签信号消失，系统马上报警；当婴儿的腕带单独进出监控区域的时候，报警器也会报警，提示医务人员注意对报警区域及时监控。RFID 防盗系统足以取代落后的人防手段，充分提高医院管理水平，有效保护婴儿安全。

(二)医院安全管理系统

1. 医疗设备管理

1)医疗设备管理的重要性

医疗设备不仅是开展医疗、教学、科研的必备条件，而且是提高医疗质量的物质基础和先决条件。设备管理是医院管理工作中一个较大的分支系统，要保持医疗设备的常规运行，必须运用一系列科学的管理技术和方法，使设备管理系统处于良好的运行状态。

2)医疗设备电子标签系统中的软件

医疗设备电子标签系统中的软件从功能上分为四大模块，即系统设置、日常业务、基础数据、数据通信。

3)医疗设备电子标签系统中的硬件

该系统使用可读写标签来标识设备，其具体功能如下。①设备标签制作。②设备基础信息查询。③设备保养维修。④厂商资质证明查询。⑤经济效益评估。⑥科室设备信息，主要是通过查询获取相应科室的设备信息。该功能提供两种查询方式，即查询某科室所有的设备信息和查询某科室应有某种类别的设备信息(如Ⅲ类设备、Ⅱ类设备等)，方便巡查时查阅信息。⑦系统维护管理，主要由数据交换服务、使用人员设定、本机时间设定、屏幕显示设置、电源管理设置、声音提示设置、交换数据查询、制作设备标签组成。该系统的特点是较为贴近医院医疗设备管理的特殊性及实用性，能够对设备进行多方面、多层次管理，实现设备管理的网络化。

2. 医疗器械包的全程跟踪管理

纽扣式 RFID 高频无源标签可用于器械包的管理，该类标签耐高温、高压，可与器械包一起进行高温、高压消毒。系统可以全程跟踪器械包的打包制作、消毒、存储、发放、使用及回收等环节。带有 RFID 扫描头的 PDA，甚至智慧手机都可以扫描领用出库的器械包，查看每个器械包中器械的品种和数量等基本信息。利用 RFID 标签，可以提高器械包的管理系统化、自动化程度，并及时反映出存储中的消毒、分发和使用情况，以及回收后包内各种器械的数量等信息，加强对整个过程的监控和管理，大大降低医疗事故发生的可能性。

3. 药品追踪管理

RFID 技术可为药品追踪的全流程提供有效支持，为每一盒药品甚至每一板药片配备唯一的 RFID 代码，该代码将伴随它度过所有的生命周期。药品从何时生产、何时被运到批发商和零售商，直到何时被售出，都可被系统通过 RFID 读码机在货物经过时自动识别并自动记录下来。当药品被卖出时，商家可以用读码机把该药品在系统里标记为生命结束 EOL(end of life)，同时物理上“杀死”这个标签；当该药品遗失或者被偷走时，系统也可标记它为遗失的状态；当该药品超过了使用期限时，它也会被标记为过期状态。不仅如此，还可以帮助制药商通过提取问题药品出现的时间、地点和模式等数据，迅速地找到假冒药品的源头，防止假药流入供应链的最底层——消费者。

(三)医疗追踪管理系统

1. 医疗垃圾管理

医疗垃圾污染问题日趋严重，很多医疗废弃物具有一定的放射性和传染性。若充分发挥 RFID 标签的高度识别功能，同时结合无线通信和卫星定位技术，可对医疗废弃物的排放过程进行全程跟踪管理。

2. 疫情追踪控制

医院管理系统的不完善，可能会导致疫情的大规模爆发，严重危害社会的稳定性。若将 RFID 系统应用于疫情监管，将医院接触史 RFID 追踪管制系统与传染病疫情追踪管制系统结合在一起，卫生防疫机构与行政部门便能及时准确地掌握整个疫情的发展、扩散和处理情况，能够防范类似的疫情再度发生。

(四)医院供应链管理系统

1. 药品仓库管理

基于 RFID 的智慧仓库管理系统，可对医药仓库到货检验、入库、出库、调拨、移库移位、库存盘点等环节的数据进行自动化数据采集。

2. 血库管理

RFID 系统能够追踪血液从抽取、加工和储存，直到它送往医院的全过程。采用 RFID 系统，单个献血者的四个袋上将分别贴上一张 RFID 标签和一张条码打印标签。献血者血液的单个条码将与母袋及三个子袋标签的唯一 ID 对应。

当母袋装血时，工作人员在献血车上向血库信息管理系统输入信息，包括捐献者的身份、血型、捐献位置和日期。

血袋被运往加工中心，与后端系统相连的 RFID 桌面阅读器读取标签的 ID 码。每次测试或分解血液时，阅读器读取标签，条形标签也继续使用，从而提供事件的打印列表及条形号码，以供医院使用。同时，软件也会将数据写入 RFID 标签。

血浆提取后被送往冷冻室，在一台固定阅读器上将读取每张标签的唯一 ID 码，获取它们的进出方向；数据传送到软件，编译和存储到数据库里。届时，相关人员可以利用 RFID 数据查看血液库存等信息。

四、基于物联网技术的智慧医疗发展趋势

1. 未来智慧医疗发展方向

将物联网技术用于医疗领域，借助数字化、可视化模式，可使有限医疗资源让更多的人共享。随着移动互联网的发展，未来医疗向个性化、移动化方向发展，如智慧胶囊、智慧护腕、智慧健康检测产品将会广泛应用，借助智慧手持终端和传感器，有效地测量和传输健康数据。

2. 物联网技术在智慧医疗中的应用趋势

物联网技术将被广泛用于外科手术设备、加护病房、医院疗养和家庭护理中，智慧医疗结合无线网技术、条码 RFID、物联网技术、移动计算技术、数据融合技术等，将进一步提升医疗诊疗流程的服务效率和服务质量，提升医院综合管理水平，实现监护工作无线化，全面改变和解决现代化数字医疗模式、智慧医疗及健康管理、医院信息系统等的问题和困难，并实现医疗资源高度共享，降低公众医疗成本。

3. 智慧医疗或将引领物联网应用推广

智慧医疗物联网应用可以实现人与物的互联互通，多个对象不同维度的数据汇聚成海量数据，以计算机、物联网技术进一步对海量数据进行挖掘，对各种健康风险因素进行全面检测分析，通过远程无线健康管理服务平台，有助于解决看病难问题。在健康管理、慢性病管理、医疗救助、移动医护服务、医用资源管理、远程手术、电子健康档案、区域健康检查等方面，智慧医疗物联网都有很大的发挥空间。

在新医改的推动下，国家在公共卫生领域方面进行了大量投资。

任务 2　物联网在智能家居中的应用

智能家居控制界面

当人们觉得移动互联网单单在智能手机上已经玩不出什么花样的时候，它开始“入侵”更多的领域——可穿戴设备、汽车，以及我们天天在用的家具、电器等。

对关注前沿科技的人来说，“智能家居”和“物联网”无疑是很酷的概念——物与物相互连接，智能移动设备充当万能遥控器角色。

等等，剧情的发展一般都不会那么顺利。福布斯的报道就算是给科技狂热者们浇了一盆冷水。

"我能看到你家里的所有设备，而且我想我能控制它们。""扯淡，我才不信，你把我卧室里的灯打开看看？""啪嗒！"灯亮了。"见鬼！你是怎么做到的？"

福布斯作者 Kashmir Hill 的答案是"Google 一下，你也可以。"

智能家居是真正与百姓生活联系紧密的行业，前景巨大。未来对家中所有设备的控制都会向无线化、可移动化方面发展。用手机、平板和简易遥控器来控制家里的一切。无论你身处哪里，只要在地球上，只要有网络，你就可以与家零距离。

简单的 Google 搜索就能找到了一份"智能家庭"列表。比如说，用户日常的水、电、煤气用量，数据自然可以对相关部门公开，并且根据定价，每月定时向用户发送账单，用户确认之后，便可以进行移动支付，简洁明了。若是用户需要购买各类食品饮料，通过该平台，也可以得知自己想要购买的食品饮料各个卖场的价格对比，产地，甚至是生产情况，均一目了然，不需要如同现在一样，需要用户自己扫描二维码进行追溯。

智能家居云平台的接入，代表的除了更多的基础用户，还有更多的数据。云计算的特性，使得大量服务器会进行交叉共享，将会使得网络之中的数据计算资源更多、传输速率更快、失误率更低，自然可以支撑海量的数据资源的处理。

任务1：物联网的发展成为智能家居发展的催化剂，智能家居系统逐步朝着网络化、信息化、智能化方向发展。

任务2：智能家居的发展及管理应用。

智能家居是人们的一种居住环境，其以住宅为平台安装有智能家居系统，实现家庭生活更加安全、节能、智能、便利和舒适。以住宅为平台，利用综合布线技术、网络通信技术、智能家居-系统设计方案安全防范技术、自动控制技术、音视频技术将与家居生活有关的设施集成，构建高效的住宅设施与家庭日常事务的管理系统，提升家居安全性、便利性、舒适性、艺术性，并实现环保节能的居住环境。

一、智能家居概述

智能家居又称智慧家居/智能住宅，在国外常用 Smart Home 表示。与智能家居含义近似的有家庭自动化、电子家庭、数字家园、家庭网络、网络家居、智能家庭/建筑、数码家庭、数码家居等。

1. 智能家居定义

智能家居又称智能住宅，是一个居住环境，是以住宅为平台安装有智能家居系统的居住环境。实施智能家居系统的过程就称为智能家居集成。

智能家居最初的定义是这样的："将家庭中各种与信息相关的通信设备\家用电器和家庭安防装置，通过家庭总线技术（HBS）连接到一个家庭智能系统上，进行集中或异地监视\控制和家庭事务性管理，并保持这些家庭设施与住宅环境的和谐与协调。"HBS 是智能住宅的基本单元也是智能住宅的核心。

2. 智能家居相关概念

1)家庭自动化

家庭自动化指利用微处理电子技术,集成或控制家中的电子电器产品或系统。家庭自动化系统主要是以一个中央微处理机(CPU)接收来自相关电子电器产品(外界环境因素的变化,如太阳初升或西落等所造成的光线变化等)的信息后,再以既定的程序发送适当的信息给其他电子电器产品。例如:照明灯、咖啡炉、计算机设备、保安系统、暖气及冷气系统及音响系统等。

家庭自动化是智能家居的一个重要系统,在智能家居刚出现时,家庭自动化甚至就等同于智能家居,今天它仍是智能家居的核心之一,但随着网络技术在智能家居中的普遍应用,网络家电/信息家电的成熟,家庭自动化的许多产品功能将融入这些新产品中去,从而使单纯的家庭自动化产品在系统设计中越来越少,其核心地位也将被子家庭网络/家庭信息系统所代替。它将作为家庭网络中的控制网络部分在智能家居中发挥作用。

2)家庭网络

家庭网络是在家庭范围内(可扩展至邻居,甚至小区)将 PC、家电、安全系统、照明系统和广域网相连接的一种新技术。家庭网络相对传统的办公网络来说,加入了很多家庭应用产品和系统,如家电设备、照明系统,因此相应技术标准也错综复杂,我们在智能家居技术一章中将对各种技术标准作详细介绍。家庭网络的发展趋势是将智能家居中其他系统融合进去,最终“一统天下”。

3)网络家电

网络家电是将普通家用电器利用数字技术、网络技术及智能控制技术设计改进的新型家电产品。网络家电可以实现互联组成一个家庭内部网络,同时这个家庭网络又可以与外部互联网相连接。可见,网络家电技术包括两个层面:第一个层面是家电之间的互联问题,也就是使不同家电之间能够互相识别、协同工作;第二个层面是解决家电网络与外部网络的通信,使家庭中的家电网络真正成为外部网络的延伸。

4)信息家电

信息家电应该是一种价格低廉、操作简便、实用性强、带有 PC 主要功能的家电产品。利用计算机、电信和电子技术与传统家电(包括白色家电:电冰箱、洗衣机、微波炉等;黑色家电:电视机、录像机、音响、VCD、DVD 等)相结合的创新产品,是为数字化与网络技术更广泛地深入家庭生活而设计的新型家用电器。信息家电包括 PC、机顶盒、HPC、DVD、超级 VCD、无线数据通信设备、视频游戏设备、WEBTV、INTERNET 电话等,所有能够通过网络系统交互信息的家电产品,都可以称为信息家电。

3. 智能家居特性

1)随意照明

随意照明控制,按几下按钮就能调节所有房间的照明,各种梦幻灯光,可以随心创造。

2)简单安装

智能家居系统可以实现简单安装,不必破坏隔墙,不必购买新的电器设备,系统完全可与家中现有的电器设备,如灯具、电话和家电等进行连接。

3)可扩展性

智能家居系统是可以扩展的系统,最初,智能家居系统可以只与照明设备或常用的电器设备连接,将来也可以与其他设备连接,以适应新的智能生活需要。

二、智能家居的发展历程

1. 智能家居的由来

智能家居最早源于英文 smart home，早先更多提法是 home automation（家庭自动化），因为早先涉及的产品都与家庭自动化产品和配件有关，自动化、智能化是其重要特点。

智能家居概念的起源甚早，但一直未有具体的建筑案例出现，直到1984年美国联合科技公司（United Technologies Building System）将建筑设备信息化、整合化概念应用于美国康乃迪克州（Conneticut）哈特佛市（Hartford）的 CityPlaceBuilding 时，才出现了首栋“智能型建筑”，从此也揭开了全世界争相建造智能家居的序幕。

智能家居是IT技术（特别是计算机技术）、网络技术、控制技术向传统家电产业渗透发展的必然结果。由社会背景层面来看，近年来信息化的高度进展，通信的自由化与高层次化、业务量的急速增加与人类对工作环境的安全性、舒适性、效率性要求的提高，造成家居智能化的需求大为增加；此外在科学技术方面，由于计算机控制技术的发展与电子信息通信技术的成长，也促成了智能家居的诞生。

20世纪80年代初，随着大量采用电子技术的家用电器面市，住宅电子化出现。20世纪80年代中期，将家用电器、通信设备与安全防范设备各自独立的功能综合为一体后，形成了住宅自动化概念。20世纪80年代末，随着通信与信息技术的发展，出现了通过总线技术对住宅中各种通信、家电、安防设备进行监控与管理的商用系统，这在美国称为 smart home，也就是现在智能家居的原型。世界上第一幢智能建筑1984年在美国康涅迪格州出现，当时只是对一座旧式大楼进行了一定程度的改造，采用计算机系统对大楼的空调、电梯、照明等设备进行监测和控制，并提供语音通信、电子邮件和情报资料等方面的信息服务。

智能家居最初的定义是：“将家庭中各种与信息相关的通信设备、家用电器和家庭安防装置，通过家庭总线技术（HBS）连接到一个家庭智能系统上，进行集中或异地监视、控制和家庭事务性管理，并保持这些家庭设施与住宅环境的和谐与协调。”HBS是智能住宅的基本单元也是智能住宅的核心。

目前通常把智能家居定义为利用计算机、网络和综合布线技术，通过家庭信息管理平台将与家居生活有关的各种子系统有机地结合的一个系统。也就是说，首先，它们都要在一个家居中建立一个通信网络，为家庭信息提供必要的通路，在家庭网络的操作系统的控制下，通过相应的硬件和执行机构，实现对所有家庭网络上的家电和设备的控制和监测。其次，它们都要通过一定的媒介平台，构成与外界的通信通道，以实现与家庭以外的世界沟通信息，满足远程控制、监测和交换信息的需求。最后，它们的最终目的都是满足人们对安全、舒适、方便和符合绿色环境保护的需求。

2. 目前我国智能家居产业现存的问题

智能家居从被大众熟知，到逐渐被接受，已经悄然在我们生活中兴起。智能家居在我国的发展在现阶段遇到了系统复杂、价格昂贵、不切实际三个大问题。进入数字时代，“智能家居”的概念炒得炙手可热，但是，它离普通百姓家庭却很遥远，因为智能家居必须迈过“系统复杂”“价格昂贵”“不切实际”这三道门槛，才能迎来其大发展的黄金时期。

有关机构统计表明，目前我国智能家居产业存在三个方面的问题：第一，由于智能家居产业还没有统一的行业标准，很多中小企业各自为政，相互间的产品不具兼容性；第二，由于技术人员没有做深入的市场调查，开发出的产品虽然技术上具有先进性，但实用性差，操作复杂，与市场需求脱节；第三，由于技术上需要投入大量研发资金，一些中小企业没有能力持续创新，更难形成规模生产，造成产品价格居高不下。

3. 国外智能家居的发展现状

自从世界上第一幢智能建筑1984年在美国出现后，美国、加拿大、欧洲、澳大利亚和东南亚等经济比较发达的国家先后提出了各种智能家居的方案。智能家居在美国、德国、新加坡、日本等国都有广泛应用。

这种"未来之家"家庭智能化系统，市场真正启动尚需时日。目前在新加坡、美国已有部分家庭安装了这类"家庭智能化系统"，相信会有更多的住宅将逐步安装上这一类高科技智能化系统产品。

三、智能家居的技术需求

基于物联网的智能家居系统由家庭环境感知互动层、网络传输层和应用服务层组成。智能家居系统的主要技术需求包括如下几种。

1. 传感器技术

智能家居系统需要各种信息感知设备实时采集各种家居设施信息。智能家居应用繁多，每一种应用所需感知的信息也有所不同。下面介绍几种在智能家居中常用的传感器设备。

1）门磁传感器

门磁传感器通常安装在门窗上，用于感知门窗的开闭情况。门磁传感器一般安装在门内侧的上方或边上，它由永磁体和干簧管磁敏开关两部分组成。当门窗紧闭时，干簧管磁敏开关由于受到磁性的作用处于接通状态，门窗打开后，干簧管磁敏开关管内的两个触点会断开，导致发射电路导通，进而发射包含自身识别码的特定无线电波，远程主机通过接收该无线电信号的识别码，判断是哪个门磁传感器报警。

2）可燃气体探测器

可燃气体探测器主要用于探测空气中存在的一种或多种可燃气体。在智能家居应用中可燃气体探测器主要用于检测煤气或天然气是否存在泄漏问题。目前使用最多的是催化型和半导体型两种类型。催化型可燃气体探测器是利用难熔金属铂丝加热后的电阻变化来测定可燃气体浓度。可燃气体进入探测器后，在铂丝表面引起氧化反应（无焰燃烧），其产生的热量使铂丝的温度升高，并改变铂丝电阻率，改变输出电压大小从而测量出可燃气体浓度。半导体型可燃气体探测器是利用灵敏度较高的气敏半导体元件工作的，遇到可燃气体后，半导体电阻下降，下降值与可燃气体浓度有对应关系。

3）水浸传感器

水浸传感器用于检测家庭环境中的漏水情况。在日常生活中，由于器材老化或者人的疏忽，家庭供水系统泄漏是经常发生的事情。水浸传感器一般分为接触式和非接触式两种。接触式水浸传感器一般都配有两根探针，当两根探针同时被液体浸泡时，两根探针之间就有电流通过，从而检测到有漏水的情况。非接触式水浸传感器根据光在两种不同介质界面发生全反射和折射的原理，检测是否存在漏水的情况。

4）烟雾传感器

烟雾传感器主要用于监测家中烟雾的浓度来防范火灾。日常生活中通常使用的是离子式烟雾传感器，它的主体部分是一个电离腔。电离腔由两个电板和一个电离辐射的放射源组成，放射源发出的射线可以电离腔内空气中的氧和氮原子，产生带正电和带负电的粒子，并在电离腔内移动形成微小电流。当烟雾进入电离腔时，会导致这一电流降低，从而测量出烟雾信息。

5)红外和压力传感器

红外和压力传感器主要用于探测是否有不速之客非法闯入家中。红外传感器探头在探测人体发射的红外线辐射后会释放电荷，以此判断人的存在。该传感器功耗低、隐蔽性好，而且价格低廉。但是它容易受各种热源和光源的干扰。压力传感器一般利用压电材料来探测人的闯入，压电材料在受到外力作用后，内部会产生极化现象，并产生与压力大小成比例的电荷，通过测量电荷电量可以计算出外力。

6)光线传感器

光线传感器通常用于检测当前环境的照度，进而为智能照明提供数据。光线传感器主要使用光敏二极管测量光强，该二极管在受到光照后，会激发出与光强度成正比的光电流，进而在负载电阻上就能得到随光照强度变化而变化的电信号。

7)读数传感器

读数传感器在智能抄表和家庭节能中有着广泛的应用。读数传感器由现场采集仪表和信号采集器两部分组成。每当水、电、煤气表读数出现变化时，现场采集仪表实时地产生一个脉冲读数，信号采集器是一个计数装置，当收到现场采集仪表发送过来的脉冲信号时，对脉冲信号进行取样，获取各类仪表的读数变化。

2. 网络传输技术

智能家居网络系统包括家庭网关、控制中心、家居设施等主要功能模块。①家庭网关用于管理各类家居设备的网络接入与互联，为家庭用户提供远程查看与远程控制的平台，并为各类家居设备提供信息共享平台。②控制中心是家居设备自动控制模块，对家庭能源的科学管理、家庭设备的日程管理都有十分重要的作用，主要用于解析用户指令，启用与协调不同的家居设备共同工作。③家居设施则各尽其责，完成控制中心下达的指令。

智能家居网络系统需要传输的信息包括两类：①控制信息，这些信息的共同特点在于数据信息量小、传输速率低，但实时性和可靠性要求较高；②数据信息，包括各种高清视频和音频信息，要求传输速率高，但实时性要求不高。

智能家居网络传输方式，主要包括有线传输与无线传输两种方式。

1)智能家居中的有线传输技术

有线传输方式由于其可靠性好、协议设计方便、低功耗的特点，是智能家居网络中的首选传输方式。

2)智能家居中的无线传输技术

无线传输方式相对于有线传输方式易于部署和扩展，将成为未来智能家居网络的首选通信机制。

3. 信息处理技术

在智能家居系统中，无论是生活环境改造、生活行为辅助，还是主人身份识别、主人状态识别与预判都是其必备前提，也是智能家居"智能"两字的核心所在。

1)主人状态识别与预判

智能家居系统的一个重要能力在于能根据主人当前所处状态，控制各类家居设备主动服务，达到变更家居环境，或是协助主人行为的效果，甚至能够通过预测主人的下一步动作做好服务准备。

(1)主人状态识别技术　在主人状态识别方面，需要智能家居系统从众多传感器的观测数据中，分析提取主人的特征行为，且在分析的实时性和可靠性上有较高要求。但由于不同用户有不同的生活习惯，主人状态难以在设备出厂前准确定义，因此智能家居系统必须具备对主人生活习惯的快速学习能力。

(2)主人状态预判技术　在预判主人行为方面，由于难以对主人的各种行为做出明确判断与划分，因此难以直接预测。但是，用户在家庭环境中生活，将与家庭环境相互作用，而且这种作用能够改变家庭环境的状态，而这些状态的改变能够被直接观察到，此时结合隐马尔科夫模型，能够对智能家居系统下一步需要采取的行为做出准确预测。

2)主人身份识别

主人身份识别主要用于家庭安防系统，用于判断入侵者身份，从而选择开启门禁或者是进行报警操作。主人身份可以基于 RFID 识别，但此类主动识别方式需要住户配合携带 RFID 标签，会影响到用户体验，因此被动身份识别方式使用更为广泛。被动识别技术通常通过生物特征进行识别，目前常用的生物识别技术主要包括人脸识别技术和指纹识别技术。

(1)人脸识别技术　人脸识别特指利用分析比较人脸视觉特征信息，进行身份鉴别的计算机技术。人脸识别技术是一项热门的计算机技术研究领域，它属于生物特征识别技术，是利用生物体(一般特指人)本身的生物特征来区分生物体个体。

一般来说，人脸识别系统包括图像摄取、人脸定位、图像预处理及人脸识别(身份确认或者身份查找)。系统输入一般是一张或者一系列含有未确定身份的人脸图像，以及人脸数据库中的若干已知身份的人脸图像或者相应的编码，而其输出则是一系列相似度得分，表明待识别的人脸的身份。

(2)指纹识别技术　指纹识别技术是目前较为成熟的身份识别技术，它通过比较不同指纹的细节特征来进行识别。指纹识别的难点在于，捺印方位的不同、着力点的不同都会带来指纹图案不同程度的变形，此外大量模糊指纹也会对正确的特征提取和匹配造成影响。

现有最新的指纹识别系统属于第三代指纹识别系统。第一代指纹识别系统通过光学识别系统获取指纹，第二代指纹识别系统通过电容式传感器获取指纹图像，而第三代指纹识别系统通过生物射频信号获取指纹图像，具有最高的精确度。

四、智能家居系统的组成

1.基于物联网的智能家居技术架构

从技术架构上来看，物联网三层结构组成如下。

(1)感知层：由各种传感器及传感器网关构成，包括二氧化碳浓度传感器、温度传感器、湿度传感器、二维标签、RFID 标签和读写器、摄像头、GPS 等感知终端。感知层的作用相当于人的眼、耳、鼻、喉和皮肤等神经末梢，它是物联网获取识别物体、采集信息的来源，任务是完成感知、识别物体，采集、捕获信息。

(2)网络层：由各种私有网络、互联网、有线和无线通信网、网络管理系统和云计算平台等组成，相当于人的神经中枢和大脑，负责传递和处理感知层获取的信息，具备网络运营和信息运营的能力。

(3)应用层：物联网和用户(包括人、组织和其他系统)的接口，它与行业需求结合，实现物联网的智能应用，将物联网技术与行业应用相结合，实现广泛智能化应用的解决方案集。

2. 基于物联网的智能家居系统

基于物联网的智能家居系统包含智能家居(中央)控制管理系统、家庭安防监控系统、家居照明控制系统、家居布线系统、电器控制系统、背景音乐控制系统、家庭影院与多媒体控制系统和家庭环境控制系统等八大系统，如图 7-4 所示。

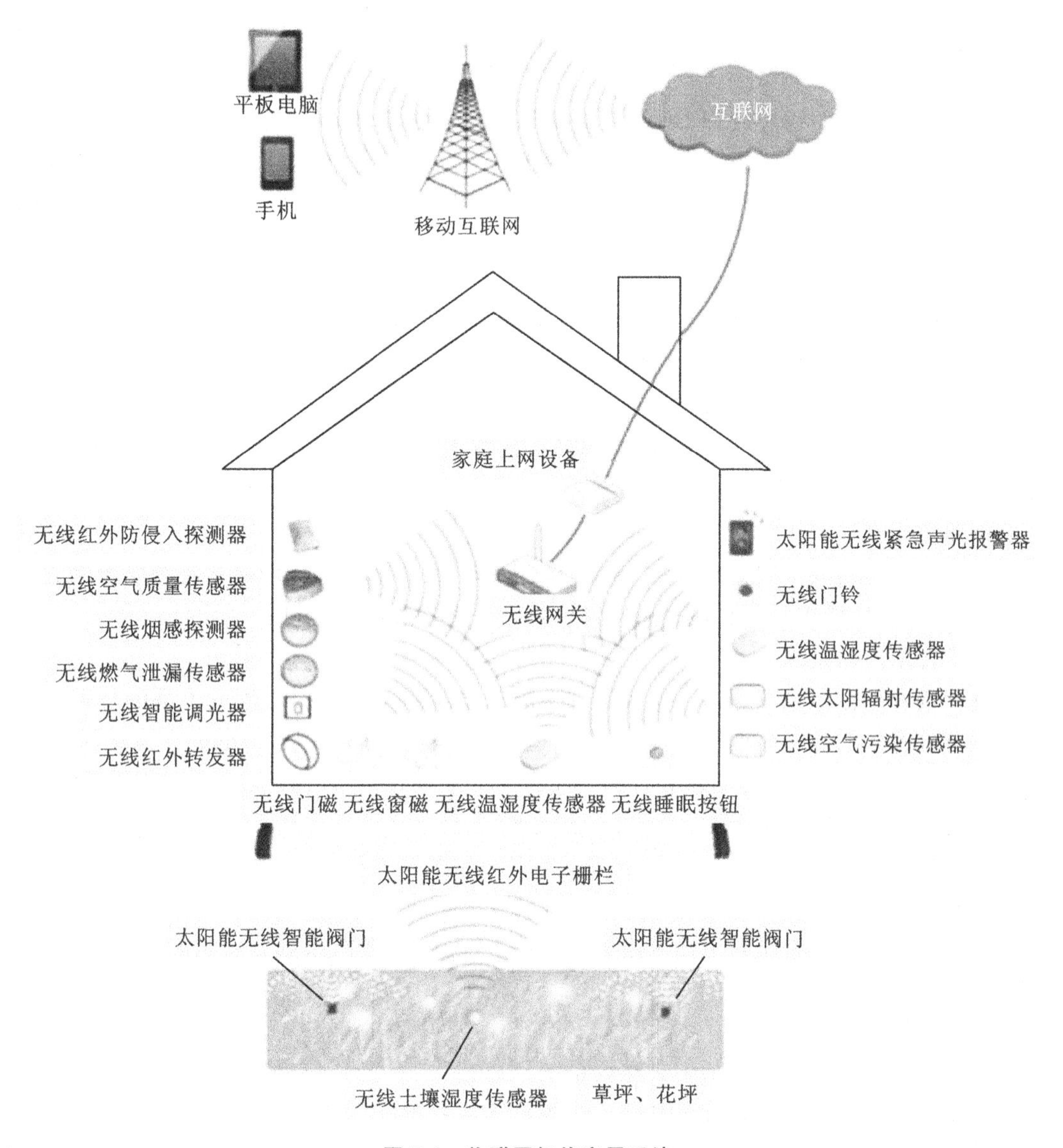

图 7-4　物联网智能家居系统

其中，智能家居(中央)控制管理系统、家庭安防监控系统、家居照明控制系统是必备系统；家居布线系统、电器控制系统、背景音乐控制系统、家庭影院与多媒体控制系统和家庭环境控制系统为可选系统。

1)智能家居(中央)控制管理系统

智能家居(中央)控制管理系统是智能家居的“大脑”,所有的子系统都将接入到这个控制中心,智能家居(中央)控制管理系统通常包含有智能家居管理软件(独立软件或嵌入到主板中),完成设备管理、场景设置、能源管理、日程管理、安防布撤防、安防监控管理、物业管理服务等管理操作。

2)家庭安防监控系统

家庭安防监控系统包括如下几个方面的内容:视频监控、门禁一卡通、紧急求助、烟雾检测报警、燃气泄漏报警、碎玻探测报警、红外双鉴探测报警等。

3)家居照明控制系统

实现对全宅照明的智能管理,可以用遥控等多种智能控制方式实现对全宅电灯的遥控开关、调光、全开全关及“会客、影院”等多种一键式灯光场景效果,并可用定时控制、电话远程控制、计算机本地及互联网远程控制等多种控制方式实现功能,从而达到智能照明的节能、环保、舒适、方便的功能。

4)家居布线系统

住宅小区智能化不应该是一种模式,而是提供一种可能,特别是经济上可以接受和普及的,允许实现全方位办公通信、休闲娱乐的多功能环境,是一种开放的、兼容的“平台”。从智能小区提供的服务种类来看,智能电子系统的信号传输不外乎语言、数据、音频、视频四种,作为智能小区的结构化布线系统,首先应该满足以上四种传输要求。一个能支持语音、数据、多媒体、家庭自动化、保安等多种应用的布线系统,这个系统也就是智能化住宅布线系统。

5)电器控制系统

电器控制采用弱电控制强电方式,既安全又智能,可以用遥控、定时等多种智能控制方式实现对家里的饮水机、插座、空调、地暖、投影机、新风系统等的智能控制。

6)背景音乐控制系统

家庭背景音乐控制系统是在公共背景音乐的基本原理基础上结合家庭生活的特点发展而来的新型背景音乐系统。简单地说,就是在家庭任何一间房子里,将数字电视机顶盒、DVD 机、录像机、卫星接收机等视频设备集中安装于隐蔽的地方,系统可以做到让客厅、餐厅、卧室等多个房间的电视机共享家庭影音库,并可以通过遥控器选择自己喜欢的音源进行收听,也让每个房间都能听到美妙的背景音乐。

7)家庭影院与多媒体控制系统

客厅或者视听室通常是家里休闲娱乐的空间,一套好的智能家庭影院是必不可少的“镇宅之宝”。

8)家庭环境控制系统

家庭环境控制系统一般包括中央空调系统、中央新风系统、中央除尘系统、中央采暖系统、中央热水系统和中央水处理系统等系统。这些系统均可独立工作又可以通过智能化集中控制统一协调工作。

3. 基于物联网的智能家居功能

基于物联网的智能家居主要功能如下。

1)遥控控制

可以使用遥控器来控制家中电灯、热水器、电动窗帘、饮水机、空调等设备的开启和关闭;通过遥控器的显示屏可以在一楼(或客厅)查询并显示出二楼(或卧室)电灯等的开启关闭状态;同时遥控器还可以控制家中的红外电器,诸如电视、DVD、音响等设备。

2)电话控制

当您出差或者外出办事时,您可以通过手机、固定电话来控制家中的空调和窗帘、电器等,通过手机或固定电话知道家中电路是否正常,各种家用电器的状态,还可以得知室内的空气质量(屋内外可以安装类似烟雾报警器的电器)从而控制窗户和紫外线杀菌装置进行换气或杀菌,此外根据外部天气的优劣适当加湿屋内空气和利用空调等设施对屋内进行温度控制。主人不在家时,也可以通过手机或固定电话来自动给花草浇水、给宠物喂食等。控制卧室的柜橱对衣物、鞋子、被褥等杀菌、晾晒等。

3)定时控制

定时控制功能可以提前设定某些产品的自动开启、关闭时间,如电热水器每天晚上20:30自动开启加热,23:30自动断电关闭等。

4)集中控制

可以在进门的玄关处同时开启客厅、餐厅和厨房的电灯电源,尤其是在夜晚可以在卧室控制客厅和卫生间的电器,既方便又安全,还可以查询它们的工作状态。

5)场景控制

轻轻触动一个按键,数种电器在您的“意念”中自动执行命令,使您感受和领略科技时尚生活的完美和简捷、高效。

6)网络控制

有网络的地方,就可以通过Internet来登录到您的智能家居控制界面,实现对您家中电器的远程网络控制和工作状态信息查询。

7)监控功能

监控功能即在任何时间、任何地点直接透过局域网络或宽带网络,使用浏览器(如IE),进行远程影像监控、语音通话。另外还支持远程PC机、本地SD卡存储,移动侦测邮件传输、FTP传输,对于家庭用远程影音拍摄与拍照更可达到专业的安全防护要求。

8)报警功能

当有警情发生时,能自动拨打电话,并联动相关电器做报警处理。

9)共享功能

家庭影音控制系统包括家庭影视交换中心(视频共享)和背景音乐系统(音频共享),是家庭娱乐的多媒体平台,它运用先进的微计算机技术、无线遥控技术和红外遥控技术,在程序指令的精确控制下,把机顶盒、卫星接收机、DVD等多路信号源,根据用户的需要,发送到每一个房间的电视机、音响等终端设备上,实现一机共享客厅的多种视听设备。您的家庭就是一个独特设计的影视交换中心。

10)音乐系统

简单地说,在任何一间房子里,包括客厅、卧室、厨房或卫生间,均可布上背景音乐线,通过一个或多个音源(CD/TV/FM/MP3音源),让每个房间都能听到美妙的背景音乐配合AV影视交换产品,可以用最低的成本,实现每个房间音频和视频信号的共享,可以各房间独立遥控选择背景音乐信号源,可以远程开机、关机、换台、快进、快退等,是音视频、背景音乐共享和远程控制的最佳的性价比设计方案。

11)娱乐系统

“数字娱乐”则是利用书房计算机作为家庭娱乐的播放中心，客厅或主卧大屏幕电视机上播放和显示的内容来源于互联网上海量的音乐资源、影视资源、电视资源、游戏资源、信息资源等。

12)布线系统

通过一个总管理箱将电话线、有线电视线、宽带网络线、音响线等被称为弱电的各种线统一规划在一个有序的状态下，以统一管理居室内的电话、传真、计算机、电视、影碟机、安防监控设备和其他的网络信息家电，使之功能更强大、使用更方便、维护更容易、更易扩展新用途，实现电话分机，局域网组建，有线电视共享等。

13)指纹锁

每个人可能都有过这样的尴尬：由于某种原因忘记带家中的房门钥匙，或是家中亲人或客人造访，您恰恰不能立即赶回等，如果这个时候能在工作单位或遥远的外地用手机或是固定电话将房门打开，该是多么方便呀。如果能在工作单位或遥远的外地用手机或是固定电话“查询”一下家中数码指纹锁的开关状态，是不是让您感觉更安全？指纹技术与密码技术的完美结合，三项独立开门方式(指纹、密码和机械钥匙)，安全方便。

14)空气调节

不用开窗(有的卫生间是密闭的)，运用设备定时更换经过过滤的新鲜空气(外面的空气经过过滤进来，同时将屋内的浊气排除)。

15)宠物保姆

运用具有高科技水平、操作简易的电话远程控制、自动定时控制、遥控控制的宠物喂食机，拨通家里的电话，就能给自己心爱的宠物喂食，还能听到它的声音，这该是一种多么富有情趣和时尚的生活！

16)手机控制

最近几年数字通信技术、网络技术迅猛发展，大家有目共睹，人们越来越渴望享受更方便、更快捷、更智能、更舒适的数字智能家居生活。传统家居生活中，很多家电如空调、电视、家庭影院等都是用遥控器控制开关、选节目，您有没有想过使用您手中的手机控制这些家用电器呢？手机控制家电已不是梦，智能家居的发展让我们实现对生活的向往，让我们享受智能家居带来的新生活。

五、物联网在智能家居中的应用设计

物联网为智能家居的发展提供了可靠的技术条件，使智能家居成为可能，表现在：物联网所包括的射频技术、计算机技术、网络通信技术、综合布线技术、信息协议交换使得物品具有数据化的身份标识，借助家庭网关，数据可以在电信网、互联网、广电网上对内和对外流动。如今的智能家居集安全防护、方便时尚和健康生活三大生活家居产品为一体，早已打破仅局限于室内开关遥控的模式，让居室安全和家庭健康也智能起来，智能家居是物联网技术应用生活的具体表现，使一个抽象概念正逐步转变成现实应用。

1. 基于物联网的智能家居设计理念

智能家居设计集安全防护、方便时尚和健康生活三大生活家居产品为一体，集中体现如下。

(1)家庭安防中心：家庭安防设备，如摄像头、红外探测器、烟雾探测器等，一旦接入物联网，主人就可以在任何时刻任何地点了解家里的安全动态。

(2)家庭医疗中心:家庭若有老人和小孩,可在合适位置安放摄像头,了解他们的状况。家用医疗器械,如血压计等连接物联网,与社区医院联网,方便医生实时了解病人的身体状况,及时为病人治疗。

(3)家庭数据中心:家庭里的大量数据资料,如电影、音乐、游戏等,可以通过物联网,海量存储到网络数据服务器上,方便随时查看。

(4)常用的家庭信息:如天气预报、咨询信息等可以通过连接入网的家庭终端设备及时了解到。

(5)家庭商务中心:可以完成一系列的,如缴费、支付、购物的任务,让主人可以足不出户完成各种琐碎的日常事务。

2.基于物联网的智能家居系统结构构建与工作原理

从系统功能角度来看,智能家居系统具有四层体系结构,如图7-5所示。

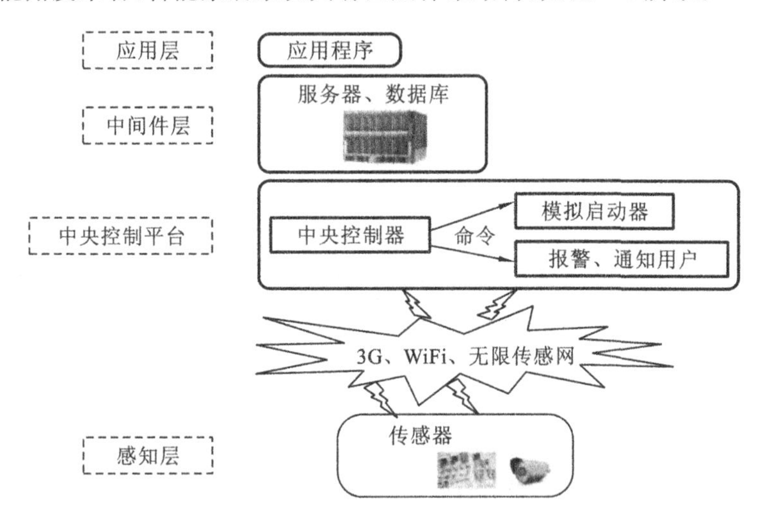

图7-5 智能家居系统体系结构

1)感知层

感知层通过光敏传感器、气敏传感器、声敏传感器、化学传感器、摄像头等传感设备和监控设备探测、感受外界的信号、物理条件(如光、热、湿度)或化学组成(如烟雾)及监控外部环境,并将探知的信息传递给中心控制平台进行设备的管理和控制。

2)中央控制平台

此层是实现系统功能最重要的一层,主要进行设备的管理和控制,由中央控制器和模拟启动器组成,同时每个用户都有一个专属于自己的中央控制平台,这样可以有效地屏蔽各种器件的异构性,应用程序功能时将更加容易。首先从感知层传递过来的信息由中央控制器接收,然后根据情况中央控制器发出控制信息命令某模拟启动器的执行方式,最后由与此模拟器相连的物体实现动作。同时,对于紧急事件具有自动报警功能。

3)中间件层

此层是成为智能小区的关键,包含服务器、数据库等设备。使用庞大的服务器和数据库使每个家庭的信息在此汇总,每个家庭都分配有独立的存储空间,通过用户登录的方式进行管理。其中,数据库中记载了用户和属于该用户的详细信息,并且两个用户之间的电器设备可以互不干扰，动态添加，从而实现个性化的享受。

4）应用层

此层是与用户直接交互的图形用户界面接口（应用程序），提供简便的、个性化的服务，用户可通过软件或 Web 登录，操作各种设备及添加或删除服务，实现人机交互，同时屏蔽下层通信。其中应用程序包括防盗安全管理模块、家居物品管理模块、自动报警模块等基础构件，实现各种功能，同时预留接口实现未来功能模块的添加、更新与删除，并与服务器、数据库相连，为每个用户分配特定的空间，实现个性化选择和设置，既实现用户的独立性也实现系统的整体性。

3. 基于物联网的智能家居设计原则

衡量一个住宅小区智能化系统的成功与否，并非仅仅取决于智能化系统的多少、系统的先进性或集成度，而是取决于系统的设计和配置是否以最少的投入、最简便的实现途径来换取最大的功效，实现便捷、高质量的生活。为了实现上述目标，智能家居系统设计时要遵循以下原则。

1）实用便利

智能家居最基本的目标是为人们提供一个舒适、安全、方便和高效的生活环境。对智能家居产品来说，最重要的是以实用为核心，摒弃掉那些华而不实，只能充作摆设的功能，产品以实用性、易用性和人性化为主。

2）可靠性

整个建筑的各个智能化子系统应能 24 小时运转，系统的安全性、可靠性和容错能力必须予以高度重视。对各个子系统，在电源、系统备份等方面采取相应的容错措施，保证系统安全使用、质量和性能良好，具备应付各种复杂环境变化的能力。

3）标准性

智能家居系统方案的设计应依照国家和地区的有关标准进行，确保系统的扩充性和扩展性，在系统传输上采用标准的 TCP/IP 协议网络技术，保证不同厂商之间系统可以兼容与互联。系统的前端设备是多功能的、开放的、可以扩展的设备。如系统主机、终端与模块采用标准化接口设计，为家居智能系统外部厂商提供集成的平台，而且其功能可以扩展，当需要增加功能时，不必再开挖管网，简单可靠、方便节约。设计选用的系统和产品能够使本系统与未来不断发展的第三方受控设备进行互通互连。

4）方便性

系统在工程安装调试中的方便设计也非常重要。家庭智能化有一个显著的特点，就是安装、调试与维护的工作量非常大，需要大量的人力、物力投入，这成为制约行业发展的瓶颈。针对这个问题，设计系统时，就应考虑安装与维护的方便性，比如系统可以通过 Internet 远程调试与维护。通过网络，不仅使住户能够实现家庭智能化系统的控制功能，还允许工程人员在远程检查系统的工作状况，对系统出现的故障进行诊断。这样，系统设置与版本更新可以在异地进行，从而大大方便了系统的应用与维护，提高了响应速度，降低了维护成本。

5）轻巧型

轻巧型智能家居产品顾名思义是一种轻量级的智能家居系统。“简单”“实用”“灵巧”是它的最主要特点，也是其与传统智能家居系统最大的区别。所以一般把无须施工部署，功能可自由搭配组合且价格相对便宜，可直接面对最终消费者销售的智能家居产品称为轻巧型智能家居产品。

六、智能家居的发展方向

随着科技的发展和人民生活水平的提高，以及一浪高过一浪的房地产热潮，智能家居正以迅猛的态势渗透到平常百姓的生活当中。随着市场的逐步打开及时代的发展，智能家居的发展方向逐步从偏技术转向偏用户。实用为本、家庭能源管理、用户体验、开放式的家庭信息平台逐渐成为各厂商重点投入的方向。

1. 实用为本

未来智能家居的发展方向：首先，感知更智能化；其次，业务更加融合化；再次，终端更加集约化；最后，终端接入无线化。从消费者的角度来看，智能家居市场的需求已经逐渐明朗，就是以实用为核心，力求实用、易用、人性化。

2. 家庭能源管理

随着全球能源问题日渐突出，节能减排是必然的发展趋势。而智能家居系统能实现实时统计家电的用电情况，能够根据情况自动切断待机电器的电源，这样即方便我们控制家电又能做到节能环保。

3. 用户体验

用户逐渐开始对产品的外观、使用提出了更高的要求，使得用户体验越来越占据智能家居产品的重要地位。更快捷的控制方式、更简单的操作界面、更多平台的终端控制、更自然的人机交互过程给智能家居厂商提出了更高的要求。一个优秀的智能家居产品必须有一套优秀的用户体验方案来支撑。

4. 开放式的家庭信息平台

智能家居系统不能仅仅局限于感知与控制，而应该包含与家庭有关的任何信息的集中管理。所以智能家居系统需要开放式的家庭信息平台。平台上可以集成与家庭有关的缴费信息如水、电、燃气的账单推送及在线缴费等，也可以集成按家庭地理位置推送的周边商户的促销信息。如果与社区对接，可将社区信息、通知、活动信息等内容推送到家中的智能家居系统中。

展望未来，我国将全面普及智能家庭网络系统和产品，智能家居将不再是老百姓心中的一个美梦，它开始以极具亲和力的姿态走进普通居民的家居中。

任务3 物联网在智能环保中的应用

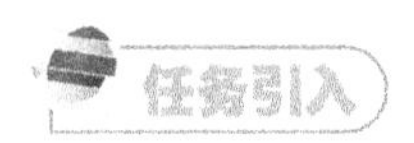

灰霾污染事件给各地政府敲响了警钟，各地政府应弄清楚污染源和污染等级的关系，制定应急方案，明确当发生哪种程度的污染时，将采取哪些应对措施，将可能达到怎样的效果；还要提前主动警示公众大气污染程度及应对措施。

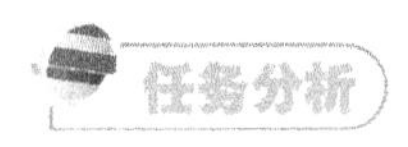

随着物联网技术的普及和发展，智慧城市的大踏步发展和建设，有效地防御环境污染和监

测我们居住环境的质量成为可能。网上有关报道说，针对 PM2.5 这一大气污染防治工作中的新热点问题，北京朝阳区率先在全市建成细颗粒物自动监测网络。目前，奥林匹克森林公园、建外街道等八个细颗粒物自动监测网络子站已投入使用。自动监测网络采用 TEOM 振荡天平法测量，可同时连续实时监测环境空气中的 PM10、PM2.5 粗颗粒采样，与现有全区大气颗粒物自动监测系统有效结合，监测数据与北京市环境监测中心数据具有可比性。引入物联网概念，对观测站内各要素智能传感器采用 ZigBee 无线通信技术进行组网是实现多要素采集、台站观测集约化的核心。

任务 1：利用物联网、无线城市等信息化技术，提升大气污染的防治能力的意义。

任务 2：物联网技术在“智慧环保工程建设”中的关键领域有哪些。

改革开放以来，我国社会经济发展取得了举世瞩目的巨大成就，但在资源和环境方面付出了巨大代价，经济发展与资源环境的矛盾日趋尖锐。无所不在的“物联网”通信时代即将来临，世界上所有的物体从轮胎到牙刷、从房屋到纸巾都可以通过互联网主动进行信息交换。物联网是一个动态的全球网络基础设施，我国已经将物联网列入国家发展战略，2010 年首次将加快物联网的研发应用写入政府工作报告，而智能环保是物联网研发应用中的一个重要领域。

一、智能环保概述

1. 智能环保的产生

2009 年初，IBM 提出了“智慧地球”的概念，美国总统奥巴马将“智慧地球”上升为国家战略。“智慧地球”的核心是以一种更智慧的方法，通过利用新一代信息技术来改变政府、企业和人们交互的方式，以便提高交互的明确性、效率、灵活性和响应速度，实现信息基础架构与基础设施的完美结合。随着“智慧地球”概念的提出，人们开始探索在环保领域中如何充分利用各种信息通信技术，感知、分析、整合各类环保信息，对各种需求做出智能的响应，使决策更加切合环境发展的需要，在这种背景下，“智能环保”概念应运而生。

2. 数字环保

“数字环保”是近年来，在数字地球、地理信息系统、全球定位系统、环境管理与决策支持系统等技术的基础上衍生的大型系统工程。“数字环保”可以理解为，以环保为核心，由基础应用、延伸应用、高级应用和战略应用的多层环保监控管理平台集成，将信息、网络、自动控制、通信等高科技应用到全球、国家、省级、地市级等各层次的环保领域中，提供数据汇集、信息处理、决策支持、信息共享等服务，实现环保的数字化。

3. 智能环保的概念

智能环保是物联网技术与环境信息化相结合的概念。“智慧环保”是在原有“数字环保”的基础上，借助物联网技术，把感应器和装备嵌入各种环境监控对象(物体)中，通过超级计算机和云计算将环保领域物联网整合起来，实现人类社会与环境业务系统的整合，以更加精细和动态的方式实现环境管理和决策的“智慧”。

二、“智能环保”的关键支撑技术

实现“智能环保”，需要物联网技术、云计算技术、智能 GIS 技术、“天空地”一体化遥感监测技术、海量数据挖掘技术、环境模型模拟技术等技术作支撑。

1. 物联网技术

环保物联网技术是指通过各种传感设备(传感器、射频设备技术、全球定位系统、红外感应器、激光扫描等)采集声、光、热、电、力学、化学、生物、位置等各种信息,并与互联网、无线专网进行交互传输信息的一个巨大网络,能够实现物与物、物与人的网络连接、识别、管理和控制。

2. 云计算技术

云计算技术是网格计算、分布式计算、并行计算、效用计算、网络存储、虚拟化、负载均衡等传统计算机技术和网络技术发展融合的产物。云计算是以服务为特征的一种网络计算,它以新的业务模式提供高性能、低成本的持续计算和存储服务,支撑各类信息化应用。

3. 智能 GIS 技术

智能 GIS 技术,采用多维 GIS 融合技术,将"时间维(time)、空间维(space)和仿真(VR)技术"相结合的三维 GIS 平台,真正实现"物联网前端感知、应用时态分析、管理虚拟仿真、多维 GIS 空间分析"一体化的 GIS 可视化应用创新模式,将三维 GIS 的发展带入了多维 GIS 时代。

4."天空地"一体化遥感监测技术

遥感技术是指借助对电磁波敏感的仪器,在不与探测目标接触的情况下,与地面遥感车、气球、飞艇、火箭、人造卫星、航天飞机和太空观测站等多个观测地球的平台相互配合使用,搭载各种用途的传感器,实现对全球陆地、大气、海洋等的立体、实时观测和动态监测,是未来获取地球表面和深部时空信息的重要手段,也是"智能环保"基础数据的重要来源。"天空地"一体化遥感监测技术是"智能环保"实现的重要基础支撑技术之一。

5. 海量数据挖掘技术

数据挖掘是发现数据中有用模式的过程,通过大量观测数据的处理来确定数据的趋势和模式,与传统数据分析相比,其本质区别在于在无明确假设的前提下挖掘信息、发现知识,因此具有未知、有效和实用三个特征。海量数据的搜集、强大的多处理器计算机、数据挖掘算法作为支持数据挖掘的基础技术已逐渐发展成熟。目前常用的数据挖掘方法包括神经网络法、遗传算法、决策树方法、粗集方法、覆盖正例排斥反例方法和模糊集方法等。

6. 环境模型模拟技术

地理信息系统与环境模型进行集成应用为环境决策提供技术支持,已经成为环境保护决策的重要发展趋势。环境模型模拟技术的最终目的是要还原一个实际系统的行为特征,模拟其物理原型的数学模型。如 EFDC 水质模型,通过构建多参数有限差分构建三维地表水动力模型,实现河流、湖泊、水库、湿地系统、海洋等水体的水动力学和水质模拟,从而达到最佳模拟效果,为环境评价和政策制定提供有效决策依据。

三、基于物联网的"智能环保"总体架构

1. 基于物联网的"智能环保"总体架构

基于物联网的"智能环保"总体架构包括感知层、传输层、智慧层和服务层,如图 7-6 所示。

1)智能传感感知层

感知互动层面具有全面感知的特性,通过结合各种传感技术,对人、物品、自然环境及生态系统等静态或动态的信息进行大规模、分布式的感知以获取有用信息,针对具体感知任务,常采

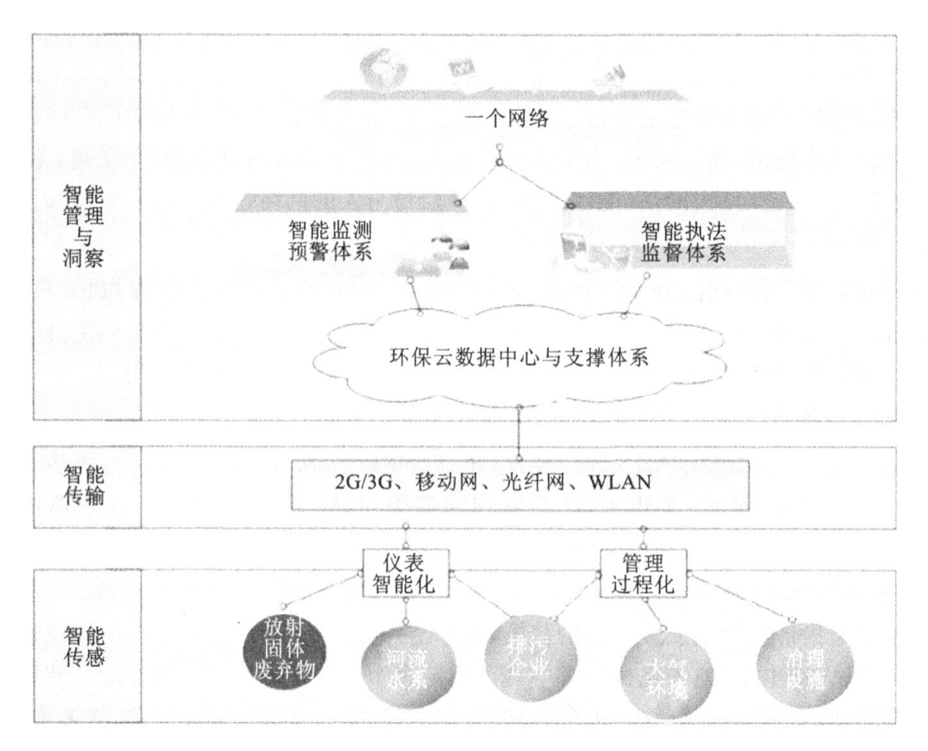

图 7-6 “智能环保”总体架构图

用协同处理的方式，利用任何可以随时随地感知、测量、捕获和传递信息的设备、系统或流程，实现对放射固体废弃物、河流水系污染源、排污企业、大气环境质量和治理设施等因素的“更透彻的感知”；对多种类、多角度、多尺度的信息进行在线计算与控制，并通过接入设备将获取的感知信息与网络中的其他单元进行资源共享与交互。

2)智能传输层

传输层通常包括接入和传输，通过结合各种通信和网络技术，将各种分散的来自感知互动层的信息接入现有移动通信网、无线城域网、无线局域网、卫星网等通信基础设施，最终传输到应用系统服务器或互联网中。利用环保专网、运营商网络，结合移动网、光纤网、卫星通信等技术，将个人电子设备、组织和政府信息系统中存储的环境信息进行交互和共享，实现“更全面的互联互通”。

3)智慧层

以云计算、虚拟化和高性能计算等技术手段，整合和分析海量的跨地域、跨行业的环境信息，实现海量存储、实时处理、深度挖掘和模型分析，实现“更深入的智能化”。

4)服务层

应用服务层具有智能处理的特性，通过各种智能运算技术，对海量的信息进行全面的分析，提升人类对物理世界的洞察力，辅助进行智能的决策和调节控制。智能环保利用云服务模式，建立面向对象的环保云数据中心与支撑体系应用系统和信息服务门户，为环境质量、污染防治、生态保护、辐射管理等业务提供“智能监测预警体系”和“智能执法监督体系”。

2. 基于物联网技术的环境监测网络的优点

与传统的环境监测网络相比，基于物联网技术的环境监测网络有以下诸多优点。

1)监测更精细

传感器节点一般与被监测对象距离较近,与卫星和雷达等独立监测系统相比,基于物联网技术的环境监测网络提高了监测精度和准确性,因此可以对环境状况进行精确传感。

2)监测更可靠

由于物联网感知互动层(无线传感网)的自治、自组织和高密度部署,当传感器节点失效或新的节点加入时,可以在恶劣的环境中自动配置与容错,使得无线传感网在环境监测中具有较高的可靠性、容错性和鲁棒性。

3)监测实时性更好

分布位置不同的多个传感器、多种传感器的同步监测,使得环境状况改变的发现更加及时,也更加容易。分布式的数据处理、多传感器节点协同工作,使监测更加全面,使得在无人环境、恶劣环境情况下,环境信息的实时采集和传输成为可能。

四、智能环保系统与技术需求

环境监测物联网作为物联网技术在环保领域的重要应用,具有物联网的典型体系架构。

感知互动层主要实现环境信息采集、捕获,针对水文、气候、地质、地貌、气象、地形、污染源排放情况等监测对象,采用大量新式传感器对环境进行实时连续定量监测和感知。

网络传输层借助已有电信网络及因特网等基础设施,实现环境感知数据安全可靠的传输,与物联网技术在其他领域的应用相比,此部分内容并无特殊之处。

应用服务层最终面向各类环境监测应用,将网络内的信息资源整合成一个可以互联互通的大型智能网络,为大规模环境监测应用建立起一个高效、可靠、可信的基础设施平台,实现感知信息的处理、协同、共享、决策。

1.环境监测感知技术

作为物联网的神经末梢,传感器技术的发展是物联网应用最基础的环节。由于传感器的种类繁多,且涉及较深专业领域知识,本节将按照环境监测要素的不同分别简要介绍大气污染、水体污染、土壤污染监测中常见的传感技术。

1)大气污染监测

大气污染是指自然或人为因素使大气中某些成分超过正常含量或排入有毒有害的物质,对人类、生物和物体造成危害的现象。大气污染监测的目的在于通过气体传感器识别大气中的污染物质,掌握其分布与扩散规律,监视大气污染源的排放和控制情况。从本质上讲,气体传感器是一种将某种气体体积分数转化成对应电信号的转换器。

2)水体污染监测

水体污染主要指由于人类活动排放的污染物进入河流、湖泊、海洋或地下水等水体,使水和水体的物理、化学性质或生物群落组成发生变化,从而降低了水体的使用价值。水体污染监测的目的主要在于掌握水质现状及其发展趋势,为分析判断事故原因、危害及采取环境保护对策提供依据。水体污染监测传感器粗略地可以分为光学传感器、电学传感器、生物传感器和纳米传感器等四大类。

目前光学传感器又可分为可见光传感器、红外光传感器、紫外光传感器、荧光传感器、照度传感器、色度传感器、图像传感器及亮度传感器等类型。电学传感器可分为电流传感器、电压传感器、电场强度传感器等类型。

3)土壤污染监测

由于具有生理毒性的物质或过量的植物营养元素进入土壤而导致土壤性质恶化和植物生理功能失调的现象,称为土壤污染。土壤污染物主要有以下几类:① 有机污染物;② 无机污染物;③ 重金属污染物;④ 固体废物;⑤ 病原微生物;⑥ 放射性污染物。

辐射探测器主要用于放射性污染监测,是一种能将辐射能转换为可测信号的器件。辐射探测器的基本原理是,辐射和探测介质中的粒子相互作用,将能量全部或部分传给介质中的粒子,在一定的外界条件下,引起宏观可测的反应。

2. 环境监测传感网技术

作为物联网感知互动层的关键技术,无线传感器网络在这些应用中又存在一些共性,如传感器节点节能技术、网络拓扑控制技术等。由于环境监测网络可能部署在恶劣环境中,因此本小节将重点介绍环境监测物联网中两类特殊的环境监测无线传感器网络。

1)无线水下传感器网络

无线水下传感器网络是陆地传感器网络向水下应用的延伸,是指将低能耗、短距离通信的水下传感器节点部署到指定水域中,利用节点的自组织能力自动组网。利用传感器实时监测、采集网络分布区域内的各种监测信息,经数据融合等信息处理后,通过具有远距离传输能力的水下汇聚节点将实时监测信息送到水面基站,然后通过近岸基站或卫星,将实时信息传输给用户。

无线水下传感器网络可以实时监测河流、湖泊、海洋环境,如水质监测以获取相关水资源被污染的信息,海洋环境采样、海洋生物系统监测等。

2)无线地下传感器网络

无线地下传感器网络是指将部分传感器节点埋在土壤中,各节点之间及传感器节点与地上设备之间通过短距离无线通信技术,协作地监控不同位置物理或环境状况的一类传感器网络。

无线地下传感器网络具有广泛的应用价值,如监测土壤中的有害化学物质含量。在靠近河流或含水层的土壤区域部署无线地下传感器网络,因为这里的有害化学物质可能会污染地下水及饮用水水源。无线地下传感器网络还可以和无线水下传感器网络协同监测,为环境保护、灾害预防提供及时有效的信息。无线地下传感器网络还可以用于监测地下隧道、大型建筑物安全、土壤运动情况,预测山崩、泥石流、地下冰层运动及火山爆发等灾害。

3. 环境监测信息处理技术

基于物联网技术的环境监测网络作为一种有效的监测手段具有天然的优势,但同时也对海量、带有测量误差和传输错误的监测数据的处理提出了严峻的挑战。信息(数据)处理技术是关系到物联网可用性和有效性的关键技术。

1)环境监测信息融合技术

物联网感知互动层传感器网络通常是能量严重受限的网络,而网络中传输数据的能耗远大于处理数据的能耗,为了节省传感器节点能量的消耗,减少网络数据的传输量,传感器网络在数据收集的过程中常常使用数据融合技术。通俗来讲,数据融合技术就是将多份数据或信息进行处理,组合出更为有效、更符合用户需求的数据的过程。

2)不确定性数据处理技术

面向环境监测的应用往往具有很大的数据量,且由于测量和采样等误差及网络传输的延迟导致这些应用所涉及的数据往往在一定程度上具有某些不确定性。不确定数据的特点是每个数据对象不是单个数据点，而是按照概率在多个数据点上出现。因此，在对采集到的数据进行处理时，必须考虑数据的不确定性，才有可能获得正确的监测结果。

3）环境监测中的信息预测技术

环境监测中的信息预测就是根据自然界环境系统的发展规律及收集到的环境监测数据，对环境发展趋势进行估计和预测，为提出防止环境恶化和保护环境的对策提供有效依据。基于物联网技术的环境监测信息预测，其基本思路是利用无线传感器网络收集来的监测数据，对数据进行加工整理、分析，选用合适的预测方法，获得实时、可靠、准确的环境预测信息，并实现智能化的决策支持系统，大大提升环境保护和灾害预防的监控能力和效率。

五、智能环保应用与市场预期

物联网技术可以广泛地应用于环境监测中，本书选取几个典型应用案例做简要介绍。

1. 水质污染监测

“感知太湖、智慧水利”是结合物联网技术应用，对太湖治藻护水工程的首个成果化项目，集水环境治理、水资源管理、防汛防旱指挥决策于一体，被列入无锡市“物联网示范应用项目”。

目前，该系统已经取得阶段性进展，在太湖中部署了十几个球状浮标，安放了传感芯片和摄像头，湖水中的蓝藻密度受到严格的监控。一旦周围的湖面出现蓝藻密集情况，智能感知节点马上就会报警。蓝藻打捞完后，系统还会自动指示交通船舶将蓝藻运送到就近的藻水分离站。

2. 城市气候和空气污染物监测

哈佛大学、BBN 公司和美国马萨诸塞州剑桥城联手进行一项为期 4 年的项目——City Sense，打造全球首个全城无线传感器网络。

研究人员于 2011 年在全城几条具有代表性的路段路灯上装置 100 个无线传感器。每个节点都将含有一个内置 PC、一个无线局域网界面和各种用于监测气候状况和空气污染物的传感器。City Sense 可以报告整个城市的实时监测数据，并且其收集数据的规模之大是前所未有的。

据悉，City Sense 网络最初计划用于监测环境变量，如温度、风速、降雨量、大气压和空气质量等，但未来传感器的用途将会呈现多种可能性，从计算大气污染物的传感器到用于测量噪声污染的送话器（麦克风），甚至可以通过车辆上的移动传感器收集信息。

3. 森林生态监测系统

森林作为陆地生态系统主体，在调节全球碳平衡、减缓大气二氧化碳浓度上升，以及调节全球气候方面具有不可替代的作用。为了给林业生态监测提供可靠的原型系统，我国研究人员于 2008 年下半年开始在浙江天目山开展了“绿野千传”项目——“用于森林生态监测的长期大规模无线传感器网络系统”。

“绿野千传”用于森林生态环境的全年实时监测，通过传感器收集包括温度、湿度、光照和二氧化碳浓度等多种数据。采集的信息为多种重要应用提供支持，如森林监测、森林观测和研究、火灾风险评估、野外救援等。目前该原型系统已部署超过 300 个传感器节点，至今连续运转超过一年时间。

4. 地质灾害监测

香港由于存在大量山地地貌，城市居民人口众多，要求土地必须保持较高的利用率，因此大量建筑和道路都位于山区附近。由于地处中国南方，其地理位置决定了该地区降雨量常年偏高，尤其在每年夏季的梅雨季节，会出现大量的降水。不稳定的山地地貌在受到雨水侵蚀后，容易产生山体滑坡现象，对居民生命财产造成巨大的威胁。

由于监测区域往往为人迹罕至的山间，缺乏道路，野外布线、电源供给等都受到限制，使得有线监测网络部署起来非常困难。此外，有线方式往往采用就近部署数据记录器的方式记录采集数据，需要专人定时前往监测点下载数据，系统得不到实时数据，灵活性较差。

为了部署一种灵活、稳定的系统对山体滑坡进行监测和预警，地理监测专家在香港青山和大屿山地区部署了基于无线传感器网络的山体滑坡监测系统。山体滑坡的监测主要依靠液位传感器和倾角传感器两种传感器的作用。

在山体容易发生危险的区域，会沿着山势走向竖直设置多个孔洞。每个孔洞都会在最下端部署一个液位传感器，在不同深度部署数个倾角传感器。由于该地区的山体滑坡现象主要是由雨水侵蚀产生的，因此地下水位深度是显示山体滑坡危险度的第一指标。该数据由部署在孔洞最下端的液位传感器采集并由无线网络发送。

通过倾角传感器可以监测山体的运动状况，山体往往由多层土壤或岩石组成，不同层次间由于物理构成和侵蚀程度不同，其运动速度不同。发生这种现象时部署在不同深度的倾角传感器将会返回不同的倾角数据。在无线网络获取到各个倾角传感器的数据后，通过数据融合处理，专业人员就可以据此判断出山体滑坡的趋势和强度，并判断其威胁性大小。

随着我国经济的高速发展和对环境保护、防灾减灾的重视，环境监测点的数量将会以超过10%的年增长速度增加。环境质量监测迫切需要采用全新的技术，改善我国环境监测与预报的手段。物联网技术应用于环境监测领域可以大幅度提升环境保护监控能力，构建环境与社会全向互联的多元化、智慧型环保感知网络。

本章小结

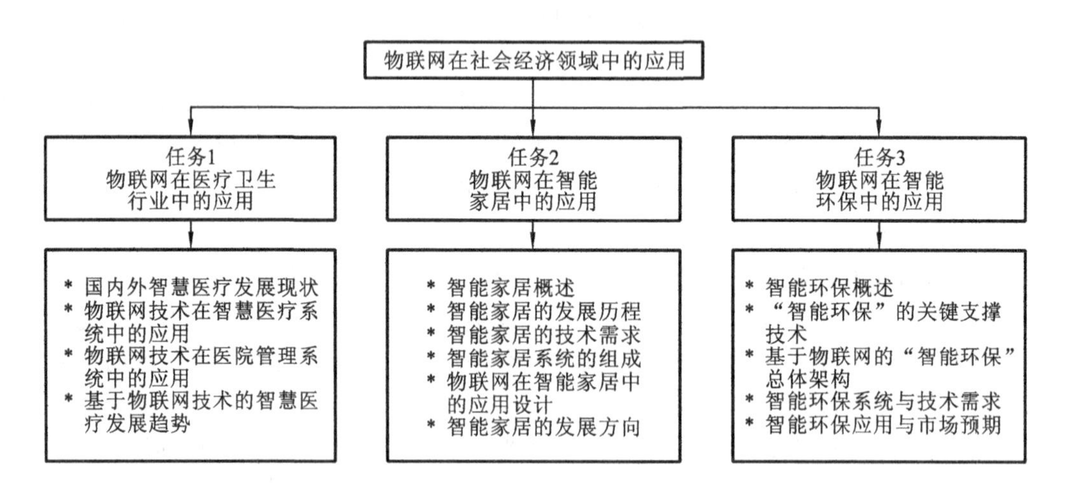

复习思考题

1. 简述智慧医疗发展的七个层次。

2. 简述物联网技术在智慧医疗系统应用中发挥的作用。

3. 试述未来智慧医疗发展的方向。
4. 简述智能家居定义、内涵及智能家居特性。
5. 简述基于物联网的智能家居系统的组成。
6. 试述智能家居未来发展的方向。
7. 简述“智能环保”的关键支撑技术。
8. 试述智能环保的应用与市场预期。

第8章

物联网产业发展与未来影响

WULIANWANG JISHU YINGYONG SHIWU

项目目标

知识目标

1. 了解标准对物联网的意义。
2. 掌握物联网的标准组成及物联网标准体系分类。
3. 了解中国物联网标准化建设重点。
4. 掌握物联网关键技术的发展。
5. 掌握中国物联网产业发展宏观环境及生态环境。
6. 了解物联网产业发展对未来职业的影响。

能力目标

1. 能够分析制造、传感、传输、智能处理和应用服务等众多环节的生态集成技术环境，搭建中国物联网体系架构。

2. 能够掌控传感器技术、传输技术、处理技术及服务新系统集成等关键技术的突破点，有效地推动物联网产业的良性发展。

3. 能够在未来物联网产业的发展过程中，根据实际情况先选择物联网产业的产业链环节中相对成熟的技术进行转化应用，并将这些产业链中的环节嵌入国内其他产业中进行整合应用，从而加快我国物联网产业化发展速度。

4. 能够根据物联网产业的发展趋势，对物联网产业需求的领军人才、研发人才和生产人才的培养方案提出可行性建议。

物联网将改变人们的生活方式

今后，物联网将彻底改变人们的生活方式。

1. 智能家居

智能家居产品融自动化控制系统、计算机网络系统和网络通信技术于一体，将各种家庭设备(如音视频设备、照明系统、窗帘控制、空调控制、安防系统、数字影院系统、网络家电等)通过智能家庭网络联网实现自动化，通过中国电信的宽带、固定电话和3G无线网络，可以实现对家庭设备的远程操控。

2. 智能医疗

智能医疗系统借助简易实用的家庭医疗传感设备，对家中病人或老人的生理指标进行自测，并将生成的生理指标数据通过中国电信网络或3G无线网络传送到护理人或有关医疗单位。根据客户需求，智能医疗系统真正解决了现代社会子女们因工作忙碌无暇照顾家中老人的无奈，可以随时表达孝子情怀。

3. 智能城市

智能城市产品包括对城市的数字化管理和城市安全的统一监控。前者利用“数字城市”理论，基于3S(地理信息系统GIS、全球定位系统GPS、遥感系统RS)等关键技术，深入开发和应用空间信息资源，建设服务于城市规划、城市建设和管理，服务于政府、企业、公众，服务于人口、资源环境、经济社会的可持续发展的信息基础设施和信息系统。后者基于宽带互联网的实时远程监控、传输、存储、管理的业务，利用中国电信无处不达的宽带和3G网络，将分散、独立的图像采集点进行联网，实现对城市安全的统一监控、统一存储和统一管理，为城市管理者和建设者提供一种全新、直观、视听觉范围延伸的管理工具。

4. 智能环保

智能环保产品通过对地表水水质的自动监测，可以实现水质的实时连续监测和远程监控，及时掌握主要流域重点断面水体的水质状况，预警预报重大或流域性水质污染事故，解决跨行政区域的水污染事故纠纷，监督总量控制制度落实情况。

5. 智能交通

智能交通系统包括公交行业无线视频监控平台、智能公交站台、电子票务、车管专家和公交手机一卡通五种业务。

6. 智能司法

智能司法是一个集监控、管理、定位、矫正于一身的管理系统。能够帮助各地各级司法机构降低刑罚成本、提高刑罚效率。

7. 智能农业

智能农业产品通过实时采集温室内温度、湿度信号及光照、土壤温度、二氧化碳浓度、叶面湿度、露点温度等环境参数，自动开启或者关闭指定设备。可以根据用户需求，随时进行处理，为设施农业综合生态信息自动监测，对环境进行自动控制和智能化管理提供科学依据。

8. 智能物流

智能物流打造了集信息展现、电子商务、物流配载、仓储管理、金融质押、园区安保、海关保税等功能为一体的物流园区综合信息服务平台。信息服务平台以功能集成、效能综合为主要开发理念，以电子商务、网上交易为主要交易形式，建设了高标准、高品位的综合信息服务平台。

9. 智能校园

校园手机一卡通主要实现的功能包括电子钱包、身份识别和银行圈存。电子钱包即通过手机刷卡实现校内主要消费；身份识别包括门禁、考勤、图书借阅、会议签到等，银行圈存即实现银行卡到手机的转账充值、余额查询。目前校园手机一卡通的建设，除了满足普通一卡通功能外，还可借助手机终端实现空中圈存、短信互动等应用。

10. 智能文博

智能文博系统是基于RFID和中国电信的无线网络，运行在移动终端的导览系统。该系统在服务器端建立相关导览场景的文字、图片、语音及视频介绍数据库，以网站形式提供专门面向移动设备的访问服务。

11. M2M平台

中国电信M2M平台是物联网应用的基础支撑设施平台。在电信级M2M平台上驱动着遍布各行各业的物联网应用逻辑，倡导基于物联网络的泛在网络时空，让广大消费者尽情享受物联网带来的个性化、智慧化、创新化的信息新生活。

思考题

1. 物联网出现后智能取代了人类活动，人类的智商会不会退化?

2. 物联网的智能表现在哪里，是在网络中间还是在网络边缘？

任务1　物联网标准体系

装运工给卡车装运，当装运到一定量的时候，卡车会说："已经超过限载量，请不要再装运。"而在会计界，看得见、摸得着的实物，仔细一想似乎只有证、账、表。那么，我们能不能将物联网的概念用到会计资料与使用者之间的互动中呢？这里以报表作为代表进行说明，报表包括资产负债表、利润表、现金流量表等，这些表本身就是靠一些具有一定专业能力的会计人员编制的。所以，其本身就具有一定的专业性和阅读壁垒。对于没有学习过会计知识或者会计知识不够深厚的使用者，如何从这些专业的报表中获取自己想要得到的信息，的确是个不大也不小的难题。那么，我们为什么不让报表自己"说话"呢？为什么不让它们自己告诉报表使用者报表中蕴含的信息呢？

随着物联网技术的发展，物联网在实现过程中应用会变得更加便捷与人性化。当家庭综合服务器将家庭中各种各样的智能信息家电通过家庭总线技术连接在一起时，就构成了功能强大、高度智能化的现代智能家居系统。用户只需要一些简单的操作，类似于"用手点击某个报表项目"等，就能让报表自己"告诉"使用者所需要的信息。

任务1：物联网标准对产业发展的意义。

任务2：加快物联网标准化建设的紧迫性。

俗话说"没有规矩，不成方圆。"古人早已深谙其中的道理。秦始皇灭了六国，建立秦朝后，便统一了文字、货币、度量衡。拿破仑戎马一生，他在临死前说："我的伟大不在于我曾经的胜利，滑铁卢一战已使它随风而去，我的伟大在于我的法典，它将永远庇护法兰西的人民享受自由"。源远流长的标准化为人类文明的发展提供了重要的技术保障，早在2000年，欧盟、美国、加拿大等发达国家和组织纷纷制定各自的标准化国家发展战略，以应对因经济全球化给自身带来的影响。

一、物联网标准的组成

标准的实质是一种统一，它是对重复性事物和概念的统一规定；标准的任务是实现规范，它的调整对象是各种各样的市场经济客体。从某种意义上来说，标准具有鲜明的法律属性。它和法律法规一起，共同保障着市场经济有效、正常运行。其次，经济全球化浪潮使标准竞争上升到了战略高度。

(1)物联网具有高度创造性、渗透性和带动性，不仅在工业、农业、环境、医疗等传统领域具有巨大的应用价值，还将在许多新兴领域体现其优越性，如家居、健康、智能交通等领域。随着物物互联支撑技术的发展，物联网将成为推动经济发展与社会和谐的强大动力。

(2)物联网作为信息技术前沿领域，将改变人们未来的生活方式，对国家安全、经济和社会发展产生重大影响。它是继以计算机为主体的信息处理、以互联网和移动蜂窝网为代表的信息传输及信息处理融合之后，新一轮的全面融合信息获取、处理和传输的信息产业化浪潮的原动力。

(3)物联网标准的制定是物联网发挥自身价值和优势的基础支撑。由于物联网涉及不同专业技术领域、不同行业部门，物联网的标准既要涵盖不同应用场景的共性特征以支持各类应用和服务，又要满足物联网自身可扩展、系统和技术等内部差异性。所以物联网标准的制定是一个历史性的挑战。

物联网标准是由一个标准簇组成，包括通信协议、物理接口、数据接口、信息安全和网络管理等多项内容。本节主要介绍物联网标准的组成、标识技术、媒体访问控制协议、无线频谱分配的问题。

1. 物联网的标准组成

物联网的标准，首先要做的就是物联网通用规范的制定。物联网的基本架构可分为感知层、网络层、应用层，这仅仅是物联网架构的雏形，还要参考众多的技术标准和实际应用经验，完善这个框架。

在物联网的推广过程中，需要统一定义物联网内部的术语和指令，以实现物联网在全球内快速、广泛的无障碍发展。作为全球信息产生和收集的基础架构，物联网是一个更好的、值得信赖的网络。为此，要进一步开发具有国际质量的、完整的物联网标准，以确保数据的可信度，并能够追溯其来源。物联网标准主要分为两层，分别是基础平台标准和应用领域标准，如图8-1所示。

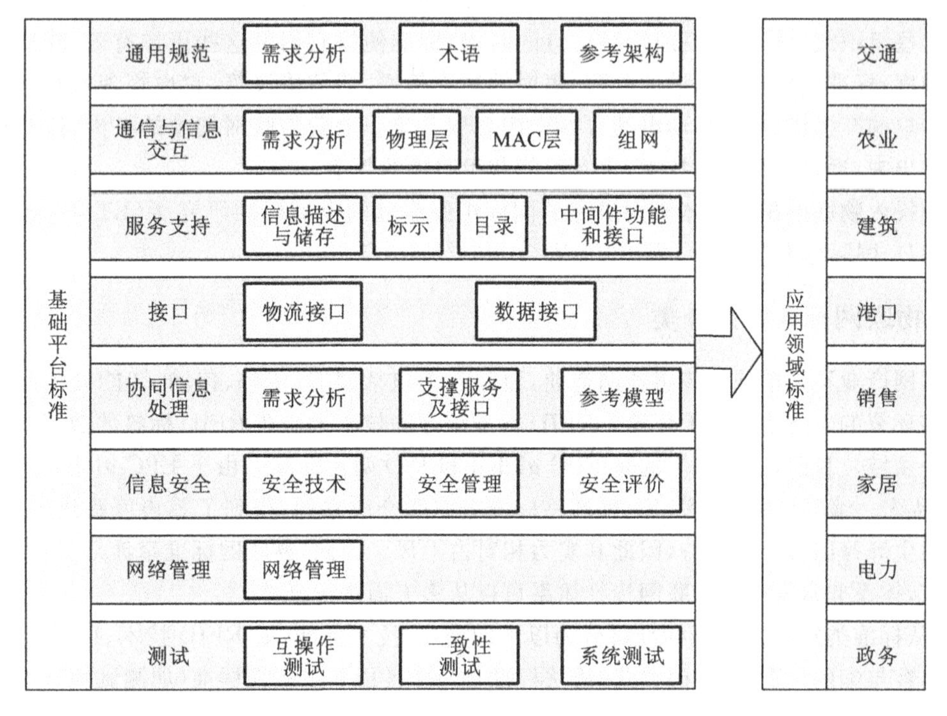

图8-1　物联网标准簇

2. 标识技术

在物联网的应用中，需要不断讨论全球的物体标识方案、身份编码/加密、身份管理、匿名管理、当事人的身份验证等管理技术，也要发展身份标识、身份验证、物联网应用服务发现等标识应用。

标准的设计应该支持广泛的应用，也应该适用于广泛的行业范围，还要满足环境、社会和每个公民的需要。通过与多个利益相关者协商，可以构成标准的语义数据模型和实体，生成通用的接口与协议，在抽象的层面上进行初步定义。

3. 媒体访问控制协议

在物联网信息采集和交互的过程中，物理层和MAC(媒体访问控制)层的构建尤为重要。

物理层为设备之间的数据通信提供传输媒体及连接设备，为数据传输提供可靠的环境。在传输过程中，物理层要形成适合数据传输的实体，为数据传送服务。一是要保证数据能在其上正确通过，二是要提供足够的带宽，以减少信道上的拥堵。传输数据的方式能满足点到点、一点到多点、串行或并行、半双工或全双工、同步或异步传输的需要。MAC主要负责控制与连接物理层的物理介质。当发送数据时，MAC协议事先判断是否可以发送数据，如果可以发送，将给数据加上一些控制，最终将数据及控制信息以规定的格式发送到物理层；当接收数据时，MAC协议首先判断输入的信息是否发生传输错误，如果没有错误，则去掉控制信息，发送至逻辑链路控制层。

4. 无线频谱分配

物联网标准的设计要考虑效率、具体的能源消耗和网络容量，还有其他的系统参数，比如关于限制频率带宽和无线电频率通信功率水平的现行规定。随着物联网的发展，必须重新考虑这些管理上的限制和研究方法，以保证足够的发展能力，比如寻求更多可用的无线频谱分配方法。

当这些组织或个体能分享或交换信息的时候，标准使得它们做这些更加有效，降低交换信息的模糊度；标准同样关注频谱的分配、辐射的功率等级、通信协议等，它也管理着物联网和其他射频用户的互操作，包括移动电话、广播、应急服务等。随着物联网规模的扩大，这些标准都需要开发出来，通过数字交换技术，也有可能获得附加的频谱。

目前投入物联网相关整体架构研究的国际组织有欧洲电信标准研究所(ETSI)、国际电信联盟(ITU)、国际标准化组织、国际电工协会(ISO/IEC)等。

二、物联网标准体系分类

物联网产业不是单纯的传感器制造业，而是一个包括制造、传感、传输、智能处理和应用服务等众多环节的生态集成技术环境。RFID标准争夺的核心主要在RFID标签的数据内容编码标准这一领域。目前，应用较广的是EPC global和ISO两大标准。由于EPC global是由北美UCC产品统一编码组织和欧洲EAN产品标准组织联合成立的，得到了零售巨头沃尔玛、制造业巨头强生等跨国公司的支持，因此其实力相对占上风。因此，物联网标准牵涉众多行业，内涵十分丰富，体系非常复杂。物联网标准体系可以从多方面进行分类。

(1)从标准类别看，RFID标准可分为以下四类：①技术标准(如RFID技术、IC卡标准等)；②数据内容与编码标准(如编码格式、语法标准等)；③性能与一致性标准(如测试规范等)；④应用标准(如船运标签、产品包装标准等)。

(2)从层次看,RFID标准可分为以下三类:①物联网底层技术标准(包括如频率、调制方式、接口标准等);②物联网网络层的标准(包括增强的M2M无线接入和核心网标准、物联网与互联网融合标准、网络资源虚拟化标准、异构融合的移动网标准等);③物联网运营管理层的标准(包括用户认证、业务流程、业务标识等语法和语义)。

三、中国物联网标准化建设原则

物联网应用跨越多个行业部门,物联网系统也涉及各种多样的技术领域,物联网标准体系的建设必须进行战略思考、顶层设计、统筹安排。这就必须确定一些标准化建设的基本原则。当前,主要有以下六大原则。

1.坚持自主创新与开放兼容相结合的原则

发展RFID技术与应用是一项复杂的系统工程,涉及众多行业和政府部门,影响社会、经济、生活的诸多方面,需要在广泛开展国际交流与合作的基础上实现自主创新。要力主RFID技术在若干核心技术领域达到国际先进水平或国际领先水平,同时又要积极学习和吸收国际上的先进技术和先进经验。特别要注重和国际标准化组织及机构的对接,以及与国际标准化组织及机构的学术交流。要及时把握创新信息,这样制定出的标准才具有战略上的前瞻性、技术上的先进性、应用上的共享性,才能具有成为国际标准的可能。

2.坚持顶层设计的原则

早在2001年,中科院计算所的科学家团队就提出了"加强顶层设计"的概念。在制定物联网的技术标准中引入顶层设计的原则,有以下两层含义。

(1)标准的设计要从整体和全局的视角入手,进行战略性思考。站在全国互联和全网通用的整体高度上,分析、决定RFID具体标准的内涵,以及内容、格式、接口、协议上各不相同的互操作和系统之间的接口兼容,防止新的"信息孤岛"出现。

(2)顶层设计中要分析应用系统的业务可行性与利益关系。根据经验,顶层设计的成功与否与业务领域的事情有关,尤其是与业务领域相关的那些工作。应用系统开发失败的教训一再揭示正确全面描述用户需求、尽力满足用户需求的顶层设计就是用信息工程的方法。

3.坚持提升安全机制的原则

在物联网标准建设中,安全问题远比互联网复杂得多。突出地表现在以下三个方面。

(1)安全威胁由网络世界延伸到物质世界。物联网可以将洗衣机、电视、微波炉等家用电器连接成网,并通过网络进行远程控制。这是一种便捷,但随之而来的是安全威胁也由网络延伸到物质世界。这就是说信息安全威胁将走进我们的生活,形成对物理空间的安全威胁,这就极大地加大了我们应对物联网安全防范的范围和治理的难度。

(2)安全威胁由网络扩展到众多节点。物联网应用中遍布的传感节点,用以感知和监测不同的环境状态,来表征不同环境的状态。很多节点具有暴露性或被定位性,这就为外来入侵者提供了场所和机会。当成千上万条被感知信息传输时,节点信息的安全性显得相当脆弱。标准必须确保这些感知数据在传输过程中得到强大而有效的安全保护。

(3)安全威胁由物联网自身放大到云服务体系。随着传感器和电子标签的广泛应用,云计算技术也当仁不让地成为物联网发展的技术支撑和服务支撑。但是,云计算的中央服务器集群一旦出了故障,对所有连接客户的终端服务将中断。不仅如此,云端恶意拦截也更具蒙蔽性。

在标准建设中，还有一个十分重要的问题就是要保护用户的隐私。这一切表明：物联网的安全威胁不仅是严重的，而且是现实的、急迫的，必须在标准建设中考虑到这种复杂性，采取有力措施，加以解决。

4. 坚持国际合作的原则

中国既要有拥有自主知识产权的物联网标准，努力争取将中国自主标准上升为国际标准，或将拥有中国自主知识产权的技术纳入国际相关标准中，同时也要坚持对外开放，加强国际合作，允许国际通用行业标准与特定领域自主标准共生共荣，还要积极关注物联网国际标准化建设中的新技术、新动向、新进展。

中国要特别注重、加强和国际标准界的交流和合作。目前，中国已与欧盟就如何推动物联网的标准化工作达成了共识，成立了中欧合作的物联网专家组，共同开展相应的标准专题研究，共同建设安全、自主、可控、可管的物联网。

5. 坚持民用标准与军用标准兼容的原则

由于物联网在军事上有着广泛的使用前景，因此，在中国物联网标准体系的建设中，应坚持民用标准与军用标准兼容的原则。成立全军 RFID 标准化工作委员会，负责建立我军 RFID 技术标准体系，研究制定 RFID 在军事侦察、军事装备、军事物流、军事营地等领域的分类原则、指标体系、信息编码代码标准和规范，以及与我军现有信息系统的集成和融合，与新一代互联网的对接和融合等标准，以利于军民一体物流的实现和军事动态运营能力和控制能力的提升。

6. 坚持注重当前应用兼顾长远发展的原则

注重当前应用兼顾长远发展是物联网标准建设中必须坚持的一条重要原则。标准制定的周期很长，不注重这一点，标准生效了，但技术发展了或应用环境有了较大变化，标准就不能适应这种变化的情况。

因此，标准建设中需要有一定的前瞻性思考。特别是，当前我们正处在 IPv4 向 IPv6 或 IPv9 的转换期，因此，物联网标准应考虑到 IPv4 码址资源枯竭以后，网络运营环境的变化，不仅应做出接口预留等相应的前瞻思考，而且应该在新一代互联网的试验网络上进行标准应用的试用，以便考查标准的实用性和适用性。

四、中国物联网标准化建设重点

为加快物联网标准化建设，中国 12 个部委和 23 个已有的物联网标准工作组联合起来，于 2010 年 6 月成立了中国物联网标准联合工作组。该联合工作组的任务首先是要搭建中国物联网体系架构。其标准体系架构图如图 8-2 所示。

目前联合工作组已经立项的国家标准共 24 项，行业标准共 15 项。联合工作组的成立是中国在物联网标准化建设方面的一种创新。其另一个重要特点是联合工作组的标准是完全公开的，任何人都可以通过正规的渠道来获得资料。任何厂商、应用方或专家，认为应该制定什么样的标准，都可以与联合工作组联系，提出建议、方案和草案。

这种开放性规定，使我们走出了标准生产的个体化误区，便于在更大范围和空间集中大家的智慧，在理性层面和应用层面进行综合考量，利于调动社会各个方面参与标准制定的积极性。

物联网作为当前正在快速发展的战略性新兴产业，其市场巨大、应用广泛、前景明朗。但是，物联网产品和技术能不能走向国际市场，占领国内市场，其关键在于中国的产品和技术是否

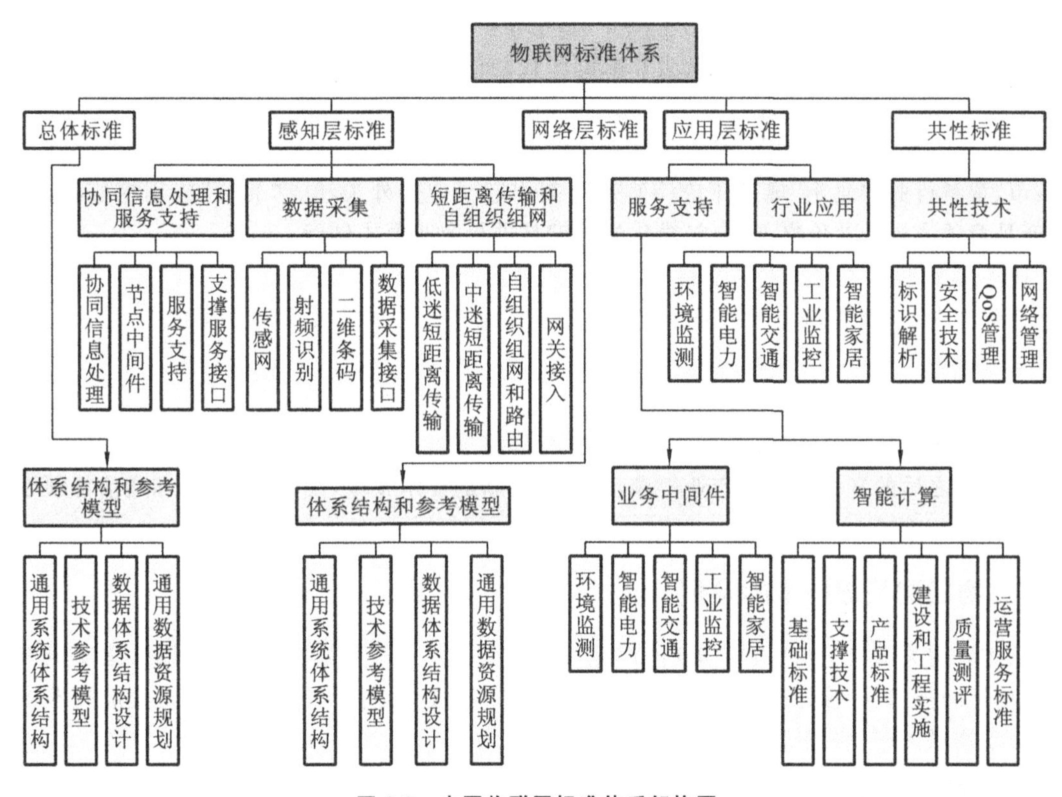

图8-2　中国物联网标准体系架构图

执行了具有共享性的标准，是否能提供通用标准的接口和技术，是否能执行不同协议之间的互通和资源的共享。只有在标准建设中坚持和做到了充分的共享性，才能在实际应用中获取最大客户资源的开发性，占有最大市场空间的可能性。

任务2　物联网技术的发展

智慧城市建设的浪潮是“北斗”(全称北斗卫星导航系统)的大机会，早在2012年底，北京市政府与北京合众思壮科技股份有限公司共同出资建设“北京市北斗导航与位置服务公共平台”，这是我国第1个落地的城市性空间商用基础平台。在智慧行业应用上，“北斗”已经迈开重要步伐。多款搭载“北斗”应用的“移动执法”手持机在2013年移动通信年会上亮相。“北斗”移动执法仪是北斗在智慧行业中的一个代表案例，将来还将针对不同行业需求开发相应的软件中间件装入各种行业应用终端中，涉及环保监察、卫生监督、市政巡检、工商执法、税务执法等各行各业。

进入20世纪90年代后期以来，数字化技术取得了更加迅猛的发展并日益渗透到各个领

域。随着 Internet 向普通家庭生活不断扩展,消费电子、计算机、通信一体化趋势日趋明显,智能化信息家电产品已经开始步入社会和家庭。智能信息家电因其安全、方便、高效、快捷、智能化等特点在 21 世纪将成为现代社会和家庭的新时尚。

自北斗卫星导航系统提供亚太区域服务以来,“北斗”规模化应用的窗口已经打开,其中“智慧城市、智慧行业”“北斗”规模化应用解决方案引起了业内外关注。“北斗”应用的核心是“北斗”产品竞争力提升及价格下探,规模化的关键是进行商业模式创新。

任务 1:物联网关键技术的发展与商业模式创新。

任务 2:构建“智慧城市”需多重支撑技术,技术与产业发展的关系如何解决?

经过过去几年的技术和市场的培育,物联网即将进入高速发展期,它是继计算机、互联网与移动通信网之后的又一次信息产业浪潮,是一个全新的技术领域,同时也给 IT 和通信等领域带来了广阔的新市场。

一、物联网关键技术的发展

从物联网关键技术角度看,物联网产业发展还面临一定的关键技术挑战,包括感知识别技术、通信组网技术、计算处理技术及服务提供技术,下一代关键技术突破和新系统集成技术将有利地推动物联网产业的良性发展。

(一)感知识别技术的发展

感知识别技术由两部分组成,分别是传感器网络技术和 RFID 技术,为实现物联网感知互动层的功能提供技术支撑。

1. 传感器网络技术的发展

微电子、无线通信、计算机与网络等技术的进步,推动了低功耗、多功能传感器的快速发展,使其在微小体积内能够集信息采集、数据处理和无线通信等多种功能于一体,从而推动了传感器网络技术的发展。

传感器网络的关键技术包括网络协议、定位技术、时间同步技术、数据融合、数据管理、嵌入式操作系统和网络安全等。与传统网络的协议设计相比,传感器网络协议设计的侧重点在于能量优先,基于局部拓扑信息,以数据为中心,面向应用。因此,定位技术、数据融合、数据管理是传感器网络技术的特色。

2. RFID 技术的发展

RFID 技术的研发和应用为物品的自动识别提供了系统解决方案。RFID 应用系统由 RFID 标签、RFID 读写器和 RFID 数据管理系统组成。RFID 技术已经成功应用于物流业、零售业、制造业、医疗卫生、公共交通、机场、医疗、资产管理、身份识别等领域。

以零售业为例,采用 RFID 系统可以自动完成采集物品名、编码、单价、数量信息等工作,避免要人工查看货物的各种信息,从而节省劳动力成本。如果将 RFID 技术广泛应用于大规模物流系统中,RFID 技术为传统物流业改造所带来的经济与社会效益十分可观。

总之,RFID 技术的发展促进了物品的自动识别技术的成熟,为让“物品自动开口说话”的物联网应用提供了技术基础。

(二)通信组网技术的发展

通信组网技术主要包括网络相关技术、网络通信技术,为实现物联网网络传输层的功能提供了技术支撑。

1. 网络相关技术的发展

在将来的推广与研究中,还需要进一步关注通过物体的文化基因传播信息的问题和物体的身份、关系和声誉管理等问题。物联网必须内置交通阻塞管理,可以感知和管理信息流,检测溢出,为时间危急和生命危急型数据流实施资源预留。物联网应用系统运行于互联网的核心交换结构之上,不仅扩展了网络服务功能,也丰富了网络接入手段。

网络管理技术需要具有对基础的无缝网络的深度洞察能力,该技术服务于应用和网络,检查执行在网络上的进程,这些管理方式与具体的协议和设备无关。这就要求能够在服务响应时间内识别突然的过载问题,并解决问题,监视 IoT 和 Web 应用,识别"黑客"的任何攻击,同时能从远程应急中心远程连接和管理涉及特定应用的所有"物"。

今天互联网已经成为人们日常工作和生活的重要部分。互联网已经成为全球最大的互联网络,也是最有价值的信息资源库。互联网为人们提供的服务包括浏览网页、收发邮件、传输文件等。网络技术发展的最重要意义是促进了计算机网络、电信通信网与广播电视网在技术、业务和产业上的三网融合。三网融合形成的高性能、全覆盖的通信网络将为物联网的发展提供基础设施。

2. 网络通信技术的发展

移动通信技术包含的内容十分丰富,主要分类方法有三种。按照使用环境分类,移动通信可以分为陆地移动通信、海上移动通信和航空移动通信;按服务对象分类,移动通信可以分为公用移动通信和专用移动通信;按通信系统分类,移动通信可以分为蜂窝移动通信、专用调度电话、个人无线电话、卫星移动通信等。

随着物联网应用的逐渐推广,网络通信成为物联网信息传递和服务支撑的基础技术。面向物联网的网络通信技术主要解决异构网络、异构设备的通信问题,以及保障相关的通信服务质量和通信安全,如近场通信、认知无线电技术等。

移动通信网、下一代互联网、传感器网络等都是物联网的重要组成部分,这些网络以网关为核心设备进行连接、协同工作,并承载各种物联网的服务。随着物联网业务的成熟和丰富,移动性支持和服务发展成为网关设备的必要功能。通信不仅为物联网应用提供持续、可靠的数据传输服务,也是实现物联网泛在化特征的重要基础。同时,通信是物联网产业链上的重要一环,存在着重大的产业发展机遇。

(三)计算处理技术的发展

计算处理技术主要包括云计算技术、数据库技术、多媒体技术、虚拟现实技术,为实现物联网应用服务层的功能提供技术支撑。

1. 云计算技术的发展

云计算是互联网计算模式的商业实现方式。在互联网中,成千上万台计算机和服务器连接到专业网络公司搭建能进行存储、计算的数据中心,形成"云"。

云计算是一种新的计算模式。云计算针对物联网需求特征的优化策略和个性化服务,以智能服务组合的形式体现。对云计算所面临的安全威胁进行防御,可以从七个方面加以考虑。

(1)云计算上不同形式的拒绝服务或恶意使用，这需要在系统层面、应用层面和网络层面等，建立起完善的抗拒服务的能力。

(2)云计算是外包的形式，是多方交织在一起的计算形式，所以需要企业之间经过合同团队、律师团队的共同工作，编写出更仔细、更容易度量和更容易考核的标准。

(3)云是基于Web的计算形式，如何保证Web的主流应用、主流系统、主流平台的漏洞得到及时的公告、修复，以及与用户保持流程的畅通，将是云服务所面临的新挑战。

(4)云计算时代如何保证数据安全。

(5)如何优化电子证据和审计系统，以保证数据是完全不同的审计主体存放，这将对安全审计、云的合同及采购等构成新的挑战。

(6)继续加强云计算应用生命周期的安全投入。

(7)加强供应商的安全管理，在云时代，安全管理不仅局限于人机之间、人人之间，更多的是机对机的应用，因此如何保证供应商云开发过程的安全，显得尤为重要。

2.数据库技术的发展

目前，传统数据库技术与其他相关技术结合，已经出现了许多新型的数据库系统。典型的代表包括分布式数据库和并行数据库。

分布式数据库是传统数据库技术与网络技术相结合的产物。分布式数据库是物理上分布在网络各节点上，但在逻辑上属于同一系统的数据集合，它具有局部自治与全局共享性、数据的冗余性、数据的独立性、系统的透明性等特点。

并行数据库是传统数据库技术与并行技术相结合的产物，在并行体系结构的支持下，实现数据库操作处理的并行化，以提高数据库的效率。按照并行数据库的思想设计数据库系统可以提高大型数据库系统的查询与处理效率。

随着海量数据查询处理、大型并行计算机系统和数据挖掘算法的日趋成熟，数据仓库和数据挖掘的研究与应用成为当前数据库技术领域的重要方向。数据仓库和数据挖掘技术采用全新的数据组织方式，对大量的原始数据进行加工、处理，找出数据之间的潜在联系，提取有用的信息，促进信息的传递。

如何经济、合理、安全地存储来自传感器等终端设备的海量数据，是实现物联网应用系统的一个重要挑战。各种新型数据库系统和数据库技术的涌现，必然会提高物联网应用系统处理和利用数据信息的能力。

3.多媒体技术的发展

多媒体技术是计算机以交互方式综合处理文字、声音、图形、图像等多种媒体，使多种媒体之间建立起内在逻辑连接的技术。

在20世纪90年代，个人计算机运算能力、存储能力的快速提高和3D软件的成熟，使得一大批高清晰度电视、高保真音响、高性能摄像机和照相机纷纷推出。这些产品和相关技术交叉融合，推动了多媒体技术的快速发展。

多媒体技术主要具有集成性、实时性和交互性三个主要特点。多媒体技术的集成性表现在多媒体信息是声音、文字、图形、图像与视频的集成。多媒体技术的实时性是指多媒体系统必须具备对存在内在关联的声音、文字、图形、图像与视频信息有实时、同步的处理和显示能力。多媒体技术的交互性是指用户不仅仅是简单、被动地观看，而且能够介入到多媒体信息的处理过程之中。

具有丰富的信息交流手段是人类共同的需求，采用多媒体技术可以使物联网感知现实物理世界的手段更丰富、形象、直观。

4.虚拟现实技术的发展

虚拟现实是计算机图形学、仿真技术、多媒体技术、人工智能技术、计算机网络技术、并行处理技术和多传感器技术相结合的产物。虚拟现实技术模拟人的视觉、听觉、触觉等感官功能，通过专用软件和硬件，对图像、声音、动画进行整合，以数字媒体作为载体给用户展现一个虚拟世界。

虚拟现实的关键技术包括以下几方面。

1)环境建模技术

虚拟环境建立的目的是获取实际环境的三维数据，根据应用的需求，利用获取的三维数据建立相应的虚拟环境的模型。

2)立体声合成和立体显示技术

在虚拟现实系统中，必须解决声音的方向和用户头部运动的相关性问题，以及在复杂的场景中实时生成立体图像的问题。

3)交互技术

虚拟现实中的人机交互远远超出了键盘和鼠标的传统模式，需要设计数字头盔、数字手套等复杂的传感器设备，解决三维交互技术与语音识别、语音输入技术等人机交互手段的问题。

4)触觉反馈系统

在虚拟现实系统中，必须解决用户能够直接操作虚拟物体，并感觉到虚拟物体的反作用力的问题，从而使用户产生身临其境的感觉。

虚拟现实技术突破空间、时间及其他客观限制，使用户感受到真实世界中无法亲身经历的体验，极大地增强了人类模拟现实世界的能力，是物联网应用服务的重要支撑技术。

二、物联网网络安全与隐私技术发展

信息和网络安全是物联网实现大规模商业应用的先决条件。物联网作为一个应用整体，各个层独立的安全措施简单相加，不足以提供可靠的安全保障。而且，物联网与几个逻辑层所对应的基础设施之间，还存在许多本质的区别。

物联网在发展运行过程中，要确保用户操作的简单与安全，以使用户能够在充分享受物联网成果的时候，也能避免任何安全隐私方面的风险，如图8-3所示。

物联网安全技术的研究包括物联网网络安全技术策略和隐私问题等。在这种背景下，通信方式需要改变，需要新的无线电和设备架构，去适应新型设备的连通性要求。因此，对物联网的发展需要重新规划，对物联网的感知层、网络层和应用层三个层次分别制定可持续发展的安全架构，使物联网在发展和应用的过程中，安全防护措施能够不断完善。

(一)感知层安全

在物联网中感知信息进入网络层之前的传感网络可以看作感知层的一部分，感知信息要通过一个或多个传感节点才能与外界网连接，这些传感节点也称为网关节点 Sink 或 Gateway。所有与传感网内部节点的通信都需要经过网关节点与外界联系，因此在物联网的传感层，只需要考虑传感网本身的安全性即可。

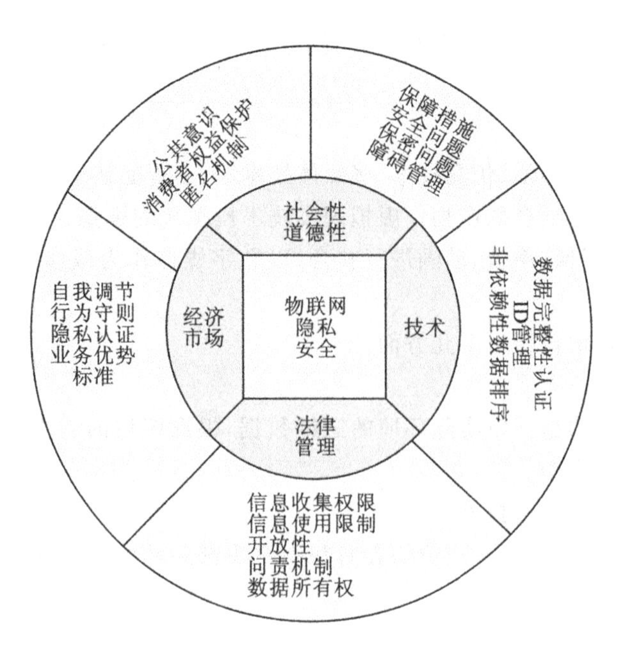

图 8-3 物联网安全与隐私

1. 感知层的安全挑战

(1)若传感网的网关节点被攻击者控制，可能导致安全性全部丢失。如果攻击者掌握了一个网关节点与传感网内部节点的共享密钥，那么它就可以控制传感网的网关节点，并由此获得通过该网关节点传出的所有信息。但如果攻击者不知道该网关节点与远程信息处理平台的共享密钥，不能篡改发送的信息，只能阻止部分或全部信息的发送。若能识别一个传感网被攻击者控制，便可以降低甚至避免由攻击者传来的虚假信息所造成的损失。

(2)若传感网的普通节点被攻击者控制，即攻击者掌握节点密钥，攻击者的目的可能不仅仅是被动窃听，还通过所控制的网络节点传输一些错误数据。因此，传感网的安全需求应包括对恶意节点行为的判断和对这些节点的阻断，以及在阻断一些恶意节点(假定这些被阻断的节点分布是随机的)后，网络的连通性如何保障。

(3)传感网的普通节点被攻击者捕获，但由于没有得到节点密钥，而没有被控制。攻击者可能会鉴别节点种类，比如检查节点是用于检测温度、湿度还是噪音等。有时候这种分析对攻击者是很有用的。因此安全的传感网络应该有保护其工作类型的安全机制。

(4)传感网的节点(普通节点或网关节点)受来自网络的 DOS 攻击。因为传感网节点通常资源(计算和通信能力)有限，所以对抗 DOS 攻击的能力比较弱，在互联网环境里不被识别为 DOS 攻击的访问就可能使传感网瘫痪。网络抗 DOS 攻击的能力应包括网关节点和普通节点两种情况。

(5)接入到物联网的超大量传感节点的标识、识别、认证和控制问题。传感网与外部设备相互认证是必需的，而传感网资源有限，因此认证机制需要的计算和通信代价都必须尽可能小。对互联网来说，其连接传感器的数量可能是一个庞大的数字，如何区分传感网及其内部节点，有效地识别它们，是安全机制能够建立的前提。

2. 感知层安全需求应对策略

感知层的安全需求可以总结为如下几点。

1)机密性

多数传感网内部不需要认证和密钥管理,如统一部署的共享一个密钥的传感网。

2)密钥协商

部分传感网内部节点进行数据传输前需要预先协商会话密钥。

3)节点认证

个别传感网(特别当传感数据共享时)需要节点认证,确保非法节点不能接入。

4)信誉评估

一些重要传感网需要对可能被攻击者控制的节点行为进行评估,以降低攻击者入侵后的危害程度(某种程度上相当于入侵检测)。

5)安全路由

几乎所有传感网内部都需要不同的安全路由技术。

3. 感知层的安全架构

了解传感网的安全威胁之后,就容易建立合理的安全架构。在传感网内部,需要有效的密钥管理机制,用于保障传感网内部通信的安全。传感网内部的安全路由、联通性解决方案等都可以相对独立地使用。由于传感网类型的多样性,很难统一要求有哪些安全服务,但机密性和认证性都是必要的。机密性需要在通信时建立一个临时会话密钥,而认证性可以通过对称密码或非对称密码方案解决。使用对称密码的认证方案需要预置节点间的共享密钥,在效率上也比较高,消耗网络节点的资源较少,许多传感网都选用此方案。而使用非对称密码技术的传感网一般具有较好的计算和通信能力,并且对安全性要求更高。在认证的基础上完成密钥协商是建立会话密钥的必要步骤。安全路由和入侵检测等也是传感网应具有的性能。

(二)网络层安全

物联网的网络层主要用于把感知层收集到的信息安全可靠地传输到应用层,即网络层主要是网络基础设施,包括互联网、移动网和一些专业网(如国家电力专用网、广播电视网)等。在信息传输过程中跨网络传输是很正常的,在物联网环境中这一现象更突出,而且很可能在正常而普通的事件中产生信息安全隐患。

1. 网络层的安全挑战

在物联网发展过程中,目前的互联网或者下一代互联网将是物联网网络层的核心载体,多数信息要经过互联网传输。互联网遇到的DOS和分布式拒绝服务攻击(DDOS)仍然存在,因此需要有更好的防范措施和灾难恢复机制。

在网络层,异构网络的信息交换将成为安全性的脆弱点,特别在网络认证方面,难免存在中间人攻击和其他类型的攻击,如异步攻击、合谋攻击等。这些攻击都需要有更高的安全防护措施。

2. 网络层的安全需求

如果仅考虑互联网、移动网及其他一些专用网络,则物联网网络层对安全的需求可以概括为以下几点。

(1)数据机密性:需要保证数据在传输过程中不泄露其内容。

(2)数据完整性:需要保证数据在传输过程中不被非法篡改,或非法篡改的数据容易被检测出。

(3)数据流机密性:某些应用场景需要对数据流量信息进行保密,目前只能提供有限的数据流机密性。

(4)DDOS攻击的检测与预防:DDOS攻击是网络中最常见的攻击现象,在物联网中将会更突出。物联网中需要解决的问题还包括如何对脆弱节点的DDOS攻击进行防护。

(5)移动网中认证与密钥协商(AKA)机制的一致性或兼容性、跨域认证和跨网络认证(基于IMSI):不同无线网络所使用的不同AKA机制对跨网认证带来不利。这一问题亟待解决。

3. 网络层的安全机制

网络层的安全机制可分为端到端机密性和节点到节点机密性两类。对于端到端机密性,需要建立如下安全机制:端到端认证机制、端到端密钥协商机制、密钥管理机制和机密性算法选取机制等。在这些安全机制中,根据需要可以增加数据完整性服务。对于节点到节点机密性,需要节点间的认证和密钥协商协议,这类协议要重点考虑效率因素。机密性算法的选取和数据完整性服务则可以根据需求选取或省略。考虑到跨网络架构的安全需求,需要建立不同网络环境的认证衔接机制。另外,根据应用层的不同需求,网络传输模式可能区分为单播通信、组播通信和广播通信,针对不同类型的通信模式也应该有相应的认证机制和机密性保护机制。

(三)应用层安全

应用层涉及的是综合的或有个体特性的具体应用业务,它所涉及的某些安全问题通过前面几个逻辑层的安全解决方案可能仍然无法解决。在这些问题中,隐私保护就是典型的一种。感知层和网络层都不涉及隐私保护的问题,但它却是一些特殊应用场景的实际需求,即应用层的特殊安全需求。物联网的数据共享有多种情况,涉及不同权限的数据访问。此外,在应用层还将涉及知识产权保护、计算机取证、计算机数据销毁等安全需求和相应技术。

1. 应用层的安全挑战和安全需求

应用层的安全挑战和安全需求主要来自下述几个方面。

(1)如何根据不同访问权限对同一数据库内容进行筛选。

(2)如何提供用户隐私信息保护,同时又能正确认证。

(3)如何解决信息泄露追踪问题。

(4)如何进行计算机取证。

(5)如何销毁计算机数据。

(6)如何保护电子产品和软件的知识产权。

由于物联网需要根据不同应用需求对共享数据分配不同的访问权限,而且不同权限访问同一数据可能得到不同的结果。例如,道路交通监控视频数据,当用于城市规划时只需要很低的分辨率即可,因为城市规划需要的是交通堵塞的大概情况;当用于公安侦查时可能需要更清晰的图像,以便能准确识别汽车牌照等信息。因此如何以安全方式处理信息是应用中的一项挑战。

随着个人和商业信息的网络化,越来越多的信息被认为是用户隐私信息。例如,医疗病历的管理系统需要病人的相关信息来获取正确的病历数据,但又要避免该病历数据跟病人的身份信息相关联。在应用过程中,主治医生知道病人的病历数据,这种情况下对隐私信息的保护具有一定的困难,但可以通过密码技术手段掌握医生泄露病人病历信息的证据。

在使用互联网的商业活动中,特别是在物联网环境的商业活动中,无论采取了什么技术措施，都难避免恶意行为的发生。计算机数据销毁技术不可避免地会成为计算机犯罪证据销毁的工具，从而增大计算机取证的难度。因此如何处理好计算机取证和计算机数据销毁这对矛盾是一项具有挑战性的技术难题，也是物联网应用中需要解决的问题。

物联网的主要市场将是商业应用，在商业应用中存在大量需要保护的知识产权产品，包括电子产品和软件等。在物联网的应用中，对电子产品的知识产权保护将会提高到一个新的高度，对应的技术要求也是一项新的挑战。

2. 应用层的安全架构

基于物联网综合应用层的安全挑战和安全需求，需要如下的安全机制。

(1)有效的数据库访问控制和内容筛选机制。

(2)不同场景的隐私信息保护技术。

(3)叛逆追踪和其他信息泄露追踪机制。

(4)有效的计算机取证技术。

(5)安全的计算机数据销毁技术。

(6)安全的电子产品和软件的知识产权保护技术。

针对这些安全架构，需要发展相关的密码技术，包括访问控制、匿名签名、匿名认证、密文验证(包括同态加密)、门限密码、叛逆追踪、数字水印和指纹技术等。

(四)物联网隐私问题

隐私是一个更严重的问题，隐私保密技术还处于起步阶段，现在的系统没有对资源有限的设备进行设计，同时针对隐私的全面的观点还有待于发展(比如，人的一生中对于隐私的观点)。物联网中物体的不均匀性和流动性，会增加网络安全问题的复杂性。同时，从法律上看，一些问题还不是很清晰，有待于法律解释，比如隐私法规所涉及的范围、物体所有权中的数据归属问题。

物联网作为一个新生事物，我们还没有完全掌握它的发展规律和技术体系，在发展过程中要注意很多问题。比如物联网不是简单的虚拟世界，会涉及国家安全等问题。因此，物联网发展不能依靠某个企业，还需要国家介入，并制定相应的法律法规。另外，物联网内容广泛，涉及传感、射频识别、通信网络等很多技术，对于这些单项技术，我国都已基本掌握了，但怎样有机地构成统一的网络，并形成标准，还需要国家的大力扶持和相关科研结构的进一步研究。

网络技术和数据匿名技术是隐私安全技术的基础，但是这些技术一般是由那些在计算能力和数据带宽方面相当重要的设备提供的。类似的观点可用于设备的认证和建立信任等方面。尚待解决的问题有下面几个。

(1)网络设备智能、自我意识行为的事件驱动剂。

(2)混杂设备的隐私保密技术。

(3)分散式身份验证和信任的模型。

(4)能源效率的加密和数据保护技术。

(5)物体与网络身份验证。

(6)匿名机制。

(7)云计算的安全与信任。

(8)数据谱系关系。

(五)非技术因素

物联网的信息安全问题将不仅仅是技术问题,还会涉及许多非技术因素。下述几方面的因素很难通过技术手段来实现。

1.教育

教育能让用户意识到信息安全的重要性和如何正确使用物联网服务以减少机密信息的泄露机会。

2.管理

严谨的科学管理方法将使信息安全隐患降到最少,特别应注意信息安全管理。

3.信息安全管理

找到信息系统安全方面最薄弱环节并进行加强,以提高系统的整体安全程度,包括资源安全管理、物理安全管理、人力安全管理等。

4.口令管理

许多系统的安全隐患来自账户口令的管理。

因此在物联网的设计和使用过程中,除了需要加强运用技术手段提高信息安全的保护力度外,还应注重对信息安全有影响的非技术因素,从整体上降低信息被非法获取和使用的概率。

物联网中两个主要的问题就是人的隐私问题和商业活动的机密问题。但是因为物体的部署规模、流动性、相对较低的复杂度等,安全问题一直比较困难。

三、物联网能量技术发展

物联网是指按照约定的协议通过信息传感设备把各种安装了传感装置(包括传感器、RFID等)的设备、货物、基础设施与通信网络连接起来,使这些物流要素能够进行信息交换和远程控制,从而实现人与人、人与物、物与物的动态互联和相融互动的网络系统。物联网中这些自动运行的各种设备、传感器与检测器都需要维持能量来完成工作。为了满足物联网应用软件的能量需求,一种典型的能源生成与获得装置需要能量采集技术、微系统的能量储存技术、微功耗技术及能量传递技术的支持。

(一)能量采集技术

能量采集是指通过各种手段,从物体的周围环境中将其他形式的能量转化为电能,如太阳能、风能、振动能、热能和核能,供给储存能量的微型电池,以供应物体在其使用期内正常地工作。

1.机械能转化为电能

振动是一种广泛存在的现象,而无线传感器节点的活动能耗和休眠能耗已经分别降到了几十毫瓦和几微瓦,这无疑意味着利用采集振动机械能,用于驱动无线网络等低能耗设备有着广泛的前景。振动机械能转化为电能大致分为压电式、电磁式与可变电容式三种形式。

1)压电式

当某些晶体,如石英、电气石和压电陶瓷等,受到机械力而发生拉伸或压缩时,晶体相对的两个表面会出现等量的异号电荷,这种现象被称为压电现象。具有压电现象的介质,称为压电体。

2)电磁式

电磁式能量采集器利用电磁感应原理来转化电能。由线圈和磁极的相对运动,或是磁场强度的改变产生电流。由于在电机上已经有许多年的成功应用，电磁式已有很完善的技术基础。针对各种循环，应力环境有各种材料和结构可以选用。与其他类型相比，电磁式能量采集器的优点在于：①不需要外加的电压源；②机械阻尼较低，可靠性高。然而在MEMS技术要求下的电磁式能量采集器仍有一些问题：第一，平面磁极本身的性能并不令人满意；第二，平面上的线圈数受到很大的限制；第三，微尺度下零件的组装也是很困难的。

3)可变电容式

可变电容式振动采集器是利用外部设备如辅助电源或电容处于运动状态的电容极片上的电压或电量保持不变，当外部振动造成电容量变化时，电容的电量或电压发生变化，在电容外部的电路形成电流，由此将外部机械运动的能量转化为电能。可变电容式能量采集器的主要优点是可以更容易地通过MEMS工艺集成在微型系统中。这种结构需要一个初始的极化电压或电流。在实际运用中，这并不成问题。可变电容式能量采集器可以通过电介体来储存电流。这些电介体可以使用很多年，并且在电容式振动采集器工作时自动补充能量。能源存储技术有助于物联网应用软件的有效部署。

2. 太阳能采集

太阳辐射的能流密度低，当利用太阳能时，为了获得足够的能量，或者为了提高温度，必须采用一定的技术和装置(集热器)，对太阳能进行采集。集热器按是否聚光，可以划分为聚光集热器和非聚光集热器两大类。非聚光集热器（平板集热器、真空管集热器)能够利用太阳的直射辐射和散射辐射，集热温度较低；聚光集热器能将阳光汇聚在面积较小的吸热面上，可获得较高的温度，但只能利用直射辐射，且需要跟踪太阳。目前主要有平板集热器、真空管集热器、聚光集热器等。

太阳能是一种辐射能，具有即时性，必须即时转换成其他形式的能量，才可以被利用和储存。将太阳能转换成不同形式的能量需要不同的能量转换器。集热器通过吸收面可以将太阳能转换成热能；利用光伏效应太阳电池，可以将太阳能转换成电能；通过光合作用植物可以将太阳能转换成生物质能等。原则上，太阳能可以直接或间接转换成任何形式的能量，但转换次数越多，最终太阳能转换的效率便越低。

此外，能量采集技术还包括风能、振动能、热能、核能等能量的采集技术。

(二)微系统的能量储存技术

目前的嵌入式无线技术如无线传感器网络、主动式RFID，都有庞大的体积，需要功率大的电池，否则就只有短暂的生命。

为了在物联网中成功地提供真正的嵌入式数字物体参与者，需要持续地研究小型化的高能量储存技术。能量储存已经成为电子设备小型化的最大障碍。克服能量储存问题的一个解决方案是从周围的环境中获取能量，从而自动给物体内的小型电池重复充电。迄今为止能量收集仍然是一个低效率的过程，还需要进行大量的研究。嵌入式设备储存能量的来源包括振动、太阳辐射、热能等。

(三)微功耗技术

物联网能量技术的目标在于让传感设备从环境中获取能量，这些物体的电池可以自动充电。微功耗技术的出现形成了一个新的技术领域，为物联网设备提供了很多研发机会。我们可从硬件、软件的角度来降低功耗。要研究微处理器的微功耗设计技术，首先必须了解它的功耗来源。高层次仿真得出的结论如图 8-4 所示。

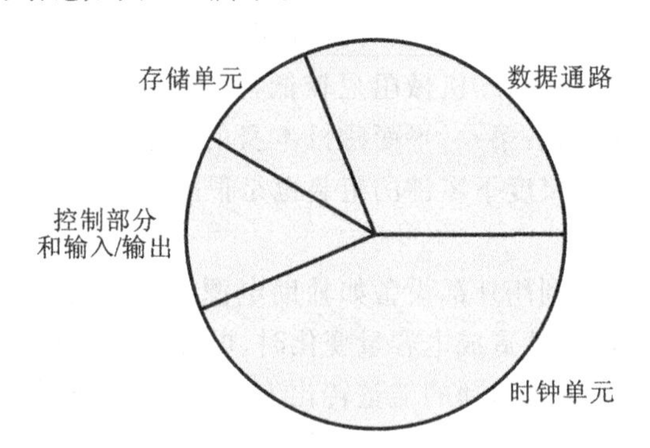

图 8-4　微处理器各部分功耗比较

可以看出，时钟单元功耗最大，因为时钟单元有时钟发生器、时钟驱动、时钟树和钟控单元的时钟负载；数据通路是仅次于时钟单元的部分，其功耗主要来自运算单元、总线和寄存器堆。除了上述两部分，还有存储单元、控制部分和输入/输出。存储单元的功耗与容量相关。

(四)能量传递技术

物联网能量传递技术也包括以下相关技术：热电系统和微制冷技术、光伏系统技术、微燃料电池和微反应器技术、微引擎技术、微功率 IC 和换能器技术、能量存储和超电容技术、能源消耗映射技术、硬件元件的功率细粒度测量与估计技术、基于能量优先调度的软件技术。

四、物联网标识技术发展

在物联网的发展中，物联网框架力求标识技术能够在全球范围内通用。这就涉及物体与设备的标识符管理、人与位置标识符管理、相同物体不同标识符之间的交叉处理、标识符的资格认证等。在未来的发展中，需要关注以下四个问题。

1. 标识符之间的关联

对于一个物体来说，它的唯一标识符可以成为它永久的名字。然而，物联网需要接受每个物体具有多个标识符且各标识符可以不断变化的现象。例如，很多物体都有一个制造商分配给它们的唯一标识符，一些物体也可能有网络地址(如 IPv6 地址)，在某个特殊的物群中临时的标识符，某些物体也可能有传感器和执行器，与它们物理连接，每一个传感器和执行器也被单独地赋予地址。很多物体可能混合了某些物体或者某些产品作为其组成部分，这些组成部分在其生命周期中，都有它们各自唯一的标识符和不断变化的临时标识。物联网的信息模型是非常重要的，它应该允许标识符的改变和不断变化的标识符之间的关联，这些关联被记录和咨询。

2. 支持物体的组合标识

物体的组合会形成“家谱”标识表，像计算机、车辆和建筑等类似的合成物/混合体，它们中的部件零件有很多不同的成分，每一个都拥有自己唯一的 ID 和生命历史。今天，存在着各种各样的唯一标识符方案，在不同方案的应用中要求有互操作性，这些应用将在未来的互联网环境中进行操作。例如：一维条形码、二维条形码、射频识别技术(RFID)，或其他标识技术，甚至包括那些在将来可能发展的标识技术。在一些应用中，为了保护隐私，确保用户信息安全，有必要使用加密的标识符或匿名方案。

3. 支持一类物体的标识

物联网应该具有能够以某种方式，支持唯一标识符的功能，这种方式可能只是对某种特殊类别的物体，或这类物体中的个别物体，为了找到或提及某一类信息，为这类物体提供服务，就像是一系列类别的信息，为个别物体提供服务一样。很多物体非常类似，以至被认为是其他物体的复制品。将标识符结构体用于现今的互联网和万维网进行互操作，已经统一资源标识符(uniform resource identifier，URI)。URI是标识Web资源的标准机制，URI是对人们较为熟悉的URL的扩展，后者用于Web浏览器及类似程序。

标识技术必须满足标识符的互操作性。互操作性是指不同系统(例如计算机系统、网络、操作系统和应用程序等)一起工作，并共享信息的能力。

4. 支持不透明的标识

在将来的发展中，物联网也应该支持不透明的标识符和代名词，在它们里面等级的内部结构不是轻易可见的，这点当未授权的部分读取类别信息(例如产品类别或目标类别)，或者损害了公民的隐私和供应链的安全，使得在它们遭受不同的威胁和有目的的袭击时，显得尤为重要。当然，这些都是建立在当物体被穿戴、移动或者运输时，用标识符能够表示出是基于这些物体的。可能有一种不易懂的标识符，不是等级结构的一部分，也完全没有表示出关于被标识物体的任何信息。

任务3　物联网产业发展及对未来职业的影响

“智慧城市”离我们有多远？

“智慧城市”是在城市化与信息化融合等背景下，综合利用物联网、云计算等信息技术手段，结合城市现有信息化基础，融合先进的城市运营服务理念，建立广泛覆盖和深度互联的城市信息网络，对城市的资源、环境、基础设施、产业等多方面要素进行全面感知，并整合构建协同共享的城市信息平台，对信息进行智能处理、利用，从而为城市运行和资源配置提供智能响应及控制，为政府社会管理和公共服务提供智能决策依据及手段，为企业和个人提供智能信息资源及开放式信息应用的平台。

“智慧城市”将整合构建协同共享的城市信息平台，对信息进行智能处理，为政府社会管理和公共服务提供决策依据及手段。分政务、产业、民生、金融等板块构建城市规划、建设、运营、管理相关业务应用系统，实现环境与生态监测、产业结构布局、资源、交通、人口、社会服务与公众生活密切相关领域的信息化，建立智慧城市政策标准体系、评价体系。

从发展战略的层面上看，“智慧城市”是贯彻落实党中央、国务院城镇化战略部署的具体任务，也是扩大内需、启动投资、促进产业升级和转型的新要求。新型城镇化道路，很重要的是培育战略性新兴产业。运用物联网、云计算等信息通信技术有助于提升城市管理和公共服务水平，这也为新兴产业发展开辟新的增长空间。在物联网产业迅猛发展的今天，构建智慧城市已成为时下热点。

任务 1：构建“智慧城市”要做好技术支撑、业务应用、政策标准、评价指标、资本产业投融资等五大体系内涵。

任务 2：“智慧城市”评价指标体系科学性的重大意义。

近年来，在国家政策的大力扶持和业内企业的不断努力下，中国物联网产业持续着良好发展势头，技术研发取得重大进展，标准体系不断完善，市场化应用稳步推进。与此同时，物联网产业在产业升级、节能减排、拉动就业等方面也发挥着重要作用。“十二五”期间，中央政府仍将继续支持物联网产业的发展壮大，在项目审批、财政补贴、招商引资等方面予以扶持。

受益于良好的外部环境及市场前景，物联网产业在今后几年将继续保持快速增长，有望带动设备制造业、运营商、应用市场等领域的蓬勃发展。在技术、企业、人才、产业配套等方面具备优势的地区应抢抓机遇，出台优惠政策招商引资，加快物联网推广应用，使物联网产业成为拉动地方经济发展、促进产业结构调整的又一重要力量。

一、中国物联网产业发展宏观环境

1. 政策环境分析

“政策先行，技术主导，需求驱动”成为中国物联网产业发展的主要模式。自 2009 年以来中央和地方政府对物联网产业给予了政策和资金上的大力支持。2012 年工信部制定了《物联网“十二五”发展规划》，重点培养物联网产业 10 个聚集区和 100 个骨干企业，实现产业链上下游企业的汇集和产业资源整合。2012 年我国物联网产业市场规模达到 3 650 亿元，比 2011 年增长 38.6%。2013 年 2 月中旬，国务院又发布了《关于推进物联网有序健康发展的指导意见》，提出到 2015 年要初步形成物联网产业体系，安全保障能力明显提高。

2. 市场环境分析

物联网用途广泛，可运用于城市公共安全、工业安全生产、环境监控、智能交通、智能家居、公共卫生、健康监测等多个领域，让人们享受到更加安全轻松的生活。我国物联网产业还处于产业成长初期阶段，规模化应用还局限于较小的示范应用范围内。但从长远角度考虑，具有广阔的市场发展潜力。

“十二五”物联网十大应用的重点领域分别是智能电网、智能交通、智能物流、智能家居、环境与安全检测、工业与自动化控制、医疗健康、精细农牧业、金融与服务业、国防军事。拥有自主知识产权的物联网骨干企业将获得更多的财政支持。物联网市场潜力巨大，物联网产业在自身发展的同时，还将带动微电子技术、传感元器件、自动控制、机器智能等一系列相关产业的持续发展，带来巨大的产业集群效应。

3. 经济及社会环境分析

正在深度融入全球经济的我国将不可避免地受到全球经济及社会环境的影响，在这一过程中，我国在经济及社会环境方面主要有如下目标。

1)产业转型重构

全球金融危机引发了信贷紧缩和市场需求萎缩。一度为我国经济的顶梁柱的出口导向型制造业,如今也受到了严重的打击。制造业在国内市场进一步进行产业升级和结构重组的步伐在日益加快。

不论金融危机将何去何从,全球化仍将继续成为全球格局重组的重要力量。中国公司仍将面临来自国内和国际市场日趋激烈的竞争。而与此同时,全球化也将为中国公司带来新的机遇。中国企业将可以更好地利用全球资源、人才和资产,与海外企业建立全球化战略合作关系及开展海外投资。经济整合和信息交换将使中国人民对生活质量、工作环境和商业实践的期望越来越高。

2)增强企业竞争力

全球金融危机引起的实体经济危机使部分国际制造业巨头逐渐走向式微,这对一些竞争力较强的中国公司来说,无疑是一个填补市场空白的巨大商机。现在,很多中国公司已开始迈出在海外市场开疆拓土的步伐。培养全球竞争力成为中国企业真正拓展全球业务的关键,这需要中国企业提供更先进的产品和服务,进一步完善业务和运营。

日渐萎缩的全球需求暴露出我国经济中存在的问题。首先,在经济高速增长的年份,制造业公司普遍采用薄利多销的策略来谋生存。其次,基础设施和交通运输发展远远落后于业务增长的步伐,导致物流成本极其高昂。在过去经济增长稳定和需求巨大的时代,所有这些问题并未严重影响到中国企业的竞争力。但是在新的全球市场形势下,这些问题将成为关系公司存亡的关键。

3)建设和谐社会

过去的三十多年,我国的经济发展令世人瞩目,但是在技术、工业结构、基础设施和生活水平等方面还远远落后于其他发达国家。我国发展的长期目标是实现经济的快速可持续发展,并提高其在国际舞台的竞争力。

4. 人力资源和技术环境分析

首先,我国人力资源不仅具有总体成本低的优势,而且人力资源结构也日趋合理,拥有大量的计算机硬件、软件及系统集成人才。据统计,我国已经形成了比较完整的科学研究与技术开发体系,拥有充足的科技人力资源。科技和研发人员数量分别居世界第一位和第二位,研发投入总额已跃居世界第六位。

其次,我国在物联网技术的研发和应用方面已经具有一定的优势和成果。

以上表明,传感网和物联网技术已成为当前各国科技和产业竞争的热点,许多发达国家都加大了对物联网技术和智慧型基础设施的投入与研发力度,力图抢占科技制高点。我国也及时地将传感网和物联网列为国家重点发展的战略性新兴产业之一。

二、中国物联网产业发展生态环境

1. 物联网产业发展生态环境

我国在高端技术方面存在一定的劣势,故往往要求技术的研发到了一定层次后其他各部分才会相应得到发展。目前以无线传感网技术为核心的物联网产业生态环境已基本形成,如图8-5所示。

物联网产业生态环境整体提升,为集成商进行物联网市场的拓展打下了良好的基础。在未

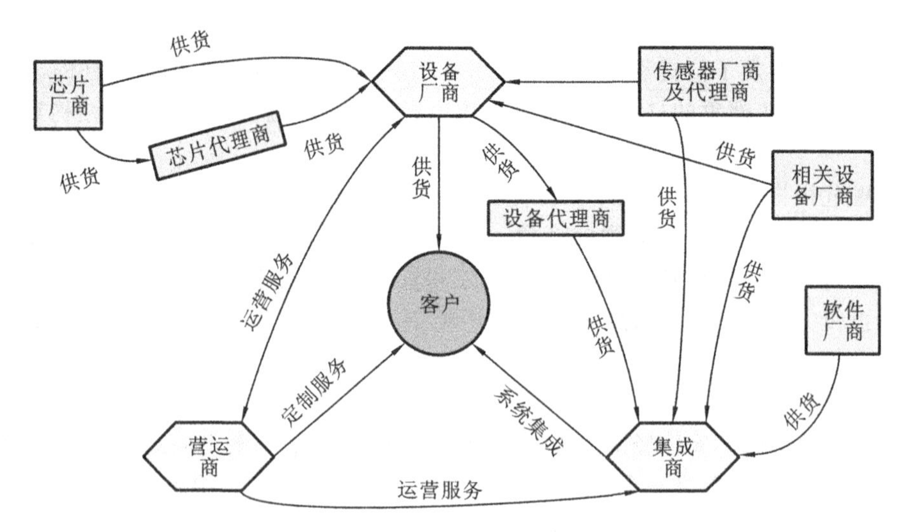

图 8-5　物联网产业生态环境

来物联网产业的发展过程中，一方面可以先选择物联网产业的产业链环节中相对成熟的技术进行转化应用，同时也可以将这些产业链中的环节嵌入到国内其他产业中进行整合应用，从而加快我国物联网产业化发展速度。

纵向来看，现阶段，物联网所需要的自动控制、信息传感、射频识别等上游技术和产业都早已成熟或基本成熟，下游的应用也早已以单体的形式存在。物联网产业的发展一定要以应用为先，它需要嵌入到其他产业里共同发展，需要构建一个好的通道，正如焦点企业在产业集群中的角色和任务一样。通道的作用不仅只是联系物联网产业的上下游，而且还能实现上下游产业的联动，从而促进物联网产业链的沟通协调和发展。

横向来看，物联网实现跨专业、跨行业的联动，真正方便终端用户的使用。物联网产业未来的发展会随着通道作用的变化而不断演化。因此，要推动物联网产业生态环境的发展，就需要构建一个良好的通道，保证通道的持续成长，并让其带动产业生态环境或者说推动产业生态环境共同发展，实现产业间的互联互通，从而加速产业融合，这是物联网成功的重要保证。

在未来几年内，其产业生态环境将在以下方面发生改变。

(1)作为物联网设备厂商的上游供应商，传感器设备厂商及代理商需根据市场需求及物联网相关设备需求，丰富产品品种，降低生产成本。与传感器厂商相类似，芯片厂商也应根据需求进行无线传感网专用芯片的开发生产，与下游企业形成互动、协作发展。

(2)作为物联网的技术核心设备厂商，在未来几年内应迅速提升产品性能指标，根据市场需求和技术发展进行软硬件及解决方案升级，并衍生出更多新产品及解决方案。而软件厂商在信息处理、图形显示、决策支持等功能方面将有明显发展，与最终用户进行更多的沟通，进一步完善专家系统的决策性能。

(3)作为物联网系统集成商，利用无线传感网及必要的其他应用模块进行整合，为最终用户提供全面系统解决方案的企业，它将发挥自己在行业经验和资源、资质方面的优势，直接面对最终用户推广物联网产品和服务。系统集成商利用设备厂商提供的传感节点设备，根据实际情况和需求，配合传感器、软件等产品，进行系统的功能实现，并负责布设施工、最终调制和售后服务。

(4)作为物联运营商(运营商指中国移动、中国电信、中国联通等通信运营商,是网络服务的供应商),运营商的加入不仅为物联网产业的运营及网络通信提供了保障,与此同时,还可对物联网产业的发展起到推动作用。

2.中国物联网产业发展优势

1)规模优势

如果仅仅实现数字化而实现不了"物"之间的互联互通,那么数字化的"物"就会变成信息孤岛。就物联网自身的特性而言,是必须形成规模的,否则难以形成一个智能运作系统。而当前制约物联网产业上规模的一个重要因素就是成本价格,规模上不去,成本就很难降下来;成本降不下来,规模也很难扩大,如果规模达到巨额数量以上,规模成本优势将能突破制约物联网发展的价格瓶颈。我国作为一个人口大国,长期保持着令世界瞩目的较高的经济增速,有较为雄厚的经济实力支持巨额数量规模的消费。物联网应用普及后,规模成本所带来的优势能更好地推动物联网产业的发展,物联网的推广又会驱动经济发展,为其他产业开拓了又一个潜力无穷的发展机会。

2)产业化优势

改革开放以来,我国大多城市都是以高耗能、高污染的粗放型发展模式保证经济增长的,但随着环境的逐渐恶化,资源的逐渐匮乏,亟须新能源产业或者新的高科技产业集群来支撑下一轮的发展,物联网产业正好提供了这个契机,使整个市场的注意力转移到虚拟网络对经济增长的拉动作用上来。对物联网投资的战略不仅能够保经济增长,而且能够在新经济增长模式上获得先机。

未来物联网产业链主要包括传感器制造、芯片制造、设备制造、网络服务、网络运营、软件开发及服务商等环节。尽管当前物联网产业的技术还不成熟,而且也很难在短期内实现大规模产业化,并使之在生产及生活中全面应用,但是国内所具有的广阔的市场规模,以及所拥有的从材料、技术、器件、系统到网络的完整产业链,使得我国是当今世界上能实现物联网完整产业链的为数不多的国家之一。

3.跨行业的协作与发展

目前,物联网产业在无线传感网、云计算、RFID等方面均呈现良好的发展局面。物联网产业内各行业的发展将对物联网产业的兴起起到重要的作用。但从长远角度来看,整个物联网产业想要取得长足的发展仍需进一步加强市场拓展、产业链整合,上下游互利方面的工作。这不仅需要物联网产业内部的努力,还需要优势产业与物联网产业进行跨行业的协作与发展。就目前形势,以通信运营商为首的通信产业将在物联网产业的发展当中扮演非常重要的角色。

1)市场拓展

目前,物联网产业主要由政策支持及内生需求获得市场拓展。而通信运营商以其雄厚的资本、丰富的市场资源、长期以来树立的市场公信力,在助力物联网产业市场发展方面有着得天独厚的优势。近几年来,全球通信运营商均在积极地促进和发展物联网产业,并在部分国家和地区搭建起了政府与物联网设备提供商之间的桥梁。国内运营商在M2M及物联网在医疗、交通等方面的市场开拓起到了关键性的推动作用,并将在未来几年内持续加大在物联网方面的投入,很好地与业内企业相结合,全面开拓物联网市场发展方向。

2)产业链整合

运营商不仅有助于物联网产业的发展,与此同时也是物联网产业的组成部分。在物联网的网络层中，数据由大量、广泛分布的传感网感知节点发出，并最终由汇聚节点将信息转送至互联网或移动网络。随着物联网应用场合的复杂化，移动网络凭借其无线接入、覆盖面广等特点将承担起更多物联网广域通信的任务。从而将物联网产业的各个分支有机地连接到一起。与此同时，运营商在物联网产业未来几年的发展过程中还将承担起集成商的角色，将成为继传感网之后，物联网产业的又一核心。目前物联网产业内部，上下游产业发展相对独立，并未形成相互促进的良性循环。由于现阶段物联网设备提供商在市场内仍处于一个较为弱势的地位，运营商的强势介入将为物联网上游企业发展提供信心，与此同时作为产业链里最为强势的一环，通过资源的整合，将下游产品生产及市场推广的成本大大降低，可使物联网上下游互利，形成可持续发展的良性循环。

三、国外物联网产业发展环境

1. 美国物联网产业发展现状

美国是物联网技术的倡导者和先行者之一，在较早的时期就展开了物联网及相关技术的研究应用。鼓励物联网技术发展政策主要体现在推动能源、宽带与医疗三大领域开展物联网技术应用。

美国很多大学在无线传感器网络方面已开展了大量工作，如加州大学洛杉矶分校的嵌入式网络感知中心实验室、无线集成网络传感器实验室、网络嵌入系统实验室等。

除了高校和科研院所之外，美国的各大知名企业也都先后参与开展了无线传感器网络的研究。如 IBM 提出的“智慧地球”概念已上升至美国的国家战略。

2. 欧盟物联网产业发展现状

2009 年，欧盟委员会向欧盟议会、理事会、欧洲经济和社会委员会及地区委员会递交了《欧盟物联网行动计划》，以确保欧洲在构建物联网的过程中起主导作用。行动计划共包括 14 项内容，即管理、隐私及数据保护、“芯片沉默”的权利、潜在危险、关键资源、标准化、研究、公私合作、创新、管理机制、国际对话、环境问题、统计数据和进展监督等。该行动方案，描绘了物联网技术应用的前景，并提出要加强欧盟政府对物联网的管理，其行动方案提出的政策建议主要包括：

(1)加强物联网管理；

(2)完善隐私和个人数据保护；

(3)提高物联网的可信度、接受度、安全性。

2009 年 10 月，欧盟委员会以政策文件的形式对外发布了物联网战略，提出 2011—2013 年间每年新增 2 亿欧元进一步加强研发力度，同时拿出 3 亿欧元专款，支持物联网相关公私合作短期项目建设。

3. 日本物联网产业发展现状

自 20 世纪 90 年代中期以来，日本政府相继制定了 e-Japan、u-Japan、i-Japan 等多项国家信息技术发展战略，从大规模开展信息基础设施建设入手，稳步推进，不断拓展和深化信息技术的应用，以此带动本国社会、经济发展。其中，日本的 u-Japan、i-Japan 战略与当前提出的物联网概念有许多共同之处。

2004 年，日本信息通信产业的主管机关总务省提出 2006 至 2010 年间 IT 发展战略：u-Japan 战略。该战略的理念是以人为本，实现所有人与人、物与物、人与物之间的联结，将日本建设成一个"实现随时、随地、任何物体、任何人均可联结的泛在网络社会"。

2008年,日本总务省提出将u-Japan政策的重心从之前的单纯关注居民生活品质提升拓展到带动产业及地区发展,即通过各行业、地区与ICT融合,进而实现经济增长的目的。

2009年7月,日本IT战略本部颁布了日本新一代的信息化战略——i-Japan战略,为了让数字信息技术融入每一个角落,提出到2015年,透过数位技术达到"新的行政改革",使行政流程简化、效率化、标准化、透明化,同时推动电子病历、远程医疗、远程教育等应用的发展。

4.韩国物联网产业发展现状

韩国物联网产业也经历了类似日本物联网产业的发展过程。韩国是目前全球宽带普及率最高的国家,同时它的移动通信、信息家电、数字内容等也居世界前列。韩国政府自1997年起出台了一系列推动国家信息化建设的产业政策,包括RFID先导计划、RFID推动计划、无线传感网领域测试计划等。面对全球信息产业新一轮"u"化战略的政策动向,韩国制定了u-Korea战略。在具体实施过程中,韩国信通部推出IT839战略以具体呼应u-Korea。

U-Korea旨在建立无所不在的社会,也就是在民众的生活环境里,布建智能型网络、最新的技术应用等先进的信息基础建设,让民众可以随时随地享有科技智慧服务。其最终目的,除运用IT科技为民众创造衣、食、住、行、育、乐各方面无所不在的便利生活服务,亦希望扶植IT产业发展新兴应用技术,强化产业优势与国家竞争力。

四、物联网产业发展对未来职业的影响

物联网产业尚处于初创阶段,虽其应用前景非常广阔,未来将成为我国新型战略产业,但其标准、技术、商业模式及配套政策等还远远没有成熟。这也意味着:在物联网发展的前期,谁先抢占先机,谁就将在物联网这一行业蓬勃发展。

1.物联网产业发展的政府角色

从目前物联网在我国的发展形势来看,我国虽然有很多领域涉及物联网,但物联网这一技术还亟待得到普及,还没能走入千家万户。物联网发展已到产业化、标准化的关键时期,在产业化和核心关键技术方面与发达国家有一定差距,实施以感知为核心的物联网标准化战略迫在眉睫。物联网的关键是"大集成"应用,而物联网大集成应用实现的关键是中间件和解决方案。用标准化的数据交换实现这些已存在的和新建的系统之间的互联互通和"管控营一体化"。国家政策的扶持,必将推动物联网在中国迅猛发展。政府作为物联网产业的战略决策者需要做好如下工作。

(1)应该大力开发物联网的行业应用,尤其是具有战略性意义的行业应用。对于条件具备的战略性行业应用,甚至可以国家主导的方式来开发和推动。

(2)国家层面主导的物联网技术标准化工作应该尽快开始入手,在物联网技术国际标准的制定中也要积极发挥主要参与者的作用,并争取在某些标准制定中成为主导者。在国内,要制定政策,打破行业垄断,推动物联网技术在各行各业(尤其是垄断行业)的标准化工作。

(3)要充分发挥中国市场的用户规模优势,吸引全球先进的技术、研发人才、资金等进入中国,提高中国在物联网标准制定中的议价能力。

(4)需要重点解决的物联网产业发展"瓶颈"是关键技术开发和技术创新能力、营销与服务能力和配套产业的发展。

(5)在物联网人才培养方面,要特别重视领军人才、研发人才和生产人才的培养。

(6)制定物联网政策的关键在于要按互联网时代的规律办事，要立足于合作共赢的政策设计理念，实行放水养鱼而不是与民争利的行业管理政策，要在大力减少物联网企业发展的各种交易成本的同时，加大政府的资金扶持力度。

分析物联网所有应用架构下工业化与信息化融合的现实情况，数字化感知、传输、处理与控制技术，更深入地涉及了生产的设计、装备、过程、产品及售后方面，初步形成了以工业应用创新带动物联网产业创新，产业创新又推动物联网技术创新，从而促进应用创新的良性循环。

2. 物联网产业发展带来就业严重缺口

我国物联网领域发展迅猛。早在1999年，我国就提出了“传感网”概念，即现在正发展着的物联网。国家政策支持涉及智能交通、智能物流、智能电网、智能医疗、智能工业、智能农业、环境监控与灾害预警、智能家居、公共安全、社会公共事业、金融与服务业、智慧城市、国防与军事等众多领域，从而掀起中国物联网发展的新浪潮。

由于物联网行业的崛起，人们的工作方式、工作内容都将会有所改变。伴随着物联网的革新，将会使一大批人才投入到物联网领域。物联网需要的是新型的智慧人才、头脑人才，将会顺应“90后”求职的标准。“90后”崇尚的轻松工作、高薪工作会顺应这一发展趋势。

预计2020年物联网的产业规模比互联网产业的规模大30倍以上，而物联网技术领域需要的人才每年也将以百万人的量级递增。也就是说，选择物联网这一行业前景非常好。

3. 物联网发展对未来职业的机遇和挑战

随着物联网技术的不断成熟，物联网在各行各业中的实际应用也越来越多。企业不断寻找发展的契机，给求职者带来的是新的机遇和挑战。

1)物联网发展带来就业的新机遇

随着物联网时代的来临，大多企业会被淘汰出历史的舞台，为迅速抢占物联网先机，新型的企业将会纷纷崛起。从种种数据可以看出，物联网将成为全球发展的趋势。从比尔·盖茨的预言到政府纷纷出台政策投资建设物联网行业，抢占“物联网”这一领域的先机，都很好地证明了未来几年将会是物联网的时代，揭开物联网时代的新篇章。为争夺“物联网”这块新领域，势必造成物联网行业出现“井喷”发展趋势，导致该行业的人才出现严重供应不足的状况，出现企业争夺人才的情形。

从整体来看，物联网行业非常需要人才。从工信部及各级政府所颁布的规划来看，物联网在未来十年之内必然会迎来其发展的高峰期。而物联网技术人才也势必会拥有属于自己的一个美好时代。

2)物联网发展对就业的新挑战

未来的物联网技术要得到发展，需要在信息收集、改进、芯片推广、程序算法设计等方面有所突破，而做到这些的关键是人才。

从人才市场的需求来看，作为国家倡导的新兴战略性产业，物联网备受各界重视，并成为就业前景广阔的热门领域。物联网技术人才主要就业于与物联网相关的企业、行业，从事物联网的通信架构、网络协议和标准、无线传感器、信息安全等的设计、开发、管理与维护，也可在高校或科研院所从事科研和教学工作。物联网是个交叉学科，涉及通信技术、传感技术、网络技术及RFID技术、嵌入式系统技术等多个领域的知识，要想在大学阶段就能深入学习这些知识的难度很大，而且部分物联网研究院从事核心技术工作的人员都要求具有研究能力。

有机会、机遇，不一定有工作。作为新一代的“90后”，由于之前对社会认知不足，导致物联网产业发展起来后，作为求职者才刚刚了解到，来不及去选择，来不及去学习和充实，虽然机会摆在面前，却很难抓到。因此，在校大学生，应及早准备，可从与物联网有关的知识着手，找准专业方向、夯实基础，同时增强实践与应用能力。

物联网，正在悄然地建设着。作为大学毕业生，更要认清趋势，不要为了工作而工作，不要为了升学而升学，认清时代发展的趋势，选择适合自己、顺应趋势的专业和工作，及时做好规划和定位。

4.物联网专业学生就业需求条件

真正的物联网人才极其缺乏。不少高校也开始开设物联网工程专业。然而物联网工程专业毕竟是新兴专业，该专业学生需要具备一些硬性要求才会容易找到工作。智能视觉物联网联盟指出，物联网专业毕业生就业需要具备工作技能、专业证书、团队合作能力等。

1)关于工作技能的硬性要求

首先，虽然物联网的范围很广，但是，没有哪一家公司会要求应聘者什么都懂，而是应该在大体了解的基础上，具备某一方面的突出能力，比如在软件开发方面，会要求精通C、C＋＋、Java、.NET等各种常用编程语言及数据库知识，而在硬件研发方面，则会对嵌入式系统开发、常用电路设计、各种接口技术有较高的要求。还有网络领域的工作人员，也应该熟悉各种网络协议及通信协议，如TCP/IP、ZigBee、蓝牙、WiFi等。

这些知识都是从事计算机、互联网相关行业工作的人应该了解的，在此基础之上，如果要从事物联网的核心工作，则需要对RFID射频识别技术、云计算及大数据、M2M领域有一定的研究，对于刚毕业的本科生而言，要达到这种水平是不容易的，可是这可以作为有志于在物联网领域深入发展的同学的一个努力的方向。

2)专业证书要求

虽然现在用人单位都提倡“重能力轻证书”，但一些跟工作联系紧密的证书还是或多或少能反映求职者的水平。目前国内较权威的物联网资格认证有全国物联网技术应用人才培养认证、CETTIC物联网工程师职业培训认证等。

3)团队合作能力

物联网是一个综合产业，在一家公司中，单个人是无法独立完成整个物联网项目的，必须依靠整个团队的力量，每位成员各展所长，才能和谐发展，如果一个程序员将代码写得无法阅读，移植性差，就会给测试人员造成很大的麻烦，因此团队意识也是非常重要的。

常言道“君子藏器于身，待时而动”，这句话同样可以用在物联网专业的同学们身上，现在物联网还没有真正作为一个学科，一个独立的体系，当然它也不可能真正独立，它的范围非常广，需要的知识技能比较多，同学们应该有选择性地储备专业知识，丰富自己的能力，到毕业时，才能顺应时势，投身到物联网产业的大潮中去。

本章小结

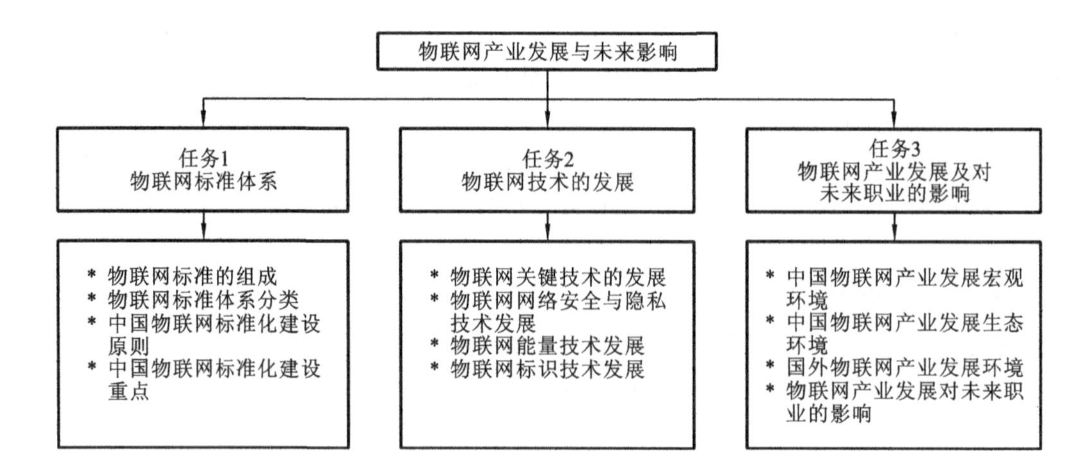

复习思考题

1. 简述标准化对物联网的意义。
2. 试分析物联网标准簇的组成及应用领域。
3. 为什么说标准化水平是衡量国家综合实力的重要标志之一?
4. 简述中国物联网标准化建设原则及建设重点。
5. 简述物联网网络安全与隐私技术发展的前景。
6. 分析中国物联网产业发展宏观环境与产业发展的联系。
7. 简述物联网专业学生面对挑战,就业需要具备的条件。

参考文献

CANKAOWENXIAN

[1] 杨永志,高建华. 试论物联网及其在我国的科学发展[J]. 中国流通经济, 2010 (2):46-49.

[2] 沈苏彬,毛燕琴,范曲立,等. 物联网概念模型与体系结构[J]. 南京邮电大学学报:自然科学版,2010(8):1-8.

[3] 刘强,崔莉,陈海明. 物联网关键技术与应用[J]. 计算机科学,2010(6):01-10.

[4] 王清辉. 试析物联网技术在企业供应链管理中的运用[J]. 长沙铁道学院学报:社会科学版,2012(3):27-28.

[5] 沈苏彬,范曲立,毛燕琴,等. 物联网的体系结构与相关技术研究[J]. 南京邮电大学学报:自然科学版,2009(12):1-11.

[6] 张军杰,杨铸. 我国物联网产业发展状况、影响因素及对策研究[J]. 科技管理研究,2011(13):26-29.

[7] 吴旺延,陈莉. 关天经济区物联网产业发展的现状、问题及建议[J]. 西安财经学院学报,2011(3):61-64.

[8] 曹军威,万宇鑫,涂国煜,等. 智能电网信息系统体系结构研究[J]. 计算机学报,2013(1):143-167.

[9] 袁长征. 基于产业经济学视角的我国物联网产业发展分析[J]. 学术交流,2011(7):115-118.

[10] 陶冶,殷振华. 我国物联网发展的现状与规划[J]. 科技广场,2010(9):204-206.

[11] 田樱. 抓住下一个经济增长点——物联网[J]. 呼伦贝尔学院学报,2010(04):47-52.

[12] 朱卫未,于娱. 我国物联网产业发展环境分析[J]. 南京邮电大学学报:社会科学版,2011(12):28-35.

[13] 艾伶俐,郭静,张磊. 基于物联网的供应链信息共享[J]. 物流科技,2012(3):86-88.

[14] 蒋相岚,陈涛. 物联网技术在供应链中的创新应用[J]. 通信与信息技术,2012(3):88-91.

[15] 管继刚. 物联网技术在智能农业中的应用[J]. 通信管理与技术,2010(6):24-27.

[16] 侯赟慧,岳中刚. 我国物联网产业未来发展路径探析[J]. 现代管理科学,2010(2):39-41.

[17] 李春杰. 基于物联网的供应链管理发展新趋势[J]. 物流工程与管理,2012(6):63-64.

[18] 杜洪礼,吴隽,俞虹. 物联网技术在企业供应链管理中的应用研究[J]. 物流科技,2011(3):06-08.

[19] 徐建鹏,周鹿扬,张淑静. 物联网在农业中的应用[J]. 宁夏农林科技,2012(2):67-68.

[20] 孙晓晨,王磊. 基于物联网技术的肉类产品供应链管理研究[J]. 东方企业文化·企业管

理 2012(8):96.
[21] 马国俊. 物联网核心技术及其在农业领域的应用[J]. 江苏农业科学，2012(11):390-392.
[22] 窦欣.基于物联网的我国食品供应链安全策略研究[J].生态经济,2012(5),114-116.
[23] 罗利平,蒋勇.基于物联网技术的大宗农产品质量安全监控体系[J].中国科技论坛,2012(12):127-133.
[24] 刘东红,周建伟,莫凌飞.物联网技术在食品及农产品中应用的研究进展[J].农业机械学报,2012,43(1) :146-152.
[25] 桑娟萍. 关于物联网的供应链管理发展趋势研究[J]. 中国商贸,2012(1):134-135.
[26] 盘红华.基于物联网的智慧供应链管理及应用[J]. 中国物流与采购, 2012(12):74-75.
[27] 朱超才.物联网在现代物流业中的应用研究[J]. 物联网技术,2012(9):85-87 .
[28] 石玮.面向物联网的在途物流管理优化研究[J]. 长春工业大学学报:社会科学版,2011(7):45-46.
[29] 桑磊. 基于物联网的智能医疗系统研究与运用[J]. 科技与企业,2011(11): 77.
[30] 史森中,刘洋,姬晓波.物联网时代 RFID 在医疗系统中的应用[J]. 中国医学教育技术,2012 (10):570-572.
[31] 吴晶晶,胡艳蓉.基于物联网的智能家居系统设计[J].软件导刊,2011(8):69-70.
[32] 韩江洪,张建军,张利,等.智能家居系统与技术[M].合肥:合肥工业大学出版社,2005.